物联网核心技术丛书

物联网风险管理与控制

RIoT Control：Understanding and Managing Risks and the Internet of Things

[加] 泰森·麦考利（Tyson Macaulay） 著

刘景伟 唐会芳 胡琴 等译

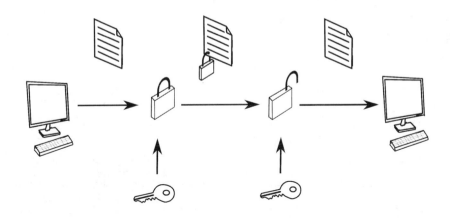

机械工业出版社
China Machine Press

图书在版编目（CIP）数据

物联网风险管理与控制 /（加）泰森·麦考利（Tyson Macaulay）著；刘景伟等译 . —北京：机械工业出版社，2020.5
（物联网核心技术丛书）
书名原文：RIoT Control: Understanding and Managing Risks and the Internet of Things
ISBN 978-7-111-65105-5

I. 物… II.① 泰… ② 刘… III.① 互联网络 – 风险管理 ② 智能技术 – 风险管理
IV. TP393.408 ② TP18

中国版本图书馆 CIP 数据核字（2020）第 048601 号

本书版权登记号：图字 01-2018-4799

RIoT Control: Understanding and Managing Risks and the Internet of Things
Tyson Macaulay
ISBN: 9780124199712
Copyright © 2017 Tyson Macaulay. Published by Elsevier Inc. All rights reserved.
Authorized Chinese translation published by China Machine Press.
《物联网风险管理与控制》（刘景伟 唐会芳 胡琴 等译）
ISBN: 9787111651055
Copyright © Elsevier Inc. and China Machine Press. All rights reserved.

注意

本书涉及领域的知识和实践标准在不断变化。新的研究和经验拓展我们的理解，因此须对研究方法、专业实践或医疗方法作出调整。从业者和研究人员必须始终依靠自身经验和知识来评估和使用本书中提到的所有信息、方法、化合物或本书中描述的实验。在使用这些信息或方法时，他们应注意自身和他人的安全，包括注意他们负有专业责任的当事人的安全。在法律允许的最大范围内，爱思唯尔、译文的原文作者、原文编辑及原文内容提供者均不对因产品责任、疏忽或其他人身或财产伤害及 / 或损失承担责任，亦不对由于使用或操作文中提到的方法、产品、说明或思想而导致的人身或财产伤害及 / 或损失承担责任。

物联网风险管理与控制

出版发行：机械工业出版社（北京市西城区百万庄大街 22 号 邮政编码：100037）

责任编辑：朱秀英　　　　　　　　　　　　　责任校对：殷　虹
印　　刷：北京文昌阁彩色印刷有限责任公司　　版　　次：2020 年 5 月第 1 版第 1 次印刷
开　　本：186mm×240mm 1/16　　　　　　印　　张：20.5
书　　号：ISBN 978-7-111-65105-5　　　　　　定　　价：119.00 元

客服电话：（010）88361066 88379833 68326294　　投稿热线：（010）88379604
华章网站：www.hzbook.com　　　　　　　　　　　读者信箱：hzit@hzbook.com

版权所有·侵权必究
封底无防伪标均为盗版
本书法律顾问：北京大成律师事务所 韩光 / 邹晓东

随着 5G 技术的商用推广以及智能硬件技术的兴起，物联网已经进入实质性推进和规模化发展的新阶段，并呈现出指数级增长态势。据 Gartner 预测，到 2020 年，物联网设备的数量将高达 260 亿件。物联网的概念正在迅速遍及整个社会，将会给人类的生活带来巨大的变革。

随着物联网技术相关理论和应用的不断推广，针对用户隐私、物联网设备的各种网络攻击也在不断增多，相关安全事件的频发使得物联网安全成为全球研究的热点。其中，风险管理和隐私保护作为物联网发展中的关键问题，仍然面临着许多巨大的挑战。因此，分析物联网的安全需求及其面临的风险，对提升物联网整体安全水平、促进物联网大规模应用具有重要意义。

本书的作者 Tyson Macaulay 是信息安全领域的资深人士，拥有 25 年的相关经验，曾担任过首席技术官（英特尔电信安全 CTO 等）、首席安全策略师（Fortinet）、安全联络官（Bell Canada）。他拥有四部专著、多篇学术论文、多项安全标准提案和安全相关专利，在安全体系结构、安全标准、物联网安全等方面积累了丰富的经验。

本书全面介绍了物联网及其安全需求、隐患、威胁与风险，试图为读者提供一本关于物联网及其风险管理的基础书籍。本书的显著特点是语言通俗易懂，善于运用案例和比喻。书中内容面向不同背景的读者，以使各类读者都能有所收获。此外，在每章的末尾都给出了总结，为读者快速了解每章内容提供了有用的参考。书中内容涵盖理论基础和工程实现技术，可以作为物联网安全学习的基础读物，也可以作为工程设计的参考手册。

本书由刘景伟统稿和审校，参加本书翻译和校对的有刘景伟、唐会芳、胡琴。另外，感谢孙蓉、张锐、任爱莲、钟倩对翻译本书所提供的支持。由于译者的专业知识、理解能力和写作功底有限，译稿中难免存在错误之处，敬请读者见谅。

译者于西安电子科技大学

2020 年 4 月

前言·Preface

这本书我写了将近 4 年，比预期的时间要长。它的创作灵感源于 2012 年的一个想法：物联网（IoT）是否需要不同于当下传统信息技术（IT）的安全和风险管理？过去，关于物联网的文章主要跟工业控制系统和安全相关，通常几乎没有文章会专门涉及物联网，更不要说物联网安全。虽然工业控制系统和安全是一个很好的研究方向，但它只是物联网中的一部分。此外，已经出现了一些针对物联网（例如，硬盘录像）的高超攻击手段，以及控制系统攻击的鲜活案例。但是，总体上来说，物联网及其安全需求、隐患、威胁以及风险依然尚不明晰。很大程度上，它们至今还是个谜。而本书对于物联网就像广袤黑暗中的一盏明灯。

2012 年至 2015 年，我在英特尔担任电信安全首席技术官一职。英特尔公司致力于开发计算芯片以促进物联网的发展，这为我提供了一个学习物联网的绝佳机会。同样，2015 年至 2016 年，在飞塔公司的工作也为我提供了继续学习物联网的平台。英特尔在对物联网的切实理解方面所做的努力为规范物联网安全和风险管理提供了巨大的机会。但是说起来容易，做起来仍然具有一定的难度。

深入研究物联网安全有点像捉迷藏或猫捉老鼠的游戏。2012 年的时候，关于物联网安全的信息和研究还都是尝试性的、零散的。要想进一步研究物联网安全，就必须深入到广大用户和各种实地场景中去，而不是仅仅通过互联网进行巧妙的布尔搜索。而我所搜寻的信息大多只是存在于实验室和人们的脑海中，或者不能简单获取，需要通过对话或基于相关工作经验的推断来发掘。

为了深入研究物联网安全，每当遇到一家大公司，尤其是电信公司（产品供应商和运营商）时，我都会抓住每一个机会去询问"哪些人对物联网安全感兴趣"。通常我会从那些致力于物联网安全的个人或组织那里获得一些启示，所以我会去追寻他们，希望听他们分享知识和见解。这通常会发生在有翻译需求的会议中，如西班牙语、日语、汉语、瑞典语、澳大利亚语到英文的翻译（开个玩笑，瑞典人说的是不可思议的英语）。有很多次，我需要借助在线翻译工具将其他语言写成的内部计划翻译成英语，才能抓住其关于物联网服务设计的要点。

随着我开始撰写本书，围绕物联网的国际标准（ISO/IEC, ITU-T）也已开始制定。作为标准组织的积极成员和贡献者，我有幸接触到来自许多不同专家和国家机构的想法，并且将它们翻译成英语。2014 年至 2016 年期间，我组织了一个物联网安全国际研究小组，前往马来西亚婆罗洲、印度斋浦尔、英国伦敦以及加拿大渥太华等地区，与那里的物联网专业人员进行讨论。在关于物联网安全的讨论中，他们分享了独特的见解和丰富的经验，促进了本书的写作并推动了物联网标准的制定。

如果本书的某些部分与前文毫无关联，那是因为本书试图从不同的角度去解读物联网。希望你能看到：本书开辟了一个全新的安全和风险管理领域，这个领域在未来几年里可能会更加细化。在某些情况下，本书所讨论的内容会依赖一些处于萌芽阶段的技术，例如物联网。因此，其中的一些技术以及 RIoT（Risk and the IoT）控制技术可能无法实现其预期功能，而其他有些技术则可能超出预期结果。这本书的本质是对 RIoT 的控制和管理进行评估。

泰森·麦考利
CISSP, CISA
2016 年 8 月

评阅人的评论 · Comments From Reviewers

我要感谢各位评阅人。他们不仅对本书的手稿做了评论，而且在研究和写作的各个方面也给了我重要的启示。

——Tyson

R. Samani
副总裁兼首席技术官，EMEA，英特尔安全

这个世界是令人兴奋的，不是吗？我的意思是，想象一下应用于我们家中每个房间里的各项技术，从传统的电脑和移动设备到门铃和警报系统。在逐步开始对这样一个美丽新世界产生依赖的时候，我们对于信任的问题仍然没有答案。事实上，如果我们查看 Twitter 的相关时间线来追踪这些"智能"环境中的隐患，那么有关婴儿监视器被黑客攻击和电力供应中断的新闻就会告诉我们，这个新世界的安全措施往往是不够安全的。

我认为，安全这个词从根本上是有缺陷的，原因有两个。首先，隐私问题没有得到适当的解决。想一想在我们生活的各个场景中不断增多的设备，每次上网或者做吐司的时候信息都会被收集。其次，问题不在于安全和隐私，而在于更广泛的信任领域。信任是至关重要的。我的意思是，你会开着一辆明知有漏洞、可能会被别人控制的车去旅行吗？

因此，看到 Tyson 出版的这本书令我备受鼓舞。与 Tyson 合作多年，我相信这本书在技术上是准确的。但或许更重要的是，我希望它的内容能被应用到我们所有人都依赖的设备当中去。

D. McMahon
首席策略师，ADGA

在未来几年，你拥有的最大的移动设备将是你的汽车。类似地，美国军队的下一代舰艇和飞机也将是价值数十亿美元的移动武装计算设备和数据中心，同时融入了物联网，可以在云端进行操作。

网络空间是一个复杂的、超连通的、非线性的、非确定性的系统。它的行为与天气模型、生物生态系统和神经科学相似。事实上，互联网的力量已经超过了人类大脑的力量。如今，我们的世界主要是由数据来描述的，并且受到了全球化的高速影响。物联网将把以前人

类居住的领域扩展到与机器共享的领域。

过去几年，网络空间在全球经历了巨大的颠覆性变化，尤其是在竞争激烈的网络领域。全球海洋型国家正在发生变化，这是一场完美风暴，已开始影响政府的合法性、军事力量的投射以及商业在全球市场上的生存能力。从西方到东方，互联网的权力和控制已经发生了巨大转变。同样，全球互联网人口统计正在向新兴国家的数字用户迁移。

个人隐私和安全之间的平衡正在快速变化。自从电报问世以来数据就一直存在，但是有些数据直到今天才开始渐渐涉及隐私问题。现在，物联网的机器对机器（M2M）通信就在我们眼前。在一个全球化、高度竞争的市场中运营物联网，需要从根本上重塑战略，在保护隐私的同时提高网络安全的地位。

我们正在进入一个复杂系统的不稳定、快速汇聚和风险并存的时期。在这个系统中，社交媒体在人类、网络和物联网之间提供了一种顺畅的状态，并演化为万物互联（IoE）。在IoE中，破坏性技术的传播催生了全球用户的开放使用，并可能导致国家的崩溃。下一个是量子互联网，它将为机器提供更高数量级的速度和处理能力，并且能以更高的精确度和敏锐度感知世界和人类。

开放的媒体、大数据、无处不在的移动通信和物联网已经处在了我们今天面临的身份、安全、防御和隐私问题的中心。

传统的安全、政策、标准和原则在很大程度上是由我们在自己的视野内能清楚地感觉到的威胁以及对业务最明显的切实影响所推动的。我们自身有限的竞争能力、组织边界、稀缺的财政投资，以及不受这些限制的对手所受到的法律约束，也会扭曲这一情形。

对手复杂、分散、适应性强。由于技术的商业化、行动超级自由和网络战的不对称，犯罪集团、激进黑客和恐怖分子展现出的高超水平已经达到或超过了大多数国家。相比之下，它们的受害者却是原始的、集中的、静态的和被动的。信息化战争已经占领了物联网领域。

网络空间接下来的发展充满了风险、机遇和道德问题。

这本书是理解和管理物联网风险的重要资源。Tyson Macaulay 巧妙地描述了物联网生态系统的深奥和复杂。物联网的组织结构和操作环境被纳入了考虑场景，并成为利益相关者关注的焦点。这本书揭露了真实的威胁及其在我们的隐私、健康、安全和防护措施中的蔓延。它代表了人们对物联网的战略理解，为未来提供了一个新的综合风险管理框架。

S. Hunt
首席技术官，家庭网关安全，英特尔

最近，我在一个企业家大会上做了关于家庭物联网中潜在网络犯罪的报告，同行的还有一只柔软的智能玩具熊。令观众吃惊的是，这只小熊偷偷录下了整个过程的视频。后来，在与一家全球白色家电制造商的产品团队讨论家用智能电器的潜在开发时，得到的看法是："这只是一台冰箱，谁会想要侵入它？"

物联网正在以始料未及的速度融入我们的生活。从关键基础设施，到制造业，再到孩子们的玩具，这一市场需求和收益机遇正在挑战几乎没有任何网络安全经验的新玩家。尤其令人担忧的是，许多开发都是在网络保护产业几十年来一直伴随的常见错误和疏忽下完成的。

Tyson 的书提醒我们要关注保护计算安全的成熟思维过程，并且将它们应用于新兴的物联网中。各种讨论在一开始计算时就已经被研究和完善了，但是不知道什么原因，它们看起来似乎与智能玩具和工厂机械并无明显关联。

我们应该鼓励创新，但是必须在物联网快速发展和应用过程中考虑风险评估、安全设计和隐私的概念，否则就是在冒险把自己、家人和公司暴露给网络罪犯，需要限制这种倾向被采纳甚至成为主导。

我相信物联网将使我们的生活更智能、连接更紧密。我希望通过像 Tyson 这样的思想领袖的努力，物联网也能使我们的生活不再缺少安全。

F. Khan
首席安全分析师，TwelveDot；ISO/JTC1 SC27（IT 安全技术）加拿大主席

企业和消费者都认为，物联网解决方案已经考虑到了安全和隐私问题。然而，情况并非总是如此，在某些领域，采用互联网协议（IP）和互联网回传数据的这种变化已经显著改变了解决方案的威胁指向。

随着物联网风险（RIoT）成为物联网解决方案的基础，各个公司没有理由不在他们的解决方案中设计和实现合理的安全实践。不，安全并不一定会干扰正面的用户体验。如果在设计和概念阶段就充分进行了考虑，那么安全特性就会嵌入到好的设计中去，从而在维护用户隐私和安全的同时，使解决方案具备更好的可用性和可靠性。

本书是物联网风险管理者的必读书籍。你可以认为它是一个"值得信赖的伙伴"，细化了在执行 TRA 和针对物联网解决方案的设计评估时应该考虑的安全需求。

作为一个专门评估物联网解决方案和解决方案提供商的组织，我们花费了大量的时间和精力，试图指导高管和解决方案架构师，如何在物联网环境中最优地处理安全与隐私问题。创建风险管理实践对物联网来说不是小事。在本书中，Tyson 为实现安全物联网解决方案的所有概念和注意事项提供了参考。

我们必须面对这样一个现实，第一代物联网天生就充满了各种不安全。让我们从中吸取教训，并开始研究第二代物联网，以确保安全和隐私在商业及消费者解决方案中得到充分考虑，不管其来自哪个行业。所以不要再找借口了——Tyson 的书将有助于为未来几代物联网创建更安全的蓝图。

M. Burgess
首席信息安全官，澳洲电信

毫无疑问，互联技术为当今社会和经济带来了巨大的利益。事实上，互联技术造福我们所有人的全部潜力尚未充分实现，而物联网趋势加速并实现了这些好处。

但是这些好处也会带来一些风险，随着世界上越来越多的国家拥抱互联技术，风险也随之增加。

毫无疑问，个人、企业和政府已经面临并处理了许多复杂的问题及风险。然而，了解物联网的风险以及这种趋势的实际含义可能是一个挑战。

大多数人会理解机场安检的必要性——我们可以看到扫描器并且能够理解为什么人人都要遵守安全要求。但在网络空间的无形世界中，我们评估的资产是不可见的，威胁也是看不

见的，因此明晰其实际意义并最大限度地降低风险将是一场硬仗。

如今，我们读到或听到过很多关于网络犯罪、网络间谍和黑客行为的内容，在这方面，最后需要重点强调的是，网络犯罪就是犯罪，网络间谍就是间谍，而黑客行为就是抗议。在犯罪、间谍或抗议方面没有什么新东西，只不过连通性的增加和技术的迅速升级意味着犯罪、间谍、抗议甚至错误可能会以前所未有的速度、规模和范围发生。

这一切都使得网络安全成为一个重要的问题——一个没有任何组织能够单独应对的全球性重大问题。

物联网的发展趋势导致需要生成、收集、访问和存储的数据量增加，并且所有这些潜在的、有价值的数据都需要得到保护。

这也可能意味着，互联网上数十亿不受信任或不安全的设备将加剧我们今天已经面临的重大挑战，除非物联网发展中的网络安全和风险得到很好的解决。

本书将帮助我们理解这一挑战，并学习如何最大限度地降低风险。

J. Nguyen-Duy
前首席技术官，威瑞森企业解决方案有限责任公司

我们往往是通过构建护栏和围墙开始安全之旅，徒劳地试图阻止坏人进入并保护自己的内部数据。我们很快会发现，攻击者很容易通过翻越、跳跃或在墙下打洞的方式突破防护，所以我们转而去部署基于主机和网络的入侵检测传感器。当这些方法再次失败时，我们会继续进行动态恶意软件检查和部署沙盒等防护工作。最终，我们通过安全信息和事件管理（SIEM）以及日志管理工具来观察网络和传感器是否正常，但常常还是会面对无知用户、脆弱系统和活动在暗网市场中的高效攻击者的可怕组合。在暗网市场中，价高者会获得策略、技术和程序。因此，我们不再仅仅考虑只有合法业务流转或合规性审计合格的封闭环境的安全性。我们的安全观念现在已经进入多维的网络领域，而这项工作的目标是风险管理——哪些风险应该被吸收、偏转或转移。

今天，实际上人类经验的每个方面几乎都是由机器连接起来的——从消费者到企业。数十亿的互联设备在基础设施中安静地运行，使我们的生活越来越丰富和充实，而且可能略微超出我们的想象。事实上，研究公司 Gartner 预测，到 2016 年年底，会有超过 60 亿台设备被使用，而且这一数据还在以每年 30% 的速度增长，到 2020 年这一数字将会达到 200 多亿。物联网表现出了生态系统般的巨大扩张，这种挑战已经使得安全团队不堪重负——他们需要识别异常行为并通过大量用户和系统去理解场景，而且是以机器的速度来处理。在这种新动态下，威胁、隐患和风险管理这些熟悉的主题仍然会产生共鸣。

我们很容易被所面临的挑战规模压垮，但是我的朋友 Tyson Macaulay 提出的构建物联网风险管理架构的实用方法可以很好地服务于读者。Tyson 的大部分职业生涯都致力于物联网安全问题，包括保护运营商、用户和基础设施避免出现特有隐患的解决方案。这种对战略运营问题以及日常风险管理广泛而深刻的洞察，为物联网世界的构建者和运营商提供了一个令人耳目一新且切实可行的框架。

目录 · Contents

物联网简介

　　道格拉斯·亚当斯为英国广播公司制作的太空系列广播喜剧《银河系漫游指南》里面有一句告诫："别慌。"

　　2016 年，物联网（Internet of Thing，IoT）的安全和隐私状况坦白地说并不好，而且越来越糟。因此，我们需要对物联网及其风险进行讨论，让物联网变得更好，这也是我写作本书的核心原因。

　　情况有多糟糕呢？以下是从各种不断增长的反面案例中选取的 5 个物联网安全事件。

　　核设施和电网。美国国家核安全管理局负责管理和保护美国的国家核武器储备，它在 2010～2014 年的 4 年间遭遇了 19 次网络攻击[一]。此外，许多读者都知道，2010 年 6 月出现了一种针对工业可编程逻辑控制器（Programmable Logic Controller，PLC）的恶意计算机蠕虫——"震网"病毒。PLC 一般被用来实现机电过程的自动化控制，比如离心机（用于分离核材料）。与此同时，在 2015 年和 2016 年，乌克兰电网一直处于被攻击的状态，而且在这些持续的攻击下电网已经变得非常不可靠了[二]。据猜测，这些攻击来自俄罗斯的攻击者。

　　健康和医院。在 2015 年，美国食品和药物管理局（Food and Drug Administration，FDA）推出了一项史无前例的举措，要求医院停止使用赫士睿公司的 Symbiq 输液系统，原因是这个系统可以被黑客远程访问，并允许未经授权的用户"控制设备和改变输液剂量从而导致重症患者的治疗过度或不足"[三]。作为一个非 IT 组织，FDA 正在全面起草一份关于物联网医疗设备的"后市场"指南[四]，其中假定物联网医疗设备都是极度不安全的。

　　㊀　http://www.usatoday.com/story/news/2015/09/09/cyber-attacks-doe-energy/71929786/。

　　㊁　黑客在乌克兰西部造成的电力中断，见 http://www.bbc.com/news/technology-35297464。

　　㊂　http://www.securityweek.com/fda-issues-alert-over-vulnerable-hospira-drug-pumps。

　　㊃　医疗设备网络安全的后市场管理，见 www.fda.gov。

基础设施。美国国土安全局最近披露了 2012 年的一次入侵事件，网络犯罪分子设法渗透进了新泽西州的一个政府设施和一个制造工厂的恒温器。他们利用接入互联网的工业供暖系统中的漏洞改变了建筑物的内部温度。

钢厂。德国联邦信息安全办公室（BSI）最近发布了一份报告，证实黑客已经入侵了该国的一个钢厂并破坏了许多系统，包括生产网络部分。工厂人员无法按要求关闭高炉，导致了"系统的大规模损坏"。BSI 报告称："攻击者不仅明显掌握了传统 IT 安全方面的专业技能，而且还精通应用工业控制和生产过程的知识。"（不禁让人怀疑该入侵行为是由心怀不满的前员工所为。这会给"抓狂"这个词带来一个全新的、令人不寒而栗的含义。）

厨房。虽然厨房通常并不会与致命的网络威胁相关，但实际上厨房已经成为物联网安全链条上一个非常薄弱的环节！"智能家电"正以便利和健康生活的名义进入厨房，但是它们很可能会危及整个家庭或办公网络。例如，智能冰箱特别容易受到恶意软件的攻击，智能水壶会向任何请求者提供 Wi-Fi 密码。除了非常容易被控制并用来攻击网络范围内的其他任何设备外，它们还会发生故障并损坏食物，这一切实际上就是在给用户制造安全问题！

许多人意识到了这本书的必要性并支持我完成它，但也有许多安全领域的知名人士告诉我，这是在浪费时间。

> 物联网太新了！它发展得太快以至于我们很难试着系统地保护它。
> 我们对物联网的了解还不足以支持我们有意义地讨论其安全和风险管理。
> 人们还没有在"物联网是什么"的问题上达成一致，所以你在浪费时间，Tyson。

我并不太认同这些人的观点。物联网正在发展中，我们必须开始努力去系统地保障它的安全。本书仅仅是早期尝试物联网安全保护工作中的一个小贡献，它只是一个开始。

1.1　开启好习惯越早越好

第一款大规模生产的汽车是福特的 T 型汽车，它并没有现代汽车那样的车轮制动器，而是使用由皮革制成的摩擦带与传动装置相连这样一种极不可靠的方式来停车[⊖]！但是不管怎样，它至少已经有了刹车。

有些人认为物联网"太新"或者"发展得太快"，无法对其安全性进行认真的讨论。这就像在告诉早期研究 T 型车以及后续车型（如奥迪 RS7）的汽车工程师不要浪费时间在刹车器上一样，因为氢燃料电池飞行汽车尚未准备好，所以这只是在浪费精力。

早期对物联网风险管理、安全方法和标准的尝试绝对会被将来更好的事物所取代。最终，我们将会拥有类似陶瓷盘式的制动器，可以在制动过程中回收动能给电池充电；或是拥有能够自动避免碰撞的智能无人驾驶汽车，可以侥幸逃脱意外而不是发生"正常事故"。但是，我们必须从某处开始。

　⊖　https://en.wikipedia.org/wiki/Ford_Model_T

1.2 物联网风险是什么

物联网风险（Risk and the Internet of Thing，RIoT）是需要被管理和控制的（RIoT 控制）事情。

本书中提到的需求、威胁、隐患和风险都是物联网中需要考虑的综合因素。所有的需求、威胁、隐患和风险都适用于各种物联网系统和服务。

整理这些物联网安全和风险管理信息的目的是使系统所有者、设计人员和风险管理人员对可能适用的对象有整体的了解。从这点来看，他们将从更宽广的角度去了解特定物联网服务的独特需求和功能可能会带来的风险，而这些风险又必须得到有效的管理。

1.3 目标读者

本书适合广大读者。

对于高级管理人员（首席信息官（Chief Information Officer，CIO），首席信息安全官（Chief Information Security Officer，CISO），副总裁（Vice President，VP），风险管理、控制和监察人员）、业务线经理或者是不关心物联网安全的操作细节而只想理解问题的人，可以参看本章、第 2 章、第 3 章、第 4 章和第 12 章。这些将为与产品、服务和系统相关的业务级问题、机会和威胁提供基础。

对于与物联网产品、服务或系统的安全开发或运营有关的建筑师、工程师、安全从业者和风险管理人员，可以参看第 5 章、第 6 章、第 7 章、第 8 章、第 9 章、第 10 章、第 11 章和第 13 章。这些章节将提供对物联网安全和风险管理具体操作需求的洞察，以及可能的风险对策。（本书讨论了风险转移和接受的概念，但是如果你想在内部做些什么，就必须聚焦于你能做什么！）

对于那些需要了解更多知识的研究人员、学者和学生、记者以及其他安全专业人士，希望这本书对你来说是有意义且易懂的。

欢迎大家！

1.4 这本书是如何安排的

本书的目的是向那些必须管理风险的人员提供尽可能多的关于安全需求、威胁、隐患和风险的有用信息。因此，本书遵循了相关人员能够迅速熟悉的方式，包括那些从事风险分析、读取威胁风险评估、分析风险评估，甚至是拥有广泛的安全背景且已经正式从事风险管理的人们。

那么，典型的风险评估会如何进行呢？像下面这样：

❑ 资产清单：你在评估或保护什么？

❑ 需求和敏感性分析：从机密性、完整性和可用性的视角看资产容易受到多大程度的损害？（也就是，未经授权的暴露、更改、删除或延迟。）

❑ 威胁分析：谁或者什么事物有可能会影响敏感性？

❑ 隐患分析：威胁方可能利用的弱点在哪里？

❑ 风险和缓解：如果从威胁方试图利用漏洞的频率或可能性来考虑，那么风险是什么？风险几乎总是可以以一种定性的方式来表达（例如，高／中／低）。我们不会试图改变这一惯例。最后，关于风险你可以做些什么？

在本书中，我们会涉及以上所有重点并在相应的章节展开论述。

本章介绍了物联网的概念——它可能是什么或不是什么，之所以用"可能"这个词是因为这是一个新的领域，所给出的定义未经考验或者并不完备。

第 2 章剖析物联网组织结构和不同的利益相关者。该部分确定了物联网风险的讨论范围，是敏感性分析的第一步，如前所述。

第 3 章是敏感性分析的第二部分——从业务和操作的角度来看，机密性、可用性和完整性的要求是什么？

第 4 章讨论对物联网的威胁——"谁"且"为什么"与我们现在所理解的风险相关。与第 3 章一样，本章将继续在业务和操作层面进行讨论。

第 5 章讨论业务和操作处理层面的物联网隐患，有时会触及技术问题。与威胁相反，隐患关乎风险会怎么样。威胁方或实体将如何造成损害？

第 6 章讨论物联网中的安全风险需求，以及与安全保障需求之间有何关联。

第 7 章讨论物联网的隐私、机密性和完整性需求。

第 8 章讨论物联网的可用性和可靠性需求，以及相关的风险和隐患。

第 9 章涉及物联网的身份和访问控制风险和隐患。

第 10 章讨论物联网的使用场景和操作环境需求。

第 11 章讨论物联网的灵活性和互操作性需求。

第 12 章对物联网中的威胁展开了广泛的讨论，包括威胁评估和分级的策略。

最后，第 13 章探讨物联网中的新风险，描述了未来几年可能发展出的一些潜在的新管理技术、操作控制和保障措施。

我们尽量让本书适合不同类型的读者，而不仅仅是风险管理人员和安全迷。因此，我们期望一些看似与纯风险管理无关的讨论也能够有助于理解场景。物联网是一个快速发展的领域，任何有助于记忆或理解的内容都是有用的。

1.5 物联网是什么

物联网是指那些在互联网边缘与大型集中式机器通信的设备，它们通常在没有人参与的情况下不断做出决策和采取行动。物联网涵盖数十亿设备间的相互通信，常常还要管理物理环境的各类情况。这样做是因为物联网代表了某种服务结果的改进——提供了更高的效率或是增值结果或服务。

物联网几乎在所有工业领域都提供了商机，是未来产品和服务不可或缺的一部分。

但是首先，我们来谈谈物联网不是什么。

1.5.1　不是信息的传播样式

物联网不只是一种新型的万维网服务器，具有更好的页面和更巧妙的数据整合方法，让人们可以消费它。它不是关于新闻推送、电子邮件或由人创建的、为人服务的任何其他类型的数据。它是机器创建的数据和来自人的数据的混合。它是新兴机器产生的信息数据集，与当前人们产生的信息数据集共存。

1.5.2　不是信息共享

物联网与一些常见的趋势（如社交网络）几乎没有什么关系。它不是一种新的人与人之间共享信息的方式，而是一种从世界各地尤其是物理世界收集信息的新方式。毫无疑问，社交网络将会利用物联网提供的服务。例如，Foursquare 是一种社交网络服务，它已经用到了智能手机中的地理定位功能。

1.5.3　不是无线网络

物联网并不只是无线系统。无线网络是物联网中很大的一个组成部分，而且已经成为互联网上第一代"物"的催化剂——但这仅仅是故事的开始而不是结尾，尤其是以 4G 和很快到来的 5G 而闻名的宽带无线技术。这些技术带来了高速的数据连接，能够支持所有的东西，包括需要数 G 容量的高清视频功能，或者是只能容忍毫秒级微小延迟的远程操作技术。

物联网会涉及许多不同类型的网络，它们独立运行（并存但不接触）并充当彼此的冗余系统：基于光纤的系统、基于铜的甚至是基于激光的网络链路。物联网会需要许多网络，但都使用相同的互联网会话语言——互联网协议（Internet Protocol，IP），或者至少可以接入一个支持 IP 网络业务进出的网关，这些网络将终端与数据中心的分析和应用相绑定。

物联网将会超出无线网络这个重要概念一直压在我的心头，因为在撰写本书时，大多数机器到机器（Machine-to-Machine，M2M）系统的早期先例都是基于蜂窝无线网络的。通常蜂窝数据网络基础设施不仅支持越来越多的智能手机和平板电脑，还支持与机器相连。无线技术对 M2M 行业来说无疑是一个巨大的福音，因为最早版本的 M2M（又称工业控制系统，后面很快会多次出现）依赖于物理的铜质电话线，安装和维护这些线路非常昂贵，尤其是在偏远地区。偏远地区的电缆和电线杆很容易断裂和腐蚀，需要定期更换。与城市地区的铜质电话线和电线杆不同，这种偏远线路的全部成本必须由所讨论的 M2M 系统来担负，而且成本无法分摊到庞大的用户群。

蜂窝无线网络一次性解决了这个问题。但是，我们并不能假设有线连接对于 M2M 系统来说已经过时了。任何人都不应该认为"无线"意味着"蜂窝"无线。有许多形式的无线网络在成本上已经等于甚至低于蜂窝无线网络，尤其是短距离（小于 1 千米）通信。

1.5.4　物联网（通常）不涉及隐私

世界各地的隐私法都是有效的，且理由充分。因为没有隐私法，滥用个人信息的机会几乎是无限的。由于个人信息的管理不善，生活可能被毁掉，企业可能被破坏。越来越多的隐私和个人信息成为目标，有时候连原因是什么都不知道：

2015 年，阿什利·麦迪逊网站攻击事件曝光了数百万名"骗子"——他们只是名义上登记了为已婚人士提供的约会服务。除了道德谴责之外，没有任何理由可以为此开脱。虽然阿什利·麦迪逊网站跟物联网无关，但是物联网会有更多的机会暴露个人信息。

许多法律责任都跟个人信息处理不当有关，会处以不同程度的罚款、制裁和监禁，跟问题涉及的行业直接相关。

相对于那些在特定情况下可能成为个人身份信息的非结构化数据，更需要仔细权衡什么时候来定义什么是个人和隐私。众所周知，隐私问题会减缓或阻止物联网的发展，从而是物联网本身。⊖

这个问题的根源在于一些激烈的隐私倡导者根本不懂技术，甚至是勒德分子⊜，而老练的政治或法律操作从员知道如何通过减缓或停止项目来满足他们的要求。可惜的是，增加毫无根据的技术或操作要求会增加成本和复杂程度，从而降低项目的潜力。在某些情况下，项目会变成超出预算的"白象"(white elephant)。

在物联网中，这种与隐私相关的需求蔓延风险也意味着与复杂度相关的危险。正如我们稍后将讨论的那样，复杂度增加了风险：与人员和过程相关的操作风险、与软硬件故障或失效相关的技术风险以及与产出和设计目标相关的业务风险。物联网已经成为人类创造的最复杂的人工制品。进一步增加复杂度的必要性必须被仔细考量和权衡。

个人信息就是仅限于你或其他人的信息，必须可以据此识别出你或其他人。比如，你购买鞋子的片段数据淹没在其他上百万条购买信息里面就不是个人信息，除非你的身份与购买行为被关联到一起，并被存储和管理。这是一个广义的定义，而且一定会有很多关于"可识别"定义的争论，但是正反两方面都有不合理的地方，可能永远不会有统一的定义或规定。已有的一些来自权威组织（如经济合作与发展组织（Organisation for Economic Cooperation and Development，OECD））的指导方针，往往更像是以国家法律为出发点，反而会导致更大的分歧。

给定业务中的大部分数据都不是个人的。一些组织试图评估自己所管理的数据到底有多少属于私人信息——大概不会超过 5%，即使是在以收集和管理客户数据为核心能力的零售服务领域也是如此。对于制造业等行业来说，个人数据的比例会更小。

企业中的大部分数据都是关于生产、协调、财务、市场销售、研究和一般管理的专有内部信息。这些数据大部分仍然是非结构化的电子邮件、服务器上的分散文件。问题是，个人可识别的数据通常会分散在这些非结构化和结构化（数据库、目录）的大量信息中。从安全和控制的角度来看，这是隐私问题最容易出现的地方。

同样，物联网中的大部分数据也不会是个人信息或者个人身份信息，而是来自通过 IP 地址识别的设备的逻辑和控制数据。这些网络地址和实际的人类用户之间的联系（如果有）通常以完全分离的方式存储和管理。对于大多数互联网服务提供商（Internet Service Provider，ISP）来说，IP 地址管理系统关联到的只是一个显示访问级别的用户 ID 系统。然后，用户 ID

⊖ https://www.eff.org/deeplinks/2011/05/california-proposes-strong-privacy-protections
⊜ 1811~1816 年英国手工业工人中参加捣毁机器的人，引申为反对机械化和自动化的人。——编辑注

系统可以关联到显示账户状态的计费系统，而该计费才有可能关联到管理用户身份的不同系统。在技术上，个人信息和个人身份信息之间存在着不同程度的分离。

是的，如果你能从一个给定的设备（比如一块电表）中捕获数据流，并且能够获取设备名到用户 ID 的映射，再假设你能够将用户 ID 映射到用户的真实姓名，而且从系统负载中剔除无关的信令和网络握手，那么你就有可能获得用户的个人信息，但同时你可能已经触犯了法律。

隐私在物联网中是一个重要的考虑因素，但是你必须有足够的知识储备并从长远考虑。否则，"白象"风险就会凸显出来。这一术语将在本书中多次出现。

1.6　"传统"互联网的数据、语音和视频

当前这一代互联网中的设备都是由真实用户来操作上网、收发电子邮件、打电话、观看视频，以及在每天早上发布募捐账户每一分钟的情况。这样的互联网由数据中心的许多服务器组成，可以存储和管理外围设备请求的大量信息。而这些请求同样都是由操作设备的人所发出的，而不是以其他什么自动化方式控制的。此外，中间服务器还可以用来作为外围用户开发内容的资料库或汇聚点。用户将内容发布到数据中心，以便其他用户使用。其中，大部分内容具有不明的价值或难以识别的用途。

这一版互联网给世界带来了深刻的变化，并创造了许多新的财富。在未来几十年的时间里，即使没有数十亿，也会有数以百万计的人的生活会因此变得更美好。

物联网虽然包含了传统的互联网，但又有很大的不同。其中一个简单的原因是：网络的外围设备不再由人工操作，而是半自动或全自动化。而且，在短时间内，它们的数量将远远超过人工设备。

物联网将是数据（互联网）、语音和视频的"三网合一"。我们即将讨论的所有"资产"与过去的互联网不同，将会使用相同的底层网络技术。这些新资产以及过去的数据、语音和视频三种"旧式"资产都使用相同的标准。虽然这并不意味着它们一定会不断地、不得已地共享网络，但是由于技术和基础设施的共用可以带来经济效益，大量地共享网络也就不可避免。

本书将讨论一些潜在的技术，可以用来管理物联网以实现效率和安全性的共同最大化。

物联网预示着一个美好的未来，但并非没有风险，必须加以管理。

1.7　互联网 ++

如果物联网包含了"传统"互联网的数据、语音和视频，那么它还应包含一些新的资产，这些资产将互联网从人工设备网络转变为包含许多非人工设备——"物"的网络。这些"物"有各种不同的名称，并以多种方式被描述，通常反映了特定的使用场景或做出这些描述的特定人员。例如，现实生活中的家庭用户可能会将家里的智能电表称为"物"，而生产工人则可能将管理生产过程的工业控制系统视为"物"，健康产业更有可能将医院患者或门诊病人的监测设备看作"物"。

用于理解物联网中"物"的几种不同描述工具已经由诸如供应商和标准组织等主要机构开发出来。回顾并理解这些工具与物联网的关系非常有帮助。我们说的是同样的"物"吧？

1.7.1   M2M 通信

M2M 系统是物联网的一部分，与后面的许多术语一样，可被视为一个笼统的术语。M2M 并不局限于任何特定的行业，因为它还涵盖了传统互联网数据、语音和视频之外的资产范围。当前这一代 M2M 应用同时包括全自动和半自动化的系统。例如，当下一些最常用的 M2M 系统有销售终端（Point-of-Sale，POS）和自动车辆定位（Automated Vehicle Location，AVL）服务等。其中，POS 设备是半自动的，因为人们必须发起和授权交易（理想情况下）。而 AVL 则是一个自动系统，用于报告货车和其他运输工具等资产的地理坐标。

当前 M2M 系统的一个显著特征是，它们在数据流或服务请求上基本都是单向的。POS 设备通过中央交易处理系统启动交易，通常不具备也不支持传入的命令。AVL 系统几乎只将数据推送到中央服务器，然后将信息向资产所有者显示和报告。AVL 系统通常不接收空口的指令。这些早期 M2M 系统单向性的优点在于被渗透利用的机会非常有限：要求远程终端必须通过物理访问，因此基于网络的攻击概率会更低。

1.7.2   互联设备

除了接入网络的服务器和个人计算机这样的"物"，互联设备也是一个笼统的术语。与 M2M 一样，对于互联设备是自动的、半自动的还是需要人工输入来完成命令，并没有严格的规定。

如果说 M2M 和互联设备之间有什么区别，可能就是在所引用的例子和参考设计中，双向通信可能会出现得更加频繁。互联设备更倾向于彼此间相互通信，而不是仅发送不接收。

互联设备作为一个定义，也可以既用于集中式管理基础设施又用于点对点网络通信的设备。例如，一对互相连接的交通传感器可以共享速度、方向等数据，并根据预先定义和商定的算法来协商电信通路权，从而省去询问集中式系统或服务器。这种类型的点对点决策在决策速度和减少网络负载方面具有非常大的优势。但是相反，如果没有近乎完美的设计，这种点对点的自动系统就排除了监督和安全控制的可能性。

1.7.3   万物智能

目前，市场上有很多"智能的东西"——充斥着家里的每个房间以及工业上的各种应用。比如智能城市、家庭和办公室，智能健康、交通和能源，等等。"万物智能"这一概念也被包含到了物联网中，就像 M2M 和互联设备一样。

例如，智能城市拥有高度协调的基础设施，正是由于物联网才使其变成可能；智能汽车与智能交通控制系统之间对目的地、路线优化、速度、导航等信息的交互，使得交通飞速运转。智能道路会提示维护调度系统它们何时需要维修。这些系统将以无法想象的方式综合使用基于 P2P 和 C/S 的决策、普适网络和大量的可靠带宽，将数据来回传输和存储。而这些数据以后可能会被用于诸如使用计费、城市规划或司法事故调查等用途。

关于"智能"的讨论，与前面 M2M 和互联设备的显著区别也许在于它实质上更趋向于概念，而非技术。因此，许多围绕智能事物的讨论只是假设了一个网络，并没有对网络属性进行说明：它是共享的吗？它是建立在标准技术和协议（如 IP）之上吗？抑或它是专用的私有系统吗？如果"智能"仅仅是一种愿景而不是解决方案，那么这样的讨论常常会超出"智能"的讨论范围。但这也并不是说"智能"就遥不可及，其实根本不是这样的。

"智能"是物联网的一部分，并可能以分形的方式演变为一种概念。小型智能系统将有可能加入其他小型智能系统，以构建更大的智能系统。例如，智能家居就可以由智能家电、智能安全系统（烟雾探测器、二氧化碳探测器、运动探测器）、老人智能健康监测以及家中的桌面和移动计算设备组成。这样的智能住宅与车库中的智能汽车相结合，就形成了智能家居能量存储系统，从而进一步构成全市范围的能量存储系统，进而是国家存储系统。通过这种方式，实际上智能城市或国家就可以由成千上万或者数十亿个小型智能系统来构建。

1.7.4 普适计算

相比于任何一个与物联网相关的术语，普适计算（Ubiquitous Computing，UC）是最不具体、最抽象、最概念化的术语。普适计算的范围很广，几乎涉及计算机科学的所有领域，包括硬件部分（如芯片）、网络协议、接口（如人或机器）、应用程序、信息资产与类型（即业务与个人信息）及计算方法。

实现普适计算必须结合多种技术，如工业传感器网络、多种传输媒介（铜缆、光纤、电磁（无线电）、红外线等）网络、射频识别（Radio Frequency IDentification，RFID）、M2M、移动计算、人机交互和可穿戴计算设备。

尽管普适计算的概念涉及多种不同的技术，但其本质还是关于我们周围环境的智慧和知识（也称为情境感知）。通过了解周围环境，包括人类用户及其工具（汽车、电梯、医疗设备等）的动态地理空间关系，普适计算系统可以提供有用的定制服务，从而促进个人和业务效率的提高。

1.8 谁是物联网的主要参与者

复杂的 IT 项目往往伴随着项目利益相关者之间复杂的相互依赖关系。在物联网中，一个给定的系统或服务通常会有比直观感觉上更多的利益相关者。

1.8.1 利益相关者

每个系统都有各种各样的利益相关者：对系统本身运作方式感兴趣的人或实体。因此，部分关心自然会延伸到系统的安全性上，这关乎系统的功能。

物联网是一种涉及终端、网络的技术系统，在多种情况下会协调集中式服务器、数据库以及数据存储系统。在物联网中，利益相关者各不相同，需要从安全和风险管理的角度考虑，但并非所有的利益相关者一定会参与到所有的物联网系统中。

一般来说，在物联网风险管理的各个阶段都需要去寻找利益相关者及其需求，包括需求的定义、设计、构建、运营和审计。

许多很好的事情都因为未考虑或未请教利益相关者而搁浅，因为这些人都只是在工作推进过程中或者完成之后才坐到桌前进行沟通。其中一些人可能会带来新的需求，这就会产生巨大的成本超支或使项目彻底瘫痪。在第 3 章中，我们考虑了新兴物联网中可能存在的一些类似需求。但是，谁才是可能的利益相关者呢？

1.8.2   物联网利益相关者简图：按资产类别分组

表 1-1 共列出了七类利益相关者。这确实有点多，不便记忆且不适合管理人员展开讨论，所以我们用一个更为简单的标准将这些利益相关者宽泛地分成了四个资产类别（如图 1-1 所示）：终端、网关、网络、数据中心。各个利益相关者都会在每个资产类别中出现，但是为了方便高层讨论，根据资产类别去整合利益相关者的需求可能会更容易——只要讨论中的各方明白这是怎么回事！

表 1-1   物联网的利益相关者

用户	谁在物联网中操作设备或依赖于设备的操作保障
应用服务提供商	谁负责整合解决方案。许多物联网系统需要从基本的组成要素开始构建，而不是单纯的整体设计。在必须集成不同供应商解决方案的情况下，为系统建立的需求应该是切实可行的
制造商	谁来制造组成解决方案的物理设备？通常情况下，这些制造商将为成千上万个不同的客户生产制造设备。他们正在寻求特性和功能的最大化通用，并（尽可能）最小化成本
网络运营商	谁在运行大量的而且有可能成为物联网一部分的可用网络？电信运营商通常会成为这种混合网络的一部分，但也有可能是完全私有的或者专用的网络。这些网络之间的接口会受到特别关注
数据中心运营商	谁运营那些可以托管与物联网系统相关的集中式服务器或存储的物理平台。对于谁在运行数据中心是有许多先例的，他们可以完全不用顾及其他具有特殊需求的利益相关者
监管机构	不同场所，监管可能会有所不同。在某些场所，物联网中的特定应用或系统可能会受到监管，而在其他场所则比较宽松。什么级别的机构有监督权？针对违规行为可以实施什么样的制裁措施？许可的条件是什么？ 监管机构也可以是某个特定国家的认证和许可机构，它的角色是检测是否符合与质量、安全和保障相关的国家标准
相互依赖的第三方	谁依赖于用户及其在物联网中的能力，以及被评估的物联网系统？谁是那些依赖于为物联网系统运行提供必要商品或服务（信息）的用户。这种相互依赖性往往被忽略了，没有顾及项目所有者所冒的风险

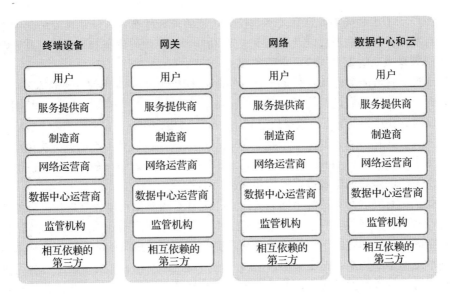

图 1-1 物联网资产分类

1.8.3 终端设备作为资产类别

终端设备是物联网最远端的组成部分，处在网络的末端。它们可以是由人操作的计算机或者简单输入设备，也可以是用来收集信息或者响应集中式控制节点指令的由远程管理的或全自动的设备。

- ❑ 在终端场景中，用户可以是匿名的个人（例如，在 POS 终端上），也可以是拥有各种专用传感器、仪表和控制系统的工业用户。用户仍然是我们目前所理解的那类人员：可以在台式机、笔记本和各种不断出现的移动设备上使用 Web 浏览器等工具的人。

- ❑ 在设备由其所有者专用和管理的情况下，终端的服务提供商可能就是用户本身。但是，服务提供商也可能是第三方外包商，在合同基础上运维共享的或是专用的终端。服务提供商会专注于管理物联网中的设备，并且很可能会在许多不同的管辖区域管理不同的设备——这是管理物联网风险时需要考虑的一个因素。哪些地方是服务提供商的合同允许范围？在哪里管理与服务条款（配置／管理、过程状态、法律、设计）相关的数据？

- ❑ 生产厂商制造终端设备。在某些情况下，他们可能也是服务的提供者，这在工业控制领域很常见。在其他一些情况下，厂商向市场提供的可能是可配置的设备，但是他们几乎不知道这些设备的去向以及具体用途。通常，这些厂商只能通过保修来关注他们的产品。但是，即使是商品类终端设备的制造厂商之间也会存在差异；终端设备并不是被匀质制造出来的，缺陷率、平均失效时间和故障率都会有所不同。此外，还可能会出现许多与终端设备的完整功能集相关的问题。他们是不是只做被要求做的事情？

生产厂商不小心或是蓄意插入不明控制功能的可能性有多大？从风险的角度来看，询问有关出处（由谁制造以及从哪里来）、功能验证（代码审查和测试）以及失败率的相关问题是风险管理者的一项重要实践。

❑ 网络运营商可能会也可能不会出现在终端场景中。但是，在理解系统的体系结构之前最好先不要做任何假设，特别是当终端设备是自组织的并且支持自主的 P2P 网络或 Mesh 网络时。在这种情况下，设备通过其他的节点来传输业务，直到找到一个连接更大网络的网关。这时，网络运营商可能就是管理设备或者用户 / 所有者的服务提供商。

❑ 数据中心（Data Center，DC）运营商对于终端本身来说可能只是一个次要的考虑因素。它所关心的是终端生成数据集的频率和大小。

❑ 监管机构对终端有着各种不同的关注点，尤其是当终端可以控制现实世界的物理结果时。例如，如果设备控制交通或制造系统，那么涉及健康和安全的问题就会有很多。在物联网的早期阶段，监管机构理解和有效管理终端设备的能力可能会随着监管方式的推进而不断提高。对于物联网中的风险问题，终端设备的所有者和运营商都应该意识到这种监管演变的发生，并且意识到规章制度也可能会随之变化。我们将在后续章节中更加深入地讨论这个问题。监管机构可能会对某些设备的制造非常感兴趣，尤其是那些可以无线接入授权频段（例如，手机的蜂窝网络）的设备和那些装有生命攸关应用的设备。在某些情况下，监管机构确实是会推广物联网安全的"指导方针"（尽管可能不使用该措辞），但同时会给出物联网中所有的利益相关方需要注意的信息，来防止指导方针变成新的惩罚性法规的威胁。

❑ 最后，在任何形式的风险管理中，应始终考虑到相互依赖的第三方。用户或所有者可能会依赖于终端设备为其自身生产或连续性而创建的产品或服务（数据），而相互依赖的第三方是除此之外的那些部分。或者，他们可能是供应链上游的第三方，其输入对与终端相关的生产过程至关重要。在任何一种情况下，相互依赖的第三方都会以负债、制裁或与终端设备性能相关的惩罚等形式表示成实质的业务或运营风险。

1.8.4　网关作为资产类别

相对于传统企业的 IT 架构，网关是一种新的资产类别，它通常会与终端、网络和数据中心交互。网关可以被定义为互联网边缘的两个控制域之间的边界，或者是抵达"物"之前的最后一跳。

由于通常是物联网系统或服务的最后一个部分，所以网关成为物联网中的关键控制点，可以访问强大的处理和内存。因此，对于那些缺乏足够控制措施来保护自身及其数据的设备，网关就成为可以应用安全措施和风险管控的地方。

从历史上看，网关一直是作为"无声"设备被集成为网络的一部分，来回转发数据包，或是简单地完成从一个域到另一个域的地址转换。它们只具备最原始的安全功能。

这种类型的传统网关在物联网中是不适用的：在互联网的广阔范围内，网关是非常重要的，它的主要任务是尽可能可靠地、快速地将数据包从 A 传输到 B。

对利益相关者而言，网关与网络也是截然不同的。虽然有着相同类型的利益相关者，但是相较于网络，网关可以由完全不同的利益相关者来制造、购买、拥有、运营、监管、配置和使用。

在物联网中，网关和网络之间的关系可能是完全独立的，但有时网关也可能会与网络完全交织在一起，例如蜂窝网络和基站（节点 B 和演进节点 B）的情况。

这种关系不会降低网关的重要性，或者减少将它们当作独特控制点的需求。在物联网安全、隐私和风险管理的场景下，必须将网关和网络单独考虑。

在物联网参考设计的网关层，终端设备的初始网络连接可能会采取许多不同的技术，尤其是无线技术。其中的一些技术本质上可能是非 IP 的。不同于回程网络，网关的任务之一就是将数据从非 IP 数据包转换为 IP 数据包。

以下对"网络"利益相关者的描述非常相似，在此我们不再赘述。

1.8.5　网络作为资产类别

网络是物联网的黏合剂，可以将数据从网关回传到数据中心和基于云的管理和存储功能——物联网的有效"大脑"。

作为一种资产类别，网络由多种支持 IP 的基本互联技术组成，无论是 IPv4 还是 IPv6（后续章节将会涉及更多关于 IPv4 和 IPv6 的内容）。

网络回程可能会涉及不同的 IP 技术来支撑。例如，将短距无线技术链到远距无线网络（如光纤网络），直接把业务高速传送到数据中心和云。

❑ 在理想情况下，网络中的用户对网络来说是匿名的。因为无论是企业还是个人，流量与特定的用户之间并没有关联。原因很简单：即使是对网络流量做一个大概分析，也会提取出海量的信息，我们将在稍后讨论这个问题。但这却给物联网的管理带来了一个风险，就是网络运营商与它们所遵循的运营条款之间的关系。同样，理想的情况是，网络流量基于逐包指令进行分类，这些指令会向网络运营商说明用户的服务级别需求以及任何可能会影响到用户安全信誉的潜在问题。以上任何一种情况都需要运营商对流量实施适当的 QoS 管理。

❑ 服务提供商与网络运营商可能相同，也可能会在数据传输的部分阶段明显不同。虽然服务提供商可以为用户管理设备，但他们完全可能不管理网络。用户的这些设备可以直接接入由电信运营商或网络运营商管理的公共或私有互联网，为物联网中的所有设备提供基本容量；另一种可能的模型是，用户和终端先接入一个由服务提供商管理的私有网络，然后再由第三方网络运营商将数据长距离传输到数据中心。虽然这样的部署很常见，但它也给物联网带来了风险，因为这样通常会使网络服务的水平和安全责任分散到各个提供商。由于数据经常需要实时或者准实时地传输，所以服务提供商就有机会将服务质量的下降归咎于网络运营商，反之亦然。在物联网（或任何相关网络）中，这样的情况不利于快速解决问题和有效的风险管理。

❑ 在网络环境中，制造商构建网络元素：支持关键服务（如域名服务（DNS）、用于 IP 地址管理的动态主机配置协议（DHCP）、用于认证服务的 RADIUS），的路由器、交换机和服务器，也构建安全元素：防火墙、拒绝服务保护和网络分析工具。由网络运营商或潜在的服务提供商所管理的这些网络设备应该在很大程度上对用户是透明的，即使做不到完全透明。在大多数情况下，制造商向市场提供大量可配置的网络设备，但是却对这些设备的去向或使用方式知之甚少。通常，他们对产品的关注只能停留在保修的层面。所以，与终端设备一样，这也有可能会引发与网络设备各项功能相关的安全问题。因此，跟网络设备制造商相关的指导必须保持一致：询问有关出处（由谁制造的以及来自哪里）、功能验证（代码审查和测试）以及失败率等问题都是风险管理者的重要实践。

❑ 网络运营商是典型的网络资产类别主要参与者，其代表包括：大型运营商（通常是被管制或未被管制的老牌电话垄断企业），具有批发购买和销售网络容量的运营商，使用现有网络（例如，无线网络、有线网络甚至光纤网络，其中光纤网络使用与公共事业和基础设施（如铁路或管道）相关的路权）替代技术的新进运营商。虽然这些网络运营商可能会共享一些基础设施，如光纤束、路权和无线电发射塔，但他们常常使用不同的网络设备（交换机、路由器、防火墙等），并自己选择设备和服务的制造商和供应商。基本上所有的网络运营商都各不相同，即使服务水平协议看起来类似，服务水平也会有所不同。大部分物联网风险都会在网络运营商的选择和管理中出现。关于此问题，后续章节会有更多的讨论。

❑ 数据中心运营商作为一种资产类别在网络中拥有既得利益，因为它将终端连接到由数据中心提供的集中服务。但是与此同时，数据中心运营商又存在一定的私心，要跟网络运营商保持一定距离。具体来说，如果数据中心和网络操作人员之间没有十分紧密的合作，那么就很难问责与 M2M、网络语音协议（Voice over Internet Protocol，VoIP）、Internet 等给定服务变差的相关问题。当有事件发生时，这样就可以逃避责任并横加指责。这展示了物联网中的一个基本风险：跨资产类别的问责。在理想的情况下，从应用的所有者或用户角度来看，服务变差应该是易于检测和解决的，特别是在物理影响的情况下。然而，数据中心和网络运营商独特的所有权结构常常违反这些优先级。

❑ 监管机构对一些网络提供商严加监管，而对另一些则几乎不加监管。通常，现有运营商会受到严格的监管，而新进运营商所受到的监管会相对较轻。与现有运营商相关的监管制度应该涵盖关税（价格）、合法接入（在司法或其他政府命令下的窃听）以及可能的强制服务提供（比如农村地区）。通常情况下，监管旨在促进与公民的接触，并广泛支持工业发展。它一般不会细化到服务级别。从物联网的网络资产角度看，监管机构还是相当温和的，但是也不要期望它会提供便利或强制条件来大大降低物联网风险。在许多情况下，监管机构缺乏管理物联网风险的授权、灵活或技能。然而，在某些情况下，监管机构也确实会为了安全而推广"指导方针"，这样一来，所有物联网的利益相关者都需要有意识地去管理与物联网相关的、新的、惩罚性法规的威胁。

❑ 因为几乎所有的核心（长期、大容量）运营商网络由许多实体和用户共享，所以相互依赖的第三方成为网络资产所有者的一个基本考虑。当数据穿行于这些共享网络时，一定会发生混合交互。虽然这些数据将会在多个分层（链接层、网络层、会话层等）中以多种方式（加密、压缩）被隔离，但它们仍然共享相同的基础设施。一个破的、慢的或脏的（包含非法或恶意流量）"管道"对于所有依赖它的人来说就是一个破的、慢的或脏的通道。结果就是，物联网风险管理需要对共享管道的第三方保持一定的警觉。不一定要确切地知道他们是谁，但是要知道他们的存在，并且网络服务提供商已经有了相应的缓解措施，确保一个用户的行为不会对另一个用户产生灾难性的影响。

1.8.6　数据中心和云作为资产类别

数据中心或"云"在某种程度上是物联网集中收集和管理节点的形象术语。集中收集节点通常是一个数据中心，具有更大的存储和处理能力，可以管理物联网终端生成的大量数据。它也有可能是一个集中管理节点，分析评估来自终端的信息，然后基于聚合智能形成指令返回终端或者用于外部（明确不是流程的一部分）管理决策。

数据中心和云会以多种形式呈现在物联网中，而且已经存在于许多供应商提供的各种配置中。一些数据中心将专门用于单个租户或所有者，如银行或政府。但这是数据中心 / 云的传统使用方法。更新的方法是云，数据中心的资源由负责多用户基础设施的第三方来管理。其中的应用可以由单个租户专用，而平台（操作系统）和基础设施则可以共享。越来越多的机构都开始采用混合系统，将专用的数据中心 / 云与共享和租用的云资源结合使用。他们根据数据的敏感性、数据中心或云的地理位置以及需求波动等因素，混合并匹配数据中心和云计算。[⊖]

数据中心资产场景下的利益相关者在特征上更类似于终端资产类别，而不是网络资产类别。

- ❑ 数据中心的用户可能是匿名的个体（例如在 POS 终端），也可能是传感器、仪表或控制系统的工业所有者，这些设备和系统用于自己的用途或服务于拥有大规模集中数据存储的银行或政府等主要机构。用户依然是我们目前所理解的那样：在台式机、笔记本电脑和越来越多的移动设备上使用 Web 浏览器等工具的人。对于用户来说，虽然他们在数据中心保存了大量的信息，但是他们对这些数据的实际存储位置很可能一无所知。所以，对物联网用户来说，数据中心 / 云这类资产类别的物理位置可能是一个重大风险。
- ❑ 数据中心的服务提供商可以被终端用户（所有者）所拥有和操作。历史上，用户已经能够拥有并运行他们自己的专用数据中心。但是在过去的十年中，随着其规模和重要性的急剧增长，数据中心（特别是云）越来越多地由被专业的服务提供商所运营，为所有用户（除了最大的用户）提供服务。数据中心的服务提供商通常是运行大型共享设施的第三方供应商，例如，Amazon Web Services 和 Microsoft Azure 就是世界上最

⊖　关于云设计和不同形式的云，有很多需要解释的地方，比如基础设施即服务（IaaS）、平台即服务（PaaS）和软件即服务（SaaS）。但是本书假设读者知道这些区别。

大的云服务提供商中的两家。数据中心 / 云服务提供商有可能专门用来管理物联网设备，但更有可能是提供覆盖所有物联网应用类型的标准化服务水平。例如，数据中心 / 云服务提供商负责提供热量、电力、空间、网络接入和计算平台（操作系统），甚至是完全配置软件应用（Salesforce.com 就是一个比较值得注意的例子，微软 Office 和 Adobe Acrobat 的最新版本也是如此）。与数据中心利益相关者有关的一个主要物联网风险是它们如何处理和报告安全。这通常是一个棘手的管理问题，因为数据中心资产类别的共享性质意味着安全措施和安全事件会影响数据中心的所有用户。

❑ 数据中心环境中的制造厂商是那些为生产数据中心内部使用的计算平台和网络设备的实体。以前，这些硬件和网络设备对用户来说是透明的。在某些情况下，用户可以购买和管理他们自己的硬件，仅使用数据中心来管理供暖、供电和网络。无论是哪种情况，随着数据的物理位置和监管之间的联系越来越重要，对制造商和设备类型的选择也变得更有意义。而且这种联系现在是可以管理的，因为可审计安全控制技术的出现使得数据处理和应用能够被限制在特定的处理器和硬件平台上。在物联网中，这种使用新兴风险管理控制的能力非常重要，尤其是特别敏感或受到额外监管的信息。

❑ 网络运营商完全适用于数据中心 / 云环境。在数据中心，他们是管理物联网整体风险的重要考虑因素。原因很简单：网络作为大型集中资源，是连接进出数据中心的通道。连接到数据中心的网络资源保障要与服务的总体保障水平一致，要跟数据中心的保障措施一样多。数据中心风险（也称为"云计算"风险）管理的一个挑战是如何管理网络运营商与数据中心提供商之间的关系和接口的风险。通常是，关系越密切，越能更好地进行共同管理和监控，也就越能更好地管理风险。相反，当数据中心运营商提供的网络资源完全来自最低成本的提供商（服务水平最低）时，任何关于物联网服务的问责争论都可能会立刻出现。

❑ 当然，数据中心运营商本身就是数据中心资产类别风险管理的关键。与数据中心运营商相关的问题包括（但不限于此）：地理位置、数据复制方法、安全政策、程序和操作、监管环境、财务稳定性、所有权、审计和执行监督。在过去，数据中心从来没有像电信服务提供商、银行、医院、警察和运输系统那样被认为是关键基础设施。在物联网中，对于给定权限来判定物联网数据中心核心和关键的程度，肯定会影响用户和所有者管理风险的能力。为什么？因为被定义为关键基础设施的行业在紧急情况下会得到特别的支持和优先权，这很可能是物联网系统受到威胁时最需要的。

❑ 在数据中心场景下，监管机构关注的通常是与数据中心的应用相关的数据管理方式，而不是数据中心本身。例如，支付卡国际（Payment Card International, PCI）（非政府的行业监管机构）对通过中心的交易处理程序来管理信用卡信息存在各种各样的问题。虽然这些问题大部分会被应用程序所有者或运营商所解决，但如果出现数据中心提供商向数据中心提供内部网络的情况，就有可能会引起 PCI 等监管机构的注意。当然，在数据中心，数据的物理风险（例如，备份媒体被盗）也会引起监管机构的关注。

　　与网络相比，数据中心运营商过去受到的监管较少。然而，最近由于安全港[⊖]（Safe Harbor）协议的破裂，这种情况发生了变化。因为安全港协议实际上管理着欧洲个人和公司使用的位于美国的数据中心／云。监管机构对数据中心／云以及其中如何管理个人身份信息变得越来越感兴趣。随着监管方式的改进，监管机构理解和有效管理数据中心的能力将会发生变化。例如，除了个人可识别信息（Personally Identifiable Information，PII）之外，在信息技术领域，数据中心可能会被广泛视为正式的关键基础设施，而已有的关键基础设施包括网络运营商和（终端和网络）设备制造商。

- ❑ 在数据中心资产类别下，由于大多数数据中心是众多不同客户的共享资源，所以相互依赖的第三方可能会成为物联网中最大的风险之一。虽然数据中心可能会煞费苦心地隔离其中的计算平台以及相应的应用和数据，但通常它们还是会共享进出的网络。针对数据中心特定客户应用的暴力网络攻击（比如拒绝服务攻击，只是简单地让网络充满攻击业务）几乎不可避免地会影响到数据中心的所有客户。类似地，那些针对计算资源的拒绝服务攻击，相较于网络资源，也有相同的附带影响。由于数据中心托管了各种不同的客户，所以当数据中心运营商利用工具对动态的、使用中的数据进行管理和隔离时，就会对物联网风险产生很大的影响。

1.9　他们为什么在意？不同视角的利益相关者

　　物联网利益相关者可能会被理解为是那些关心"是谁""是什么""在哪里"以及"怎么做"这些基本问题的相关者：

- ❑ 谁是利益相关者和有关各方？
- ❑ 正在管理什么数据？
- ❑ 数据会去向何处？
- ❑ 如何保护数据？

1.9.1　谁能访问物联网数据

　　谁会关心物联网中被管理的数据？谁有权访问物联网数据和设备跟利益相关者的范围有关。答案也很简单：很多人和组织。

　　一些利益相关者是数据的所有者，但是许多利益相关者都有着与数据的管理和传输相关的商业利益。不过这些管理者和传输者并不知道数据的含义或类型，因为数据负载是不透明的。

　　对于数据的所有者来说，有所担心是很正常的。他们可能期望数据能够及时到达物联网中的应用（电子邮件、医疗监控、安全摄像头、仪表等），而且保证未被篡改、完整性和机密性。但是这些数据的所有者又不得不完全依赖于设备制造商、网关和网络服务提供商。这些制造商

和服务提供商在很多方面都被要求数据透明。虽然他们知道这个要求，但许多都几乎没有提供这样的环境。其实他们并不知道该如何使用数据，也不了解与质量或服务水平下降相关的潜在风险是什么。

物联网负载的不透明性是一个重要的安全考虑因素，它有好处也有坏处。模糊数据或负载的好处是，可以以一种或多或少的匿名方式管理和传输数据。你真的想让你的服务提供商或设备制造商知道你在做什么吗？可能不会。因为物联网包含大量由机器设备自动或半自动生成的数据，所以物联网中的数据不仅仅只有电子邮件和网页流量。物联网中的数据涉及家庭自动化、医疗设备、交通和许多其他系统。在物联网中，如果这些数据可见，会使制造商和服务提供商能够从根本上重现每个人的生活方式或者是组织机构每分钟的运行细节。

在物联网中，数据不透明的好处是可以保护个人隐私，从更广的范围来看还可以保护商业敏感信息的机密。

物联网数据不透明的坏处是对不同类型的数据业务进行分类将会变得更加困难：分类时只能根据数据在网络中传输的速度、对数据应用了多少保密控制以及采取了多少措施来减少数据错误或重传。

分类能够使制造商和服务提供商为应用及其所生成的数据提供合适的服务级别。这意味着，更高敏感性的应用和数据可以根据用户的关注度和紧急程度来进行定向传输。当然，用户可能会以某种方式为此买单。

分类功能还允许那些要求低保障、低敏感度要求的应用和数据使用成本较低的设备和传输——降低了终端用户的成本。例如，较低保障需求的应用或数据负载可能意味着它会以较慢的速度到达，可能需要好几秒钟甚至几分钟。

服务中的另一个区别可能是数据会采用不确定的路径：根据哪里网络容量最小且可能最便宜，从众多线路中选出一条近乎随机或未知的路径。有关确定性的更多讨论，请参阅 1.9.3 节。

对于物联网中的许多实体来说，数据不透明的坏处是，它可能会影响整体的成本效率和安全性，并增加风险。

1.9.2 物联网中有什么数据

有什么数据？根据应用和使用场景的不同，这一问题本质上是终端设备（有时是网关）所管理的、通过网络传输并存储在中心资源库中的数据。物联网数据的功能是什么？物联网所收集和管理的信息类型定义了如何规定、生产、使用和最终停用或处理终端设备、网络和数据中心。

物联网用户显然是利益相关者，因为数据通常是他们提供的。在某些情况下，数据（如个人信息）属于用户；而在其他情况下，如传感器数据，所有权可能并不明确。例如，如果数据不能识别个体，那它就不是个人的，即使它可能与个人有关。在评估物联网风险时，一定要时刻记住这一点："个人信息"必须能够识别个体。仅仅因为数据跟个人有关，并不意味着它会受到触碰全世界大量已有的、明晰的个人信息法规的风险。

就此而言，如果用户或系统设计人员怀疑或确定可识别个人身份的信息在物联网中被管理和传输，那么他们就需要知道物联网中"有什么数据"与他们的数据、安全性和风险相关。

作为物联网用户的企业、政府和其他实体，必须清楚要通过衡量其全部的内在价值来确定数据的敏感性。其中是否存在商业敏感信息？例如，这些信息是不是财务结果、运营指标、规则，甚至系统控制指令？是否包含市场营销或其他商业策略？是否涉及与国家安全有关的信息？是否存在第一方对第三方负责的属于其他企业、政府或其他实体的信息？是否存在个人可识别信息？在这种情况下，当与"是谁""在哪里"和"为什么"等其他因素结合到一起时，"有什么"数据就可能会带来风险。

物联网终端设备制造商很显然是利益相关者，与终端对接的系统制造商同样也是。例如，当定义了与其参与物联网相关的安全性时，不论内部系统是谁开发的，例如汽车通过物联网进行呼叫，系统的开发者都需要考虑数据的属性。其一，这些信息是否仅仅是关于损耗指标的匿名统计数据？其二，数据是否与产权信息以及地理记录的旅行模式相关联，以预测维护和主动解决潜在的机械故障？两者可能都是由汽车移动设备推送的合法数据形式，但是从安全和隐私的角度来看，它们是截然不同的。否则，如果汽车具有了双向通信功能，那么厂商就可以向汽车推送软件补丁，到时候该怎么办？这可能会对物联网通信安全提出更高的要求，因为未经授权的代理商注入未经授权的软件可能会影响物联网的物理安全。对于制造商来说，他们打算让物联网设备"有什么数据"是相关风险以及正确管理风险的基础。

系统集成商是负责将所有部件构建成物联网的人，与制造商和第三方系统一样关注"有什么数据"这个问题，因为最终他们要让物联网运转起来。

制造商通常希望他们的产品尽可能地扩大市场，并可能会在数据类型方面支持一系列"已有数据信息"。我们可以预期一种单一类型的设备能够支持更高和更低风险的应用，这样的设备可以在不同物联网的应用中使用。因此，终端设备、网络和数据中心的配置与管理将决定数据的安全性，以及由系统集成商来管理的风险。

物联网数据还定义了设备的物理位置、组成要素以及人和其他机器的控制接口（假设有一个专为人设计的控制接口）。因此，环境上相邻资产的所有者都是利益相关者。比如，个人、各级政府、业主。

因为物联网数据可以包含与环境或物理安全、商业敏感信息以及潜在的个人可识别信息相关的数据，所以监管机构也可能是直接的利益相关者。在大多数情况下，监管机构只负责监管，他们不运行系统。因此，与"物联网中有什么数据"相关的风险管理责任通常是监督和审计。

间接地，可能还有其他形式的与"物联网有什么数据"有关的利益相关者，如保险公司。如果物联网设备产生的数据因为未经授权的发布、更改、删除，或数据的可用性下降甚至完全丢失而产生潜在的责任，那么保险公司很可能是间接的利益相关者，也可能是直接的利益相关者。

1.9.3 物联网中的数据在哪里

在物联网中，与数据安全和风险管理相关的数据"在哪里"问题包括：终端设备产生数据，网关对数据进行标准化、预处理、加密和压缩，然后将其发送到传输网络，最后到达数据中心或者云系统。

在物联网中，产生数据的终端通常是远程设备。随着越来越多的小型设备通过网络将数据源源不断地汇聚到中央数据中心和存储阵列中，这些设备实际上已经开始逆转整个互联网的数据流向。终端的很多威胁会贯穿于整本书进行讨论，但基本的关注点是相同的：在终端创建的数据是否得到了充分保护，使其免受未经授权的发布、更改和删除？这些数据的创建是否及时？读者将会认识到，这些关注点可以归结为"机密性、完整性和可用性"。

能力受限的终端可能没有办法规范和准备数据，将其以一种有效或者安全的方式通过网络发送和回传。网关可能才是一个对大量数据进行预处理的地方，要么为了效率（删除不相关的或者重复的数据集，同时对数据进行压缩），要么为了安全（网关可能采用加密机制，也可能为那些不支持严格的身份管理、需要依赖网关的终端提供认证）。

下一个数据"在哪里"的位置是网络，也就是数据从离开起始终端，经过某种形式的网关（远程设备，或者也可能是一个集中控制系统），最终到达目的地（数据中心/云，用来集中存储或者处理数据；也有可能是终端，其中数据会被看作指令或其他控制参数）所经过的这些位置。在网络中，确定数据"在哪里"非常重要，因为经过一个网络的数据流总是受到各种不同的威胁。在高层网络中，数据会面临多种威胁，比如窃听、篡改和删除。（其他如相关威胁"截获"和"伪装"等同样需要适当考虑。）

通过物联网传输的数据对机密性、完整性和可用性攻击的敏感程度将决定怎么才算充分管理物联网风险可能需要的强度。

1.9.4　物联网中的网络决定论

决定论指的是理解和预测数据通过网络路径的能力：在任何给定的时间内，数据在网络的何处？当数据通过基于互联网的网络或者就是通过互联网本身时，单纯地问"我的数据在哪里"实际上并没有什么确切的意义。除了在互联网中很难预测路由之外，路由可能会随着数据包的不同而改变。

事实上，互联网的默认属性是高效地传输数据，更重要的是绕开拥塞、降速和中断。实际上，如果你追溯互联网发明背后的重要原因，就会发现对信息网络的需求——在一些节点（地理区域）被完全破坏时，还能够保证幸存节点之间的通信。

从安全的角度来看，网络决定论的价值在于使物理窃听、记录、注入、伪装和其他攻击变得更加困难。你也许更加信任某些路径和通道，因为你知道物理光纤分布在哪里，知道路由器和交换机设置在哪里，知道谁拥有他们，知道所有的这些网络资产是安全的。你对"谁"在运行物联网网络的了解越多，就越容易做出与数据"在哪里"传播相关的准确风险评估，并投入适当的安全资源。在你的物联网中，对物联网中关于"谁"的了解越少，你必须接受或者通过其他方式处理的风险就越大——在风险管理的术语中也称为补偿控制。

最后需要考虑的"在哪里"问题是数据停止时的位置。与"在哪里"直接相关的两个问题：一是法规，二是能力及其衍生成本。

根据数据性质的不同，它所涉及的管辖权可能会引入或降低管理风险，不论是在其起始域还是目的域。

首先考虑起始域：在数据起始域有什么样的法规管理数据？特别是，这些数据是否是可识别个人的？某些类型的数据可能很难从产生它们的管辖范围内删除。例如，个人信息很少被允许跨国界转移，除非已经做了严格审查并仔细记录；有时，个人信息可能根本不会从其原始管辖权中删除。另外，某些类型的数据可能被认为具有商业敏感性，并与生产水平和由此产生的销售和利润有关。在这种情况下，从一个管辖区到另一个管辖区的数据转移可能会也可能不会建立可靠的（或疏忽的）管理和相关责任。在将数据通过物联网传输到目的地之前，需要首先考虑这些问题。

往往数据"去哪里"可能比"来自哪里"更重要，因为俗话说，占有即所有。当涉及监管问题时，最常提到的风险与适用于不同管理域的发现权和搜索权有关。一个国家的数据是否保存在一个对非法搜索（以及可能的侵占和破坏）缺乏保护的国家？或者，数据所处的管理域是否拥有相同的或是相似的法律和规章？在第一种情况下，风险会增加，而后者可能对物联网相关的整体风险没有影响。

1.9.5 物联网数据如何管理的问题

在物联网中"如何"管理风险关乎管理数据的系统和数据本身的安全性。那么如何在物联网的终端、网关、网络和数据中心 / 云四个不同部分管理数据呢？

如何在终端管理风险，既与设备本身有关，也与从中央控制系统收集或采集到的数据有关。在某些情况下，设备的持续运行可能比数据收集、管理或接收更为重要。物联网网关也是如此，它可能支持各种不同的服务，其中最重要的是对可用性聚合敏感性，因为这些服务首先需要网关启动并运行。

在即将到来的物联网中，很多设备将由电池来供电，并从环境中汲取能量（比如利用太阳能或者风能），否则业务会因大量设备过度消耗电力而被电费账单拖垮。在这样的情况下，终端设备保护数据安全的能力可能会受到限制，因为设备自身功能的优先权要高于某些甚至全部安全功能。

再次回到机密性、完整性和可用性的安全问题上，设备和网关如何保证机密性，跟加密和入侵检测 / 预防技术的应用程序一样，是一个高质量代码开发的问题。虽然智能设备和系统中良好的代码开发有助于降低能耗，但是加密、防火墙和入侵检测系统的功能永远不会降低资源消耗。此类技术需要一定的处理能力和相应的能量。

所以在某些情况下，物联网设备的风险管理可能会导致加密、防火墙和入侵防御技术的缺失，或者导致这些功能全部委托给网关，远离终端设备。同样，可以通过细致地操作系统和代码开发，以及基于软件的算法（例如，散列函数和检错协议）来保护完整性，从而确保能够防范完整性风险。

通过精心开发的设备代码和适当的能源管理措施，可以部分解决与数据相关的可用性风险问题，确保设备不会停止运行。这些可用性风险和控制措施是设备整体安全性中固有的，而管理机密性和完整性风险有时可能非常昂贵，以至于无法在终端设备完全或部分实现。

如何保护物联网数据也是风险评估和管理的重要因素。我们之前已经讨论过网络通信中的决定论及其对风险管理的影响。也就是说，数据的路径（"在哪里"）会影响到谁可以访问这些数据来实施各种不同的攻击。这些攻击可能有也可能没有合法授权。

在网络内部，可能会询问与数据传输方式相关而与传输位置无关的各种问题。理想情况下，如果数据与"如何"传输密切相关，那么数据"在哪里"的风险就会大大降低。例如，各种加密技术可被用于网络通信。其中，最流行的技术可能是安全套接层协议（Secure Socket Layer，SSL），它被广泛应用于 Web 服务，也可以应用于任何类型的数据。IP 安全协议（IP security，IPsec）作为另一种非常常见的面向网络的安全控制技术，可以建立从终端到网关的安全信道。如前所述，如果由于终端限制而无法进行加密，那么网关和网络可以被设计用来提供封闭的或者"虚拟"的专用网络和体系结构。

网络分段是物联网中"如何"管理网络风险的另一个要素。网络分段使用逻辑上封闭的架构和寻址方案，不允许数据发往其他网络，从而有效地管控给定物联网系统中的数据源和目的地。这些方案不仅在世界各地的企业中广泛使用，而且还被应用到了一些超大型互联网服务和数据中心 / 云基础设施中。私有体系结构和网络分段是风险管理的一种形式，本书后面将对此进行讨论，它们肯定是"如何"管理物联网风险的一部分。

从"如何"管理网络风险的角度出发，最后一个要素是数据中心或云，包括许多物联网系统的中央存储、管理和控制的基础设施。在这些系统中，数据该如何保护？同时数据中心 / 云系统自身又该如何保护？

数据中心、云服务、相应的底层存储系统、管理系统和控制系统非常复杂，很难理解这些系统"如何"运行也是有一定困难的——因为许多数据中心 / 云服务的提供商已经开发出了具有竞争优势的专有软件和系统。

1.9.6　基于风险的物联网安全保障方法

作为管理物联网风险的一般方法，需要从业务、操作和技术的角度考虑这些复杂系统的管理方式。

从业务角度来看，"怎么做"是关于安全的管理支持和形式化的风险管理。是否有安全策略来指导操作管理者？这些策略是否充分地考虑了合规性等问题？

从操作角度来看，"怎么做"跟流程、人员配备、培训和审计相关。事情是否有良好的文档记录？员工是否具有足够的知识储备？是否有第三方充分确认流程？操作流程是否支持更高层次的业务目标和策略？

从技术角度来看，"怎么做"跟可以提供安全性的硬件和软件相关。是否存在多个分层？是否有集中或者协调的报告？操作流程是否可以充分保持了技术控制？

本书的后续部分将主要从业务和操作两个角度来考虑风险管理问题，并不时会关注技术风险管理，但是不会涉及具体的个别技术或供应商解决方案。

1.9.7　最后的话——是谁 / 是什么 / 在哪里 / 怎么做

本节已经揭示了负责管理物联网风险的多个维度和利益相关者，虽然有重叠的地方，但是侧重点各不相同。

多维度和重叠的责任成为一种监管思路，无论是有意的还是偶然的。如果负责管理风险的人太多，那么其中一些人甚至所有人都可能会做出错误的假设。他们会认为别人正在处理事情，而实际上没有人在处理风险。

1.10　总结

　　因为物联网作为一种趋势，不得不面对与其他互联网趋势和流行因素的激烈竞争，所以我们在本章的一开始就试图分析"物联网是什么，不是什么"。尽管一些信息来源会让所有人相信物联网的一切都跟社交网络有关，但事实并不是这样。社交网络是当今互联网领域重要的组成部分，而不是不断发展的物联网的核心。

　　物联网也与隐私无关。隐私是关于个人可识别信息的。物联网中肯定会有个人信息，可能会产生一些新的隐私挑战。但本质上，物联网跟个人信息管理无关。物联网中的大多数信息都是关于无法识别个人的交易、移动和活动。因为隐私对于每个人来说都是非常"私人的"，所以在许多地方和场景中，法律都会很好地保护它。我们很可能准备好了进入物联网世界所需要的一切，因此不必过分担心隐私会因为缺乏关注而受到某种程度的损害。

　　物联网严重依赖于网络，但它并不是网络本身。网络是物联网的推动者和风险。在撰写本书时发现，大量的关注和投资正在投向宽带网络，特别是无线网络。投资的原因有很多，物联网只是其中之一，但不是最主要的。虽然网络对物联网至关重要，但它却不是物联网的决定因素。

　　作为终端和网络的中间设备，网关在物联网中比过去显得更加重要，因为它可以为资源受限的终端提供资源密集型功能，如数据加密、身份认证和存储。

　　人们还完全不知道应该如何定义物联网。在本书中，我们称它为"物联网"，这大约是10年前提出的一个名词，并不是本书的原创。虽然各行各业对物联网的称呼不尽相同，但基本上都是在谈论同样的事情。如果把这些定义进行比较，你会发现它们的区别可能很小，而相似点却很多。你可能会看到物联网的其他名称，包括机器到机器、智能系统、智慧系统、连接系统，甚至是语义上的万物互联。最后，本书中所讨论的风险及其问题将适用于任何名称的物联网系统。

　　物联网与过去的互联网并无明显区别，它是对去互联网的一个扩展。在过去的20年里，互联网一直由语音、视频和数据服务"三网合一"的讨论主导。物联网包含了所有这些遗留的应用和资产，并将新的应用和资产融入其中。现在，所有这些新旧资产都混合在同一个网络中。传统互联网的安全和风险管理对现在的物联网来说与以往一样重要。从风险角度来看，物联网中的新资产还需要再额外考虑些什么？

　　物联网与利益相关者的层次有关，许多新的服务配置和交付选择不像以前的互联网那样，只具有简单（或者更简单）的供应商–买方关系，而且很少发生变化。在物联网中，有许多与终端相关的选项：数据来自何处或流向何处；终端应该卸载什么功能由网关来承担，怎么卸载这些功能；在网络中，终端可以使用哪种媒介，传播速度有多快或者快到什么程度；终端如何借助数据中心和各种类型的云管理从物联网流出的大量数据。这些选项带来了大量新的创新管理、操作和技术模式，但同时也增加了复杂性。

深入剖析物联网

本章主要描述物联网的组成。为了管理物联网风险，你不仅需要了解被评估的应用、设备或服务，还需要了解其他类型的设备，这些设备在某些情况下肯定会共享部分物联网基础设施。

2.1 物联网什么时候真正到来

物联网现在就在我们身边，而且每天都在发展。起初，物联网以智能电表、基础设施、自动取款机、摄像头等形式存在，在很大程度上被大多数人忽视。到 2016 年，随着许多消费品的智能化，物联网已逐渐成为家喻户晓的话题。与此同时，物联网正变得声名狼藉，因为其安全性做得太糟糕。本书充满了对消费者设备的引用和脚（不只是商业物联网设备）——安全性很差。

正如我们即将讨论的，物联网正迅速部署到多个领域，为所有希望首先创造收入的利益相关者带来收益。自 2010 年以来，物联网已经成为一个真正的行业，到 2020 年，设备将快速增长到 500 亿台甚至更多。[⊖]

2.2 IPv4 无助于物联网

物联网和 M2M 的连接现在才刚刚起步，与之相比，早在 20 世纪 90 年代，互联网在欧洲和北美的总体增长与投资就已经令人瞩目了，造成这种现状的原因有很多。其中一个原因是，我们希望成百上千万的小型设备之间、设备与集中应用之间都能互相通信，但这却受到互联网协议第 4 版（Internet Protocol version 4，IPv4）的限制。

IPv4 总共大约有 43 亿个可用地址，地球上的每个设备都有。因为给定的地址会被反复

⊖ http://www.cisco.com/c/en/us/solutions/internet-of-things/overview.html

使用，所以使用 IPv4 时需要进行网络隔离。处理这些网络充满了困难，这也意味着运营成本会越来越高。最后，单从网络角度来看，运营商手中可用 IPv4 地址的不足将会提高 M2M 的长期成本和可行性风险。

从物联网风险管理的角度来看，理解这一点很重要，因为部署基于 IPv4 的物联网系统可能只在短期内有效，在中长期无效。在某些情况下，即使你的特定应用不需要升级，运营商网络也会升级。当主要的运营商升级时，客户迟早也会被要求升级。也许不是紧随其后，但最终会升级。假设 "IPv4 在未来 20 年内始终可用" 是有风险的。想要进入物联网领域的组织需要明白：即使你们现在拥有功能完善的 IPv4 解决方案，也很难持续到未来摊销公式达到收支平衡和回报的时候。

2.3　IPv6 开启了物联网

在大多数情况下，第一代物联网已经部署在基于 IPv4 的传统互联网技术上了。但是这种情况不会延续到未来的物联网！还差得远！

基于 IPv4 的网络正面临着一次重大的升级，任何地方的网络设备都需要进行加强，以便处理互联网协议第 6 版（Internet Protocol version 6，IPv6）。

2011 年 2 月，我们用完了旧的 IPv4 地址，已经没有地址可分配给区域互联网注册机构。当这些区域互联网注册机构分配完它们的最后一个 IP 地址时，将再也没有多余的 IPv4 地址，任何需要 IP 地址的新机构、设备、男人、女人、孩子或野兽都只能使用 IPv6 地址。

预计各区域注册机构将会以不同的速度用完地址，亚洲和北美的注册地址已于 2011 年耗尽。非洲和拉丁美洲的注册机构预计到 2015 年后还会有充足的地址，但根据过去对地址耗尽的预测，这种预计可能过于乐观。

2.3.1　什么是 IPv6

IPv6 是互联网协议第 4 版的下一代版本，它支持了迄今为止互联网的发展。IPv4 是当前大多数互联网使用的寻址系统，并且大部分企业内部网络还在使用一种称为私有寻址的 v4 型地址，这种地址为此在 IPv4 规范中保留了下来。（IPv5 只出现了一小段时间，它是组播协议系列中一种非常特殊的协议，并且一直处在试验阶段。然而，它的确在 IP 技术的发展过程中占据过一席之地，之后 IP 协议直接跳到了第 6 版。）

IPv6 在很多方面与 IPv4 有所不同，例如增强的安全性和移动性，但 IPv6 的主要优点是能够给即将到来的物联网提供近乎无限的 IP 地址。IPv4 最多可以提供 43 亿个地址，而 IPv6 可以提供更多的地址——3.4×10^{38} 或 340 万亿个地址。

2.3.2　IPv6 对物联网通常意味着什么

IPv6 意味着变化，而变化通常意味着风险。此外，IPv6 不是一个选项：那些推迟 IPv6 计划的人最终会发现自己被孤立在残存的 IPv4 用户里。为什么管理者会给他们未来的物联网引入更多风险？因为他们至今还没有看到迁移到 IPv6 的必要性。

对管理者来说，IPv6 是非常技术性的，除非你需要相关知识，否则最好不要管它！对工程师来说，IPv6 同样是技术性的，但是为了它的性能和可扩展性，这是必须要付出的代价。这只是对物联网剖析的一小部分，但是就像染料在清水中扩散一样，IPv6 最终会渗透到物联网的各个方面，在整个基础设施中占据主导地位。如果 1910 年，福特建立了大规模的汽车生产线，你会投资马蹄铁制造机还是轮胎制造机？你可能会通过改进、引导来维持自己的马蹄铁制造机，并将投资转移到轮胎制造机上。

避免使用 IPv6 的权宜之计有很多，但这仅仅是因为 M2M 的部署水平和物联网的数量处于初始阶段，没有进入所谓曲棍球式增长的快速增长阶段，如图 2-1 所示。曲棍球式曲线（可以应用于任何行业或产品，并不是物联网所独有的）的特点是，在到达拐点之前，其增长速度相对缓慢（每年不到 50%），而在拐点之后，却以每年百分之百的速度增长。

虽然物联网尚未达到增长的拐点，但与网络有关的权宜之计仍被继续采用。网络管理者和部署第一代物联网的人坚持使用 IPv4，因为他们了解 IPv4，并且他们的设备也完全支持 IPv4。然而，他们也让自己的生活在未来变得更加复杂，因为将旧设备与技术一再地改进和扩展以满足商业需求是一个令人担忧的过程，很快会到达收益递减的临界点。物联网将加速 IPv4 收益递减的趋势。

与此同时，现有的物联网是在 IPv4 这个负担过重的框架下建立、发展和成熟的。这一事实目前还没有阻碍 IPv4 的增长和发展，但它很快将达到那个临界点，这会给物联网带来很大的风险，同时也将带来许多机遇。如果达到物联网的增长拐点时仍然没有做好支持 IPv6 的准备，那么可能会付出潜在的代价。

图 2-1　曲棍球式增长

2.4　物联网的体系结构：终端、网关、网络和数据中心 / 云

虽然我们可以快速深入地研究物联网的具体组成，但让我们慢慢开始。如果对物联网的理解仅停留在只有工程师和技术人员才能领会及理解的层面上，那么它对整个世界的价值就微乎其微。

一开始就深入研究物联网及其相关的风险会引发另一个问题，就是当你开始仔细考虑时，会很容易忽略重要的概念和高水平的观点。从工程规范、协议和应用接口开始描述，可能会在物联网的发展和演变过程中丢失一些重要的宝贵经验。

例如，物联网不只是能够改善我们生活的小型智能设备，但这一事实可能被我们忽视。当在可能的最高层次考虑时，媒体宣传和技术细节会吸引人们对物联网终端设备的关注，并且掩盖这样一个事实——正如我们在第 1 章中所述，物联网至少由四种资产类别组成：终端、网关、网络和数据中心 / 云。

物联网至少包含四种资产类别，这一概念对风险管理至关重要，因为对任何管理者来说，最大的风险就是接受你完全不知道的风险。虽然总会有你不知道的风险，但是至少要能够应对那些你所知道的风险！

2.4.1 进入愿景层

通常，人们会首先在愿景层谈论物联网——物联网将提供哪些新兴服务？智能家居会是什么样子？智能汽车将如何在智能道路上行驶，并创建更好、更快、更便宜的互联交通基础设施？这就是愿景层。这一概念和理念推动了更多的讨论，并为监管影响、商业案例、市场分析和焦点群体以及最终的工程可行性等问题的更详细调查埋下了种子。

在进入愿景层之后，对技术术语的讨论可能会降到很低的层次（通常是终端，即远程的智能设备）。它们应该如何运作？技术要求是什么？这是一个合理且有必要的讨论，但是如果要有效地进行风险管理，就必须在特定的场景中进行。

物联网风险管理的场景来自于对系统层的考虑。

2.4.2 在系统层理解物联网

系统层是概念性的设备，而不是可以触摸和操作的、有形的硬件或软件。它既理解物联网的工具，也是了解物联网内在风险的工具。

系统层位于物联网愿景层之下，是次最不详细的描述工具，可用来评估特定物联网应用或服务的风险和控制。物联网系统层的描述和模型将视觉层分为多个可管理的类别，这些类别反过来又可以以处理风险、转移风险和接受风险的详细方式来理解。

在系统层，物联网由四个资产类别组成：终端、网关、网络和数据中心 / 云。这些资产可以用更方便的不同名称描述。但归根结底，系统层是一个非常有用的描述工具，因为它减少了由于风险管理中的疏忽而导致的潜在错误：在不知情的情况下接受风险。

通过在系统层使用模型，物联网工程师和风险管理者可以更好地理解端到端场景中可能存在的威胁和隐患。图 2-2 就是对物联网系统层的描述。

图 2-2 系统层的物联网

在第 1 章中，根据相关的利益相关者和参与方，我们讨论了物联网中四个不同的资产类别。讨论了谁、为什么、他们如何对物联网资产关注和感兴趣，以及对风险和安全的潜在影响。

在下一节中，我们将深入探讨这些资产类别的本质，而不涉及利益相关者。资产类别的哪些属性可能对物联网风险管理最有意义？

2.5   物联网的终端资产类别

终端资产类别反映了物联网系统的深远影响：存在于网络末端的事物。与世界其他地方相连接的网络尽头是什么？是什么正在从环境、人或者其他机器中收集数据？是什么控制着逻辑 – 动力接口？终端资产类别就是指令和无形的数据被转换为现实世界中的运动的边界。相反，这个接口也通过终端将真实世界转换为数字信息。

终端可以是各种不同的设备，包括从手动的到半自动化的，再到全自动化的设备。其中手动，从某种意义上来说，就是收集的数据是由人工输入的，而半自动化和全自动化的情况是不需要人工做任何事。

在物联网中，一个半自动化的终端设备可能需要依赖指令启动进程，然后按照自动化的方式配置程序运行。例如，一个防撞系统，一旦被激活，它就会应用与速度、距离和环境条件相关的规则来防止碰撞。这种系统的激活可能是半自动化的，因为它是由驾驶员作为老式巡航控制的新形式来调用的——或者它可能在车辆内安全系统被撞击前的一毫秒被激活。

收集温度信息的仪表可以作为物联网全自动化设备的一个例子。它是为特定目的而设计的，其中某些配置参数由制造厂商设计并由应用管理者设置。除非这些参数发生变化或者设备出现故障，否则它将无限期地在同样基础上持续执行相同的操作。

2.5.1   终端的相互依赖性

在终端资产类别中，物联网类似于一个由多个系统组成的系统。其中，终端通过多种方式相互作用，它们之间具有基于自动化、半自动化或手动关系的相互依赖性。从风险的角度来看，这些相互依赖的组合被证明是物联网管理中最复杂、最致命的因素之一。

物联网的本质在于其独特的资产类别，以及每种资产类别中具有竞争性的和碎片化的所有权，这将允许服务由资产组件构成和重组。因为对于任何给定类型的资产（终端供应商、网关供应商、网络供应商和云供应商），物联网服务提供商通常都会有多个可用的资产类别，所以每种不同的可能组合都有其独特的风险状况。例如，当为支持终端设备的云服务更换软件供应商时，就会完全改变相互依赖性风险。虽然在正常情况下，终端的功能看起来是一致的，但是真正的风险在于供应商在异常情况下的行为差异，此时相互依赖性的弱点很可能就会显现出来。

拥有许多路径和许多不同指令集组合的终端系统，本质上会变得非常复杂，如果没有仔细的评估和管理，很难预测其最终结果。

在某种程度上，物联网的终端很容易呈现出混沌关系，因为相互关联的终端配置的微小变化，就可以极大地改变终端系统的功能。

下面通过一个物联网终端相互依赖性的假设示例进行介绍：人行道和栅栏上的运动传感器与安全摄像机内置的面部识别（生物识别）处理器进行通信，后者又与光检测传感器和照明激活系统进行通信（因此要有足够的光线让摄像机工作，以查看附近的人或者事物）。假设低温导致发光二极管（Light-Emitting Diode，LED）照明系统达到所需的照明速度变慢，那么是否会导致许多摄像机拍摄的照片因分辨率过低，而无法进行生物特征分析呢？答案是，摄像机激活了预配置协议，继续重复拍照，直到获得足够细粒度的图像。这使得摄像机拍摄更加频繁，消耗更多的内存和能量，并且产生更多的热量。产生的热量会导致摄像机内的空气凝结，进而产生湿气，并使摄像机的预期平均故障时间降低 75%——这既提高了运营成本又破坏了商业案例。系统运营商因不能满足合同条款规定的服务水平，并在法律允许的情况下尽快放弃合同。

物联网终端的相互依赖性是风险管理的重要组成部分。造成物联网业务风险的根本原因是照明系统的一个非常具体的性能细节——照明系统与摄像机系统集成，摄像机系统与生物识别分析系统集成，生物识别分析系统又由运动传感器激活。

物联网的相互依赖性隐患和风险不仅仅在终端，也将是一个贯穿本书反复出现的主题。

2.5.2　传感与处理

用来理解物联网终端的另一个有用的工具是评估一个设备到底是传感设备，还是处理设备。国际电信联盟（International Telecommunications Union，ITU）的一些早期工作就是这样看待物联网终端的。[⊖]

传感设备的构造比处理设备更简单，但也可能更便宜，因此在物联网中更受欢迎。传感设备能够解释物理世界，并通过网络将信息立即传送回数据中心或中央处理端的应用。

简单的传感设备具有风险管理的优势，可以相对容易地从出错的角度进行评估。然而，当一个部署了数千甚至数百万的简单设备发生故障时，这就是一个大问题。一个简单的传感设备可以测量热量或压力，并且能够按照设定立即将读数通过网络回传到中央应用，而无须对数据进行预处理。这意味着，受损或有缺陷的传感设备可能对物联网系统构成威胁，类似于拒绝服务（Denial of Service，DoS）的情况；或者由于这种受损或有缺陷的设备将错误的数据带进了系统，从而导致物联网服务所管理的数据质量整体下降。因此，在简单的传感设备投入运行部署之前，需要对其进行充分研究。或者，网关将成为对受损或有缺陷的终端进行风险管理的第一个强大的控制点（参见下一节）。

在频谱的另一端是具有数据处理能力的更复杂的终端。这些设备可能是部署在网络外围的非常强大的决策系统，以最小化的所需"回程"数据量来提高系统性能。与简单的传感终端设备不同，数据处理设备将面临更复杂的威胁环境，因为有更多的地方会出现问题！

⊖　ITU Y.2060，物联网概述，见 http://www.itu.int/rec/T-REC-Y.2060-201206-I/en。

从终端的角度来看，根据终端是简单还是复杂，物联网风险管理在不同的系统中表现为不同的情况。很可能，在终端应用控制和保护的能力也会因终端的简单和复杂程度而不同。简单设备实施安全的能力有限，而具有可配置参数、充分内存和处理能力的更复杂的设备应该具有根据风险评估的情况支持不同威胁缓解级别的能力。

2.6   物联网的网关资产类别

物联网中的网关很特殊，因为它们要么处在两个控制域之间的边界，要么是物联网设备的第一个网络跃点。这使得网关成为各种安全和风险管理功能的关键控制点：

- ❑ 作为边界：网关可能是由大型服务提供商管理的网络"边缘"。在网络域中，所有通过网关的信息都可能由不同的利益相关者控制，例如在企业或者小型商业网络中，网关反过来又被用于物联网设备的本地联网。
- ❑ 作为第一个网络跳：网关可能是蜂窝基站或家庭 Wi-Fi 接入点。终端设备直接连接到网关，成为接入互联网的方式——网关是终端连接网络的大门，将数据传输到物联网设备以及从物联网接收数据。

2.6.1   不仅仅是网络的一部分

网关对物联网来说太重要了，不能仅视为网络的一部分。在传统的企业架构中，资产类别的三位一体更简单：

- ❑ 终端（台式电脑和服务器）
- ❑ 网络（路由器、交换机、防火墙和像域名服务（Domain Name Service，DNS）这样的基础设施）
- ❑ 数据中心 / 云服务

在物联网架构中，需要进行一场变革，因为新的物联网终端比传统的遗留企业架构的终端更加多样化。

物联网终端会受到更多的限制，无法像台式电脑和服务器那样进行自我保护。物联网终端将比企业终端更廉价，更易于使用。此外，物联网终端制造商和供应商的范围将非常广泛——从玩具制造商到制药公司。他们构建安全设备的能力和兴趣有很大不同。即使他们有能力构建安全的物联网设备，但是由于复杂性和成本，他们可能也不希望这样做（很快会有更多关于这方面内容的讨论）。

网关通常要比它们所支持的终端功能更加强大，具有更强的处理能力、更大的内存和存储空间、与使用电池或者从环境中收集能量相比更容易接入电源。所有这些也意味着网关能够接入更快的网络。因此，网关成为物联网的信息处理和安全控制节点。

2.6.2   网关作为信息处理器

网关将从物联网设备中获取信息，并加以规范。这可能意味着：

- □ 检查数据错误或者损坏并纠正这些缺陷，或者在通过网络转发到基于云的物联网服务平台和软件之前，请求终端发送新的数据。
- □ 增加压缩率以减少数据通过网络的传输成本。
- □ 在通过网络传输之前对数据（包括身份和个人可识别信息）进行加密，以确保数据的机密性。
- □ 删除可能由终端受损或缺陷导致的畸形业务。
- □ 支持终端和云服务平台之间的身份认证，因为设备没有足够的资源来完成通过网络可能需要的强大过程。相反，设备使用更轻量级的身份认证和访问过程接入网关，而网关正在等待这些设备。然后，网关充当安全代理，根据设备自身的局域网通信，告诉集中式服务平台该设备正在注册或连接。

2.6.3　网关作为本地入侵防护代理

网关是保护终端免受本地恶意设备威胁的关键安全要素，同时可以避免因资源问题（比如与终端共享本地网络）而导致的服务质量下降。

例如，即将到来的第五代（5G）蜂窝网络所支持的一些技术规范，如 1 Gbps 的无线接入带宽和 1 ms 的通信延迟。

反过来，这些技术规范也将促使智能交通（自动驾驶汽车）和远程操作（远程呈现、远程手术和远程精细电机操作等）特定应用成为可能。

但是要获得终端的这些性能，常常需要进行本地交换和本地分汇。

本地交换意味着数据包可以在通信终端之间传递，不用发回网络，这在今天的许多蜂窝网络中很常见。

数据包从无线电中发出，到达网关后又立即被无线电发送到使用相同网关的目标设备（见图 2-3）。这是物联网中非常重要的一部分，需要大量的控制才能安全运作。

在物联网中，网关的另一个作用是寻求路径最短、成本最低的互联网路由，这通常被称为本地分汇（见图 2-4）。本地分汇对 RIoT 的重要性在于，进出终端的业务可以绕过无线网络中应用的安全措施。

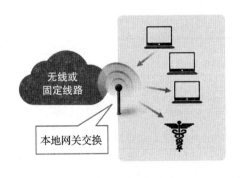

图 2-3　本地网关交换

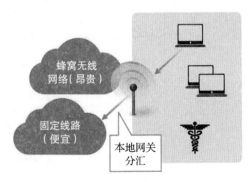

图 2-4　本地网关分汇

2.7　物联网的网络资产类别

物联网中的网络，如图 2-2 所示，由许多不同的物理媒介和连接技术组成（有时称为 OSI "数据链路层——第 2 层"，即 "网络层——第 3 层"下面的一层）。

通常以分层的形式讨论和描述网络通信。目前存在多种分层模型，最常用的是：

❑ 开放系统互连（Open System Interconnect，OSI）通信参考模型，分为七层（物理层、数据链路层、网络层、传输层、会话层、表示层、应用层）

❑ 传输控制协议/互联网协议（Transmission Control Protocol/Internet Protocol，TCP/IP）或国防部（Department of Defense，DoD）模型（不要与 TCP/IP 协议混淆），分为四层（链路层、网络层、传输层、应用层）

封装是这两种模型的共同特点：不同的层间彼此独立操作。同时，这些层在技术层面上也是隔离的，因为它们是由不同的网络单元进行管理的。除了技术故障，任何特定层都无法访问其他任何较低层或较高层协议的内容。接下来，考虑到行业惯例，我们会经常参考的是 OSI 模型。

2.7.1　OSI 参考模型

图 2-5 所示的七层 OSI 模型在 1984 年被定义并发布为国际标准（ISO/IEC 7498-1）。这个标准的最后一次修订是在 1994 年。

虽然这个系统看起来很复杂（尤其是对外行人来说），但是它为讨论网络工程提供了一种非常实用的方法。在不久的将来，非技术管理者也会很容易理解第 2 层（点对点连接，如以太网和交换技术）和第 3 层（IP）之间的区别。事实上，仅理解七层中的四层（1、2、3 和 7）就要花很长时间。此外，某些层（如表示层）已被证明是不太重要的概念；而某些层（如传输层和会话层）则需要更明确的结构，并且对于某些在互联网上广泛使用的协议还存在重叠和冲突的情况，如安全套接字层（Secure Socket Layer，SSL）。

上层	7	**应用层** ✓ 消息格式、人机接口
	6	**表示层** ✓ 编码为 1 和 0；加密、压缩
	5	**会话层** ✓ 认证、许可、会话恢复
传输服务	4	**传输层** ✓ 端到端差错控制
	3	**网络层** ✓ 网络寻址；路由或交换
	2	**数据链路层** ✓ 差错检测、物理链路上的流量控制
	1	**物理层** ✓ 比特流；物理媒介、表示比特的方法

图 2-5　OSI 七层模型

第 1 层——物理层，描述网络硬件，如电信号；描述位和字节，如网络接口和布线。

第 2 层——数据链路层，描述机器之间的数据传输，如以太网连接。

第 3 层——网络层，描述网络之间的数据传输，如 IP。

第 4 层——传输层，描述应用之间的数据传输、流量控制和检错纠错，如 TCP/UDP（User Datagram Protocol，UDP）。

第 5 层——会话层，描述应用之间的握手，如认证过程。

第 6 层——表示层，描述信息的表示，如 ASCII 语法。

第 7 层——应用层，描述信息的结构、解释和处理。在安全术语中，它与其他层是相关的，因为它依赖于下面的所有层。

2.7.2　不同网络的多个层次

物联网中的终端设备、网关和数据中心将使用现有的各种类型的网络技术，同时新的技术也会不断发展，以满足物联网联网的迫切需求。

在许多情况下，网络技术的本质是对物联网应用所有者完全透明。他们会"假定"网络具有连通性，而且在很大程度上会隐藏网络技术的复杂性。

但要理解物联网风险，管理者至少需要对网络作为整个物联网资产类别的实际运作方式有一定的了解，不要求在很高的技术层面，但至少在概念上要有所了解。否则，就是犯了风险管理的根本错误：接受你根本不了解的风险。

例如，家中的物联网设备可能会收集有关个人健康的远程监测信息。首先，将远程监测信息通过覆盖几米的短程无线技术传输到某种聚合网关。然后，再将它中继到中程无线网络，一直延伸几十米到住宅网关设备与光纤到户（Fiber To The Home，FTTH）网络连接。

在本例中，FTTH 连接是指概念上的私有家庭网络和共享的运营商网络之间的物联网边界（稍后会详细介绍）。光纤连接是长距离连接，可能会将远程监测信息传输到几百米以外的应用（位于数据中心）进行处理。根据物联网终端与数据中心应用之间的距离，物联网数据可以通过几十个网络依次进行传输。在第 1 层（物理层）和第 2 层（数据链路层）中，物联网数据可能至少会碰到两种不同的网络：一种是能将数据传输到应用所在的数据中心的网络，另一种是数据中心内部的网络。在物联网中评估和管理风险时，了解这些基本体系结构的实际情况是非常有用的。

2.7.3　媒介很多，但可选的未必很多

网络是物联网的关键基础设施。网络可以实现、建立或中断物联网中的所有应用和增值服务。物联网中虽然有很多终端、网关和数据中心，但是网络却很少——如果从前面讨论过的 OSI 模型的第 3 层来看，甚至可能只有一种网络。即使在第 1 层和第 2 层，物联网中任何给定的设备的可选项通常也没有多少。这就是网络对物联网风险管理如此重要的原因。但事与愿违，可选的网络少得可怜。

为什么选择不多？因为首先，物联网是通过第 3 层（网络层）上一个超级高效的协议（IP）来实现的。（如前所述，虽然它有两种版本（v4 和 v6），但都属于同一协议族。）虽然可

能存在多种支持各种应用的应用层网络协议，但实际上只有一个 IP。管理风险需要你获得正确的 IP，因为如果你弄错了，带来的危害会通过你的系统产生共振并影响一切。在物联网中，糟糕的 IP 管理所带来的危害是巨大的。

在第 1 层（物理层），对于任何给定的设备通常有几种可行的选项可用，包括多种类型的无线传输技术（Wi-Fi、蓝牙、ZigBee、蜂窝、卫星等）、多种固定线路传输技术（数字用户线路（DSL）和 G.fast⊖，甚至是模拟调制解调器、铜轴电缆、RJ-45、光纤和更多其他的网络），甚至可能是光传输技术（激光、红外线）。然而，从最初的投资和运营角度来看，在设备中构建和维护网络接口非常昂贵。管理人员需要平衡失去网络的风险和构建及操作冗余网络接口、功能的成本。

物联网中的许多设备可能依赖网络的单一接口，也可能会在某个时刻，经过某个依赖单一接口的网关设备。因此，物理网络接口可能是一些安全攸关的物联网设备和应用的致命弱点，因为构建冗余网络在资金支出、能源消耗或运营成本方面都过于昂贵。这种单一接口是一个威胁。在第 12 章中有更多相关内容。

在第 2 层（数据链路层），情况大至相同，但时常与物理接口的选择和数量（主要是固定线路和无线接口）有关，因此加剧了资金（一次性）和运营（持续）成本以及能源消耗等问题。不同的物理接口通常只支持唯一的第 2 层协议，该协议专为支持更基础的物理网络而开发。例如，铜制电话线通常使用 DSL，而第四代（4G）蜂窝连接则采用正交频分多址接入（Orthogonal Frequency Division Multi-access，OFDM）的变体。正如你想象的那样，这些是完全不同的第 2 层协议，需要它们自己的软 / 硬件。同样，物联网管理者或设计人员从终端访问网络的弹性越大，其成本也就越高。

2.7.4　IP 和低能耗的 IP

在第 3 层，选择的问题可能没有较低层协议栈那么尖锐，因为几乎没有选择：只有 IP。但是，也有例外，可以根据与网络中心或应用本身的距离来选择不同类型的 IP。基本上，在物联网的最末端可以发现一个精简版的 IP。这些精简版旨在消耗比常规 IP 更少的资源，但需要付出代价。了解精简版 IP 的代价也是物联网风险管理的一部分。

在网络边缘可以找到各种不同形式的精简版 IP 来支持资源受限的设备。这些设备通常是嵌入到特定物理基础设施中的传感器，依靠电池供电，或者是从环境中获取能量。它们也可能是价格低廉的一次性设备，因此除了基本功能（如传感）之外，其他功能非常有限。因此，制造商将利用各种手段来延长这些设备的寿命和降低成本，这意味着减少设备上的网络栈所产生的处理负载，而这反过来也意味着网络协议会更简单。而更简单也可能意味着更不安全、更容易受到攻击，这正是物联网风险管理者需要适当平衡的地方。

不同的制造商会提出不同的网络手段和方法，将数据从低功耗的远程设备传输到具有合适 IP 的网关。该网关可以与互联网通信，将数据传输到位于数据中心的应用。其中一些方法基于已知的精简版 IP 记录形式，例如互联网工程任务组（Internet Engineering Task Force，IETF）的

⊖　https://en.wikipedia.org/wiki/G.fast

6LowPan：用于低功耗个域网的 IPv6。其他方法将由制造商作为专有解决方案开发。

2.7.5　低能耗未必更好

在物联网末端处理定制的精简 IP 方案将是物联网风险管理者面临的一个重要问题。首先，你如何知道是否存在定制的解决方案？制造商们可能会掩盖这方面的问题，只是称其为全 IP 网络，他们真正的意思是他们拥有支持规范 I/O 的远程设备网关，但是网关中面向终端设备的一侧正在使用某种定制的解决方案。假设这些专用的解决方案已经存在，那么管理者又如何知道与之相关的风险是安全的？可以要求安全审计、证书和各种其他保障，但是最终不推荐使用非标准的解决方案。IP 和 IETF 的精简版已经通过了相当多的实际测试，从安全的角度来看，这些测试都有助于提高其可预测性。

2.7.6　IP 层之上

除了第 3 层之外，应用设计人员和管理者会有很多选择。其中，许多选择都可以改善或破坏物联网的安全性，从而影响其风险。

第 4 层和第 5 层之间的选择非常丰富，网络栈在这个位置通常会使用差错控制和加密。例如，互联网协议的基础 TCP 就是第 4 层协议。但是也存在 TCP 的替代协议，主要是 UDP。当然还有更多的选择，有类似的协议、自定义协议。

第 5 层中常见的协议包括超文本传输协议（Hypertext Transport Protocol，HTTP）和 SSL，这两种协议都很容易理解，并且经常一起使用。但是，制造商或物联网应用开发商或集成商完全有可能选择使用风险不明的定制开发协议。

物联网安全和风险管理的主要问题之一是：在第 7 层以下使用的协议是什么？由于这些协议除了技术元素外，其他部分都是模糊的，而且可能由不同的服务提供商管理，因此对于风险管理者来说，这是一个令人困惑的问题。我们将在本书中进一步讨论其中的一些风险，不过开始物联网网络风险管理之前需要先了解：什么是非标准的？在这个网络中，终端和数据中心之间自定义了什么？

2.7.7　在应用层

应用层（第 7 层）是什么情况呢？该层的协议对于管理物联网风险至关重要吗？首先，在第 7 层，除了数据格式之外，没有太多的通信协议。应用一旦脱离了网络，应该如何组织信息以便其能够接收和理解信息呢？

应用层指的是位于网络顶层并利用网络从一端到另一端（如服务器）获取数据的应用。

IP 对于物联网的整体风险管理至关重要，第 1 层到第 5 层的网络协议攻击会影响使用网络的所有应用，而应用层攻击在很大程度上可以限定在对应用本身的影响，甚至扩展到应用所在的运行平台。出于这个原因，可能会在网络所有者和应用所有者之间对物联网中的风险管理责任进行合理的分配。虽然没有硬性规定，但是一般来说，第 1 层到第 5 层通常属于网络管理人员的范畴，而第 6 层和第 7 层属于应用管理人员的范畴。应用管理人员可能会在数据中心运行集中式服务，也可能会在远程终端管理应用层安全。

2.7.8　网络是拨号音

现在，即便是孩子也明白什么是拨号音。与移动电话不同的是，在你拿起话筒时固定电话就会发出一种声音，表明线路正在工作并准备就绪。（而你的手机一开始并没有拨号音，因为他们不想浪费宝贵的电力和无线电频谱，除非你真的拨打了电话号码。）在物联网中，网络需要像拨号音一样——总是在那里，我们甚至没有真正考虑到它，就像真正的拨号音一样。它几乎总是在那里（除非爸爸忘了支付网络账单，或者在挖新花坛的时候用铲子把网络线路砍断了。但这是他的错，而不是网络的错）。

拨号音是我们所假定的。IP 网络，就像拨号音一样，是我们假设的东西（有人在管理它）。在物联网中，网络可以用来将收集和生成信息的终端连接到处理和增加信息价值的数据中心和应用，与其相关的风险有两种形式：一种是你可以管理和控制的，另一种是你不能管理和控制的。

2.7.9　你知道的网络和你不知道的网络

俗话说："你知道的魔鬼比你不知道的魔鬼要好对付。"信息技术也是如此，包括终端、数据中心和网络。然而在物联网中，通常情况下，与你不知道的网络打交道绝对是必要的，因为创建和支持你自己的网络在经济上是行不通的。例如，如果一个物联网应用想要收集距离数据中心几千米或几英里（1 英里≈1.61 千米）以外的数据，那么它通常会被迫使用服务提供商提供的网络服务。正是这些服务提供商管理网络的方式影响了物联网的风险。

网络服务提供商充当业务和网络商业案例的聚合者，他们结合数百万用户的需求和消费能力，形成了服务和共享成本的单一菜单。他们根据用户的需求和要求，找到服务级别的最低共性，然后根据这些服务级别进行管理和收费。通常情况下，提供服务的成本远远低于单方面构建网络的成本，因此应用的设计要考虑网络服务级别。这一切都是合理的，而且这就是使互联网变得可行的流程和业务模型！

2.7.10　网络是一种公共资源

虽然局域网（Local Area Network，LAN）、内部网络和短跳网络（不到几千米）往往由你的 IT 员工私有和运营，但是连接这些本地网络的网络通常由电信服务提供商通过一个基于基础设施共享特性的商业案例来提供。许多客户端由相同的网络设备提供服务：相同的铜缆、光纤或无线电链路；相同的交换机、路由器、名称服务器和网络访问控制系统；相同的配电柜、中央办公室和地下管道；相同的技术人员、服务台和管理人员。这些网络设备都可以为服务提供商支持的广大用户提供服务。这意味着管理与网络相关的物联网风险就像和大象睡觉一样。

加拿大前总理说："住在美利坚合众国旁边就像和大象睡在一起"：能感觉到它的每一次抽搐和痉挛，而且有潜在的危险。物联网应用所有者和网络资产类别之间的关系也是如此，网络是物联网服务和应用的基础"物联网应用所有者依赖于网络，但相对减少了对网络的控制。

我们从网络服务提供商身上可以敏锐地感受到这种影响。这个事实虽然看起来简单，但却反映了一种不成比例的关系。例如，围绕物联网服务水平的预期和需求正在快速成熟，而电信服务提供商的能力和敏感性则相对较慢。

服务提供商可能没有足够的装备或供应来支持物联网，因此，要么他们做出改变，要么他们提供的服务水平将风险注入物联网中，导致"与大象睡觉"的后果。

当网络是一种公共资源并由网络服务提供商的多个不同客户共享时，需求就会被聚合以达到服务级别，从而平衡客户的负担。那么网络服务提供商可以提供什么级别的服务并出售给最多的用户呢？从工程的角度来看，建立和管理一个"5 个 9"（99.999%）可用性的网络是可能的——这意味着每年只允许几分钟的延迟时间。但这类服务的成本会很高。虽然没有明确的模型表明成本随着服务水平的提高如何上升，但收益递减规律表明：当服务水平超过"3 个 9"时，成本就会急剧上升[⊖]。也就是说，提供"4 个 9"可用性网络所需的成本至少是"3 个 9"的两倍（200%），提供"5 个 9"网络所需的成本将是"3 个 9"的四倍（400%），如表 2-1 所示。就实际情况而言，当保证一个月以上的服务水平时，"3 个 9"与"5 个 9"服务水平之间的差异是每天几分钟的"保障"和每天不到一秒的"保障"。

表 2-1　宕机时间随可用性目标的变化

可用性	宕机时间		
	每　年	每　月	每　天
99.9%	8.76 h	43.8 min	10.1 min
99.99%	52.56 min	4.32 min	1.01 min
99.999%	5.26 min	25.9 s	6.05 s

我们也要记住，对于支持物联网或任何其他服务的网络，保证其服务水平在 3～5 个 9 之间，并不意味着该网络在每天 / 月 / 年的这段时间内都会停用。通常，许多服务提供商每月都会提供更好的服务水平，而不向客户收取额外费用。但这本质上要依靠客户的运气，因为系统并没有被可靠地设计来提供这些服务水平。

更重要的是，对于那些评估和管理物联网相关风险的人来说，保证服务水平不是无限制地承担服务提供商的责任。事实上，情况正好相反。通常情况下，服务水平是通过简单的退款和信用来提高的。所以即使服务失败了——无论是"3 个 9"还是"5 个 9"——与网络故障相关的物联网服务提供商几乎没有追索权或补偿（第三方保险除外）。话虽如此，网络服务提供商通常会尽量地满足和维护服务水平，因为多次服务水平失败的信誉风险会对业务产生极具破坏性的影响。但你的付出会得到相应的回报，即使是在虚无缥缈的网络世界里。

2.7.11　网络成本也是一种商业风险

在物联网中，很少有应用的所有者愿意为他们想要的服务水平付费。也就是说，为"5 个 9"的可用性网络支付的费用是"3 个 9"的四倍（400%），特别是当"3 个 9"是服务提供商做出的最坏估计时。虽然 400% 这个数字只是一个估计值，但它却反映了一个众所周知的事实：更高的可用性需要更多的投资，并且成本越接近于完全（100%）可用性的成本。大

⊖　近似地，收益递减规律表明，过了某一点，同等水平的投资产生的收益水平会（非常）迅速下降。

多数情况下实现 100% 的可用性只是一个理论上的目标，并不是一个实际的目标。总有一些未知的、未被处理的或突发性的（新发展的）风险，迟早会使最好的、最有弹性的系统的性能降低。至少，系统通常需要在运行期间的某个时刻进行脱机维护。物联网风险管理人员需要理解这些宕机产生的原因，一方面是无论你花费多少钱，这些宕机都必然会发生，另一方面是试图避免这些宕机而产生的成本可能使应用或系统不可行。

2.7.12　网络潮流正在改变

今天的互联网与明天的互联网相反。这反映了物联网中的数据流与当代互联网中的数据流相反的事实。网络潮汐的逆转已经对物联网风险管理产生了深远的影响，如果没有其他原因，就必须对互联网的许多假设进行修正。而自从 20 多年前万维网诞生以来，互联网基于这些假设已经形成了非常稳定的模型。

今天，数据主要从数据中心的大型集中式服务器向外移动到终端，人们使用的台式机和移动设备消费着信息和服务。由于这种模式，互联网上的许多访问技术都被设计为下载能力高于上传能力。类似地，弹性和冗余工作主要集中在网络的中心元素上，越靠近终端的元素，其可用性特征会变得越来越低，因为它们通常是信息和数据的纯粹消费者。它们没有将足够的价值带回网络以保证在安全和风险管理方面的重大投资。

在物联网演进过程中，数据流的变化原因如图 2-6 所示。纵轴表示与循环或流动模式相关的数据特征。数据是不断地流动还是以可预测或不可预测的突发形式出现呢？横轴表示被传送文件的大小。它们是大文件还是小文件，是表示"整个"信息的大数据块还是表示完整信息的小数据块。

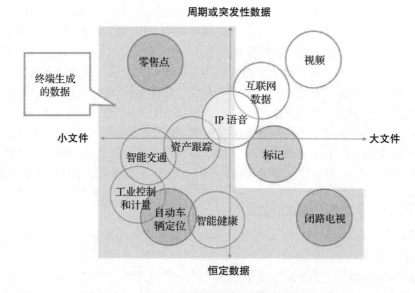

图 2-6　物联网中的数据流

最初推动互联网飞速发展的"杀手级应用"是互联网数据（主要是网络和电子邮件）、视频（YouTube 和其他流媒体服务，如 Netflix）和语音（VOIP 服务，如 Skype 和 Vonage）。这些应用通常由用户根据需要发送和接收的较大文件组成。因此，业务是周期性的——通常在工作日和傍晚的时候。因此，它们在图 2-6 的右上象限。

当前和第一代物联网应用与最初的应用不同。闭路电视（Closed-Circuit TeleVision，CCTV）和其他形式的视频监控已经在 IP 和互联网上找到了自己的方式，不断将大文件从终端汇入网络。同样，POS 应用广泛地使用互联网和基于 IP 的系统发送关于金融事务的相对较小的信息，通常与营业时间和数据保持同步。数据在远程终端生成并流入数据中心进行处理和清算。第三种现代形式的物联网应用是自动车辆定位（Automated Vehicle Location，AVL）。在这种场景下，终端会生成一些恒定的数据流（坐标和标识符）发回到集中应用。同样，数据流本身也与最初的互联网惯例相反。

未来，物联网应用高速发展，很可能涉及多种设备（不仅仅是汽车和卡车）的资产追踪等应用；各种远程工业控制和仪表，包括智能电网和能源管理系统；智能交通，包括飞机、火车和汽车，它们通过相互交流来协调运行，效率和安全性都要远远高于人工控制；当然还有智能健康应用，它们监控健康状况，并可以在半自动甚至全自动的基础上进行治疗。这些物联网应用都将成为远程监测技术以及它们正在监控和管理的系统与过程信息的网络创造者，它们向网络发送的数据远远多于从网络接收的数据。

在物联网的发展过程中，数据从远程终端流向中央数据中心和数据处理元素。这与互联网正好相反。在物联网中，网络上数以亿计的新终端设备成为数据的创造者和传送者，而不是数据的消费者。其直接结果是，一种新的基本风险状况出现了：从安全和弹性的角度来看，整个网络变得更加重要。我们必须以更加全面的方式管理从网络最偏远部分到网络中心的安全和风险。

2.7.13　网络正趋向于白盒和开源

最初，数据网络就在开放标准和协议上运行。例如，IP 是开放的，TCP 和 HTTP 也是开放的。但是作为互联网核心的路由器和交换机的操作系统是闭源的、基于硬件设备的专有解决方案，这些硬件设备具有专用的芯片，可用于快速处理。这意味着互联网的实际平台已经被虚拟化了。随着网络处理向基于英特尔服务器芯片的通用企业处理平台转移，这种情况正在发生变化。

这被称为白盒——意味着盒子中的芯片和元素是基于已知的现成组件。白盒具有许多好处。现在可以使用白盒，是因为通用处理芯片在网络处理中的速度和效率已经接近定制处理芯片。由于规模经济，通用处理芯片的成本比定制或专门的网络处理芯片低得多，因此它们是更经济的选择。

从资本角度来看，白盒比专有黑盒[⊖]的成本要低得多，黑盒的内部部件不为人所知或不被人理解，只有功能是重要的。而白盒的硬件和处理平台是已知的，并且基于 x86 Intel 架构，所以许多供应商都知道如何开发软件。更多的软件资源不仅意味着许多潜在的替代供应

　⊖　http://blogs.gartner.com/andrew-lerner/2014/11/19/britefuture/

商和网络软件解决方案，还意味着开源的能力。

网络中的开源可以是开源路由器或交换机软件，这意味着公开开发和维护软件的成本为零。但是，以支持服务的形式开源通常会有一些成本，这些服务可以在商业基础上获得。RedHat 是最著名的开源、商业支持的例子，其中软件是免费的，但是如果你需要支持——所有专业企业都希望获得——那就必须花钱购买。然而，购买开源支持的成本通常远远低于购买商业的、闭源软件（以及附带的支持）的成本。

开源也可以通过网络功能虚拟化（Network Function Virtualization，NFV）中进入网络。我们将在这本书的后面详细讨论 NFV。NFV 不基于特定硬件设备（比如路由器或交换机）的网络功能，而是全部在软件中完成，并且由一个通用处理器管理，该处理器也用于运行应用和软件，而不是特殊的芯片。NFV 存在于数据中心，虽然其中基于软件的网络已经存在了一段时间，但是都使用了 VMware 或微软的 HyperV 等专有解决方案。

在网络中，Linux、KVM 管理程序和基于软件的路由器等开源软件平台正被用来开发 NFV 和白盒解决方案。这些开源、白盒网络解决方案从根本上改变了网络的证据可以在 AT&T 等主要运营商的公告中找到。AT&T 表示，到 2020 年，预计 75% 的网络将被虚拟化。

网络的开源和白盒虚拟化对于物联网可谓既是好事，也是隐患，这将在本书中多次提到：说是好事，因为它将以一种高效的方式为物联网提供许多新的安全形式。但同时也是隐患，因为它会带来复杂性和新的攻击面。

2.8　云和数据中心作为资产类别

最后，我们讨论系统层中被称为数据中心或云的这部分内容。数据中心不需要一个统一的定义，在某种意义上它可能是真实的、物理的或者虚拟的。"虚拟"的数据中心通常被称为云，可以由第三方服务提供商作为共享的、多租户的资源来操作。从根本上说，云或数据中心是一个处理、存储或管理大数据的地方，这些大数据由物联网终端收集并通过网络上传。为了讨论接下来几页的内容，我们将提到云，尽管该资产实际上也可以是传统的数据中心。

2.8.1　大数据和物联网

大数据存在于云中，本质上是一个云问题，而物联网的出现使得该问题迅速变得尖锐起来。所有的智能设备和机器会收集关于人物、地点和事物的远程监测数据，并且经常对地理空间事件和运动进行判定，并（希望能够）做日志记录，然后发送到某处的云。我们怎么才能确定是这样的呢？因为这些设备太小，无法容纳这些数据，而与健康、安全、客户关系和责任（如果不是直接监管）相关的大量数据都需要被保存。

大数据对于终端来说不是问题——终端只是在创造大量的小数据，当这些小数据结合在一起时，就会变成一个巨大的挑战。数学其实很简单：如果你在一个州的路灯中嵌入了 100 万个传感器来高效节能，每个传感器每分钟都会产生 500 字节大小的关于开 / 关状态、能耗 /

亮度以及可能故障时间的数据包，那么你每天就会从路灯获得 72GB（相当于近 20 张 DVD）的日志数据。如何管理和存储这些数据是一个大数据问题。

大数据对于网络来说不是问题。虽然每天仅仅为了路灯管理而传输（例如）72GB 的数据似乎对网络造成了负担，但是网络在很多方面都是非常灵活的。首先，光纤技术的出现增加了网络的容量，这意味着需要重新配置或更换（最坏的情况）中央连接处的交换机和路由器。光纤不需要更换，因为它在理论上是无限的。光，就像数字一样，可以被划分成更小的通道（由波长或颜色定义），同时共享相同的光纤。网络容量的问题很可能出现在数据从大量远程传感器传输到第一个光纤网关时，这一过程的网络无疑是一个需要解决的挑战，并且将作为在物联网应用和服务设计过程中需要考虑的潜在操作风险进行讨论。

2.8.2　定义这个时代的云：新的挑战

作为物联网风险管理人员，出于各种原因，理解特定物联网应用或服务中云的本质至关重要。因为它是数据存储的位置，在许多情况下，数据对组织具有巨大的价值。它们可能是知识产权、战略和规划、商业秘密，也可能包含受监管的数据，如财务信息或个人可识别信息。

云中的数据通常记录了物联网在创造价值的过程中所发生的事情。它可能是智能交通业务或智能健康远程监测的日志数据，可以帮助做出某种决定。在这些场景中，物联网应用的价值主要在于实时执行操作或近实时提供服务，比如基于位置的服务。

然而，即使是那些仅仅记录了在增值过程中所发生事情的数据，其本身也具有很大的价值。在当今这个大数据时代，我们拥有不断增长的分析能力来挖掘反映已发生事情的海量数据集，而不影响或管理即将发生的事情。这些分析和正在执行这些分析的数据科学家们在旧数据中发现了新的价值，这些价值被存储在数据中心。

作为物联网的风险管理者，认识到云中的潜在价值至关重要，因为这会影响那些必须被管理的风险，并可能从不同的角度反映云的脆弱性。在后面的章节中，我们将处理与云相关的威胁、隐患和风险。

在本节中，我们试图让读者了解可能被认为是数据中心或云的广泛资源范围，以及一些可能产生新风险的本质特征。

2.8.3　私有和专用：在云之前

从计算机诞生到近 15 年前，所有的数据中心都是私有的，并且专用于特定的组织。从银行、政府和跨国公司等大型企业到使用计算机的中小型企业，它们都有自己的数据中心。

这个数据中心可能就是我们现在期望的数据中心那样——有活动地板、不间断的电源和暖气、通风设备和空调。但它也可能只是服务器和网络交换机所在壁橱的一角。在这两种情况下，系统都只用于其所有者的业务，系统中的所有数据（从地砖到天花板）都属于拥有和操作数据中心的人。当然，大型主机上的分时系统已经存在很长一段时间了，但即使是这种情况，本质上也只是在特定时期内为特定目的从所有者那里借用或租用资源的一种排他性安排。

　　在如今专用基础设施的时代，对于风险管理人员来说，管理数据中心绝对不是一件简单的事情。但它专门用于组织及其数据的事实意味着，可以更容易地解决那些关于数据中心物理和逻辑资产共享访问的许多棘手问题。因为所有数据拥有相同的基本所有者，并且所有具有访问权限的人都为同一个组织工作。由于出现了更严格的管理标准，访问控制在专用数据中心内部比以前更为重要，但是，对于单一自主运营商来说，安全性的某些威胁和风险假设更容易得到证明。

　　在 20 世纪 90 年代后期，随着虚拟化的首次兴起，专用数据中心的情况开始彻底改变。目前讨论的虚拟化是指计算机平台（硬件处理器、内存、电源等）可以被操作系统、应用或者仅在软件中运行的网络功能等许多不同实体共享的能力。以前，虚拟化是关于一台服务器和一个操作系统的，不管在这个操作系统上安装了什么应用。通过虚拟化，服务器可以用来托管操作系统和应用的许多实例，在应用及其用户看来，这些实例运行在专用硬件平台上。而事实上，它们正在共享虚拟的专用操作系统。对于几乎所有相同的逻辑隔离原则，共享计算资源意味着一个虚拟系统可能会占用和消耗资源，从而损害其他系统，但这是可以控制的。

　　虚拟化的另一个要素完全改变了数据中心并引领了云计算，它不仅能够在许多虚拟化操作系统和应用之间共享处理和内存，而且还可以动态地提高处理能力和增加内存。虚拟化允许添加资源而无须重新安装操作系统，因为操作系统已经被虚拟化并且本质上已经与硬件解耦。从硬件处理和内存中解耦系统和应用是虚拟化的核心。对于风险管理者来说，虚拟化还引入了新的威胁和隐患，因为关于数据的单一所有者以及收集和管理数据的基础设施的传统假设已经崩溃了。对于物联网的风险管理者来说，理解与虚拟化的、基于云的数据中心相关的风险至关重要，因为考虑到物联网产生的数据体量，不存在回归到成本更高、完全专用的数据中心模式的前景。

2.8.4　云

　　当涉及数据中心时，通常需要选择适合物联网应用的云类型。虽然仍然可以使用专用的数据中心，但随着共享云环境的可用性、价格以及安全性的提高，越来越少的组织会选择承担这笔费用。

　　因为这是一本关于风险管理和安全的书，所以让我们快速地回到上一段中有关安全的描述：为什么会越来越好？

　　从根本上说，云运营商之间的经验使他们对云所面临的威胁和风险有了更多的认识，而这些认识又被反馈到培训和标准化工作中。各种各样的云安全培训可以从各种自组织的安全认证机构中获得。在标准化方面，云安全一直是一个热门话题，第一代正式的国际云安全标准即将发布。对物联网风险管理者来说，云安全意识和培训至关重要。

　　然而，很多事情正在混淆云安全性提高的假设。虽然虚拟化已经成为了一种众所周知的技术，但它本身也在不断地变化：

- ❑ NFV：更多的功能正在被虚拟化，包括防火墙和入侵防御系统等网络功能。
- ❑ 内部分段：在云的内部，分段正在形成，其中不同的租户机器在逻辑上被分组并被划分成不同的控制域。

❑ 容器化：容器化这一新的虚拟化形式正在推动新的供应商进入云生态系统，并且可以看到越来越多的小型虚拟机实例被用来替代大型集成应用。

❑ 软件定义网络：软件定义网络已经扩展到云中，提供了新形式的自动化和按需配置服务。

所有这些变化都会增加攻击面，并在云管理中产生额外的复杂性和风险。

2.8.5 看似简单，其实不然

物联网中的云在设计或功能上既不统一也不简单。它们有多种形状和样式，为物联网数据管理而购买的云类型非常重要。

选择云技术的重要性在于：风险或多或少会跟据云的类型转移给第三方运营商。在任何地方（不仅仅是物联网）进行风险管理的这都是一个关键概念。

风险管理是指处理风险、转移风险或接受风险。对于物联网、云和数据中心，风险管理的关键在于：当你选择购买时，了解这些选择之间的平衡是什么。稍后将简要介绍云和物联网领域中的风险。更多内容可参考有关标准的章节。

对云的基本分类方法已经逐步演变到根据构建或获得的不同云类型进行描述。此种分类方法包含三种不同类型的云：基础设施即服务、平台即服务和软件即服务。

1. 基础设施即服务

基础设施即服务（Infrastructure as a Service，IaaS）是一种提供纯基础资源的云结构，其中第三方数据中心供应商将提供场地、供暖、电力、网络、处理器和存储——仅此而已。IaaS 意味着物联网应用的所有者将负责安装操作系统和可能希望的任何应用。与大多数类型的云服务一样，物联网应用的所有者还将负责系统中所有应用的用户账户管理。

最重要的是了解什么不是 IaaS 的一部分，即安全性。让我们从提供 IaaS 访问但没有 DoS 保护（请确保在购买之前询问）的网络开始。那么在数据中心网关上的防火墙和入侵防御系统（Intrusion Prevention System，IPS）呢？有提供吗？在数据中心内部呢？包括现代数据中心中大多数虚拟化系统所附带的任何软交换结构。在即将讨论的物联网隐患和风险管理方面，我们将对此进行更多介绍。

接下来是操作系统，这也是购买 IaaS 服务的实体的责任。操作系统可能完全取决于应用的所有者，因为大多数 IaaS 基础设施都是相对通用的，以便承载客户可能需要的任何类型的操作系统（Operating System，OS）：Linux、Windows 甚至 MacOS 的多种版本。这意味着应用的所有者需要非常小心地保护和维护操作系统，应用的严格程度可能与数据中心完全私有时相同，特别是当 IaaS 提供商没有将防火墙或入侵检测服务与 IaaS 本身捆绑在一起时。作为物联网的风险管理者，IaaS 环境中的操作系统管理需要被仔细监控。

最后，为了支持 IaaS 中的应用，物联网应用本身可能位于已安装的操作系统上。与操作系统一样，应用的安全性通常完全取决于应用的所有者，因为服务仅用于提供基础设施。加强和保护应用并不一定比保护操作系统更难。然而，应用的定制化程度越高，评估实际风险的难度就越大，因为自定义应用的开发测试可能比商业支持的应用要少。

在任何情况下，对物联网服务应用层的攻击可以像对基础设施上的操作系统的任何攻击一样有效。

因此，IaaS 将网络和硬件性能方面的风险从应用所有者转移到了 IaaS 提供者，而与操作系统和应用相关的风险必须由应用所有者处理或接受。

2. 平台即服务

平台即服务（Platform as a Service，PaaS）是指一种在线能力，包括基础设施（IaaS）和应用平台（在物联网或其他方面）。

该平台大部分是操作系统的代码 / 术语：Linux 的各种变型版本，如 RedHat、SUSE 和 Ubuntu（开源 UNIX），UNIX（闭源 UNIX 系统，如 Solaris），各种 Windows 服务器以及可以在虚拟化环境中配置的任何其他形式的操作系统。对于物联网风险管理者来说，配置部分是值得注意的，因为虚拟化技术依赖于一种被称为 hypervisor 的关键技术，它可以管理共享一个公共（IaaS）平台的不同操作系统映像。但并不是所有的 hypervisor 都能可靠地支持所有的操作系统。

为了提高 IaaS 的运行效率，一些大型 PaaS 服务提供商（数据中心提供商）也会定制或推出他们自己的 hypervisor。不幸的是，为了达到 PaaS 的目的，这可能会与支持多种操作系统的某项能力相冲突。如果物联网中的应用想要利用 PaaS 的经济优势，那它需要一个由数据中心提供商或 hypervisor 技术制造商提供服务级别的操作系统支持。

hypervisor 对于物联网的保障和风险至关重要，因为操作系统和 hypervisor 之间的不兼容可能导致一系列故障，一些是可预测的，另一些则是不可预测的。有效管理风险的唯一方法是在供应商或支持社区的保证范围内，将操作系统与 hypervisor 相匹配。为了使每个人都能准确地理解我们所谈论的内容，需要提一下主要的供应商和产品：威睿的 VMware、思杰的 Citrix 和微软的 MSCloud。它们代表了主要的商业专有市场，而基于内核的虚拟机（Kernel-based Virtual Machine，KVM）则是一个开源的 hypervisor 例子，它可以在第三方数据中心服务中找到。

3. 软件即服务

软件即服务（Software as a Service，SaaS）是指一个（物联网）应用被交付给多个独立租户，这些租户会共享支持系统的平台和基础设施。SaaS 是一种众所周知的模型，许多人并不了解其具体内容，但却会经常使用它。例如，Facebook、Google、LinkedIn 和 Wikipedia 都是 SaaS 的应用。

从风险管理者的角度来看，SaaS 通常代表着挑战，因为这些服务本质上是公共设施服务，目的是基于有限和预定义的可能配置选择范围来承载大量的用户。当然，这包括安全配置、控制和保障措施。

物联网中的 SaaS 将为管理和处理终端所生成的海量数据带来效率和经济方面的机遇。然而，这也会给物联网带来风险。具体而言，如果要使用 SaaS 公共设施，就必须接受风险，或者追求昂贵的替代方案。在第 12 章和第 13 章中，将涉及更多的内容。

2.8.6　云的架构和商业模型

除了 IaaS、PaaS 和 SaaS 之外，云和数据中心（我们在整个讨论中一直使用的虚拟意义上的数据中心）还有另一个维度。虚拟化的数据中心在技术上和商业上是分布式的，但对于终端用户和它所支持的物联网应用来说，仍然是完整的、不可分割的。这种以单个实体出现的能力，实际在技术上是分散的，这增加了风险管理者工作的复杂性。我们在开发和支持云资源来发展物联网方面做得越好，物联网应用或服务的用户和所有者意识不到的风险就越大。

2.8.7　技术分布式云

数据中心资源的技术分布意味着服务（IaaS、PaaS、SaaS）背后的处理能力可能分布在多个物理上不同的数据中心，但对应用呈现出统一的资源。换句话说，物理上分离但通过网络快速连接的计算资源（基础设施）可以作为应用的单一资源出现。应用可以在这些位置之间进行复制，并且在容量最充足、延迟（由于网络传输）最低的地方选择性地处理数据。

从成本的角度来看，能够将物理基础设施与处理需求分离能提供巨大的优势，因为即使在世界的另一端，工作也可以转移到容量过剩的地方进行！

从物联网风险管理者的角度来看，了解数据所在的物理位置非常重要，尤其是在涉及国家边界时。根据法律规定，合法的访问要求只要提供合法性既可，不一定必须是对信息和数据的授权访问。在物联网中，这可能会对专有的商业数据和个人信息造成许多不同种类的威胁。

关于云计算容量的技术分布，需要理解的另一件事情是：数据可以通过各种物理网络传输，同时在数据中心基础设施之间进行平衡。数据中心基础设施可能位于对物联网应用所有者和运营商友好但对传输网所有者不那么友好的司法管辖区。因此，数据在分布式云中移动的路径可以理解为与实际处理和存储设备的位置一样重要。例如，2010 年发生了一起有据可查的事件：亚太地区的所有互联网流量在短时间内都途径中国传输，使得中国的观察者可以看到所有未加密的流量，并能够对所有的发送者和接收者进行流量模式分析。[⊖]

2.8.8　商业分布式数据中心和云代理商

商业分布式，是指虽然技术可能是相同的，或者至少是可互操作的，但平台的所有者和经营者在商业上和物理上可能是不同的。换句话说，物联网应用可能被放置在云 / 数据中心中，它们不仅在地理上分布，而且还由不同的实体操作。

为什么不仅跨地理位置，而且跨不同的商业提供商传播应用？因为节省成本。

许多组织都拥有大型的计算云，这些云的活动和利用率非常低，他们正在寻求获得更多的投资回报。出于这个原因，他们开始在低或非高峰时期向第三方应用和进程开放云，这本质上是在出租他们的云。这类云或数据中心出租者的例子包括大学、零售商、甚至是电影公司，他们的内部应用都有着显著的峰值需求，但也有定期甚至计划的空闲时间。他们与其让

⊖　https://www.washingtontimes.com/news/2010/nov/15/internet-traffic-was-routed-via-chinese-servers/

云资源闲置，不如将其出租。但是，这些商家不是专业的出租者。就像那些在滑雪场或城市购买租赁物业的人一样，他们会求助于专门的物业管理公司。这些云资产管理公司就是云代理商的一种形式。

出于物联网和支持物联网产生的大数据处理需求的目的，至少存在两种类型的云代理：集成代理商和套利代理商。⊖（第三种类型与管理云服务的身份和访问控制有关，这通常超出了 SaaS 的范围。然而，考虑到物联网中大部分都是具有单一身份的机器——不像拥有许多身份和登录名的人——我们不打算深入讨论互联网上的单点登录和身份管理这个庞大的话题。）

2.8.9   集成代理商和物联网

集成代理商可以提供服务或软件，或者两者都提供，以使应用能够跨一组选定的云服务提供商（Cloud Service Provider，CSP）运行。集成商可以与物联网所有者合作，识别适合物联网应用的必要安全性和性能需求的 CSP，然后充当黏合剂，使这些服务作为应用本身的统一资源出现。集成商还可以提供与安全性和风险管理相关的附加工具和保证，使底层的 CSP 安全兼容，而这些可能不只是基于标准的商业产品。在美国政府中有一个关于集成商的有趣例子，一个单一实体被指定用来验证 CSP 的安全性，并作为所有联邦机构认可的用于公共信息的采购代理商。⊜

集成商对物联网的风险管理可能非常有用。他们可以使用不同的 CSP 供应商解决方案来执行与匹配安全性和报告需求相关的服务，这比尝试使用内部资源来完成相同的任务更快、更有效，而且内部资源可能不会专门用于 CSP 管理和事务。此外，某些风险可能会通过服务级别协议和其他合同条款有效地转移给集成商，从而有效地将云和数据中心的部分风险外包给可能更有资格管理它并同时增值的一方。

2.8.10   套利代理商

套利是在区域市场之间寻求商品或服务的最佳价格。例如，如果在 X 国购买汽油的价格是 1 美元 / 加仑，而在 Y 国需要 1.10 美元 / 加仑，那么就存在一个套利机会：可以在 X 国购买，在 Y 国出售，这样就能保持 0.10 美元的差价。同样的情况也适用于 CSP，因为计算周期和存储的现货价格可能因 CSP 而异。这些差异可能是由于一天中的不同时段、当前的经济状况、国家法定节假日，或任何其他因素造成的，从而使世界上某个地方的需求比另一个地方低。如果云资源具有可比性且网络容量足够大，就存在一个套利机会，可以将处理任务从高成本的基础设施转移到较低成本的基础设施，并在应用的所有者和云代理商之间分配节省的资金。

在物联网领域，随着成本的变化，这可能会导致大量的数据处理任务从一个 CSP 无缝地转移到另一个 CSP。通过这种方式节省的资金相当可观，也许可以将大型处理任务的业务成本降低许多个百分点。

⊖ Gartner 表示，云消费者需要代理商来释放云服务的潜力，见 https://www.gartner.com/newsroom/id/1064712。
⊜ http://fcw.com/articles/2013/04/16/disa-cloud-contracts.aspx

　　然而，正如任何风险管理者所知道的那样，当焦点过度转移到削减运营或资本成本的几个百分点时，通常情况下，安全性和保证配置会变差。随着所购买的服务变得更便宜，应用的所有者最终接受更多风险的情况也并不少见。但情况并非总是如此，风险管理者需要确定成本降低是否是技术和生产力提高的结果。尤其是当云代理商参与套利以降低成本时，在这种情况下，成本实际上是将信息和流程从一个位置转移到另一个位置的驱动因素。而且，在需要高度自动化才能使套利过程更有效率的情况下也是如此。正如我们将在第 12 章中所讨论的那样，高度复杂的系统（如互联网）叠加更复杂的系统（如云计算套利代理商），创造了混乱或难以预测的风险评估环境。在互联网和云服务的基础上再添加第三层物联网应用，复杂性也将进一步增加。

2.8.11　在物联网中关于云和数据中心还有一件重要的事情

　　关于云，有一件非常重要的事情需要注意：不管你选择购买哪种类型的云，无论是 IaaS、PaaS 还是 SaaS，DoS 保护几乎总是属于第三方服务提供商的范围。为什么？因为共享设施的本质意味着，任何试图瘫痪数据中心和云中任何给定应用的暴力攻击都会使该云中的所有租户都受到影响。对一个的攻击往往就是对所有的攻击。因此，应该在租户以及出租者的共同范围内，提供某种形式的保护措施来抵抗此类攻击。

　　也就是说，这完全取决于服务级别协议。不要假设服务协议涵盖了对云的 DoS 攻击，因为许多数据中心和云提供商对这一点都没有明确说明。即使服务协议提供了 DoS 保障措施和控制的手段，还应该接受物联网风险管理者的审查，他们关心的是数据的访问和存储。有关云和数据中心 DoS 隐患的详细讨论，请参阅第 8 章和第 13 章。

2.9　总结

　　物联网现在就在这里，风险管理者需要从技术和概念上了解它。从技术上讲，物联网现在是一艘覆盖着藤壶的船。具体地说，IPv4 和 IPv6 都在使用，但只有 IPv6 才是合适的。IPv4 从互联网诞生以来就一直存在，但它已经耗尽了地址空间，再没有可用的 IPv4 地址可以分配给互联网上快速增长的物联网设备。物联网中 IPv4 的持续存在将使风险管理者的工作变得更加艰难，因为两个不兼容的网络在未来一段时间内共存是需要进行管理的。虽然 IPv4 和 IPv6 之间的许多隐患是共同的，但也有一些独特的隐患。目前，与 IPv4 相比，人们对 IPv6 中隐患的了解较少，这给未来带来了挑战。

　　从概念上讲，始终要考虑到物联网是由四个关键的资产类别所组成，它们必须被共同管理而不是单独管理。请记住，风险管理包括处理风险、转移风险或接受风险：当谈到资产类别的三位一体时，管理者往往会不经意地接受他们不知道的风险。一定要了解物联网系统中的四个资产类别：终端、网关、网络和数据中心／云。

　　终端可以是将信息传回数据中心应用的设备，也可以是除了传输数据之外还能接收指令和信息的设备。传感器属于第一类设备；从智能手机到银行自动取款机再到工业控制，这一切都属于第二类设备。通常情况下，设备的自我保护能力会受到限制，网络或数据中心的安全控制需要进行补偿。

网关处在终端和网络之间。与终端设备相比，拥有更强处理能力和存储空间的网关可用于标准化、压缩和加密数据，并在数据进入网络之前执行更强的授权和完整性检查。

网络是物联网的"拨号音"。一切都取决于网络的安全性，因为没有网络的设备只是一台孤立的机器、"聋哑"设备，没有任何场景来理解这个世界。物联网的网络会有很大的不同，而且高度异构：在创建或使用信息的终端与数据中心之间，将会有许多不同类型的网络。

在物联网中，互联网的趋势也在变化。然而，之前的网络和安全假设（大多数信息从网络/数据中心流向终端）已经不再准确，威胁将会针对物联网及其生态系统中的每一个资产类别：终端、网关、网络和数据中心/云。而传统上，它们只是将目标瞄向了互联网中心的数据中心和云及其所拥有的数据。在物联网中，越来越多的数据从终端和网关流向中心。虽然中心仍然会受到威胁，但终端和网关（作为大量信息和内容的生成者）的价值明显更大，并且也会成为目标。网络安全的设计和工程不能再假设更多的信息主要流向一个方向：从中心向外。

随着虚拟化和云以及支持数据中心不同元素的服务提供商的出现，物联网的数据中心呈现出了新的、多样化的维度：一些用于管理基础设施、平台和服务，另一些则以透明的方式充当其他服务提供商之间的代理商和集成商。对于物联网风险管理者来说，理解和平衡与数据中心相关的许多选择和相关风险是一项复杂的任务。

需求和风险管理

在安全和工程场景中，什么是"需求"？为什么需求对风险管理有用？以及物联网需求通常是什么？我们将在本章尝试解决这些问题。此外，我们将说明需求是如何与物联网的风险管理相关的。"需求"或者项目目标会带来风险，你需要从项目中获得什么才能被视为成功？安全性在整个成功过程中起作用了吗？

3.1 需求和风险管理的含义

迄今为止，Bob 在一个大城市政府的信息技术（Information Technology，IT）部门有着成功的职业生涯。因此，他被任命去负责一个雄心勃勃的新项目，将城市的路灯连接成一个网络。这个项目的原因是，市长参加了一个会议，在会上听说了另一个大城市有一个类似的项目，被认为是"现代化的领导者"。市长也想成为一个现代化的领导者。

Bob 不太了解路灯相关的操作问题，但他确实了解一些 IT 相关的知识。市长想要完成这项工作，也就意味着这是一项备受瞩目的任务，而且显然很重要。但这个项目除了是现代化领导者的执行"要求"之外，它的目标和所带来的好处都尚不明确。尽管如此，Bob 还是组建了项目团队来启动该项目。

项目团队由最优秀的 IT 架构师、照明部门的电气工程师、项目经理和采购专家组成，他们帮助准备需求建议书（Request For Proposal，RFP）。架构师将制定技术需求，评定响应，并评估它们可能对现有系统产生哪些影响。电气工程师将提供现有系统的规范，以及对增长和扩展需求的一些见解。采购专家将确保该项目是否遵循必要的投标流程。Bob 会向市长办公室提交有关供应商的最终建议，以获得批准和预算。

Bob 与他的团队合作开发并发布了一份征求"智能街道照明"方案的 RFP。这份 RFP

包括：

- ❏ 有关现有街道照明系统的必要技术资料
- ❏ 用来控制街道照明系统的企业接口
- ❏ 与照明系统相关的所需控制功能列表
- ❏ 所有正确的财务、投标条款和条件

然而，从一开始，事情就偏离了轨道。

在 RFP 发布后不久，便有内部人员站出来发问，为什么不征求他们的意见？设施工程部的主管们根本不知道他们的一个工程师正在与 IT 部门一起开发一个价值数百万美元的 RFP！一旦该系统投入使用，谁来支付并培训他们的员工管理该系统？工会领导人想知道对他们成员的影响。城市监察员想知道对市民隐私的影响。应急管理人员想知道该系统是否会对异常（紧急）情况做出反应以及如何应对？安全人员（来自 IT 部门的其他部分）想知道在确保系统安全方面，供应商的解决方案将在何处启动和停止，以及谁将资助他们需要增加的预算来支持在线路灯基础设施？市长的政工人员想用最简单的方式知道纳税人能得到什么好处。此外当地电力公司提出了有关负荷影响的问题，以及旧的既定需求模式会如何变化。一旦电力公司定下了目标，监管组织就会注意到：这会以某种方式影响电网吗？这是否会在特定时间内以某种方式影响电力成本，并要求对城市所缴纳的电费进行审查？

最后，供应商也提出了很多问题。一开始会问"你希望基础设施是好的、快速的还是便宜的？三个中可选两个"。然后供应商会更深入地了解更多细节：有多少日志记录，有多少网络连接，有多少信息冗余，有多高的安全性？一份 RFP 说明被发布，接着是另一份说明。但是供应商会不断提出设计方案所依据的需求问题，媒体和公民团体也开始就"真正"的利益问题不断发问。

很快，该项目由于自身的模糊性和定义不明确的需求，该项目被叫停。RFP 也被取消，大家充其量认为 Bob 已经到达了他能力水平的极限。

Bob 做错了很多事。其中许多并不是物联网风险，而只是常规的 IT 和承包风险。但是有几点造成了该项目与其他项目的差异，并将错误放大到了项目停止的程度。许多纯 IT 项目以相同的方式开始，但最终都完成了，即使是艰难完成的。以下是本书的三点主要经验教训：

1）Bob 将该项目视为一个 IT 项目。这不仅仅是一个 IT 项目，因为它处理的是一个动态结果（交通灯在任何特定时间内开启或者关闭，并为数百万吨移动的金属提供相关的安全服务）。这涉及网络 – 物理接口。这意味着利益相关者的范围急剧扩大，已经流向了非传统的利益相关者，并且进入了供应链。

2）Bob 从传统数据流的角度考虑该项目，但是这些数据流在很大程度上独立于项目的其他部分。虽然 IT 可能会减缓甚至停止，但是生产通常会继续。在最坏的情况下，服务可能会受到影响，但实际上没有人或财产会受到损害。同样，相互依赖的外部实体也习惯了 IT 中断，我们一直在解决此类问题。如果有必要，它们可以应对城市中半天的无线电静默。换句话说，Bob 并不了解物联网与传统的以数据为中心的互联网之间所发生的服务级别变化。

3.2 引言

本章描述了风险管理计划中所谓的"敏感性分析"过程。在讨论风险管理计划时，我们刻意避免使用"正式"一词，因为这可能意味着一个不必要的复杂过程。

的确，你可以在本书中找到许多与物联网和风险相关的结论，但在很多情况下，这将是一个机会、直觉和运气的问题。作为组织中任意级别的风险管理者，所能做的最糟糕的事情就是依靠直觉和运气。

为了理解你所知道的和你不知道的物联网风险，拥有一个规范的风险管理方法是有益的，甚至是必要的。我们将在后面的章节中展开，但是在本章我们就要开始勾勒真正理解新兴物联网的隐患和风险所需的一种方法。

需求评估从一些基本的问题开始，但出人意料的是，这些问题的答案可能不会轻易或快速地得到。例如，你为什么要承担这个项目？可能并非出于安全或风险管理的目的。因此，风险管理通常不是项目目标和思考的核心。

对于大型和小型 IT 项目需求来说，需求的定义和记录不清是很常见的。举例说明一些与物联网相关的典型需求对于构建一个有关物联网和风险的讨论框架是很有帮助的，这就是我们在下面要做的。物联网风险管理人员会发现某些需求可能会被那些没有受过培训或者不关心安全和风险的人忽视。本章并非只针对工程师和风险管理人员，因为需求通常很难编写和记录。

3.3 目标读者

管理不善的需求定义和敏感性分析所带来的结果通常是成本超支，而且不是小额超支，结果有时是灾难性的。薄弱的需求开发往往也会导致设计欠佳或仅部分正确的实现，这会减缓或者延迟采用，并极大地影响客户满意度。对于任何关心物联网项目总成本或者采用率的人来说，本章内容也会帮助到你。

我们概述的过程和方法对任何关注物联网系统（特别是智能系统、连接系统或者机器到机器系统领域的新系统和应用）风险的人来说，都具有指导意义。在这些新系统和应用中，许多过程、操作模型和应用本质上都是新的。

3.4 制定讨论框架

在上一章中，我们概述了物联网中的四个关键资产类别，也是物联网中的基本类别：终端、网关、网络和数据中心 / 云。不论风险管理是否包括风险的处理、转移和接受，每一个资产类别都需要从风险的角度来考虑和管理。在许多情况下，因为有些单元（通常是网络单元）完全外包给了第三方服务提供商，所以物联网风险管理策略几乎是一成不变的。在这些情况下，风险基本上是通过服务级别和其他合同协议进行转移的，剩下要做的就是审计合规性。

现在，我们正在讨论更详细的风险管理单元，终端 / 网关 / 网络 / 数据中心的描述性工具可能会被再次使用，但是会覆盖安全标准。这就是我们在下一章中要说明的内容。

我们将从美国国家标准与技术研究院（National Institute of Standards and Technology，NIST）长期建立和应用的"800-53：联邦系统的安全和隐私控制"中定义的不同类型的安全"需求"开始。虽然 800-53 是 IT 安全标准，而非物联网安全标准，但是其划分安全和风险管理过程的方法是经过深思熟虑的，并且适用于物联网，即使特定的控制集中在传统信息管理系统上，这种方法也同样适用。

为什么要在物联网中划分风险管理？与任何大型的复杂任务一样，物联网的风险管理更容易通过（更加）明确的子任务和边界来完成，工作可以在其中启动、停止和委派。此外，NIST 的分类之所以有用，是因为它们通常可以反映出使用权限和控制的界限，从而使某一级别的安全或隐私需求的责任人可以不必尝试让自己进入其他人的控制域中——不管该控制域是在他们的级别之上，还是级别之下。没有什么比组织策略更能阻碍安全和风险管理了。

3.5　什么是安全需求

需求是应用或系统为了高效地实现其预期目标而必须支持的功能特性。需求的范围很广，可以解决从图形用户界面到工程反馈和速度的所有问题。

安全需求是总体需求的子集，但是经常被忽略。安全措施倾向于像管道系统一样，主要放在后台执行，因此安全需求以及满足需求的控制和保护措施可能被忽视甚至忽略。由于安全需求的这种幕后状态，所以找到一种系统的安全需求管理方法极为有益。

NIST 800-53r4[⊖]提供了安全需求和能力的三层结构：组织、业务过程和信息系统。（NIST 800-53 的早期版本将这三层结构称为"业务""操作"和"技术"。毫无疑问，NIST 重新命名这三层结构是合理的，这可能反映了范围上的变化，思维方式的演变，甚至可能是美国联邦风险管理过程的军事化改造（这只是一个随意的评论）。但是旧的命名可能更容易理解，即使它们与新的定义相比准确性稍差。）

正如 NIST 在 800-53r4 中所说：

为了在整个组织中集成风险管理过程并更加有效地处理任务 / 业务观注点，采用了三层结构方法来处理风险：1）组织层；2）任务 / 业务处理层；3）信息系统层。风险管理过程贯穿了这三层结构，其总体目标是不断改进与组织风险相关的活动，并在与组织的任务 / 业务成功有共同利益的所有相关方之间进行有效的层内和层间沟通。[⊖]

第 1 层提供了组织任务 / 业务功能的优先级，从而推动了投资策略和融资决策——提升了符合组织战略目标和绩效衡量标准的具有成本效益的、高效的信息技术解决方案。第 2 层包括：1）定义支持组织任务 / 业务功能所需的任务 / 业务流程；2）确定执行任务 / 业务流程所需的信息系统安全类别；3）将信息安全需求纳入任务 / 业务流程；4）建立企业体系架构（包括嵌入式信息安全体系架构），以便将安全控制分配给组织信息系统和这些系统

⊖　http://csrc.nist.gov/publications/PubsFL.html

⊖　NIST 800-53r4, p.7

所运行的环境。

　　决定组织的信息技术基础设施中哪些部分需要实现更强的安全功能的是第 1 层 / 第 2 层风险管理活动（见本章图 3-1）。当组织确定必要的安全需求来保护组织操作（即任务、功能、图像和声誉）、组织资产、个人、其他组织和国家时，第 1 层 / 第 2 层风险管理活动就会发生。在第 1 层和第 2 层中，确定安全需求和安全能力（包括必要的保证需求，以提供对所需能力的信任措施）后，这些需求 / 能力会被反映在企业体系架构的设计、相关的任务 / 业务流程以及支持这些过程[⊖]（NIST 800-53r4，第 2 章，25 页）所需的组织信息系统中。

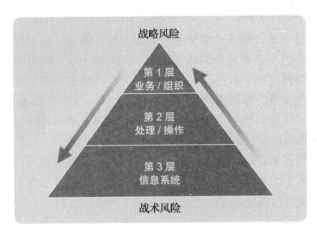

图 3-1　安全需求和能力层（摘自 NIST 800-53r4）

3.6　请用更为简单的语言描述组织和业务流程需求

　　这里我们引用了很多安全术语专家 NIST 的话。

　　那么，与物联网风险管理相关的组织（第 1 层）和业务流程（第 2 层）需求是什么呢？第 3 层的信息系统需求又是什么呢？

　　此时，最好将组织和业务流程需求的 NIST 定义近似（并翻译）为私营部门风险管理者更容易接受的术语。

3.6.1　业务 / 组织需求

　　组织需求（过去被 NIST 称为"业务需求"，在其他风险管理框架下被称为"战略需求"，有时也被称为"市场需求"）包括下列需求，这些需求在执行层是可见的：

❑　与法律或行业标准相关的法规需求。例如，有关健康和安全的行业法规、财务报告法规（如萨班斯 – 奥克斯利法案）、隐私权、服务可用性或者关税法，或者行业自定标

⊖　NIST 800-53r4 联邦系统的安全和隐私控制，2013 年 4 月，见 http://nvlpubs.nist.gov/nistpubs/SpecialPublications/NIST.SP.800-53r4.pdf。

准（如电力行业的 NERC-CIP）。

❑ 预算、毛利润或利润率的财务需求。例如，安全和风险管理在物联网系统投资中占有分配的份额。

❑ 竞争性需求，如上市时间、价格点或成本压力、产品差异化、产品自动化或者知识产权和战略保护。

❑ 与组织指示和任务有关的内部政策要求。例如，将可持续化作为公司的目标，将隐私设计作为所有新系统的要求，或者将自动化作为公司计划的关键战略支柱。

3.6.2　业务流程 / 操作需求

一旦组织需求达成一致，那么业务流程（又称为操作需求）就可以被更容易和安全地定义。为什么"安全"？因为业务流程需求与更高级别（第 1 层）的组织需求之间没有直接和明显的联系，它是相对独立的。首先，它是如何成为一项需求的呢？如果没有映射到组织需求，那么它是否有管理支撑？你确定吗？

如果没有其他原因，而只是为了表明为物联网开发的系统以某种方式支持组织的最基本优先级，那么业务流程需求应该映射到一个或者多个组织需求。

业务流程需求传达了更多的细节和特征。它应该具有足够的细节，以允许风险管理者选择适当的技术控制（第 3 层），但不必规定——至少与技术有关（尽管业务流程需求可以规定操作问题，我们将对此进行演示）。

3.6.3　需求矩阵

组织需求也可能映射到影响物联网风险的多个业务流程需求中。这意味着需要创建需求矩阵，如下表所示（后续节将更详细地解释这个矩阵）。

本章后面部分将结合表 3-1 来说明值得考虑的许多组织和业务流程需求是如何受到安全性影响的，又是如何将风险注入物联网中的。

表 3-1　需求矩阵

组　织	操作需求类别	操作需求规定
法规——支持当地法律 内部政策——支持特定组织的目标或者策略	机密性	财务信息披露法要求对未经授权的信息进行审计保护
	完整性	财务信息披露法要求对未经授权的信息进行审计保护
	可用性	操作许可证需要 99.99% 的可用性
	隐私性	在物联网系统设计阶段进行隐私影响评估
	可恢复性	请参阅"可用性"+ 按照法规培训应急管理团队

3.7　谁想要了解所有这些需求的资料

当你是一名管理人员或者行政人员，负责部署依赖于物联网的服务，或者负责一个需要提高安全性能的系统时，你会需要收集需求信息，但是你如何确认这些是正确的信息，更重要的是，你如何向拥有答案的人说明你的问题？

例如，收集需求通常会涉及在整个组织内处理 RIOT 的每一个人。这也意味着要问很多看似多余或是浪费时间的问题。但情况就是如此，因为组织层级中不同级别的安全性优先级是不同的。所以为了让高管和管理人员理解这些需求，你需要用他们的语言来说明！

当涉及物联网的安全需求时，处于金字塔的顶部的组织需求最有意义，即他们所说的 C-Suite（最高管理层）。

组织需求主要是关于亟待管理的 RIoT 监管环境，或者是最高管理层制定的内部政策，这些政策必须根据组织的"内部法律"来实施。

你是否曾与一位高管会谈过，并且认为自己已经掌握了所有的答案，结果却发现自己一直是从不同的角度看待风险。这可能是因为高管掌握了你不知道的风险信息。

作为一名高级管理者，高管之间通常有很多你不知道的谈话；特别是高管、审计人员和董事会成员之间的对话，他们都倾向于把外部而非内部的风险带入任何关于 RIoT 的评估中。例如，审计人员会非常关注是否有能力对财务报表的完整性做出明确而有力的证明。

虽然审计人员可能会在组织的许多不同后面展开工作并提出许多问题，但是他们最终会向 C-Suite 提出一个简单的问题：是否合规？因此，无论物联网系统应该遵循什么法规，或者它是如何实现合规性的，保证合规的简单行为都会在最重要的级别上引起广泛关注。

从简单的"是"或"否"到合规性问题，问题变得更加复杂——但是发展速度并没有那么快！如图 3-2 所示，即使是正常组织等级中的后续层级也不会被深入探究。诸如时效性、报告的广泛准确性等问题开始发挥作用，并最终作用于成本——但很少涉及风险更深层的细节。

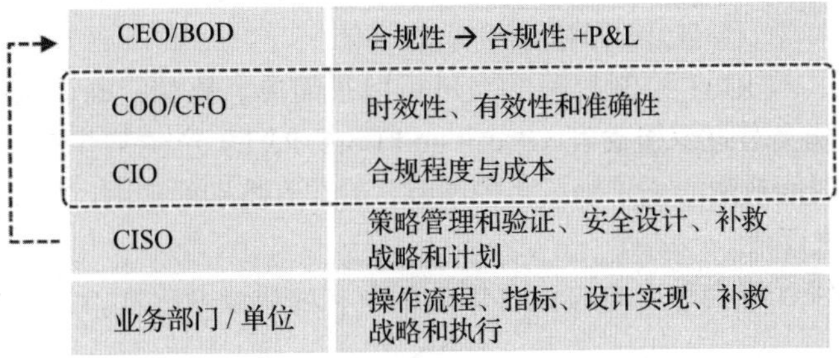

CEO/BOD	合规性 → 合规性 +P&L
COO/CFO	时效性、有效性和准确性
CIO	合规程度与成本
CISO	策略管理和验证、安全设计、补救战略和计划
业务部门 / 单位	操作流程、指标、设计实现、补救战略和执行

图 3-2　公司层级的报告风险

在组织层级的顶端以及附近的位置，组织需求可能是最重要的。因此，能够简明扼要地给出组织需求和合规程度对于成功管理物联网风险是至关重要的，因为在这些层面的支持决定了资源的分配，为 RIoT 控制提供了资金。

一旦你深入到组织层级的底层，业务流程需求作为与最高层级的组织（管理 / 策略）需求相关的重要细节便会显现出来。

在物联网中，比如与交通传感器安全功能相关的事宜，以及对网络可用性和设备防篡改的需求似乎是至关重要的。然而，这些都是业务流程需求，它们需要映射到更大的需求，以便让最高层能够理解和领会。例如，为高速公路部门运行交通传感器的服务提供商的首席执行官（Chief Executive Officer，CEO）将会关注一些问题，比如交通传感器是否满足合同合规性或者法律合规性 / 责任。他 / 她可能不愿意去深入了解设备防篡改的细节，因为这样做实在过于细节。

最后，在图 3-2 中，我们绘制了一个箭头，从首席信息安全官（Chief Information Security Officer，CISO）指向首席执行官 / 董事会层。这反映了物联网正在加速进行管理转型：安全成为董事会层面的关注点，CISO 变成一个权力比首席信息官（Chief Information Officer，CIO）更大的职位（因此不必对 CIO 进行报告）。

由于"影子 IT"的作用越来越大，业务部门可以直接购买独立于 CIO 组织的 IT 系统和服务来支撑业务交付，所以 CISO 的任务越来越多。关于影子 IT 的正面例子有 Salesforce 和 Dropbox，它们都提供了非常有用且广泛使用的业务支持服务，但是完全不受 CIO 的控制。

物联网会带来更多的影子 IT。物联网将会要求 CISO 同时管理 CIO 的"内部"IT 安全，以及 CIO 控制（和预算）范围之外的影子 IT。

3.8　风险、需求和交付

如果最高管理层倾向于根据（准确地表达）组织需求为 RIoT 控制提供资源，那么 RIoT 需要拿什么来作为交付呢？如果管理层不喜欢细节，你计划提供什么来证明符合法规或者政策要求（组织需求）的能力？

同报告级别的细节规范一样，与 RIoT 相关的交付在组织的较低或较高级别之间也有所不同。

在组织的顶层，与 RIoT 控制相关的交付可以很简单。比如，确认系统将要或者已经通过了合规审计，可能会对组织损益表（Profit and Loss，P&L）产生某些影响（正面或者负面）。最高管理层不会有时间或耐心去了解更多的细节，除非有特别的理由。操作安全风险和安全交付最好以最小单位来评估。

再往下深入层级，将会越来越关注合规的细节、性质或者程度，尤其是潜在的、减少风险的策略成本。

从解释过的高管和董事会层面来看，整体组织需求和业务流程需求变得更加清晰，并且验证合规性的交付将变得更有意义。图 3-3 说明了可以通过组织层级预期的各种交付来提供充分管理风险的证据。

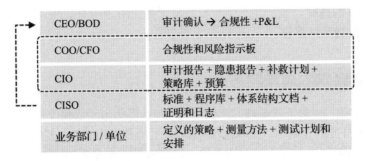

图 3-3 风险和合规性交付

3.9 技术需求：这是我们强调的部分

在第 3 层，终端、网关、网络和数据中心 / 云的技术需求由系统而定，并根据不同的风险管理子流程（包括它们自己的 NIST 标准（800-37——风险管理框架））来定义。子流程开始发挥作用，时采用形式化过程被用来选择技术控制。

这是因为每个独特的物联网系统或者服务会根据各种因素形成特定的需求，比如资产、应用或系统的威胁级别（参见第 4 章）和敏感性。试图列举出所有这些潜在的组合是不可能的。即使想要生成技术安全需求的"顶级列表"也充满了挑战，而且这份列表极有可能误导人们。

例如，支持第 3 层控制和能力的技术需求将包括具体的规定和度量。考虑到可用性的性质：启动时间需要多久？恢复期必须有多短？数据必须恢复到多久以前？

另外，考虑到机密性的性质：对于给定的应用管理信息，所需的加密密钥应该有多长（密钥的长度将决定用穷举法去猜测每一个可能密钥的困难程度）？同样与机密性有关的是：针对应用管理信息，对用户、管理人员和审计人员的背景调查应该深入到什么程度？

> 尝试在此技术细节层面（第 3 层）给出建议，已经超出了本书所涵盖的范围。事实上，如果读者发现了关于通用的、"推荐的"技术控制和需求的具体技术指导，应该谨慎采用，因为它们缺乏考虑物联网的系统场景。

从一般的威胁和风险属性出发来采用或考虑安全技术指导可能是危险的，因为这种对安全需求的评估很容易低估或高估需求。在低估需求的情况下，结果很容易预见：系统受损。而高估安全需求则会导致：最好的情况是系统效率低下，而最坏的情况则是系统无法运行。系统的建设和运营成本过高，用于证明初期投资合理的业务模式可能会被完全破坏。

通过在组织需求（第 1 层）和业务流程需求（第 2 层）层面的工作，我们可以提供适用于物联网的广泛、可重复使用的风险管理指导。

对于物联网中的任何给定系统，大部分的组织需求和业务流程需求可能会重叠。如果没有重叠，这里提供的组织和业务流程需求示例就可以作为风险管理人员、审计人员、监管人员和系统设计人员的选择列表。并不是所有的需求都适用于所有的物联网系统，但是许多需求适用于大多数的物联网系统。

3.10　组成物联网的应用和服务

在第 2 章中，我们了解了物联网的一般结构，并且概括出了依赖于物联网的应用和系统类型。因为我们现在正在讨论需求，所以是时候为用户行业和应用提供一些更具体的用例了。

我们首先从当前物联网应用的概述开始：物联网是正在发生的事情，即使物联网应用对大多数人来说并不是很明显。本节的目的既不是对目前世界上正在发生的事情进行详尽的介绍，也不是定义事情发生的可能性范围。这样一项任务将是困难的，将不可避免地存在重大差距。

我们在下面将补充物联网的应用和行业用例，然后是这些应用和行业定义它们的各种需求，以及管理这些涌上物联网的应用和行业相关风险的适当方法。

在概述物联网应用和行业范围的过程中，我们将会关注任何给定物联网系统的两个特性：

- ❑ 运营效率
- ❑ 用户满意度

事实上，这是物联网应用中最简单的两个需求。最好的物联网应用应该提供更高的运营效率和更好的用户体验。

3.10.1　运营效率（阴）

运营效率是指借助物联网更快地创造或交付更便宜、更好、更新鲜、缺陷更少的商品或服务。对于给定的物联网应用或者系统来说，运营效率增益有可能非常大，以至于运营效率几乎成了投资的唯一要求和理由。然而，用户满意度仍然很重要。

物联网和商业案例的许多利益都与运营效率相关，而效率又意味着利用更低的成本、更少的人员、更少的资源来提供服务。在许多情况下，运营效率将成为推动物联网系统或者服务发展的关键，特别是当服务与政府或社会化医疗保健等非盈利实体有关时。运营效率作为所有行业的一种竞争优势，一定会推动物联网系统的发展。

3.10.2　用户满意度（阳）

不满意的用户可以破坏任何物联网项目（就像他们可以在使用期间破坏任何 IT 项目一样），因此这是物联网的一个主要风险。即使在获得巨大运营效率增益的情况下，也应该始终考虑用户满意度。巨大运营效率的最低目标是为用户满意度带来良性影响（例如，"他们根本没有注意到"或者"他们不在乎"）。

用户满意度就是指：高兴、满意的用户，无论他们是大型企业、小型企业、家庭型企业还是个人。物联网的用户认为他们受到了公平的对待，获得了更好的产品或服务，他们就会感到满意，并推动产品或服务的采用，反过来又会提高物联网的运营效率，在商业案例中，必须假定某种采用率。

物联网中的"用户"也可能是其他物联网系统：与机器通信的机器。在这种情况下，满意的用户是指在它期望的时间得到它所期望的东西。商品、服务或数据以预期的数量、格式按时到达，且错误（缺陷）很少或者没有。在这种情况下，用户的满意度可能是系统保持运转，不会破坏与之交互的其他系统！

3.11 行业用例、效率和满意度

帮助人们理解物联网的最佳工具之一是用例，其本质是指在对给定行业有意义的情况下，如何使用某些事物来实现目标或用途的例子。

用例在进行投资之前，经常用来确定一个解决方案是否能够满足管理的业务和操作需求。

用例可以非常简单，也可以非常详细。它们可以简单概括出某一特定技术或设备可能被有效应用的情况，或者也可以非常详细地提供工程指导和技术规范的每一步使用说明。

这里提供的用例很多，但并不详细。这样做是为了显示不同行业中不同用例的范围，以便风险管理人员能够明白，在不同行业内部和不同行业之间，运营效率和用户满意度的主要业务需求可以以多种方式呈现。

以下是我们为物联网创建样本用例的行业汇总表，包括通常被认为是关键基础设施的行业，以及产生重大价值和经济活动的行业：

- ❑ 交通运输业
- ❑ 健康医疗业
- ❑ 政府部门（所有级别）
- ❑ 公共安全和军事
- ❑ 零售业和服务业
- ❑ 食品业和农业
- ❑ 制造业和重工业
- ❑ 娱乐行业和体育行业
- ❑ 能源行业和公共事业
- ❑ 金融业和银行业
- ❑ 教育业
- ❑ 信息与通信技术（Information and Communications Technology，ICT）行业

3.11.1 交通运输业

交通运输业从物联网中获益很多。智能交通意味着在人员流动和货物运输方面会有很大的改善。

物联网用例
- ❑ 智能火车、飞机、汽车、船只和航天器

❑ 自动响应环境条件或可远程控制的交通信号灯

❑ 需要报告磨损情况并提前安排维护的道路、铁路、跑道和桥墩

运营效率

❑ 更短的旅途

❑ 更少的人力监督

❑ 燃油效率

❑ 基础设施利用率的提高

❑ 更少的因延误和损坏造成的损失

❑ 更高的由可靠供应链带来的生产率

用户满意度

❑ 更少的通勤和旅行疲劳（由于较少的监管和更高的安全性）

❑ 更少的与交通相关的个人和公司成本

❑ 更快地到达目的地

❑ 增强的安全性

❑ 提高的利润率

3.11.2　健康医疗业

物联网必将支持越来越多的健康医疗应用和服务，因为它是降低服务交付成本的最佳、最简单的方式之一，尽管服务交付成本在全球各地都在持续上涨。此外，物联网提供的卫生服务有望为快速老龄化的人口（在许多国家）建立全新的服务渠道。

物联网用例

❑ 远程诊断、检查和治疗

❑ 远程病人监测、跟踪、治疗和遥测

❑ 远程监控功能，实现治疗的自动化

❑ 远程手术

❑ 处方管理和配药

❑ 医疗资产追踪（工具、救护车、药品）

❑ 增强的可访问性功能，包括多种语言支持和听觉指导

运营效率

❑ 更好地利用稀缺的人力资源

❑ 更好地利用稀缺的或昂贵的工具和系统

❑ 更低的与设备、损耗、运输相关的成本

❑ 更高的遵医嘱率

❑ 更高的早期检出率

❑ 更快、更完整地获取过去和现在的医疗记录

用户满意度

❑ 更好的医疗结果和康复率

- ❏ 更快的诊断和治疗，更短的病人等待时间
- ❏ 更少的通勤和旅行疲劳感（由于较少的监督和更高的安全性）
- ❏ 为病人和医生提供更好的信息
- ❏ 更大的治疗选择范围

3.11.3 政府部门

在本例中，政府部门不包括公共安全部门（将在下一节介绍），但它确实包括许多重要的职能，例如对重要行业（银行、食品、卫生、交通、电信等）的监管，以及在紧急情况下对私营部门利益相关者的协调。

政府部门从物联网中获得的大部分好处将以更好的信息形式呈现，以支持政策和监管决策，并提供日常的公民和社会服务。

物联网用例
- ❏ 智慧城市（废物管理、交通管理、治安管理：本节涵盖了许多用例贯穿了本节）
- ❏ 远程服务交付（社会服务、管理）
- ❏ 可访问性，包括多种语言支持和听觉指导
- ❏ 实时环境监测（空气质量、水位、污染、地震）
- ❏ 城市用水 / 下水道的监测和控制
- ❏ 资产跟踪和库存
- ❏ 楼宇 / 物业管理及维修（办公园区、公园和古迹）

运营效率
- ❏ 更好地利用昂贵的人力资源
- ❏ 更好地利用稀缺的或昂贵的工具和系统
- ❏ 更低的设施运营成本
- ❏ 更高效的监控和执行
- ❏ 更高的监管漏洞检出率
- ❏ 更快、更完整地访问过去和现在的医疗记录

用户满意度
- ❏ 增强的服务交付水平
- ❏ 在不增加税收的情况下维护和改进服务

3.11.4 公共安全和军事

当物联网用于公共安全（治安和舆情，也包括火灾）和军事时，人们首先想到的物联网应用往往是监视。然而，公共安全和军事组织也可以期望使用许多其他领域的用例，例如交通运输业。

物联网用例
- ❏ 周界监视
- ❏ 调查监测

❑ 资产跟踪与定位

❑ 远程资产控制

❑ 武器跟踪与识别

❑ 参考交通运输业和其他行业的用例

运营效率

❑ 更好地利用昂贵（和脆弱）的人力资源

❑ 访问过去无法访问的位置

❑ 自动监测功能

❑ 更好地利用稀缺或昂贵的工具和系统

❑ 更高的检测率

❑ 更快的事故补救

用户满意度

❑ 更好的安全结果和更高的成功率

❑ 获取最新的信息、情报和物流

❑ 减少伤亡和事故

3.11.5　零售业和酒店业

零售业和酒店业都是经常与个人买家和消费者（也包括一些大型企业）打交道的行业。因此，他们不断尝试提供个性化的体验，同时尽可能地自动化和简化流程，以获得竞争优势。为了创造出更高的运营效率，物联网提供了许多潜在的用例，同时为用户创造了高度个性化的体验。

物联网用例

❑ 库存管理与物流

❑ 基于地理位置和环境条件进行具有高度针对性很强的促销活动

❑ 防盗和反欺诈

❑ 票务和入场管理

❑ 设施监控和管理

❑ 可访问性，包括多种语言支持和听觉指导

运营效率

❑ 更低的库存管理成本和损失

❑ 更低的损耗和更少的退货

❑ 更高的促销和活动成功率

❑ 更低的客户加工成本

❑ 更低的库存收缩和更少的欺诈

用户满意度

❑ 更高的可用性

- ❑ 更少的投诉
- ❑ 更清洁安全的设施和场所

3.11.6 食品业和农业基础设施

从农民的田地到餐桌，物联网将给食品业带来很多好处。食品业不仅仅为国内消费者提供了超市，还为医院、运输公司、军事基地和商业园区等主要机构提供了餐馆、自助餐厅和食品供应商。食品业还包括整个分销业务，这使它成为生产者和最终消费者或商业分销商之间的中介。

物联网用例

- ❑ 田间和牧场传感器为生产者显示化学和环境条件
- ❑ 跟踪农产品、畜产品和加工食品，以了解产品质量和缺陷管理、变质和过期情况
- ❑ 跟踪有丢失风险的原生种
- ❑ 对食品加工人员的门禁控制和监控
- ❑ 交付流程和会计的自动化
- ❑ 订购服务和计账的自动化

运营效率

- ❑ 更少的变质和过期
- ❑ 更少的健康事故
- ❑ 更快地跟踪和减缓健康事故
- ❑ 向监管组织快速提交合规报告和证据
- ❑ 更高的批发分销自动化程度
- ❑ 更多的终端消费者统计数据以及对喜好和口味的反馈信息
- ❑ 丰富的食品来源和品种
- ❑ 溯源

用户满意度

- ❑ 更高质量的食物
- ❑ 更多的成分和内容信息
- ❑ 安全的食品
- ❑ 降低的价格（由于更高的效率）
- ❑ 增加的选择（由于供应链效率）
- ❑ 与来源相关的可验证选项：转基因、有机等。

3.11.7 制造业和重工业

制造业对于智能设备来说并不陌生，那些已经以不同形式存在了几十年的工业控制系统（Industrial Control System，ICS）和监视控制与数据采集系统（Supervisory Control And Data Acquisition，SCADA）为既将到来的物联网奠定了大量基础。

制造业也是物联网最早的风险管理者之一，通过国际自动化协会（International Society

of Automation，ISA）标准 99 等组织发布了早期的安全标准[⊖]。

我们可以预期，从重工业到轻工业，从耐用品到易腐品，从高度监管的行业到几乎不受监管的行业，制造业将继续热衷于采用越来越智能化的系统和物联网。

物联网用例
- ❑ 过程监控及管理
- ❑ 设备监控及管理
- ❑ 健康和安全监控及管理
- ❑ 库存管理
- ❑ 运输跟踪
- ❑ 次品和召回管理
- ❑ 主动维护和保修（一个由工厂安装的故障轮胎发热严重，但是一个新轮胎已经在经销商处准备就绪。这比在轮胎爆裂之后再修理汽车或卡车要好得多！）
- ❑ 产品服务套餐和配套（你的沙发知道你的车钥匙滑到了垫子之间！）
- ❑ 员工、供应商和承包商进入营业场所的门禁控制和监控

运营效率
- ❑ 更长的产品正常运行时间
- ❑ 更低的维护成本
- ❑ 更少的次品和废品
- ❑ 更低的高价值部件的收缩率
- ❑ 更少的职业伤害和事故
- ❑ 更短的运送和运输延误
- ❑ 生产灵活性：成本不高的小批量生产
- ❑ 向监管组织快速提交合规报告和证据
- ❑ 通过连接其他商品和服务进入扩张市场（如前面提到的汽车钥匙的例子）

用户满意度
- ❑ 更可靠和可预测的供应链
- ❑ 质量更好的产品
- ❑ 更好的商品信息（来源和产地）
- ❑ 更少的次品和保修索赔
- ❑ 降低的价格（由于更高的效率）
- ❑ 增加的选择（由于供应链效率）

3.11.8　娱乐行业和体育行业

预计娱乐行业和体育行业将会在物联网领域取得惊人的成功——最近流行的（和不安全的）Fitbit 仅仅只是个开始[⊖]。大多数关于物联网的讨论往往忽视了这些行业，因为它们关注的

⊖ www.isa.org

⊖ https://blog.fortinet.com/post/fortinet-fitbit-threat-research-statement

是服务和人。实际上,你可以在多大程度上真正地增加跟踪、监视、追查以及在人身上嵌入更多的数据?如果这些行业不那么引人注目,最终,我们可能会对物联网带给这些行业的东西感到非常惊讶。

毫无疑问,增强现实是一个具有无限潜力的领域,环境中的事物(人、地点、固定装置、汽车、商店、一切事物)信息可以被叠加在一个结合了现实与附加信息的图像中。增强现实技术已经在某些游戏机中通过谷歌眼镜得到了应用谷歌眼镜是一个被频繁引用的使用增强现实的早期例子。

将传感器和信息存储嵌入对象和衣服中,就可以在线访问对象的属性信息,或者对象的佩戴者信息。

物联网用例

❏ 健身和执行监测
❏ 以第一视角捕捉视频(例如头盔式 GoPro 或者类似设备)或者以全新视角拍摄视频(例如嵌入 F1 赛道的摄像机)
❏ 具备视频捕捉功能的无人机
❏ 游戏的增强现实
  ● 真实物理环境(全息甲板类型)中的角色扮演和使用第一人称
  ● 针对校园儿童的教育地理游戏
❏ 旅游的增强现实
  ● 多种语言的旅游景点和纪念馆介绍
  ● 模拟物理位置进行推广
  ● 嵌入式推广及广告
❏ 体育的增强现实
  ● 运动员状态及健康情况
  ● 装备和材料的说明和信息

运营效率

❏ 从现有产品中获得新的邻近服务收入
❏ 更高的回报率和更多的回头客
❏ 产品定制化和灵活性:成本不高的小批量生产或者特有产品
❏ 通过与其他商品和服务的连接进入扩张市场(同样,以汽车钥匙为例)

用户满意度

❏ 实时细致的反馈,以鼓励目标的实现
❏ 促进个人进步的正面印象
❏ 动人的界面和视角
❏ 新产品和新体验
❏ 更广泛的产品特性选择、不同的强化级别
❏ 降低价格(由于更高的效率)

3.11.9　能源行业：公共事业和智能电网

智能世界和物联网的典型代表可能是能源行业。无论是电气、天然气、石油、太阳能、水电、风能、潮汐能，还是其他能源系统，将自动化和智能化应用于能源系统的途径和方法似乎是无穷无尽的。合理安排相互关联的能源基础设施中的大量不同元素，是许多生产者、消费者和监管部门的首要目标。在遇到能源应用或产品之前，你是不可能深入物联网世界的。

物联网风险通常也与能量以及恶意控制基础设施的潜在动力（和隐私）影响相关。因此，安全的智能电网和其他管理系统的开发受到了特别的关注。

物联网用例

❑ 用户和企业的计量与使用时间计费
❑ 协调电池和存储系统以平衡负载
❑ 报告状态并主动调整负荷和故障的管道及输电线路
❑ 与存储系统相协调的发电系统

运营效率

❑ 鼓励消费者和企业节约开支的灵活计费方式
❑ 减少与计费、服务和监控相关的劳动力
❑ 减少停机时间，降低维护成本
❑ 改进的指令和控制
❑ 更高的可再生资源利用率
❑ 集成和协调存储资源

用户满意度

❑ 更高的服务级别（更短的停机时间）
❑ 更多的价格选择
❑ 增加对收费的可见度
❑ 改进的公共安全
❑ 整合家庭和办公自动化

3.11.10　金融业和银行业

如果说有什么行业是由网络决定存亡的，那就是金融业。在美国和加拿大，电信服务是金融服务机构最大的单一支出点[⊖]，这种关系可能在世界各地都存在。如果把一件商品或服务的支出看作是对该商品或者服务的依赖程度指标，那么金融业对电信服务的依赖程度比其他任何关键基础设施都要高。

金融服务是最早采用物联网的行业之一，因为其大部分运营成本都来自电信领域。它们一直在寻找能够通过更好的电信技术和设计来提高效率的方法。在互联网普及后不久，银行

⊖　见 Tyson Macaulay 的 *Critical Infrastructure: Understanding its component parts, vulnerabiltties, operating risks, and interdependencies*（2008）。

就发现了它带来的一个绝佳发展机遇，无须昂贵的专用线路，就能将远程资产连接到数据中心，而且它还提供了物理的人到人服务向在线 M2M 服务的转变能力。

物联网用例
- ❏ 零售 POS 终端
- ❏ 位于远处的自动取款机（Automated Teller Machine，ATM）
- ❏ 网上桌面银行
- ❏ 手机银行
- ❏ 基于设备的交易（即通过冰箱上的触摸屏购买食品）

运营效率
- ❏ 服务相同数量的客户所需的资金（店面）更少
- ❏ 更快的交易处理和结算
- ❏ 减少盗窃、欺诈和其他损失
- ❏ 延长服务时间，增强服务能力，而不增加相应的成本
- ❏ 更少的服务台呼叫次数

用户满意度
- ❏ 更容易访问银行服务
- ❏ 更广泛的服务，更长的工作时间
- ❏ 为物联网设备制造商和服务提供商提供更多的金融服务选择
- ❏ 更快、更灵活的金融服务交付

3.11.11 教育业

毫无疑问，教育一直受益于互联网的出现，那么物联网呢？它会使教育和学习产生什么不同吗？答案几乎是肯定的。

物联网使得各种各样的学习辅助（工具）成为可能，从嵌入和叠加到现实世界对象的信息（类似于娱乐用例）到反作弊技术。在物联网中，这样的机会有很多。

物联网用例
- ❏ 学习的增强现实
- ❏ 来自研究课题的实时经验数据（用于研究海洋生物学的海洋探测器的视频）
- ❏ 校园安全
- ❏ 学生状态监测⊖
- ❏ 自动识别和访问控制（学校设施）服务
- ❏ 有价值的教育资产和物品的库存和跟踪
- ❏ 远程教育和参与

运营效率
- ❏ 无须离开教室，就可以获得更广泛的信息和更丰富的体验

⊖ http://www.emote-project.eu/

❏ 具有更高的安全性，无须额外的人力资源
❏ 过去稀少或不可用数据的便宜来源
❏ 课程定制与灵活性：制定更详细或更独特的课程，无须增加成本
❏ 通过与远程或其他学生的联系来扩展市场

用户满意度

❏ 更好的学习体验
❏ 更广泛的课程和学习材料的选择
❏ 减少安全负担
❏ 减少扩展体验所需的成本
❏ 全新的、不同的体验和关系
❏ 新的合作机会

3.11.12　信息和通信技术

网络能为自身创造新的利益吗？换句话说，物联网会在某种良性循环和反馈循环中为自身带来新的好处吗？好吧，至少物联网会给网络带来更多的设备，创造更多的需求和（希望）更多的收入与利润机会。

需要明确的是，ICT 行业通常不仅包括电信运营商，还包括各种设备和软件的制造商。它还可能包括某些服务提供商，如系统集成商和数据中心运营商。

物联网用例

❏ 物理基础设施跟踪、库存、自动化、远程管理和安全（电线、光纤、电线杆、管道、接头、电信库、备用电源、访问控制）
❏ 设备网关的协调、监控和管理⊖

运营效率

❏ 自动化的网络管理和服务迁移
❏ 自动化的服务级别调整和合规
❏ 需要更少的人力来支持庞大的物理基础设施
❏ 更快地定位和修复物理故障（损坏、割破、破坏）
❏ 更精确地管理升级、维护和报废更换

用户满意度

❏ 新的和更灵活的网络服务
❏ 更好的网络性能
❏ 更有弹性的 ICT
❏ 更低的 ICT 成本
❏ 更少的停机

⊖ 新兴的 5G 无线服务会在很大程度上依赖 IT 来协调使用多种不同形式网关的物联网设备，采用不同的无线频谱和第 2 层协议。许多网关本身就是这样的“物”，不仅直接向用户提供服务，而且还充当其他物联网设备的代理网关。智能手机就是一个与 5G 技术相协调的设备 / 网关组合的例子。

❑ 服务范围更广，工作时间更长
❑ 更快的服务订购、部署和交付

3.12　总结

本章重点关注物联网需求的收集和评估，特别是安全和风险管理需求。

收集和评估需求可能是个有点神秘的过程，因为它有时会被完全忽略，并且经常以不完整和特别的方式完成。由于物联网所带来的风险（这是后面几章的主题），糟糕的需求收集可能会产生可怕的后续影响。

物联网风险管理者的需求不会比他们编制并提供给应用程序和系统开发过程的需求更好。在未来几年，需求管理将是安全和风险从业者的核心技能，由于网络和 IT 向网络 - 物理接口动态后果的扩展，它将比以往更加重要。

基本上，有三种相互联系、相互映射的需求：

1）通常在最高管理层可见的业务和组织需求，是安全和风险管理业务用例得到资助的关键。该需求通常与法规、行业标准或管理层制定的顶级组织策略的合规性有关。内部组织策略可能包括整个组织的隐私、人力资源策略或战略竞争方向。

2）执行层以下的所有管理层使用的操作和流程需求，用于定义诸如服务级别、性能和特性等关键方面。操作需求应该映射到并支撑业务需求。例如，如果一个组织需求支持多个司法管辖区的隐私法规，那么一个明确的操作需求就是设计、部署和测试隐私流程，并持续支持该流程。

3）由支持操作和流程需求的软硬件和网络特征所描述的技术需求。在本书中，我们不打算讨论或推荐技术需求，因为它们在不同的用例之间存在很大的差异，而且威胁、隐患和控制更是多种多样。最好由给定物联网项目的风险管理者和安全人员来定义技术控制，使用更高级别的需求作为技术上需要做什么的指导方针。另外，可以使用业务和操作控制从技术层面的风险和安全角度来定义非强制性的内容，并证明这些限制是合理的。

在本章中，我们回顾了与物联网安全相关的两个主要用例：运营效率和用户满意度。虽然它们可能是许多项目中的关键用例，但是在考虑安全性和风险管理时，它们尤其重要。为什么？因为安全和风险管理在证明其价值和获得必要的预算与资源方面存在长期的困难。出于这个原因，安全和风险管理工作比任何其他技术层面更需要能够简单地追溯并说明它们如何能够同时提高运营效率用户满意度。

对于我们所回顾的每一个行业的垂直（纵向）领域，都有关于运营效率和用户满意度的多个实例可以被物联网风险管理者应用和引用。无论你在哪个行业工作，都要尝试说明物联网系统或项目是如何处理这两个用例的。当然，这意味着要与多个内部利益相关者进行合作，还可能增加短期需求的收集工作，但这会提供更长期的项目稳定性，因为物联网安全可以为许多不同行业的组织带来多方利益。

业务和组织需求

在实际经历和研究这本书的过程中，我们发现一些极为常见的业务需求既典型又非常关键。我们的目标就是概述和解释这些需求，以便物联网（IoT）开发人员、设计人员和风险管理人员在一开始就能够评估这些需求是否适用于他们的用例，并将需求融入到他们的政策中去。

在前一章中，我们用了一个比喻来说明理解需求的重要性。在本章中，我们将使用相同的方法来探索业务和组织需求。

4.1 业务和组织需求的含义

Alice 是一家成熟的、盈利的上市公司的首席执行官。该公司为糖尿病患者制造和运营血糖监测仪，拥有市场上最好的产品和业界最大的客户群，提供各种团队设备和不同的监控选择。监控服务基本上有两种形式：一是外勤人员去设备所在处（例如某个病人的家里）诊断和校准设备，并下载记录进行分析；二是设备所有者去店面（比如药店）或医生办公室下载记录并评估。该公司同时还有一个在线的门户网站，患者可以登录并下载他们的记录。

但是这样，Alice 的业务就会面临一个迫在眉睫的难题：血糖监测仪连接到了网络上，因此可以远程自动处理结果，并实时向医生发送结果或警报。Alice 的公司并不是一家信息技术（Information Technology，IT）公司，也并不想变成 IT 公司，但是 Alice 决定让她的产品联网（通过 IP 实现），因为事实证明这在市场上很受欢迎，她不得不做出响应。

与此同时，公立和私营的健康保险公司都在鼓励像 Alice 这样的服务提供商参与到信息聚合门户网站中来，这样来自许多不同服务提供商的患者信息就能够被整合到一起，从而造福患者。

Alice 不喜欢将她的产品联网，讨厌将她的远程监测技术与一些稍有相关的服务提供商（如理疗师，甚至是私人教练）的信息整合在一起。毕竟，现代糖尿病疗法已经被人们所熟知并取得了成功。为什么还要去惹这个"下金蛋的鹅"（指现代糖尿病疗法）呢？

Alice 最终决定通过 IP 来实现新一代的血糖监测仪，采用一次性的日抛隐形眼镜形式，内置传感器和微型无线通信芯片，通过本地网关（如智能手机或 Wi-Fi 接入点）将读数转发给互联网。软件开发工作将由内部团队完成，他们将使用现成的软件库来实现 IP 网络。新的在线系统将患者信息汇总到公司数据库中。像医生和诊所这样的医疗服务提供者可以在线查询，系统也可以通过各种不同的方式自动向他们推送警报。互联网是将所有设备连接在一起的最简单、最便宜的选择，因此这就是预期的平台。整个系统将由现有的 IT 人员管理，还有一些额外的资源可以帮助他们处理工作负荷。

在开发阶段的初始，新团队聚在一起进行了白板会议，并根据多年的行业经验和见解列出了对设备的技术需求。

从运行角度来看，主要的问题是镜片的电池寿命。这意味着处理负载、软件大小以及与网关设备的通信必须极为高效和紧凑。

从用户满意度的角度来看，服务本身就是主要的价值。用户会将这视为其身体状况管理的一个重大进步，并为他们的幸福带来了巨大的好处！

结果，许多不太常见的用例和需求被忽视了，进而影响到产品。许多用户发现，产品连接不良和电池寿命短会导致性能下降。

如果不能理解物联网系统的业务和组织需求，就会出现以下情况：

❑ 在实验室中建立了有针对性的、提升性能的需求，却无法实现：
- 用户一直在不安全的网络上漫游——安全性变得部分依赖于第三方，如餐馆和咖啡馆。另外，许多工作场所都需要网络访问控制（使用用户名和口令登录）——它们没有内置到设备中——因此，该服务在这些环境中不起作用。
- 监测仪被设计成隐形眼镜，而该隐形眼镜的用户通常还会使用其他可穿戴物联网设备，如无线耳机、联网眼镜和智能手表，这些设备经常会干扰无线电信号，导致隐形眼镜的电池寿命缩短。

❑ 某些健康保险公司和诊所似乎在集中数据库上产生了巨大的负载。在调查中发现，这是因为他们收集了大量的患者数据，而不单单是询问个别患者。这会构成与隐私和个人可识别信息相关的监管违规行为。

❑ 产品性能的下降会引起过多的服务台电话、投诉、产品退货和负面评论，结果最终无法实现盈利。

❑ 糟糕业绩、负面评论和即将到来的监管制裁都为同类竞争对手创造了一个市场机遇。这些竞争对手很快便从 Alice 的错误中吸取了教训，抢占了市场份额。

Alice 未能全面地洞悉整个运营生态系统，增加了许多不必要的风险，并危及了整个项目。虽然她对用户将会做什么以及医疗系统中其他关键提供商（如网络提供商和第三方利益相关者）的安全性和可靠性做出了很多假设，但是实际运营环境与实验室有很大不同。

4.2　引言

本章将着眼于高管和管理层在以安全可靠的方式将业务迁移到物联网时需要解决的顶级业务和组织需求。

这里的物联网需求并不多——但是它们非常重要，不仅会影响到需求过程的其余部分，还会不可避免地影响到组织。

事实上，我们将要讨论的少数需求并不仅限于安全，而是会对物联网安全控制和保障措施的结果产生重大影响，因为它们推动了安全和风险管理投资的优先级。

更重要的是，这是物联网风险管理过程的开始。因为在此阶段发生的任何缺陷、故障、错误或遗漏只会随着时间的推移和项目的成熟而级联和放大，所以一开始就犯下的错误是不可原谅的。

评估业务和操作需求非常重要，因为所有其他需求都将映射到这些由管理层确定的顶层关注点。业务和组织需求是物联网安全程序其余部分所依赖的框架。

4.3　目标读者

因为本章内容是业务和组织需求，所以对于那些定义这些需求的人来说最有价值，包括：高管、产品经理、业务部门经理、风险管理者以及审计和合规官。

关注业务和组织需求的四个主要领域的人员应该阅读本章：

❏ 与法规、法律和自我监管相关的监管合规性
❏ 与利润和利润率相关的财务需求
❏ 反映最高管理层指导组织行为的内部政策和指令
❏ 差异化、质量、品牌、服务或产品战略的竞争市场需求。

4.4　物联网的业务和组织需求

在本书的这一部分中，我们会讨论一些新兴的物联网需求，这些需求对物联网风险管理特别有意义。

正如我们在本章前面所讨论的，需求对于风险管理过程是必要的，因为它们强调了诸如物联网资产对不同威胁和隐患的敏感性等特性。

下面的需求列表并不特定于我们前面分析过的任何行业，而是作为可能出现在几乎所有行业中的典型重要需求的代表。应该真正由资产或应用所有者来确定哪些需求在特定的物联网情况下是有效的。

这些需求并不全面，但是它们对于物联网来说应该是新颖的，因为类似的需求可能不会在企业 IT 中出现，或者它们可能以不同的优先级出现。这些需求之所以出现在这里，是

因为它们似乎是物联网特有的，或者与传统 IT 系统风险管理流程不同。

　　这些需求更像是对物联网操作和业务流程需求潜在范围的抽样。并不是所有的需求都适用于所有的物联网系统和服务，这些需求更像是一个超集，风险管理者需要从中选取部分来考虑特定的物联网系统。

重新表述组织需求

　　快速回顾一下我们之前的讨论：在执行层，业务和组织需求最为明显。它们包括：
- 与法律或行业标准相关的监管需求。
- 与预算、利润和利润率相关的财务需求。
- 与组织指示和任务相关的内部政策需求。
- 竞争需求，如上市时间、价位或成本压力、产品差异化、产品自动化、知识产权保护和战略。

4.5　监管和法律需求

　　对于那些作为利益相关者和用户进入物联网行业的人来说，并不缺乏法律和监管需求。在少数情况下，监管合规意识和适当准备将决定其在物联网机遇的成败。毫无疑问，事后重新设计系统和流程会抬高成本，造成系统在经济上的不可行。例如，数据存储需要彻底重新设计和开发，以便用技术上虽然不高效但却符合隐私监管准则的方式划分和管理信息（更多有关隐私的信息请参阅第 5 章）。

　　（有时）就像物联网难以定义一样，法律和监管需求到底是什么？这是一个非常重要的问题，因为监管需求代表了必须达到的最低性能，否则就可能会受到制裁，甚至更糟。

　　此外，监管需求很可能会将操作和技术需求推向与其他需求无关的方向。（不过，正如前面所讨论的，隐私等问题会增加用户的信心，从而提高采用率。）

4.5.1　现在支付还是过后支付：合规性不是一个可选项

　　对监管与合规性需求的认识和准备会带来巨大的回报——这是物联网管理者面临的最大风险之一。准备好以高效和有效的方式证明合规，在多数情况下，可以使任何组织领先于竞争对手，并节省大量资源。在某些情况下，这恰恰是准许运行的系统跟由于监管机构、公众压力或用户不采纳而关闭的系统之间存在的差别。

　　未能从一开始就设计出符合监管机制的系统，这是一个错误——在电信与信息学的许多学科中，人们已经充分吸取了教训。但在物联网中却有所不同，原因是我们之前讨论过的物理 – 网络、动力接口。

　　物理 – 网络、动力接口本身未必会带来不同的规则或改变规则，但会极大地扩大物联网系统必须支持的监管合规性章程和规则的范围。

　　物联网合规要求的范围将不同于以往所见的任何情况。这意味着从一开始就必须对这一需求进行深入的了解，因为在设计阶段未能处理好合规的成本将不同于前面看到的监管补救努力。重新设计物联网系统（从外围的遥感节点和终端到大数据中心云的信息管理）的成本将是巨大的。而且在某些情况下，事后做出改变所需的成本只会毁掉业务。

4.5.2　混合监管：物联网监管下的法律和行业标准

在许多情况下，法律法规会反过来强制执行行业标准——国家和自我监管的混合。如何管理混合监管涉及安全审计和标准方面的知识，在本节随后将展开讨论。

在物联网中，混合监管更像是一种规则，而不是例外。风险管理者需要为此做好准备，在寻求保护物联网系统和流程的资源时，向最高管理层解释这一点。出现例外的主要原因是，法律甚至法规无法跟上技术的步伐，尤其是物联网技术，它们将以一种通用的方式被制定出来。这些法律依赖于那些利益相关者在该领域和工业领域日复一日的工作中所保持的最新行业实践和指导方针。物联网越复杂、规模越大，情况越是如此：大量物联网利益相关者参与标准编纂的理由会越来越多，这些标准会越来越多地提供支持法规监督的必要细节。

混合监管及其需求是物联网的关键组织需求，若要认识到这一新兴监管形式的复杂性和相互依赖性，就需要谨慎的管理和适当的资源。

4.5.3　物联网监管案例和混合监管

让我们来关注一下直接或通过供应链关系间接影响物联网系统的几个主要安全监管领域。

表 4-1 只是众多例子中的一小部分，这些例子说明了政府监管是如何授权并推动特定行业和国际标准来填补监管方面的空白。然而，随着物联网的发展，会有越来越多与机器和网络连接的网络 – 物理和动力接口，监管负担也会随之增加。如果没有充分的指导（如标准）来提供有效和高效的基准，那么就会产生更多特别的、专有的指导方针。

表 4-1　物联网监管和安全标准

监管形式	法律案例	行业标准案例
财务	萨班斯 - 奥克斯利法案[①]：财务结果报告需要安全系统来证明其可靠性	支付卡行业（Payment Card Industry，PIC）[②]—数据安全标准（Data Security Standard，DSS）是为处理主流借记卡、信用卡、预付卡、ATM 和 POS 卡持卡人信息的组织所制定的专有信息安全标准
关键基础设施保护——电力	联邦电力法第 215 条要求电力可靠性组织（Electric Reliability Organization，ERO）制定强制性的、可执行的可靠性标准，这些标准必须经过委员会的审查和批准。在美国，经委员会批准的可靠性标准，自批准命令被确认之日起，就变成了强制性和可执行的标准[③]	NERC CIP[④]：北美电力可靠性委员会——关键基础设施保护是电力基础设施安全的指定行业标准，美国的联邦法规规定了这一标准

（续）

监管形式	法律案例	行业标准案例
医疗健康	"HIPAA 安全规则⑤建立了国家标准来保护个人电子健康信息，这些信息由相关实体创建、接收、使用或维护。安全规则需要适当的行政、物理和技术保障，以确保电子健康信息的机密性、完整性和安全性。"⑥	国际标准组织（International Standards Organization，ISO）——信息安全管理系统（Information Security Management System，ISMS）27001 是一套广泛使用的审计范围工具。它对健康没有任何特别的影响，但确实适用于一些特定行业，如能源行业。此外，还有 27799 健康信息学 —— 使用 ISO/IEC 27002 进行健康信息安全管理
工作场所的健康和安全	如今，工作场所的健康和安全不仅包括了滑倒、绊倒和摔倒等意外情况，它还包括 IT 安全和防范网络威胁，如身份盗用、胁迫和骚扰、跟踪和未经授权的监视，以及可能因工作场所 IT 安全防范不足所导致的其他个人损失。这方面的责任判例早在几年前就已经确立，物联网只会扩大其范围	与工作场所安全相关的行业标准来源广泛，将 IT 和行业安全与隐私控制和合规性结合了起来。例如，ISO、NIST 和 ISACA CoBIT⑦是 IT 安全最常见的三个标准。在 ISA99、IEC62443 和 ISO（尚未发布的 27000 系列标准）的融合工作中，工业和制造领域具有不同但可辨别的相关标准
隐私	隐私法无处不在，并且非常适用于物联网。它们存在于政府的多个层面，相互间甚至可能会存在明显冲突。隐私法通常并不比其他形式的法律更具有规范性，因为它们提供了可解释的余地。通常，隐私法旨在提供关于什么是个人信息以及如何收集、使用和披露这些信息的指导方针	许多为评估安全合规性提供标准的相同组织也会提供关于隐私合规性的指导。例如，ISO（通过 SC27– 第 5 工作组提供）

① http://www.gpo.gov/fdsys/pkg/PLAW-107publ204/html/PLAW-107publ204.htm
② https://www.pcisecuritystandards.org/
③ http://www.nerc.net/standardsreports/standardssummary.aspx
④ http://www.nerc.com/pa/Stand/Pages/CIPStandards.aspx
⑤ 与 HIPPA 隐私规则不同，见 http://www.hhs.gov/ocr/privacy/hipaa/administrative/privacyrule/index.html
⑥ http://www.hhs.gov/ocr/privacy/hipaa/administrative/securityrule/index.html
⑦ IT 控制目标（CoBIT）。

　　物联网风险管理人员面临的一大挑战是建立可重复使用的、易于证明（审计）的安全制度，尤其是在多个行业的指导方针可能相互冲突的情况下。

　　回顾一下我们之前在第 2 章中关于物联网剖析的讨论：生态系统中的许多利益相关者将为许多不同的物联网应用和服务提供服务。在所有应用甚至部分应用范围内，支持独特的风险管理和安全标准及框架，要么带来毁灭性的成本增加，要么会在利益相关者寻求降低成本时减少这些准则的使用。实际上，如果监管要求制定大量的安全准则，那么这两种情况可能会同时发生。

4.5.4　证明合规性：64 000 美元的问题

　　如何达到或证明合规性：不幸的是，在多数情况下都很难做到，这通常取决于审计。有时是通过第三方进行审计，有时是通过自我评估。在这两种情况下，都需要根据某种形式的标准和商定的范围进行审计。

4.6　财务需求

物联网安全的圣杯正在证明它有商业案例。(类似地,世界各地的 CISO 们甚至现在都在努力证明企业安全的价值,以明确支持资源要求。)

这并不是说物联网安全没有商业案例:绝对有许多好的理由去投资安全和风险管理,但是对那些投资不足的人,也会有很多值得警惕的故事。但这绝不是一个简单的事情,通常情况下,案例都是基于定性的度量和陈述,比如"攻击报告比去年糟糕得多"或"IT 部门一直处于危机应对模式"。

换句话说,安全性的商业案例通常不好定义。其直接的结果是,与货币(财务)相关的、定义更好的、高度量化的需求将更易获得优势。非常典型的就是财务组织能够直接解释销售和营销投资如何等同于增加销售;或者营销部门可以告诉高管他们在对活动或促销的投资中获得了多少新闻时间(精确到字数或分钟)。安全和风险管理很少会显示这样的直接度量和数字,以支持对投资和更多资源的要求。

物联网安全和风险管理投资很容易依赖于直觉上合理但又无法衡量和不可定义的证据,而不是什么都不做,靠着或多或少的资金盲目衡量标准!

财务需求将涉及影响成本和利润的费用,例如:

❑ 将安全投资总额限制在 IT 支出总额的固定百分比内。例如,根据行情,2015 年的安全支出通常占到 IT 预算的 6%~8%⊖(即使超出这个比例,支出也未必是不合理的,但随后就会受到各种正当理由的制约。)

❑ 安全预算的总额上限允许逐年增长。

❑ 监管合规性的成本,在下列情况中会特别突出:
  ● 与司法窃听或监视相关的合法访问和拦截。
  ● 用户和客户公开信息的隐私管理问题和需求。
  ● 与物联网系统损害引起的责任和侵权案件有关的一般法律发现。

❑ 安全审计和相关的补救措施:
  ● 创建或扩展安全政策。
  ● 创建和扩展操作过程。
  ● 实施与审计异常相关的审计建议。

毫无疑问,计划良好和计划糟糕的安全性之间的差异很容易达到 ±100%,但通常会大得多!因此,在风险管理和安全方面的超支可能会对任何一个物联网项目的可行性产生重大影响。鉴于最终系统的复杂性,有效管理财务需求的能力将尤为重要。

你清楚自己不知道什么吗

考虑财务需求的复杂性。金融界经常讨论的一个问题是,财物系统的复杂性没有被很好地理解——或者至少我们低估了其风险,不清楚自己不知道什么。例如 1987 年、2001 年和

⊖　Gartner,见 http://blogs.gartner.com/john-wheeler/it-security-budgets-rise-as-data-breach-fear-spreads/。

2007 年的危机就足以证明这一事实。Nicolas Taleb 提出了一些关于这一现象的精彩讨论。[⊖]

正如本书所述，物联网是人类创造的最复杂的事物之一。理解与威胁、隐患和影响相关的相互依赖性和级联影响是一项令人担忧的工作。承认需要考虑财务需求（成本与收益）会使物联网的风险管理过程更加复杂！该如何理解在正常和异常情况下持续存在的合规性成本？上面所说的需求是这些考虑的良好起点。

在任何情况下，财务需求和充分考虑这些需求的程度都足以决定风险投资家（VC）制定的最佳物联网计划的成败。

4.7 竞争需求

竞争需求会随着时间的推移而发生改变，有时它们也会随着市场的变化而迅速改变。因此，追踪和映射竞争需求及其对物联网系统整体管理（特别是风险管理）的影响至关重要。

记住这一点：很少有企业从事风险管理业务。他们的业务基本都是提供商品或服务。如果业务和组织需求由于竞争压力或问题而突然发生改变，则需要改变操作和流程安全以反映这一事实。维持与新的竞争需求不平衡的安全和风险管理水平将会导致灾难性的后果。

有时，为了应对竞争压力（需求），必须要接受或转移更多的风险。风险和安全管理者当然不希望看到这样的事情。但是接受更多的风险并不一定会导致灾难和可怕的意外。了解竞争需求的变化对操作和流程控制的影响，可以使各级管理人员理解他们所接受的内容。

许多风险管理的失败之处在于：竞争需求变化很快，但是这些变化没有映射到操作控制，并且在较低层面上也没有任何变化。在逐步发展的复杂物联网系统中，这些缺陷会极大地放大过去在企业 IT 系统和孤立的过程控制系统中所看到的影响。

4.7.1 面向商品化的分化

许多物联网系统正处于开发阶段，旨在提供一种新的、更好的方式来迎接旧式商品化的挑战。

面对产品的商品化，该如何留住客户，停止无休止的价格战？在许多行业中，这是一个非常常见的风险，而有效地处理好该风险是物联网中一个特定的组织或业务需求，而且可能比技术史上任何时候都更重要！为什么？

因为"物"和它的物理结构之间存在差异。互联网上的很多"物"在很大程度上都是根据它们是什么和可以做什么来定义的。例如，运动传感器是一个定制和组装的硬件，装有遵循设备供应商基础设施指令的专用软件。血糖监测仪也是一个定制的平台，具有定制的软件。

但是当硬件突然脱离了软件，具有多个集成通用传感器和输入端口的通用硬件平台应运而生时会发生什么呢？软件脱离了硬件又会发生什么呢？

这正是随着智能手机的出现所发生的事情。智能手机已经成为越来越多的物理——逻辑

⊖ 见 Nicolas Taleb 的 *The Black Swan*（2005）。

交互平台，包括健康应用和诊断。这曾经是物联网的圣地，但现在已经不再是了。据观察，基线[○]功能的处理能力已经达到了定制设备性能的 90% 以上，而成本只是定制设备的很少一部分（不到 10%），因而具有较高的市场采用率。虽然没有占据全部市场，但是足以支持在低端市场使用通用技术来提供专业技术的大部分功能，并激励通用平台进一步完善其功能，促进更好的竞争。医疗设备市场就是一个很好的例子。在该市场中，与智能手机技术结合的廉价超声设备，相比更贵、更好的专用设备，也有很强的竞争力。[○]物联网正在催生更多这样的创新和竞争。

在物联网领域，硬件平台正在被通用化，这意味着不同供应商的解决方案或许可以在同一平台上加载。这使得差异化更加困难，因为硬件性能不再是问题。此外，因为开发软件的成本要比开发软硬件集成产品低得多，所以竞争将会加剧，利润也会下降——可怕的恶性竞争开始了。

另外，物联网系统制造商可能会采用通用平台，并利用这个机会为不同类型的客户或全新的客户群创建不同价格的新产品和服务。常言道，风险与机遇并存。

因此，在物联网中，一个与风险管理直接相关的重要组织需求是：在面对平台商品化时，要保持产品差异化。风险在于，整个企业能否维持下去，并保持盈利。

具有讽刺意味的是，平台商品化也为提高效率和客户满意度提供了巨大的潜力。从硬件制造和集成的负担中解脱出来后，物联网设备制造商、应用开发人员、服务提供商或运营商可以在许多地方转移资源以获得新的和更好的功能。

这一难题在目前看来可能是无解的，某些行业或物联网制造商可能还以为自己不会受到影响，但这种想法是愚蠢的。显然，各种智能设备的定制平台正在退出市场，这种转变几乎可以在一夜之间发生。

在利用商品平台和蚕食收入之间找到最佳平衡点是物联网的主要业务和组织需求之一。

请参阅本书的后面部分，以进一步讨论与此需求相关的威胁（第 12 章）和隐患（第 13 章），以及潜在的风险管理技术。

4.7.2   从垂直市场转向生态系统

物联网将涉及由多个供应商和销售商共同或交替创建的新应用和服务。正如我们在第 1 章中讨论的那样，物联网中的任何给定应用都将有许多潜在的利益相关者和贡献者。这反映了从整合服务套件的传统单一提供商向根据应用所有者及其客户的喜好和特定需求对服务进行组合的多服务提供商的转变。多样的选择将在一定程度上定义物联网，而供应商和销售商生态系统的出现推动了这种选择的多样性。

例如，可能存在针对终端、网关、网络和数据中心或云服务的竞争供应商。此外，在这些资产类别中可能会有许多不同的供应商和销售商，它们在许多不同的特性上相互竞争并使

○ "基线"是指几乎所有用户都需要并经常使用的基本功能。例如，所有的司机都需要后视镜。但是，如果没有空调，甚至没有收音机，一辆汽车还是能很好地为许多用户服务，而这些是基线之外的。

○ 梦寐以求的医疗秩序，摘自 *The Economist*，见 http://www.economist.com/news/technology-quarterly/21567208-medical-technology-hand-held-diagnostic-devices-seen-star-trek-are-inspiring。

自己与众不同，如服务级别、吞吐量、运行时间、支持、区域化、定制等。有很多方法可以切分物联网这块蛋糕，从而高效地、以前所未有的方法创造出新的产品和服务。

因此，物联网风险管理的一个主要组织需求是：管理一个实体如何与必然围绕它的供应商、销售商生态系统建立接口。

在技术层面，这个接口本质上是一个业务或操作需求。它可以简单地定义为对应用编程接口（Application Programming Interface，API）的支持，该接口允许生态系统中的其他参与者调用需要运行的功能或任务，或调用服务提供商提供的信息。API 允许以预定义和标准化的方式进行调用，因此不需要定制。这基本上就是一本任何人都可以重复使用的说明书。服务提供商并不需要了解调用这些功能的第三方，这为生态系统的自动化铺平了道路。

API 还有另一个工作方向：一个服务提供商可以调用另一个服务提供商，以便为其自身的增值操作和流程提供某些功能或信息。

如果没有 API，物联网的效率和商业案例都会因为需要定制而受到很大的阻碍。在这种情况下，每个商品和服务的提供商都必须建立一种双边关系，以便与其他商品或服务的提供商相互操作。这根本无法满足物联网的需求。

风险管理需求与 API 的双向性有关。首先，需求与允许第三方访问功能的 API 的创建有关。其次，需求与使用 API 进行服务交付有关。因此，你需要将 API 放在自己组织产品（无论是商品还是服务）的关键路径上。

请参阅本书的后面部分，进一步讨论了与 API 和更开放的生态系统需求相关的威胁（第 12 章）和隐患（第 13 章），以及潜在的风险管理技术。

4.8　内部政策需求

内部政策需求可能是公司对物联网系统的期望，超出了财务、监管和竞争需求。

内部政策需求是指由管理层批准的公司规章。公司规章通常是根据行业法令或行业协会的要求制定而成。公司规章不属于法律法规要求，但可能与法规具有同等效力，因为它由最高管理层强制执行。具体的内部政策最终可能与其他组织需求有关，比如竞争和战略市场定位。

例如，以下是一些内部政策需求，由于其普遍性或行业概况，在全世界都是被认可的：

❑ 正如本章前面所述，NERC CIP 需求是关于电力基础设施保护的一个准监管需求，因为它不是法律或与法律相关的正式法规，而是监管下的间接需求。在某些情况下，NERC CIP 采取了一种治外法权的措施，即对非美国实体施加监管义务，特别是与美国生产商有高度跨境整合的加拿大电力实体。在这种情况下，加拿大生产商的最高管理层需要建立强有力的内部政策，以便与关键合作伙伴保持业务一致性。

❑ PCI DSS⊖：处理信用卡支付的 PCI 安全标准。PCI DSS 是由重要联盟（支付卡联盟）建立准标准的有力例子—想要保留交易特权，就必须应用该标准。如果一个组织希望

⊖　支付卡行业，数字安全标准（PCI DSS）。

充当具有处理信用卡交易能力的商家（作为一个例子），那么 PCI DSS 就会发挥作用。根据执行的处理程度（价值、清算操作），存在不同级别的 PCI DSS，至少需要最低级别的认证，但这在法律上不是强制执行的。接受支付卡是一种商业特权，而不是一种权利，因此遵守 PCI DSS 符合管理层制定的内部政策。

- ISO 27001：信息安全管理系统（Information Security Management System，ISMS）是银行和政府广泛采用审计手段。在本章的后面，我们将详细讨论安全审计和风险管理。但是就此而言，审计是一项耗费资源的工作，通过应用基于标准的安全和风险程序，可以使它变得相对容易些。然而，创建一个基于标准安全程序的前期工作看上去可能比使用特定安全方法更耗费资源。出于多种原因，这是一个错误的假设，主要是因为特定的安全系统提高了审计的成本，而且总是留下更多的安全隐患，从而带来更多的安全事件和相关的（巨大的）修复成本。但是，如果没有管理层建立内部政策并强制应用安全标准（如 ISO 27001），就很难克服将标准应用于内部操作的前期痛苦。

- 美国国家标准与技术研究院（National Institute of Standards and Technology，NIST）[一]800 系列标准包括风险评估和安全控制，这些标准代表了美国政府各部门的政策。与其他安全标准相比，NIST 值得特别提及，不仅仅是因为它的优秀，还因为它通过美国政府庞大的供应链关系产生的广泛影响。作为商品和服务的主要采购商，任何希望合同中满足美国政府的信息和通信技术（Information and Communications Technology，ICT）安全要求的公司，都可能将基于 NIST 的安全程序作为内部政策来应用。又或是，无论内部采用哪种安全标准来支持审计和合同的合规性，"映射"到 NIST 都会是安全程序的一部分（映射是一种术语，用于维护一个列表，其中 NIST 下编号的安全控制等同于正在应用的标准（如 ISO 27001/2）中（编号过）的安全控制）。

- 在重工业和制造业中，安全性有所不同。因此，它们有不同的或经过调整的安全标准。用最简单的方式表达典型企业 ICT 安全性与工业 IT 安全性之间的差异就是优先顺序的改变。按照惯例，企业会根据机密性、完整性和可用性来考虑安全性。在制造业或工业领域，最重要的通常是可用性、完整性，然后才是机密性。制造业有自己的安全标准，即将 ISA 99、IEC 62443 和 ISO 270xx（编号仍有待定义）整合为工业控制系统制造商的 IT 安全标准。总而言之，任何从事商品制造的行业或公司都可能采用工业标准而不是企业标准，并在此基础上制定内部政策。

- 在国家安全层面上，具有较高安全和风险管理需求的组织将选择使用代码级别的控制（如通用标准（Common Criteria，CC[二]）、联邦信息处理标准（Federal Information Processing Standard，FIPS[三]）或 ISO 27034[四]）。这些类型的控制在本质上是非常细粒度的，通常需要工程培训和专业知识才能理解。由于采用了详细的工程实例，并可能会给产品和项目带来成本开销，而这些产品和项目在最好的情况下也不会提供额外的功能和利润，所以此类控制往往非常昂贵。然而，CC 或 FIPS 审查所提供的监管为各种独立市场带来了可访问性，比如美国政府。

4.9　物联网的审计和标准

审计和标准对物联网至关重要，因为它们能够实现互操作性。从风险管理的角度来看，它们支持业务互操作性。

如果没有标准，让独立开发的物联网设备、系统和服务协同工作将是一个困难很多的过程，这涉及无限多的点对点关系，根本无法扩展。

如果没有标准，物联网的发展会更加缓慢、成本也会更高，最终将导致质量更差、风险更高。高风险部分将从我们在本章讨论的业务风险开始，扩展到我们将在下一章讨论的操作风险以及我们不打算解决的无限范围的技术风险。

如果没有标准，物联网的风险将难以控制，因为没有标准会产生额外的复杂性。物联网将是人类有史以来创造的最错综复杂的东西，数十亿（字面上）的活动部件通过无所不在的异构（许多不同类型）网络连接在一起。从风险管理和安全的角度来看，没有标准意味着每个物联网系统都需要进行独有的安全投资和评估。

如果每个物联网系统都具有各自独特的安全性，那么系统之间的每个接口或连接都必须通过缓慢的双边过程来建立。这种物联网服务开发的成本将是无法控制的，并且会违反物联网最常见的业务需求之一：物联网是通过效率或客户满意度创造价值，而不是破坏价值。

如果没有标准，一个昂贵的双边安全和风险管理系统的替代方案就是简单地接受未知的风险——这是可以做出的最糟糕的风险管理决策，而且在许多情况下是违反法规和法律的。

4.9.1　标准的类型

与需求一样，安全和风险管理标准基本上有三种类型：管理（业务）、操作和技术。

管理标准为政策框架、库、法律 / 合同元素以及与安全和最佳实践相关的审计制度提供指导。许多现有的安全标准工作可以成功地应用于物联网，但也存在差异，我们将很快讨论。

操作标准通常源于管理标准，并提供如何将安全控制应用于软硬件流程和技术控制的指导。操作标准提供了关于应该采用什么类型的流程以及如何管理这些流程的广泛指导，以确保其是一致的、可重复的，从而使风险得到有效的管理。像管理标准这样的操作标准在物联网系统中具有广泛的适用性。

技术标准与如何构建"物"有关。技术标准允许技术的互操作性、部件的互换性和供应变化的竞争——它们有很多优点。技术标准也会具体到正在考虑的物联网系统（或任何系统），无论范围内还是范围外。例如，如果你的物联网系统中没有任何射频识别（Radio Frequency Identification，RFID）资产，那么 RFID 标准对你的风险管理程序来说根本无关紧要。

4.9.2   定义物联网的审计范围

关于定义审计范围的著作已经有很多了，而且审计人员自己也写了大量关于审计范围最佳实践的著作。撰写该部分的目的是确定与物联网审计相关的技术，使该过程更易于管理和有效。

安全审计范围是指调查的范围。在评估一个系统是否达到一定程度的合规性的过程中，需要检查哪些流程、实践、技术和资产？

该范围并不是要建立一个全面的目标清单，其中包含可能会影响系统保障的所有内容。这是不可能的，因为所有系统之间都存在复杂且不可预测的相互依赖关系。试图设置一个范围来处理所有可能的威胁意味着你要了解所有可能的威胁。

在物联网安全审计中，范围将尤其重要，因为大量供应商和利益相关者可能在早期就已经确定。在大多数情况下，这些参与者和利益相关者都会对安全产生某种影响。对于与终端、网络以及数据存储和管理相关的第三方服务提供商来说，更是如此。如果将审计的范围设定为关闭物联网中大量各种各样的服务提供边界，会导致审计成本不断增加，并且可能由于延迟和对审计结果使用方式的担忧而使整个过程不可用。

因此，物联网的审计工作是一件分门别类的事情。每个参与者都需要对自己在系统中的角色进行独立的认证。管理和信任这些认证是物联网应用所有者及其风险管理职能的工作。也可以合理地假设，为物联网系统生成审计结果可能主要是从供应商处收集关于其系统安全性的证明。与所有东西都由单个实体拥有和运营的大型垂直整合的系统相比，进行实际的、正式的内部审计可能只是一件小事。

物联网的安全范围必须限定于应用所有者实际控制的任何进程和资产中。例如，如果在拥有和管理一个物联网系统（如交通监控系统）的过程中几乎将所有事情都外包给专门的服务提供商，那么监管合规的证据就是合同签订和合同监控的过程。换句话说，物联网安全尽职调查的证据就是正确地制定服务协议，以包括关于安全的必要规定（出于合规性原因），以及监控服务提供商正在应用的安全条款的规定。是否需要每月的安全报告？供应商是否需要提供自己的某种审计结果，以确保其内部流程符合合同规定的义务？

在这种情况下，第三方审计与自我评估的概念和标准的概念对实践和合法范围内的成功审计至关重要。

4.9.3   短期痛苦，长期获益：第三方审计与自我评估

在讨论标准及其在简化物联网安全合规性方面的作用之前，让我们先讨论组织可能会使用的两种基本审计类型（第三方审计和自我评估），以提供监管需求合规性的证明。

1. 第三方审计

第三方审计是由独立的实体根据国际公认的审计标准来执行。审计标准不同于安全标准。审计标准概述了执行和审计的"方式"，而安全标准则定义了审计的"内容"。

通常，第三方审计员是某种顾问，一般是专业的注册审计师（通常是财务记录顾问）。这是许多大型会计师事务所所扮演的角色，他们从中获得了相当大的一部分收入。审计主体将

雇佣这些事务所，在组织内收集安全控制是否到位、是否有效以及是否反映物联网产品 / 服务提供商必须履行的政策和承诺（监管或合同）的相关证据。

第三方审计员通常在最高层管理人员的支持下进入一个组织，并根据审计的范围检查业务的内部运作情况。这肯定是一个干扰性的过程，通常会在咨询费和内部开销（人员、时间）上花费大量的时间和金钱。第三方审计通常不是一个组织自愿提交的，它往往是一个明确的要求，或者确实需要在合理怀疑之外证明结果是客观和合法的。自我评估经常是被选择的可行途径。

"范围"是与所有第三方审计和评估相关的一个关键要素，在这个领域，可能会出现对结果的非法操作，从而损害特定商品或服务的用户和消费者利益。物联网也不例外，在某些情况下，由于物联网服务组合的分层和外包性质，可能更容易受到审计范围操纵的影响。我们将在下一节讨论审计范围的操纵。

2. 自我评估

自我评估作为审计的一种形式，是一个内部问题。内部人员根据更多的特定系统（未必应用了审计标准）收集和评估合规性证据。自我评估是许多行业广泛使用的审计形式，在某些行业的某些监管形式下是被许可的。

自我评估通常比第三方审计更受青睐，因为使用内部资源进行自我评估比使用独立的第三方审计要便宜的多。然而，自我评估也被广泛认为是监管或其他需求合规性的次要证据。此外，为了获得有利的结果和审计意见，自我评估也更容易受到内部利益的"塑造"。例如，某组织在自我评估中获得了高分，却在几天后遭遇了大规模的安全事件，这已经不是什么新鲜事了。

在这种情况下，通常就不仅仅是欺诈或失信的问题了。自我评估者只看到了他们收集的证据中最乐观的解释，就使自己通过了评估，而独立的第三方从客观上来说可能更为谨慎。

4.9.4　关于标准和审计范围的艺术

在这一节中，我们将讨论国际安全标准。但是，首先快速讨论一下标准是如何在与物联网风险相关的业务需求方面发挥重要作用的，以及是如何有帮助的。

根据消息灵通的评估人员的说法，审计是用来证明或说明系统在合理的安全级别上运行的某种保证。但是，执行审计是昂贵的，而不是以特定方式就可以完成的事情。什么可以用来创建既昂贵又不可重复的特定审计？创建其特定的分析范围（审计范围）。因此就有了标准。

通过提供在安全信息系统中应该做的工作基准集，国际安全标准可以消除审计范围感知和实际的随意性。虽然被审计的组织仍然可以挑选应用哪部分标准，并根据这些标准进行审计，但至少定义了可用的安全控制列表。

根据国际开发和批准的标准中定义的安全控制列表，审计可在组织内重复进行，跨组织也类似。虽然审计的质量和结果的准确性总是存在差异，但这种可比性使信息系统和物联网的风险管理变得更加容易。

这基本上就是标准对物联网（尤其是物联网风险管理）的作用：它们让物联网风险更容易控制。

4.9.5 标准机构对物联网的影响

先有一些标准，然后才有其他标准。同样，先有一些标准机构，然后才有其他的标准机构。换句话说，标准有许多，其中一些标准要比其他标准更广泛地被接受和应用。不幸的是，无法控制谁可以定义标准是什么。在安全和风险管理方面，任何一个行业都是如此。

让我们来看看这些不同标准的来源，因为这通常会影响到使用这些标准来保护物联网系统的好处。

标准有几种不同的形式，其中一些比其他的更有分量。在较高的层次上，它们可以表示为：

- ❑ 由政府定义的，如 ISO。
- ❑ 由国家为其主权领域定义的，如 NIST。
- ❑ 由行业组织和协会定义的，如电气和电子工程师协会（Institute of Electrical and Electronics Engineers，IEEE）、第三代合作伙伴计划（3rd Generation Partnership Project，3GPP）和国际互联网工程任务组（The Internet Engineering Task Force，IETF）。
- ❑ 由供应商牵头用于推广专有技术的（AllSeen 联盟）。

其中，对物联网最重要的标准可能来自于国家政府和行业团体，因为物联网将以一种透明的方式跨越国界——互联网本身也是如此——在所有希望发挥可行商业作用的供应商之间实现互操作。

4.9.6 由政府设立的标准机构

由各国政府发起和资助的标准机构很常见，包括特定国家组织和国际组织。通常，各国会同时支持国家标准机构与国际组织协会。

NIST 和韩国标准协会（Korean Standards Association，KSA）都是国家标准机构的例子。这两个机构都负责制定本国特有的标准。这仅仅是几十个国家标准组织中的两个例子。

另一种更广泛的标准机构是国际标准机构。它由国家级的机构和其他来源（如行业标准机构）的代表组成。

ISO 和欧洲电信标准协会（European Telecommunications Standard Institute，ETSI）是国际标准机构。ISO 是一个全球性的标准组织，ETSI 虽然在名义上是欧洲的，但它的规范被广泛采用并具有很大的影响力，因此它实际上几乎是全球性的。

政府产生的标准机构与行业产生的标准机构不同，这与政府与私营企业的不同没有什么区别；然而，有一个特别的差异与安全标准有关，因此应该清楚地了解物联网风险。政府支持的标准在法律、法规和责任方面的分量高于行业组织的标准。这是物联网风险管理者处理以管理风险为目的的标准时始终要牢记的一个关键点。

具有法律地位的标准可以有多种形式。一方面，政府完全有权宣布一项在国家或国际层面制定的标准，实际上就是国家的法律：应该这样做。这种物联网标准的方法和技术通常可以作为公平竞争的平台或反竞争工具。

一种更典型的方法是，一个给定的标准，一旦得到国家政府（通过 ISO 这样的组织）的支持，那么它就可以作为一项条款被政府和私营企业写进合同中，而不是作为一个特别的条款进行讨论。换句话说，该标准可以通过具有法律强制性的合同来发挥法律效力。

在物联网中管理项目风险当然需要了解国际标准及其与国家标准和合同法的关系。

4.9.7　由行业团体和协会成立的标准机构

在技术世界中，通过在质量和互操作性方面具有共同利益的行业参与者之间的相互协作是开发标准的另一种方式。

这些聚集在一起的参与者通常包括制造商、服务提供商、其他标准团体的联络员，以及利益相关的国家政府的监管者。这些参与者通常代表着不同的利益。

行业标准倾向于支持产品和服务的质量，因为良好的质量鼓励标准的采用，并且可以在用户和客户之间建立良好的信誉。缺乏标准通常会导致产品或服务的质量下降、信誉受损，并损害整体商业主张。这就是为什么标准的应用和行业标准的品牌化是质量的标志。例如，在 IEEE 802.11b 规范成为最初（但后来被超越）的标准和优质无线局域网的标志之前，早期的无线局域网（Local Area Network，LAN）有几种不同的变体。

行业标准也倾向于推动技术互操作性，而技术互操作性反过来又通过为产品和服务的替代选择进而是用户之间的选择提供空间来推动市场增长。互操作性还意味着用户可以避免陷入与专有解决方案绑定的陷阱。这种解决方案的风险在于，你要么必须按照供应商的要求付款，要么必须放弃投资才能离开。另一个与互操作性差或没有互操作性相关的风险是，如果供应商消失，你将会被无法获得备件和支持的技术投资困住。互操作性通常对每个人都有好处，这就是行业标准明确提倡它的原因。

与政府支持的标准机构不同，行业组织由于具有进入市场的动力，往往发展得更快，而且众所周知，它的影响力已经超过了政府机构。相反，行业支持的标准有时会走捷径进入市场，或者忽视与快速或高效的产品或服务引入相冲突的某些公共利益事项。

例如，物联网中的隐私问题可能不是行业主导标准的重点，但它可能是政府标准的一个主要内容。在某种程度上，这可能是有意义的，因为不同国家、不同司法管辖区域的公众利益是不同的。从逻辑上讲，行业标准应尽可能保持政策中立。这种方法的危险在于，功能不足以支持监管机构选择应用的任何隐私或安全功能。

此外，行业协会制定的标准被纳入法律的情况并不常见（尽管它们可能为此被国家标准机构加以扩充或采用）。然而，行业标准通常会被写入到合同中，因为正如前面提到的，它们可以充当质量的品牌，并帮助管理与互操作性相关的风险。

4.9.8　2016 年的物联网标准

在编写这本书的时候（2012～2016 年），政府和行业催生的标准领域都处于标准开发的早期阶段。ISO/IEC/JTC1 WG10[○]和 ITU-T SG 20[○]等政府标准机构已经开始通过研究小组专门关注,甚至是研究物联网安全。与此同时,IEEE[○]、工业互联网联盟(Industrial Internet Consortium,IIC)^⑧、IETF 等行业主导的团体在物联网安全方面也做得很好;尽管在 IETF 中,很多工作都是在特定协议主题的术语约束下进行的^⑤。

也就是说,如果你认为物联网是一个总和大于终端、网络和数据中心 / 云的系统,那么目前还没有与物联网相关的明确标准。因为大多数人认为就是这样,所以公平地说,目前还没有物联网标准。

终端、网关、网络和数据中心 / 云中的大多数底层技术都有标准,但是目前还不清楚,如何将它们组合在一起,使得物联网服务可以更好地重用这些元素和流程。例如,现有的一些标准直接涉及物联网,但又没有把它作为一个整体来处理。

下面是一些迅速发展的物联网标准的例子,它们都在很高的层面涉及了安全性;然而,这些标准没有一个像我们在本书中所做的那样定义或解决物联网问题。相反,它们都倾向于处理物联网的一个子集。

- ❑ ITU-T Y.2221:支持泛在传感器网络(Ubiquitous Sensor Network,USN)的要求
- ❑ ITU-T Y.2060:物联网概述
- ❑ ITU-T Y.2002:泛在网络及其在下一代网络中的支持概述
- ❑ ISO WG7 29182-3:传感器网络:传感器网络参考体系结构(Sensor Network Reference Architecture,SNRA)
- ❑ ISO JTC1 WG10:物联网工作组
- ❑ ISO JTC1 SC27:物联网研究小组
- ❑ IEEE 物联网倡议
- ❑ ETSI TS 102 690:机器到机器通信(Machine-to-Machine,M2M)
- ❑ 3GPP TS 22.368:MTC 增强技术研究
- ❑ 3GPP SA3:安全
- ❑ 物联网:体系架构^⑥
- ❑ 物联网:倡议^⑦
- ❑ 物联网 @ 工作^⑧
- ❑ M2M:oneM2M^⑨

○　http://www.iec.ch/dyn/www/f?p5103:14:0::::FSP_ORG_ID,FSP_LANG_ID:12726,25

○　http://www.itu.int/en/ITU-T/studygroups/2013-2016/20/Pages/default.aspx

○　http://iot.ieee.org/

⑧　http://www.iiconsortium.org/

⑤　见 https://datatracker.ietf.org/wg/core/documents/ 或 https://datatracker.ietf.org/wg/ace/charter/ 或 https://datatracker.ietf.org/doc/rfc7252/ 中的例子。

⑥　http://www.iot-a.eu/public/public-documents/documents-1

⑦　http://www.iot-i.eu/public/public-deliverables/

⑧　https://www.iot-at-work.eu/

⑨　http://www.onem2m.org/

❑ NISTIR 7628：智能电网网络安全指南[一]
❑ NIST 网络 – 物理系统组[二]
❑ ETSI TC 智能 M2M
❑ ETSI TS 102 690：M2M
❑ 开放地理空间联盟 – 物联网传感器网络[三]
❑ ITU-T
  ● JCA-IoT；参见 http://www.itu.int/en/ITU-T/jca/iot/Pages/default.aspx
❑ ISO/IEC 29182 传感器网络（第 1 部分～第 7 部分）
❑ IETF 受限的应用协议（Constrained Application Protocol，COAP）
❑ 工业互联网联盟——安全工作组

对于那些在物联网中管理安全和风险的人来说，这是一个问题，因为物联网不会等待标准的到来，它将以一种必要的特别方式向前推进，并会不可避免地影响到私立和公共的机构和工商企业：客户满意度和运营效率。

此外，许多标准竞相为物联网的不同元素提供指导，这会给实施人员带来相互冲突的指导和混乱。一旦出现混乱，风险和影响就会随之而来。有时，这种风险可能是标准之间实际冲突的结果，这种冲突会导致成本上升，或者增加部分应用控件的开销而导致系统无法运行。在其他情况下，多个标准的混淆将导致它们都不能被应用，因为担心使用了错误的标准而不得不在事后以巨大的成本卸载控件。

在某种程度上，本书旨在填补与物联网相关的标准和正式指南的空白，以及第一代物联网安全标准的演变，这可能在 2018 年之前（也许更晚）是不可能的。即便如此，它们仍将是第一代标准，在随后的几年中还会进行修订和调整。

上述注意事项与高度区域性的物联网应用和系统有关。在智能电表和智能电网等领域，已经投入了大量的精力来制定安全标准[四]。在这些早期的案例中，标准已经赶上了实际系统的部署。虽然这些标准在其特定的应用领域内非常有用，但它们对许多不同的物联网用例的适用性通常较低。

4.9.9　对物联网安全标准的期望

物联网安全标准一旦发布，将包含哪些内容？物联网安全标准会是什么样子？我们期望至少看到三个有用的东西来支持与政策相关的组织需求：术语、参考设计和用例。

4.9.10　物联网安全标准的术语

2016 年的物联网标准充斥着重叠的术语、同义词，甚至反义词，可能会让系统所有者、管理人员和开发人员感到困惑，从而产生巨大的风险。

[一]　http://www.nist.gov/smartgrid/upload/nistir-7628_total.pdf

[二]　http://www.nist.gov/cps/

[三]　http://www.opengeospatial.org/projects/groups/sweiotswg

[四]　例如，NISTIR 7628，智能电网网络安全指南，见 http://www.nist.gov/smartgrid/upload/nistir-7628_total.pdf。

有一个例子正在混淆与"网络"这个基本概念相关的术语。在一些与物联网相关的标准中引用到了网络，但被认为其超出了标准规定的范围——不是规范的一部分——尽管它被用作系统其余部分的关键支撑基础设施。

而在其他物联网标准中，网络则完全处于规定的安全和控制范围内，并因此被整合到根据这些标准产生的设计中。因为在网络层面上存在着太多的安全性能和风险，所以无论是否设计和利用网络安全，都将对物联网系统和流程产生巨大的影响。

在这些情况下，与网络相关的术语有很大的不同：一种是不属于规范的理论构造，另一种是规范的活动元素。风险和网络术语的关键区别在于假设的内容。

如果"网络"这个术语被用作超出范围的某些东西的理论构造，那么就要假设任何在标准中没有提及或相关的安全控制都必须在物联网系统的其他地方得到补偿。相反，如果"网络"指的是标准范围内的资产，那么应该提到与网络相关的安全控制。这里的假设是任何缺失的控制都必须驻留在设计的更高层次上，例如应用层。这种细微差别很容易混淆设计师和安全专家。

4.9.11　参考模型、参考体系架构和物联网

参考设计、参考模型和参考体系架构对不同的人通常意味着不同的事情，尤其是在跨标准的情况下。有时一个标准会同时具备这三者，并通过向读者提供观点来区分它们之间的区别。

参考模型可能是解决方案（在物联网或其他领域）不同元素的非常抽象的表示，这实际上是从广义上理解系统的端到端及其各个部分。这种模型最有用的地方在于，它能让新手和缺乏经验的人了解可能存在的基本问题和参与者。

参考设计还通过确定组织需求的基本范围来避免重大疏忽：需要考虑哪些内容。不是所有参考模型中的所有元素都必须成为最终系统设计的一部分，但是应该考虑它们。在物联网中，由于其固有的复杂性和广泛的利益相关者，参考模型通过帮助理解系统、哪里需要安全以及为什么需要安全而具有实用价值。

相比之下，参考体系架构可以比参考模型更为详细。参考体系架构假定来自参考模型的信息是可用的，并且这些信息已经成为决策过程的一部分：用户已经知道了参考模型。物联网的参考体系架构可能包括不同技术元素之间的连通信息，并且可能提供一些关于元素本身或其功能的技术规范。例如，元素处理数据的能力、它们支持的接口类型（人、机器、两者都支持）以及它们与整个大型 I/O 系统通信的方式（无线、固定线路、通过网关等）。

参考模型和体系架构有助于为与标准相关的讨论建立边界——什么在范围内，什么在范围外——也就是说，如果存在安全隐患，那些超出范围的内容则需要在其他地方处理，因为安全标准中的控制并不准备处理所有的潜在风险。

在开发一个物联网系统时，特别是考虑到系统的安全性时，参考模型和体系架构有助于培养考虑问题的范围。在物联网中，典型的物联网应用会有许多利益相关者和参与者：从硬件供应商到服务平台提供商。标准在指出可能普遍存在的控制类型的同时，会给出一个参考点作为关键基线，从该基线开始向利益相关者询问他们在做什么，以及他们认为哪些内容与物联网和风险管理相关。

4.9.12　物联网用例

在本书的前面，我们讨论了一些可能出现在物联网中的用例。标准应该通过用例来解释对安全性的需求，以及标准所提倡的安全控制范围如何适用于用例，从而支持和增强对物联网的理解。更重要的是，用例应该概述控制为什么重要以及可以解决什么类型的风险。

通过这种方式，标准中的用例开始更多地揭示控制可以解决的威胁，或者当物联网系统开发人员和所有者选择不使用某些控制和保障措施时所接受的风险类型。

4.9.13　小结：标准有助于物联网中的风险管理

正如我们之前所说的，接受风险是一种合理的风险管理形式，尤其是在处理或转移风险会破坏与物联网系统或应用相关的经营效益或客户体验的情况下。

标准通过提供术语、参考模型、参考设计、参考体系架构和用例为物联网中的风险决策提供了一个层次基础。标准有助于理解安全需求的范围、潜在的和建议的控制范围，以及如何应用它们的示例。

最有用的是，标准可以帮助风险管理人员更好地理解他们正在接受的风险，并与安全性之外的其他需求进行平衡。

4.10　总结

在本章中，我们回顾了一些最常见的业务和组织需求，它们可能对物联网的风险管理产生不同的影响。这些需求在不同的行业中可能具有不同的权重，但是应该始终予以考虑，即使它们在最终的分析中被评估为不重要的需求。从物联网风险管理的角度来看，缩短评估业务需求的过程是极其危险的，因为这个阶段的疏忽会在整个物联网系统中引发共振。

管理层需要积极沟通业务和组织需求，无论是财务需求、监管需求、内部政策需求，还是竞争和市场需求。这些是所有安全和风险管理都应该映射到的顶层需求，以便尽可能多地考虑物联网系统的顶层风险。

根据行业的不同，物联网的监管需求将来自许多不同的方向，但是一些常见的监管负担会影响大部分（如果不是所有）的物联网系统。即使在管理中没有涉及个人身份信息，隐私问题也需要经常讨论——总是需要快速识别和处理与隐私相关的需求。合规性不是一种选择，但管理政府和行业监管的混合规章要求可能是一个令人担忧的问题。

与风险管理和安全相关的财务需求将对物联网的发展产生深远影响。例如，安全和风险管理需要与成本相平衡，这是显而易见的声明。然而，许多组织中的安全业务案例往往没有得到很好的描述。我们没有理由相信这种情况会随着物联网的到来而自动改变。即使在公共资金支持的物联网系统（例如，一些医疗服务）中，利润动机也不是界定组织需求的一部分，安全也不会是一张空白支票。使用本书中讨论的工具将有助于确保按照财务和所有顶级业务需求来管理安全和风险。

从竞争的角度来看，物联网中的风险管理将是复杂性与有效地保持安全有效性的能力之间的平衡！物联网并不是最好组件的堆砌，而是组件与支持服务、接口和支持功能的最佳组合——这些功能可能部分（如果不是全部）由第三方提供。竞争驱动将迫使物联网服务提供商不断改变和扩展其提供服务的方式，从而使安全和风险态势作为顶级业务需求，成为一个不断变化的目标。

内部政策是设计物联网安全程序和系统时应该考虑的另一种形式的业务需求。除了监管、财务和竞争压力之外，企业还期望从系统中得到什么？答案可能非常多，尤其是当监管环境对合规性的实际要求含糊不清时！然后，内部政策将逐步到位：内部政策需求正是高管用来管理监管需求中定义模糊的地方。

物联网的审计和安全标准与监管和内部政策合规性紧密相关。审计将是物联网中一项强制性的业务要求，不仅要证明安全性和监管合规性，还要证明与网络 – 物理接口相关的风险，以及对个人资产和隐私的威胁。

审计并非任何管理者所期待的事情，在一开始就对物联网进行审计将是一个困难的过程。审计会在物联网的部署和早期采用阶段消耗稀缺的资源，但如果操作正确并得到标准的支持，则可以迅速提高效率。回避审计是一条短期节省、长期失败的秘诀。例如，如果发现内部开发的标准对其他合理且知情的第三方来说是不充分的选择，那么回避使用全面的国际标准而采用较轻的本土标准将是导致长期失败的原因。此外，根据本土标准进行的审计可能无法获得监管机构的批准，监管机构对独立评估每个本土安全体系及其政策集没有兴趣。他们更愿意知道，审计是根据公认的标准成功进行的，而接受这些结果后，你们都将面临较少的专业风险。

操作和流程需求

在本章中，我们将考虑可以直接推动设计决策并影响安全性的物联网需求：操作和流程需求。

回想一下本书的前几章，每个需求都应该映射到一个由管理领导建立的高层业务和组织需求。

本章的目标是为操作需求的评估和开发提供一个框架和起点，而随后的 5 章将分别处理一个特定的操作需求类别。

目的是让每个物联网操作需求类别对各种给定的物联网应用、系统、服务或用例都有意义。然而，对于每个物联网系统、服务或用例来说，这种相关性的比例是不同的。同样，在后面的章节中，并非所有的操作需求都适用于所有物联网应用、系统、服务和用例。但是，所有的需求都值得系统设计人员、管理人员和工程师进行审查，以确定是否应该包含或排除这些需求，并相应地进行优先级排序。

在操作需求的层次之下，我们有技术需求。容量、速度、功率和许多其他量化指标的详细信息，使详细的产品选择和系统设计成为可能。请记住，物联网中技术需求的潜力范围是无限的，因此我们不打算在这本书中列举这些需求。

5.1 操作和流程需求的含义

接下来，我们用一个例子来说明理解需求的重要性。

Bob 是一家物联网初创公司的创始人，该公司在汽车和交通运输行业推出了名为 SocialRide 的产品。这是一款可以将司机智能手机上的社交网络应用程序与汽车导航系统连接起来的应用程序。它允许司机通过整合到汽车导航系统中的无缝、一键式界面定位和导航到家人和朋友。SocialRide 是免费的应用程序，但必须安装在用户的智能手机上，并与用户的社交网络账户互动，才能找到朋友并向他们推送 SocialRide。SocialRide 从安装它的手机上获取全球定位系统（Global Positioning System，GPS）坐标，并通过手机将地址信息输入到车载导航系统中。

在经过大约 18 个月的研发和销售努力后，SocialRide 已经进入了一家大型汽车制造商的测试阶段。在测试过程中，汽车制造商开始反馈他们在产品中注意到的以下未处理的操作需求。

第一，数据保护需求：SocialRide 在其应用程序中内置了一些安全措施，以加密网络连接的形式返回到中央公司。但是应用程序主要还是依赖于车内无线服务和操作系统的本地安全性，以及用户设备上的任何安全措施。然而，SocialRide 还有一些未公开的（虽然可能不是专门隐藏的）功能，这些功能绕过了大多数监管和地方性法规中包含的隐私准则。例如，SocialRide 从本地地址簿和任何社交网络应用程序中复制所有联系人，并将其传回 SocialRide 服务器。这个功能是应用程序价值主张的关键，因此不能限制这些个人信息的传输。同样，SocialRide 应用程序可以在任意时间自动公布用户的 GPS 定位，却没有任何选项去限制如何或何时披露位置信息。

第二，身份识别和访问需求：SocialRide 车载应用的内存会复制用户的联系人并缓存到本地。当汽车发动时就可以使用这些联系人，因此只要有汽车钥匙，即使智能手机不在身边，你也可以访问 SocialRide 联系人。此外，车内应用程序只允许通过一系列很难发现的复杂命令才可以删除联系人。因此，如果汽车换了主人（或被租用），则很可能会留下私人联系方式。

第三，场景需求：与大多数车载导航系统不同，SocialRide 车载应用程序允许司机在汽车行驶时直接去配置搜索，而不去检测汽车是否在运动。这是一个分散注意力的特性，与许多车载导航系统的安全特性相冲突，这些系统会要求车辆在接受复杂的用户输入之前保持静止。这是人身安全的需求，在一些地方也是法律要求。

第四，系统在设计需求上的灵活性：SocialRide 对初学者只提供有限的帮助和指导，而且无法改变导航系统位置图层的大小、颜色或透明度。家人和朋友的位置显示图标在形状和大小上也都是固定的。这不仅会模糊用户可能看重的、地图上的其他元素（比如街道名称），而且基本上不会让其他类型的第三方应用程序将导航系统的显示用于任何其他增值服务。

最后，可用性和可靠性需求：用户智能手机上的 SocialRide 应用在大多数应用程序的正常参数范围内运行良好，但偶尔也会挂掉并需要重新启动。SocialRide 估计重新启动应用程序大约需要 3 秒，如果它持续运行，平均每周需要重启一到两次。然而，当用户智能手机上的应用程序挂掉时，导航系统中朋友和家人的位置也会冻结。制造商在进行用户测试后得出的结论是，汽车的导航系统出现了故障。这会影响制造商品牌的认知度。

所有这些缺陷都是在开发过程中本可以解决的问题，除了 SocialRide 没有考虑到的操作安全性和风险管理需求外，主要是因为在一开始就没有进行正式的或方法上的需求评估过程。

制造商向 SocialRide 提供了上述意见并对产品失去了兴趣。经过 2 年的时间和大约 100 万美元的种子融资，该公司错失了机会窗口，以失败告终。

5.2　引言

在前一章讨论业务和组织需求时，我们讨论的是领导层关注的问题。

在操作层面，我们在业务层次结构中至少下移一层到管理组织内的业务单元和水平资产，如信息技术（Information Technology，IT）、财务和人力资源（Human Resources，HR），可能还有销售和市场营销，甚至是可以由不同业务单元共享的更多功能，但这些结构因组织而异。

本章主要介绍了在为物联网服务建立一个完整的风险管理程序时需要考虑的操作需求。例如，我们并没有局限于与安全审计和合规性直接明确相关的操作需求。因为那样做虽然非常容易，但从企业的角度来看，会留下许多空白。

我们打算从风险管理的角度来讨论这种企业层面的需求。更直接地说，我们将提出物联网企业风险管理的需求，而不仅仅是与软件、硬件、人员和安全过程的操作相关的需求。

5.3　目标读者

在物联网的操作层面，我们将需求划分为五个领域。作为本章各个小节的主题，接下来将分别描述这五个领域。

据说物联网有五种不同的人物角色，它们具有不同但却相互关联的需求。[⊖]这五个角色是：
- ❏ 设备追踪者
- ❏ 数据洞察者
- ❏ 设备保管者
- ❏ 实时数据分析者
- ❏ 安全狂热者

我们将要审查的需求是为那些被无情地称为安全狂热分子的人设计和编写的。幸运的是，每个人都知道，如果物联网系统没有安全，就根本不会有物联网：没有安全保障，任何一个物联网系统都只能运行很短的时间，然后发生严重的故障。

相较于开车之前系好安全带或在吃之前把肉煮熟，物联网更需要安全。就是这样！

尽管如此，与物联网操作和物联网风险管理相关的其他人物角色也是值得去好好理解的。这些角色将是安全和风险人员的盟友和合作者。你的需求常常也是他们的需求，并且还是一个利用共同目标获得必要资源和行政支持的机会。

5.3.1　设备追踪者

设备追踪者角色主要由物联网的终端用户、系统集成商和现场工程师组成，他们根据被跟踪的物联网终端做出与服务相关的决策。在我们的参考来源中，他们大约占了总数的16%，并且往往来自大型组织和企业。

"设备追踪者关心的是定位设备、保护设备和预测设备何时耗尽电量。然而，他们并不关心正在进行的一般维护和诊断。这个群体目前正在使用工具来接收和存储有关设备位置和健康状况的实时数据。但他们仍在寻找更完整的数据、更便宜的替代品以及更简单的物联网解决方案。"[⊜]

⊖　青蛙设计，2014 年 9 月英特尔高管峰会。

⊜　同上。

5.3.2　数据洞察（探索者）

数据洞察者角色是产品应用程序开发人员和现场工程师等构建系统以支持物联网服务的角色。他们感兴趣的是哪些明确的特性和功能是需要的，以及如何最好地应用它们来最大化客户的满意度。那些为产品应用程序寻求数据洞察的人占物联网角色的20%左右，他们往往来自规模较小的（创业型的）公司，这些公司也寻求共享平台和云服务来获取情报。

"数据洞察的响应者关心的是远程对数据洞察采取行动。他们使用数据共享和搜索来收集数据并寻找相关的洞悉。然后，他们根据数据洞察来采取行动，例如通知安全或预测并管理故障。他们需要应用开发工具和公共云集成，但最不关心可扩展性。这个群体目前使用的工具范围很广，痛点也很多。这是因为他们正在寻找一个完整的端到端解决方案，以捕获所有的可用数据。" ⊖

5.3.3　设备保管者——长寿专家

设备保管者角色将出现在系统集成商和运营管理者中，他们是开发、应用和可能执行服务级别协议的人员。根据目前的研究，他们可能是物联网中人数最少的角色，约占总数的13%。（然而，设备保管者与安全狂热者角色的关系最为密切。）

"设备保管者——长寿专家关注的是设备的监测和管理——保证设备正常运行。这个群体主要是系统实现者和系统管理员，他们非常重视设备数据的备份和恢复。设备寿命专家在当前工具使用行为方面没有显示出许多独特的特征。他们的需求通常由过程自动化、标准、安全、员工培训和价格这五个部分来表达。"

5.3.4　实时数据分析者

物联网中的实时数据分析者角色主要由那些从端到端（设备、网关、网络、云）进行物联网服务工程集成的人员组成，或者由提供平台和应用程序来管理物联网设备数据的人员组成。毫不奇怪，这些人都来自为物联网提供基于云的应用程序和平台的各种中小型组织。他们也代表了人数最多的角色，占了该项研究涉及人员的27%。

"实时数据分析者关心的是接收与其设备相连的处理过的恒定的数据流。他们使用这些数据来维持一个连续的状态报告，并将反馈发送到下游设备。利用这些丰富的当前数据来预测未来状态的能力也受到高度重视。虽然分析是关键，但该群体目前正在使用的实时数据流分析工具的数量与其他部门相比只是一个平均数量。因此，我们有机会用实时数据分析解决方案来取悦这部分人。"

5.3.5　安全狂热者

安全狂热者（也被称为安全人员和风险管理者，或者仅仅是聪明人）往往来自物联网服务和设备的终端用户或物联网系统的管理人员（在某些情况下可能是服务提供商）。他们占调查人数的17%，来自从小到大的各个企业。事实上，我们都是终端用户，但安全狂热者来自物联网中的明确利益相关者。

⊖　青蛙设计，2014年9月英特尔高管峰会。

"安全狂热者关心设备数据传输的安全性。事实上，他们非常重视安全性，以至于所有部分的五个最优效用得分中，有三个是针对这个部分中与安全相关的属性。拥有预测未来设备需求的分析工具对这一群体也很重要。这一群体主要由终端用户组成，他们使用的云服务最少，尽管他们体现了物联网平台即服务（PaaS）的中高价值。"

5.4　物联网的操作和流程需求

最后，我们来到了本章的这一部分，在这里我们将为本书接下来的 5 章做准备。在这 5 章中，我们列举了物联网正在出现的操作和业务流程需求。之所以选择这些需求，是因为它们对物联网中的风险管理特别有意义。

正如我们在本章前面讨论的，需求对于风险管理过程是必要的，因为它们强调了物联网中资产对不同威胁和隐患的敏感性。

本书中的操作和流程需求在任何情况下都不会成为明显的安全需求。在许多情况下，这些需求将是许多非安全性用例的核心。尽管如此，它们仍被写在这里，因为会对安全性和风险管理产生重大影响。

下面的需求列表并不限定于我们在前面章节中所介绍过的任何行业，而是可能存在于几乎任何行业中的典型重要需求的代表。它们是物联网操作和流程的安全以及风险管理需求的超集。这些需求将取决于资产所有者、现场工程师、服务提供者和应用程序所有者，以确定在他们特定的物联网用例中哪些需求是有效的。

这些需求虽然不是详尽无遗的，但在某种意义上它们应该是新颖的，因为它们被专门编制为物联网风险管理需求。它们不仅是安全性，而且是企业和组织风险意义上的风险管理（在第 4 章中讨论过）。它们更应该被视为物联网中操作和业务流程需求潜在范围的一个样本。之所以选择这些需求，是因为它们似乎是物联网所独有的，或者与你所见过的传统 IT 系统中的风险管理流程不同。

组织风险和需求

快速回顾一下我们在本书第 4 章中的讨论：业务和组织需求在执行层面最为明显。它们包括：

- ❏ 与法律或行业标准相关的监管风险和需求；
- ❏ 与预算、利润相关的财务风险和需求；
- ❏ 与组织指示和任务相关的内部政策风险和需求；
- ❏ 竞争风险和需求，如上市时间、价位或成本压力、产品差异化、产品自动化、知识产权保护和战略。

我们在此提出的需求以清晰和可演示的方式支持至少一个业务和组织需求。根据行业和物联网用例，相同的操作需求可能支持不同的业务和组织需求。因此，我们不打算尝试创建从操作到业务需求的映射。

一般来说，操作和流程需求将与以下内容有关：

❏ 管控人员或流程特定行为的策略；

❏ 提供关于如何执行策略或如何正确应用流程的详细指导的过程；

❏ 支持业务和组织保证需求的设计和体系结构。

5.5　本书其余章节概览

本书后面章节的需求被分为五大类。在某些情况下，在某一章内安排某一特定操作需求的划分并不明确，因为在一章内可能不止一个类别是有意义的。

其中一些章节对于有风险管理或安全管理背景的人来说非常熟悉，而其他章节对他们来说可能是新的，没有传统安全和风险管理的核心内容。但这节才是重点！物联网融合了物理系统和逻辑系统、人工系统和全自动系统，并通过共同的网络技术将它们连接在一起，因此扩大了对风险管理的需求。请抵制跳过这类需求的诱惑！

本书的一个主要目的是试图揭示物联网中风险和安全变化的事实。新的和不熟悉的问题和需求在更基本的企业 IT 环境中以不常见的方式影响着风险管理者。这是 RIoT 控制的一个重要部分：承认在一个没有连接的、非物联网的世界中应该考虑的需求可能没有那么重要。

安全性。本章将回顾一个与企业 IT 系统和当代互联网无关的关键需求，即安全性：如果物联网系统出现故障或以有缺陷或不符合规范的方式运行，那么在（物理或逻辑）损害方面对风险有什么影响？

机密性、隐私性和完整性。这个讨论对安全和风险人员来说是很熟悉的。它将涉及三个关键安全属性中的两个：机密性和完整性，并将隐私作为机密性的一个特定功能加以详细说明。

可靠性和可用性。安全性的第三个关键属性是可用性，本章将介绍与可用性相关的需求。有意识地将可用性从机密性和完整性中分离出来，是因为它在物联网中至少与机密性和可用性同等重要。而在企业 IT 领域，它通常被视为较低的需求。

身份和访问控制。身份和访问（Identity and Access，I&A）是一种关键的安全和风险管理控制，通常超出安全和风险管理人员的范围。I&A 服务和资产通常由完全不同的团队运行，与其他安全部分分离。在某些方面，I&A 对于数据保护和可靠性的意义就像鲸鱼对于其他哺乳动物世界的意义一样：相互关联却又互不相识。I&A 资源和资产通常存在于安全真空中，很少被其他安全资产看到或触及，使用的技术在 I&A 领域之外也看不到。了解这种特殊的"哺乳动物"对 RIoT 控制至关重要。

用法、场景和环境。在本章中，我们将超出典型安全问题的范围，讨论与风险和安全相关的物联网特定需求。这些需求使物联网与众不同。当它们被视为不会影响安全性并且最终也不会影响促进效率和客户满意度的业务级需求时，就会反映出物联网的真实风险。

设计的灵活性。最后一个领域继续推进风险和安全从业人员的意识边界。物联网的互连性、级联效应以及前所未有的行动和反应速度，将吸纳通常留给工业设计的属性并引起风险管理者的注意。对有些人来说，这可能是一项令人不安的创新，但对于全面管理物联网风险而言，却是一项必要的创新。

在本书中，每一个组织和流程需求领域都将在本书的单独章节进行探讨。

物联网的安全需求

本章将讨论物联网的安全风险需求以及它们与安全防护要求之间的关系。

安全是物联网的一个独特需求 / 特性，它所涉及的方面通常不由 IT 技术去解决，但是这些方面对物联网来说却至关重要，因为网络与物理、逻辑与动力的互连。这里的安全更多的是物理设备（相对于软件系统）的弹性，以及性能和故障的可预测性（逻辑上和物理上）。

安全与安全防护往往交织在一起，其他许多章节也会像讨论安全防护一样去讨论安全需求。例如，安全绝对与保密性的有效性有关，也跟物联网系统或服务的工业设计和使用环境有关。

在与产品或系统的供应链、产地以及完整生命周期相关的风险管理中，安全也将扮演同样重要的角色，无论该产品或系统是用于工作场所、家庭环境还是娱乐活动。

物联网的安全可能被更普遍地看作逻辑或网络事件的物理结果。以下几类事件被认为可能会对人类的安全造成影响：

❑ 爆炸和燃烧。

❑ 过敏反应，例如对可穿戴设备的过敏反应，或者对由于气候控制系统等因素而发生变化的环境条件的过敏反应。

❑ 感官冲击（听觉和视觉下降或受损），例如增强现实系统和服务，因为太过强烈或距离太近，可能会导致暂时甚至永久性地感官退化。

❑ 感染和肿瘤，同样与物联网中用于治疗的可穿戴或可植入设备有关。

本章的目标是突出那些与安全防护相关但通常在安全场景中讨论的元素。换句话说，本章旨在向物联网风险管理人员介绍那些对于企业 IT 安全环境（而非工业环境）的人员而言可能不熟悉的需求。

最后，本章定义的物联网安全需求将根据物联网服务的预期用例呈现不同的情况。例如，不同类型的终端用户对安全的理解或多或少会有不同，可能围绕安全功能自动化的需求提出不同的设计假设。类似地，不同的操作环境，如家庭、办公室、工厂或坚固的户外系统，会根据用例要求增加或者减少补充安全和防护系统层。这表明，关于安全和防护的宽泛假设在物联网中并不会起作用。因为在某些情况下，一个安全或防护系统的故障可能会在其他相邻系统中得到补偿，而在另一些情况下可能不会。[⊖]

6.1　安全不完全等同于安全防护

如果询问任何工业控制系统（Industrial Control System，ICS）工程师，企业 IT 安全标准和流程是否适用于他们的环境，他 / 她可能会说"部分有用，但肯定不是全部有用"。多年来，ICS 安全从业人员一直拒绝接受 IT 安全专家和标准的建议，他们声称工业控制系统是不一样的，并且有着不同的需求。

他们是对的。他们确实是对的！从早期 ICS 和 IT 之间的摩擦中得到的经验教训现在延伸到了物联网——物联网已经不可避免地结合了这两种实践：

ICS+IT=IoT

试着总结一下：ICS 和 IT 有不同的性能和可靠性需求。ICS 专用的操作系统和应用程序对于传统的 IT 支持人员来说可能是非常规的。此外，在控制系统的设计和操作中，安全和效率的目标有时会与安全防护措施相冲突（例如，要求口令认证和授权不应妨碍或干扰工业控制系统的紧急操作）。

在典型的 IT 系统中，数据机密性和完整性通常是首要关心的问题。而对于工业控制系统来说，人或财产安全、防止生命损失或危害公众健康或信心的容错性、法规的合规性、设备损失、知识产权损失或者产品丢失或损坏才是主要问题。负责操作、保护和维护 ICS 的人员必须了解安全和安全防护之间的重要联系。

在典型的 IT 系统中，与环境的物理交互是有限的，甚至根本没有。而在 ICS 领域中，工业控制系统可以与物理过程和结果进行非常复杂的交互，并在物理事件中体现出来。

安全作为物联网需求，还涉及系统行为的一个关键方面：防止无意的熵（随机）故障。

以下安全需求可能与本书中要遵循的其他需求有所重叠并相互依赖，但由于物联网安全的关键性质，值得把它们拿出来单独理解。

6.2　性能

信息技术（IT）中充斥着关于性能的虚假声明，这将给物联网带来巨大的安全风险。IT 硬件和软件供应商都会发布关于性能指标的声明，而且这些指标无法复制。这种情况太常见了。然而，业界已经学会通过打折供应商的声明、要求（昂贵的）试验和概念验证演示，以

　　⊖　见 ISO EIC 指南 51，*Safety Aspect: Guidelines for Their Inclusion in Standards*，第 3 版。

及通常超标提供基础设施来适应这种长期夸大的性能。

例如，客户经常购买网络设备，期望其性能达到 1 Gbps。但结果发现，一旦他们按照自己需要的方式配置网络设备，它的性能就会降到一半甚至更低！类似地，组织对软件进行投资，期望它能每毫秒处理 100 笔交易（同样，只是一个例子），结果却发现供应商的性能声明只支持非常特定的硬件配置，而这些配置并不适合客户环境。

在物联网中，逻辑 – 动力 / 网络物理接口占主导地位，性能将与以下特征和指标有关，比如：时间临界、延迟或抖动——性能的可靠性。然而，一些与 IT 相关的指标（比如最大吞吐量）可能并不重要。我们将在本节后面讨论这种性能指标。

在物联网中，终端、网关、网络和云 / 数据中心的性能需要确实像产品和服务提供商所宣传的那样。

明确产品和服务的性能是物联网的基本要求。当谈到物联网的性能时，产品和服务提供商都需要意识到，捏造数据或故意含糊其辞或欺骗会带来难以估量的风险。

6.3　可靠性和一致性

工业控制系统包括安全仪表系统（Safety Instrumented System，SIS），这些系统是为高可靠性而构建的强化信息元素，并与安全且可预见的故障相关联。这就是物联网所需要的。

相反，来自企业网络和数据中心环境的 IT 元素通常不是为高可靠性而构建的，它们被集成到了高可用性（High-Availability，HA）设备和集群中。高可用性是硬件和软件可靠性的廉价替代品，因为它假定即使可靠性很差，大多数（或至少一半）的元素在其中一个发生故障后仍能正常工作。

与高可用性和集群相关的 IT 设计惯例并没很好地扩展到物联网的偏远部分，如网关和终端。在这些地方，谈经济（业务案例）没有意义，服务不可能基于依赖双重部基础设施的安全技术进行部署。

许多 ICS 过程本质上是连续的，因此必须可靠。控制工业过程的系统意外停机是不可接受的。工业控制系统的中断通常必须提前几天或几周计划好。部署前的详细测试对于确保工业控制系统的可靠性至关重要。

除了意外停机之外，许多控制系统还无法在不影响生产和安全的情况下轻易停止和启动。在某些情况下，正在生产的产品或正在使用的设备比正在传递的信息更重要。因此，使用典型的 IT 策略，例如重新启动组件，通常是不可接受的解决方案，因为这会对工业控制系统的高可用性、可靠性和可维护性的需求产生不利影响。

与性能需求类似，物联网的可靠性需要有更重要和更可靠的规范。比如平均更换时间（Mean Time to Replacement，MTTR）或平均故障时间（Mean Time to Failure，MTTF）这些在网络和数据中心环境很常见的措施需要向网络边缘扩展。但在网络边缘，设备却无法部署到高可用性或集群设计中。

总的来说，物联网安全特别需要网关和终端在独立性能上变得更加可靠和一致。

6.4　无毒性和生物相容性

就像今天人们对电池、紧凑型荧光灯、水银恒温器和臭氧消耗型空调设备的担忧一样，物联网的重大安全风险与物联网设备制造材料的影响有关。

在许多情况下，物联网设备注定被环境吸收或嵌入活体组织和身体中。例如，环境传感器可能会根据预期和业务设想进行部署，它们一旦停止工作，就会留在原地，简单地衰减和消失。另一方面，当前可穿戴技术将不可避免地演变成其他设备，这些设备会长时间地放置在表皮，或者被嵌入皮肤中。为了更好地监测、诊断和管理，今天的植入设备将来肯定会连接起来。

物联网设备的设计必须考虑到环境安全。由有毒材料制成的设备可能会在分配、使用和处理等方面受到更为严格的监管和监控——必然会增加成本。

物联网的安全不仅与设备如何运行和响应命令有关，而且与设备在使用期间和使用后对所处环境的影响有关。

开始使用新的、专门开发的生物相容性材料来工程化设备，这可能意味着其他安全特性（如可靠性和可预测性）会受到影响，因为信息处理和计算领域对物理强度的要求非常高。在物联网终端的建造中，使用更环保、更安全的材料绝对会对这些设备的数据处理和管理保障产生影响，即使只是因为这反映了系统的一个变化。

了解物联网中使用和采用新型安全材料的安全和风险权衡对风险管理者至关重要。

6.5　可处置性

与物联网安全中的毒性问题有关的是安全性和可处置性问题。当设备寿命终结、被淘汰、不再需要或者有缺陷而无法修复时，会发生什么？从安全的角度来看，环境问题是显而易见的，但是与可处置性相关的安全和信息安全之间的联系不是一眼就能看出来的。

在安全领域中，硬件和软件的处置是一个非常容易理解的安全过程和需求。物联网设备、系统和服务的所有者都必须确保在处置物联网设备的过程中信息已被销毁，并且不允许对个人或专有信息（操作系统、配置、设计等）进行未经授权的访问。许多严重的信息安全漏洞都是因为处理实践薄弱或缺失所造成的。

在安全方面也存在处置问题，这会对整个物联网安全和风险管理产生连锁影响。

物联网终端和边缘设备在生物和环境毒性等方面的可处置性将影响物联网的安全。它们会毒害用户吗？　一旦成千上万的进入垃圾填埋场或焚化炉，或者服役到期但被废弃在原地，无论此前它们是埋在沥青里还是嵌入在活生生的肉体里，它们会变得危险吗？

例如，在可穿戴设备嵌入物体或人体的情况下，将会对机械和环境稳定型材料提出明确的要求，下面给出了一些例子：

- ❑ 电池和能量收集 – 转换部件
- ❑ 导体 / 电线
- ❑ 处理器和内存

❑ 绝缘体
❑ 包装、外壳、监控界面
❑ 基材和功能材料

虽然安全可能要求使用某些材料，而避免其他材料，但其作为一种需求，对信息安全的影响可能难以平衡。例如，信息处理或存储部件的防篡改或抗篡改可能会需要不符合安全和可处置标准的材料；或者，可处置的电池类型可能不支持信息安全的可用性需求和信息安全服务水平。

6.6　物联网的安全与变更管理

变更管理对于维护 IT 和物联网系统的安全性至关重要，同时也适用于硬件和固件。每个信息安全专业的学生都知道，修补漏洞和其他影响安全性的缺陷所需的补丁管理是变更管理过程的主要请求者。

未打补丁的系统是 IT 系统最大的隐患之一。IT 系统的软件更新，包括安全补丁，通常需要基于安全策略和过程及时应用，旨在满足合规性（组织）需求。这些过程通常在企业 IT 中使用基于服务器的工具和自动更新进程实现自动化。

然而，物联网的软件更新不可能总是在自动化的基础上实现。在物联网中，每个软件更新都可能有与之相关的重要安全依赖关系，无论是与补丁修复的停机时间有关，还是与修补后物联网系统的基本稳定性和性能有关。物联网更新将需要由潜在的多个利益相关者（如各种设备、应用程序和服务提供商以及应用程序的用户）进行彻底的测试和批准。

物联网系统作为与政府或银行等高可信客户签订的合同中规定的服务水平协议（Service Level Agreement，SLA）和合规流程的一部分，可能需要整体进行重新验证和认证。

来自 IT 的变更管理过程可能是物联网变更管理的基础，但是大规模采用是不合适的，并且这样的做法将给物联网系统或服务带来风险。

6.7　安全和服务交付更新的可分性与长期性

安全性和本书讨论的许多其他风险管理需求之间存在冲突。在可能的情况下，安全功能与服务功能的升级路径和方法应该分开。

物联网系统或设备的所有者应该能够更新或升级与服务相关的软件，而不影响与安全相关的软件。当这两种功能都需要升级或打补丁时，这些进程应该是可分开的。

安全补丁和服务补丁不仅应该可分，而且安全补丁（除非与关键缺陷相关）应该与服务补丁无限期地前向兼容。例如，安全补丁永远都不应该是强制性的，除非它涉及与安全系统的性能、可靠性或效率相关的关键漏洞。

在不影响安全系统和需求的情况下，硬件和软件（尤其是软件）中不断发展的技术和设计缺陷可能影响信息安全和风险管理需求。由于简单明了的需求和目的，安全系统可以在服务交付平台失败的情况下继续良好地工作！

因此，如果物联网安全与物联网安全管理（如更新）密不可分，那么物联网安全可能更难管理。以下几个例子表明，系统的信息安全升级可能会因为着重安全的服务和功能而延迟：

- 没有安全系统风险时，不能修补或升级的旧系统。
- 旧的或昂贵的物联网系统可能没有足够的开发和测试环境，所以在操作系统中打补丁不仅意味着服务和生产流程的风险，还意味着安全流程的风险。（例如，补丁生效，服务平台升级，但安全流程却变得不可靠了！）

6.8　启动和关闭效率（最小化复杂性）

从物联网的安全角度来看，快速启动和停止进程的能力将是一个主要的风险管理需求。这不仅涉及物联网终端本身的设计，还涉及支持它们的网关、网络和云服务。

快速启动的能力对于涉及动力运动和移动控制的物联网设备来说非常重要。例如，为了节省能量，在人或物体进入范围之前它们可能不会被激活，或者它们只在检测到异常物理状况（如即将发生的碰撞或物理环境的变化）之后才被激活。然而，一旦设备被调用，它就必须非常快速地启动，这意味着它必须在几毫秒内从休眠状态转变到活动状态。

在这种情况下，可能需要物联网设备放弃内置到设备、网关或网络通信中的安全性控制。设备上的加密技术就是一个很好的例子。如果在小型受限物联网设备上解密指令集所花费的时间和精力使启动时间从2毫秒增加到4毫秒，那么可能会错过服务级别的要求！

与这种启动问题非常相关的有网关，它可以支持物联网设备在启动或安装时的引导。还有网络和云系统，可以提供配置信息和配置细节。如果这些系统不能在性能方面支持安全启动需求，那么就需要寻求替代方案。

快速关闭的能力同样会对物联网产生重大的安全影响，这不仅是终端设备的功能，也是网关、网络和云的功能，它们依赖于这些设备进行指令和连接。

快速关闭与其说是物联网性能的问题，不如说是安全失效并及时向集中管理工具报告关闭的问题。另一个例子是，当一个设备被认为违反了规定的性能参数时，它需要被快速关闭并允许一个冗余系统承担服务功能。或者，在没有冗余系统的情况下，它需要安全地失效。（参见下一节。）

考虑一个健康监测系统。它可能需要非常准确地监测病人的脉搏或血压。如果物联网系统或服务从连接到患者的一组传感设备中看到预示即将发生设备故障的异常读数，那么这些设备就需要被快速关闭，以免污染系统已经收集到的良好数据池。

另一种情况是，在一个管理着数千吨熔融金属的工控系统中或者是每一瞬间都指挥着数千辆汽车的运输系统中，一旦检测到有缺陷的设备，就需要尽快将其从系统中移除。

失效和有缺陷的设备必须被迅速停止并安全地失效，其最终原因是——物联网和互联系统的复杂性意味着即使是最小的设备产生的不良数据和不当操作也会产生数不清的影响，即混沌效应。

与启动需求一样，关闭和故障转移需求可能会取代信息安全需求，如加密、平台验证、设备验证或注销、清除会话终止等。反过来，这些信息安全控制的缺失可能会使设备更容易受到各种攻击，例如中间人攻击或伪装攻击。

安全启动和关闭与物联网信息安全之间的关系是物联网风险管理者寻求的另一个安全平衡。

6.9　失效安全

失效安全意味着系统元素将以一种可预测的方式停止工作：这种方式在服务设计过程中就已经考虑到了，以获得物理或逻辑上的安全状态，即失效的状态。换句话说，物理伤害或系统破坏是最小化、可控和可预见的。

对于互联网上的大多数 IT 设备，我们确实不知道它们会如何失效。硬件平台制造商和软件通常不会协同预测一个服务到设备的故障，更不用说向用户报告了。

即使有意愿确定某个特定的物联网设备或系统是如何实现安全失效的，但考虑到软件供应商和硬件供应商的产品范围，如 DC 中的服务器、网络元件（如路由器、防火墙、域名服务器）、网关和终端，这将是异常复杂和昂贵的。因此，当物联网设备失效时，它们的状态很可能是不可预测的，更不要说预测其安全了！

通常情况下，设备可能会冻结、丢失数据和断开连接。有时，它们被设置为失效，即它们停止工作，所执行的任何信息管理操作（如安全性）都会停止——但数据仍会继续流动。换句话说，它们被设计为继续传递未经处理或不安全的数据，而不是完全停止数据传输。有时候，这很有意义，而另一些时候，却毫无意义。

一个可能的结果是：一些物联网设备将继续运行，但将成为僵尸设备，不再响应来自所有者和管理员的外部命令——它们只是保持执行最后收到的指令。在某种程度上，这比失效更糟糕，就像是一个失控的火车场景！

在工业控制领域，安全失效意味着如果设备不再按照预期的方式运行，则可以将其关闭至预定状态。这个状态可以是开启的、关闭的或者是辗转复位的，除了最基本的功能外，它会限制其他所有功能，以便在帮助到来之前最小化间接影响。

需要得到更多地关注以及物联网中的安全失效问题从信息安全的角度来看这意味着什么呢，尤其是在最先应用安全的终端和网关设备上。

6.10　从服务交付中隔离安全和控制

在可能的范围内，保持物联网安全系统与操作流程管理系统的隔离是可行的方法。这也是工业控制领域长期以来的最佳实践。对于物联网来说，这种需求的困难性在于低成本的竞争驱动，以及保持运营效率的相关需求。要求终端设备或网关具有逻辑上或物理上不同的安全接口与管理接口会大大增加资金和运营上的成本。

安全系统通常使用与物联网服务交付系统相同的技术平台，这意味着物联网服务漏洞很可能也是安全系统的常见故障模式，攻击者可以同时破坏服务交付、控制和安全逻辑，或都只要使用相同的嗅探技术。

例如，一个现有的问题是，工程工作站被用于配置物联网（和工业控制设备）和安全系统——这意味着，一个威胁方可以通过访问单个工作站来侵入物联网资产和安全系统。这一问题由于商品操作系统的流行而被放大，里面可能存在数千个已知的漏洞，只需要少量的技能就可以加以利用。

为了使物联网安全系统正常运行，它们还必须以某种方式连接到物联网服务交付功能，以便监控性能，并确定是否必须调用安全逻辑。因此，对于物联网来说，确实不存在无连接的安全系统。

从需求的角度来看，系统设计人员、工程师和管理人员必须明白，将安全功能和服务交付功能结合起来而不考虑任何形式的隔离会产生重大的风险。这里有一个场景：知识渊博的攻击者能够在不触及服务交付功能的情况下绕过或暂停安全逻辑；而业务一切正常。这时候，他们只是等待一个正常的事故随机发生，并任由事态发展，因为安全系统没有到位。

6.11　安全监控与管理和服务交付

物联网中的安全系统在设计时通常只考虑一个目的：如果出现不安全的情况，通过停止或关闭服务和流程来避免环境（逻辑 – 动态 / 网络物理）中的危险情况。此外，安全系统通常是作为已知或预期的硬件或软件故障率的补偿控制来实现的。这些故障率是资产所有者和供应商采用公认且普遍接受的良好工程实践来建立的，并由 ISA-84、IEC 61508、IEC 61511 等行业标准驱动。

在这方面，物联网终端、网关、网络和云服务的安全监控功能将用于监测安全参数，而不是管理或实施安全系统。实际上，物联网中的安全服务、功能或系统的管理和实施会受到严格限制。

因此，对安全和监控的要求是，在实际可行的情况下，需要对用于安全与服务交付管理的软件和硬件进行隔离和访问控制。

但实际情况可能恰恰相反，任何有权访问服务交付功能的利益相关者同时可以通过相同的接口访问安全功能。例如，一个可以同时用于安全监控和服务交付管理的接口。

这种单接口设计可能在低成本物联网设备中很常见。但是，当这个单一接口发生故障并同时需要安全监控和服务管理时，问题就出现了——这意味着不仅丢失了控制，而且丢失了对安全至关重要的可见性和意识。

6.12　在边缘恢复和配置

在典型的 IT 系统中，安全（尤其是恢复）的首要重点是保护集中 IT 资产的运行，例如数据中心或云中的资产：数据库、文件系统、服务器等。在物联网中，出于安全原因，这种情况可能会发生逆转。出于安全的目的，相对于集中资产，边缘设备在恢复过程和程序中可能具有更高的优先级。

在许多以 IT 为中心的传统互联网架构中，在数据中心或云中存储和处理的信息比在边缘存储和管理的信息更为关键，并且获得的保护更多。对于物联网系统和服务来说，需要仔细考虑边缘设备（如网关）的业务连续性优先级，因为它们可能直接负责控制终端的关键安全功能和服务。当然，对于安全来说，中央服务的保护仍然非常重要，因为中央服务器本身可能包含安全管理的关键指令。

网关的恢复可能涉及多个过程，这相当于在物理或逻辑上重新配置一个设备。虽然配置是物联网服务开发的一个关键因素，但与配置相关的服务级别可能只在新设备进入系统时才会被考虑。在物联网中，关联特定服务级别的服务或系统可能会存在恢复和重新配置网关的安全需求。（重新）配置可能会涉及非常多的安全问题，但也仅仅是在第一次开通服务时。

6.13　误用和无意识应用

在第 7 章中，我们将讨论物联网中文档和报告的安全性需求。这也是跟误用有关的安全需求，必须与安全防护需求同时进行考虑，因为这种误用会对物联网产生巨大的安全影响，并从信息安全影响扩展到物理安全和防护影响。

毫无疑问，物联网设备、系统和服务可能会被用于意想不到的用途，这是设计师和服务提供商无法想象的。对于这种已知的人类行为应该在安全和防护设计过程中就加以考虑。由于障碍、误解、环境条件（见第 10 章），或者简单的错误和遗漏，人们会因为各种各样的原因滥用物联网服务，从恶作剧到欺诈、疏忽、懒惰，甚至是无知。

在安全讨论中，必须考虑到人们会使用弱口令或者根本不使用口令来保护系统配置的习惯。虽然物联网设备以一种损害用户的方式进行配置不太可能甚至无法解释，但还是应该有所预见，并仔细记录安全文档和警告。

例如，由于在能源管理上可以带来潜在的节省，家用恒温器正迅速进入物联网。然而，当遇到恶意或意外的错误配置时，大多数恒温器的安全特性相当薄弱。在加拿大的一个冬天，一家人外出度假时，暖气被意外地关掉了，由于结冰和水管爆裂导致房屋遭受了巨大的结构性损坏。或者，当使用摄氏温度时，用户误认为他 / 她正在使用华氏温度来调节热量设置，导致设置非常高，迫使暖气工作在故障状态（以及导致巨大的燃气费）。

良好的使用说明和技术保障将是物联网中信息安全控制的必要条件和补充。

6.14　总结

物联网安全与 IT 安全性有关，因为它涉及预期用途和可以合理预测的误用、失效和故障。安全与安全防护在一些关键方面有所不同，比如：
- ❏ 在性能上，可用性高于保密性。
- ❏ 在正常和失效条件下，要求性能可靠和一致。

❑ 毒副作用和可处置性的管理。在未来，这将对物联网设备的设计产生严重影响，可能会使物联网面临篡改、窃听或服务水平等安全性威胁。

❑ IT 变更管理惯例的管理。这些无法很好地转化到物联网或过程控制领域。

❑ 以 IT 系统中不常见的方式启动和停止作为需求引入的服务级别。

❑ 以不危及安全的方式失效需要更多的工程——在许多 IT 系统中，失效都有特定的结果。

❑ 物联网安全和监控系统，应该从物联网操作和管理系统中（包括终端）隔离或至少以管道的方式开发（尽可能实际）。

物联网中与消费者保护和风险管理有关的安全事项与安全防护一样多。它是决定消费者、商业产品和服务构成的风险的重要组成部分。应该考虑到，物联网产品和服务是为弱势消费者所设计或使用的，他们往往无法理解其危害或相关风险。但与此同时，为了使设备更安全（从安全状态角度来看），它们可能会减少安全防护。

另一方面，由于业务风险，服务提供商和设备制造商的兴趣可能在于安全防护领域，但必须解决与安全之间的平衡问题，总的来说，风险管理者必须同时考虑安全和防护。

物联网的机密性、完整性和隐私需求

信息技术的安全三原则是机密性、完整性和可用性。隐私有时被视为一个单独的属性进行讨论，但对于纯粹的安全人员而言，隐私是机密性的一种表达或用例。

本书涉及物联网安全和风险管理，以及与已建立的 IT 安全有何实质性差异和演变。出于这个原因，我们刻意将安全三原则分成几个部分，并围绕其添加了更多的内容！这旨在展现物联网安全和风险的演变过程：将传统的基于 IT 的框架应用于物联网会带来其自身的风险。

在本章中，我们将一并讨论机密性、完整性和隐私。这是因为在我们的分析中，它们在物联网环境中有着密切的关系。在第 8 章中，我们将把可用性作为与物联网安全需求相关的独立主题来处理。

7.1 数据机密性和完整性

在本书开头，我们提到了一些与安全性和风险管理相关的基本特性：机密性、完整性和可用性。这些都是非常技术性的问题，所以通常会在技术需求而不是操作和流程需求中进行描述。但是，只讨论需求而不触及这些基本问题将是一个明显的疏忽。

数据保护只用两个词就巧妙地描述了安全的大部分关键属性。当然，它意味着机密性并确保在物联网中流动的信息的安全性，防止未经授权的披露。数据保护还要能够支持重要但可能不那么有名的完整性特性——防止未经授权的更改，包括数据的添加和删除。

最后一个主要特性——可用性也可能包含在数据保护中，如系统 / 服务 / 设备无响应或不运行的时间，或可容忍的延迟时间。但是，与机密性和完整性不同，可用性实际上是整个物联网系统（终端、网络、云或数据中心）要处理的问题。而机密性和完整性通常在物联网系统的边缘（终端和云）被定义和控制，数据在那里开始和停止移动。

本章接下来的部分将会讨论机密性和完整性的一系列操作需求，而后续章节则会重点关注可用性及其对物联网风险管理的独特影响。

7.1.1　密码稳定性

对于需要使用密码技术来保护移动中或存储中的数据的系统，密钥更改或更新的速度将会影响许多相关的关键技术元素，如电源效率、设备寿命和成本。

虽然详细的技术要求和规范最终一定会出现，但从企业风险的角度来看，首先评估与加密稳定性相关的粗粒度要求，稍后再讨论细节是很有帮助的。例如：

- 稳定的物联网系统。这可能是一个静态设备拓扑，其中的设备已知且不会或不经常更换密钥。这时可以使用对称（共享）密钥密码，密钥可以由制造商内置或由服务提供商在部署或定期维护时分配。

- 不稳定的物联网系统。设备处于动态拓扑中，随着新设备的出现和消失，拓扑的变化非常规律。设备需要基于相互信任的源进行认证，因此可以部署非对称（公钥）密码。由于不需要连续的密钥管理，密码操作可以在软件中完成，而且计算和能量消耗也不会因偶然的变化而激增。

- 高度不稳定的物联网系统。动态设备具有不断变化的拓扑结构是这类系统的标志——会与许多设备和参与方通信。密码操作会非常频繁，其操作效率使得基于硬件的密码加速成为可能的需求。

密码系统的性质和稳定性可能会推动设备制造本身的关键选择。或者，更有可能的是，设备制造将限制与密码系统相关的选择。设备能力和密码系统之间的不匹配可能会产生巨大的影响。例如，由于增强的负载，设备可能很早就失效了，或者系统所有者被迫关闭一个过于繁重的密码系统，以确保设备能够在需要的时间内持续运行。

7.1.2　超期：被时间持续考验的机密性

超期的概念与密码稳定性有关，它指的是物联网系统中构建的安全特征随着时间的流逝变得过时且易受攻击。例如，一个给定的物联网设备使用的密钥长度可能被硬编码到软件中，或者可能受到设备处理能力的限制，这在生产之初就被固定下来。

在这种情况下，可能没有办法使用更长、更强的密钥。如果因为穷举攻击（试图通过尝试所有可能的组合来猜测密钥，直到找到正确的组合）不可行就认为当下的密钥长度是安全的，这是有问题的。然而，这却是一个既定事实，那些曾经被认为安全的密钥已经被技术和处理能力的发展所超越，变得不再安全。

以前，大约在 1995 年，56 位的对称密钥长度和 DES 算法曾被认为是军用级别。但时至今日（20 年后），出于安全考虑，你不会再使用这样的密钥，因为计算能力的提升可以让非专业人员都能够轻易地攻破这些密钥。如果物联网设备（比如工业设备）有 20 年的工作周期，那么如今的安全措施很可能在使用寿命结束之前就已经不起作用了。然后应该怎么办呢？

7.1.3　未被篡改的数据——证明数据的完整性和真实性

1. 控制和用户数据

物联网的数据将存在于两个层面：

❑ 控制层：用于控制物联网系统基础设施的数据。一般来说，它包括服务提供商的配置、使用的管理路径、用于维护和制造商物流的带外设备通信、命令和控制、网络 / 网关信令数据、设备日志和事件。

❑ 使用 / 用户层：由物联网系统交付的实际服务产生的应用数据。这可能是所有用户生成的数据，也可能是由物联网设备感知或生成的数据。它可能是用户或设备服务（相对网络）的登录凭证、用户身份、视频、语音、互联网 /Web 流量，或者在终端收集的任何其他信息，通过网关和网络传输，然后在服务 – 数据中心或服务 – 云中处理 / 存储 / 管理。

物联网风险控制需要了解每个层次的需求，因为它们可能是不同的！控制层的数据可能是一致的，但用户层的不同应用程序和用例对完整性有不同的要求。

2. 动态数据的完整性

物联网系统应支持数据（不仅在存储（静止）中，还包括传输中）未发生变化的证据。包括像网关这样的中间智能元素，可以为某些受限设备执行安全功能。

物联网数据，不管是控制数据还是用户数据，必须保证其没有受到未经授权的更改、添加或删除，包括物联网服务链中从外部服务到物联网设备的标签和元数据。其中还应该包括证据链（见下文），因为如果信任是从网关或第三方服务继承的，就会很容易地理解为什么网关或服务从一开始就被认为是可信的，而且未被篡改过。

7.1.4　证明删除和关闭

物联网中的数据通常会被认为是高度敏感的，因为有着各种各样的商业原因：知识产权、隐私、市场情报、犯罪价值等。

当设备和系统被改变、升级、关闭或出售时，确信信息已经被删除、编辑或匿名是一种功能需求，会降低管理的合规性阻碍，并鼓励用户采用。其中包括指示和确认数据已被删除——就像我们确认数据已经被发送或保存在电子邮件和其他消息系统中一样。

退出将以多种形式存在，但并不意味着设备本身停止了服务。例如，该设备可能只是租用了一小段时间。但是，当服务（相对设备而言）退出时，明确确认所有用户或应用程序的数据已从设备中删除应该作为设备或服务的功能加以考虑。

7.1.5　信任链

在许多情况下，物联网设备将基于从中间设备或服务（比如网关设备）中继承的信任来执行操作（在逻辑和物理世界中）。在复杂的系统中，如果有多层的继承，我们如何信任物联网应用呢？答案是考虑与信任链相关的要求："我信任你，因为我理解你为什么信任你的对方——即使我自己不了解他们。"

足够详细和足够保护的日志有利于跟踪和理解由许多潜在的物联网设备发送的一系列复杂指令是如何保持可信的。

对于那些被配置的实用设备,它们知道自己在系统中的角色。但除此之外,它们还必须了解谁和什么值得信任。当然,不能指望这些设备信任一切事情。因此,它们应该能够根据应用密码技术或者公钥证书等关键材料中的可能信任根来识别某些信任链。

对于物联网中的风险管理者来说,要评估整个系统和服务,首先了解其信任链中盲点的位置是一个很好的开始,因为经常会存在盲点。风险管理与处理、转移或接受风险有关。其中,接受风险将是一个有用的选择,否则就需要复杂的审计和审查系统,这在物联网服务交付的复杂生态系统中可能是不可行的。

所有风险管理的关键是了解你所能够接受的风险。

7.1.6　能力和功能的证明

设备、网关、网络和基于云的应用可能需要向依赖方提供关于其能力和功能的高保障声明。换句话说,它们必须以可以被快速信任的方式声明其属性,或者至少可以存下来,以便日后出现关于谁应该做什么的争执时进行检查(这与证据链有关)。这种需求很容易与可用性(以及机密性和完整性)相关联。

例如,当一个设备在可用选项中(基于不同的可用网络,例如 3G、4G、5G、Wi-Fi 和以太网)选择一个特定的网关之前,它可能希望了解哪些可用网关的带宽是最好的。它可以向网关查询其支持的服务级别以及相应的费用,然后再相应地选择一个网关。网关的提供商应该通过某种形式的不可否认性来提供有关其服务级别属性的证明。密码技术,比如公钥签名或者共享密钥,可以使这些属性迅速传播,只有可信的声明和设备才能在任何地方使用。如果没有与属性相关的可信声明,只有第三方网关的不可信声明,那么物联网设备或系统就可以应用不同的内部逻辑来决定是否使用网关(以及如何使用网关)。

另一个证明的示例是可用的路由,给定的网关或网络通过这些路由将数据从终端设备移动到数据中心或者云。在有些情况下,一些网络虽然更便宜或提供了足够的 QoS,但可能从物理上并不具备对所管理数据的必要保障。也许物联网设备目前正被用于监控政府 VIP 的活动——这是国家安全问题。也许通过低成本的互联网服务提供商(Internet Service Provider,ISP)使用不可预测的路由进行连接是不够的? 当 VIP 在网关范围内时,可能需要一个具有确定性(可预测)路由的、更高成本的 ISP?

最后,设备本身可能需要使用安全引导技术,这依赖于可信平台模块(Trusted Platform Module,TPM)中包含的硬件级别的密码安全标识符。作为加入物联网系统或服务的一部分,设备可能需要根据 TPM 提供的证据来证明其固件或操作系统的真实性和完整性。

请参阅下面的要求,来进一步讨论有关可信路由的想法。

7.1.7　数据的可信路由

数据路由与物联网安全和风险管理中的几个关键问题有关。很容易假设,一旦数据离开终端设备，它将以正确和安全的方式自动发现到达目的地的路径。但是，在物联网中管理风险时，需要不时地检测这些假设。例如：

- 设备是否将数据发送到正确的网关，即使最终的目的地是相同的？
- 设备是通过正确的网络发送数据吗？网络选择不仅会影响可能观察和访问数据的实体类型，还会影响应用的收费和服务级别。
- 设备是在正确的时间通过正确的网络发送到正确的地方吗？一天之中，路由完全有可能或多或少地适合各种安全和风险管理原因（如窃听、拦截、伪装或未经授权的更改所带来的威胁）。
- 在所选的路由中可用的服务质量是否合适？物联网应用所要求的服务质量可能会随着时间的推移而改变（每小时、每天、每月等），就好像不同网络选项的服务质量保障。
- 如果使用了包含 IPv4 和 IPv6 的"混合"网络，并且应用了各种形式的网络转换（IE. NAT64、NAT46、NAT464、NAT646 等），是否有什么方法可以追踪这些异构网络中的数据来源和目的地？

7.1.8　删除编码和数据重力

物联网产生的数据量迟早要与从物联网中删除或修改的数据量成比例。否则信息资产将会变得昂贵和难以管理，以至于我们只能从中得到很少的价值或根本没有价值。

这有时被称为数据重力：生成的数据如此之多，以至于它产生自己的力，扭曲和影响其他所有应用和资产却不增加任何价值，或者至少不会增加与管理重力成本相称的价值。

删除编码是指一个系统（操作方法）或程序（自动化软件）在满足某些条件时删除结构化数据（日志和事件）和非结构化数据（消息或文件）。例如：

- 监管保留期结束
- 策略（隐私）更改需要删除
- 法律契约终止，需要删除信息
- 研究已经执行完成
- 已经制作了长期存放的副本（参见下一个要求）
- 没有商业利益

相对于数据保护和完整性，删除编码的重点在于，它管理不需要和不必要的数据存储和保留的风险，我们将在后面的章节中讨论。

7.1.9　冷存储协议

与删除编码概念相关的是冷存储⊖概念：由于合规性、法律协议以及长期趋势分析和研究相关的原因，结构化和非结构化数据不易访问的长期存储。

冷存储已经存在很长时间了。磁带档案和其他形式的高时延档案（不能快速检索）都是

⊖　Milini Bhadura，英特尔，墨西哥美洲电信公司简介，2013 年 8 月。

良好 IT 安全计划的一部分，因为维持所有档案的热访问能力成本太高。但在物联网中会有所不同，因为删除编码充当了预筛选引擎的角色，对冷存储中不需要的内容进行修订——只有必须存储的内容才会存储在冷存储中。

虽然冷存储可能被认为是可用性需求的一种形式，但它被放在这一节中，是因为冷存储涉及的修订过程影响了物联网数据资产的完整性。

物联网中的冷存储：可在几分钟内访问

对于物联网风险管理人员来说，不同之处在于，当涉及冷存储协议时，冷存储的历史内容需要数天到数周才能访问，而物联网的冷存储要以分钟来计才是可以接受的。为什么是分钟？因为物联网的数据量很快就会把更多的数据推进更便宜、更划算的冷存储。但与此同时，它也站到了与取证、执法、系统管理、复杂性和相互依赖分析相关的重要临界点。

7.1.10　综合报告：终端、网关、网络、云和数据中心

报告物联网系统中的所有资产对支撑许多业务和运营要求至关重要。为什么综合报告对物联网服务生态系统中的所有主要资产那么重要呢？因为与证明机密性和完整性相关的被动义务有关：你不需要证明你是安全的，只需要证明你没有被破坏。

这种综合报告意味着一些能力不仅必须存在于物联网服务提供商直接管理的资产和设备中，还必须存在于外包给第三方的服务中。

在第 3 章中，我们讨论了物联网的结构，解释了物联网实际上是一个由水平分隔的专业服务提供商组成的庞大系统。它本身或多或少就是专业服务提供商的系统。每个提供商都有默认的偏好来保存内部报告和事件：用于保护与内部管理实践、客户数据、尤其是内部安全事件相关的信息。但这与依赖这些提供商的物联网系统风险管理的利益背道而驰。（物联网风险控制！）

与传统的以 IT 为导向的互联网相比，物联网具有明显的行业特征，可用性等元素具有一定程度的敏感性和重要性，在许多情况下甚至超过了机密性。然而，一个简单的事实仍然存在：监管制裁和负责将主要围绕机密性和数据保护（隐私）漏洞方面的明显缺陷强制执行。这就是我们为什么对机密性、完整性和隐私需求进行综合报告的原因：合理的可见性等同于合理的关注和合规性。同时，试图在不透明的服务水平协议（Service Level Agreement，SLA）基础上将责任推卸给服务提供商而不提供任何形式的及时报告可能会被视为疏忽！

毫无疑问，物联网系统中涉及的所有资产的综合报告将非常有利于机密性、完整性以及可用性和可靠性。然而，由于监管违规的被动义务以及证明清白的必要性，将对保密性和完整性有着更高的操作要求。

7.1.11　从配置中了解与学习

设备可以预先配置其关键资源的位置信息，也可以在初始化的引导过程中学习关键资源的所在位置。这些获得的配置或引导信息的完整性对于物联网安全和风险尤其重要。此外，预配置信息本身的机密性可能代表了有价值的知识产权。

例如，一个设备可能会被硬编码配置其自身的网络地址信息，包括在何处进行软件更新、在何处发送数据以及在何处查找可能需要的共享服务，比如域名服务（Domain Name Services，DNS）或目录服务。这些信息的完整性至关重要，因为配置信息的更改可能会完全改变给定物联网设备或网关的功能。

相反，一个设备也可以学习到所有这些东西，因为它的配置为空白，由通用的进程来获取初始网络地址，然后呼叫主服务的控制点以获取有关其角色和配置的其他所有内容。例如，网关设备进入一个网络中并学习它的地址、网关、域名服务，以及从何处获取有关其角色的信息。最终，它被教成一个可以管理智能停车系统、应用安全属性和管理终端传感器的网关。

从配置中了解与学习之间存在的差异与隐患、威胁和风险相关。对于考虑使用哪种物联网系统类型的理解会影响许多所考虑的设计以及物联网风险管理的相关成本。在许多情况下，答案可能是，两种类型的设备都支持。这些设备在制造时提供了一些信息，但其他元素必须通过学习才能被完全配置。例如，设备是否被制造商或所有者提供了唯一的标识符。在这种情况下，安全和风险管理需要使用相当广泛的控制和保护措施来应对广泛的配置用例。

7.1.12　水平日志：贯穿整个生命周期

水平日志作为一种需求是指物联网系统或设备的相关事件的长期日志记录。例如安全事件，一旦被发现，就可以追溯到它们的起始。也就是说，这样的日志必须具有完整性——没有适当的授权，它们不能被更改或删除。

在安全事件发生后，高管会问的第二个问题是"什么时候发生的？"（第一个问题是"出了什么事？"）。通常情况下，第二个问题很难回答。事实上，第二个问题通常是没办法准确回答的！

在当今的安全系统中，最大的挑战之一是保留必要的日志，以进行根源分析和违规取证。但情况是通常没有日志，或者即使有日志在，也常常不能追溯到足够久远的时间点以确切知道何时发生了入侵！如果不能确定被入侵的时间，管理人员必须想到最坏的情况：通常是法律责任的问题。

在物联网中，自动化和半自动化系统、网络物理接口和工业控制、与责任和可能的法规合规性相关的问题，将促使水平日志成为一个重要的需求。

图 7-1 显示了资产敏感度与给定漏洞曝光持续时间之间的关系用来说明水平日志的要求。正如矩阵所示，这通常不是一个全有或全无的公式：资产曝光的时间越长，泄露的信息就越多，或者造成的损害就越大。

这并不是一个正式的风险评估模型，因为在短时间内就可能会造成严重的甚至是最大程度的损失，

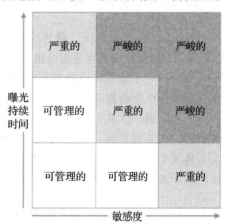

图 7-1　曝光 - 敏感度矩阵

延长的曝光变得毫无意义——马已经离开了马厩。但是，在数据盗窃和外泄的相关威胁下，通常还是会看到曝光持续时间和最终影响之间的关系。

图 7-2 说明了在信息系统、物联网或其他方面产生安全漏洞或影响之后经常发生的情况。其中圆圈说明了在水平日志不到位的情况下，任何合理的审计员或监管机构必须承担的风险。已经被入侵的资产的敏感性是可以理解的，因为它可以被主动地（在事件之前）或追溯性地（在事件之后）确定。

实际上，在不了解入侵持续时间的情况下，从风险管理的角度来看，唯一合理的假设是，曝光存在的时间足以造成最大的风险和损害。

图 7-3 显示了水平日志对风险管理的影响，尤其是对物联网的风险管理。在图中，水平日志允许事件响应团队准确了解影响或攻击开始的时间。

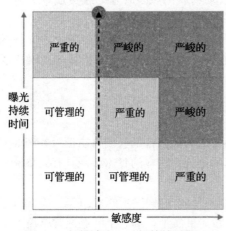

图 7-2　仅敏感度——无持续时间

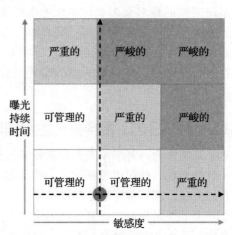

图 7-3　考虑曝光和持续时间的风险

必须承担的风险会因为水平日志的相关证据而急剧下降：因为你可以了解何时发生了影响或攻击！隔离影响或攻击起始点和结束点的能力造成了假定的灾难与可管理和可测量的事件之间的差异。

显然，在某些情况下，曝光的时间与风险无关：一瞬间就已经足够长了。但在实践中，持续时间与最终的影响其实还是有很大关系的，它可以确定丢失的数据量和系统中断的时间长短。

在所有与了解系统或设备何时可能已被入侵相关的所有问题中，最重要的是所有权的转移：如果你正在销售这个系统，你如何用合理的证据证明它没有漏洞？

在物联网中，我们必须假设包含成千上万设备和资产的系统是完全可以转移的：可出售的财产，比如建筑物、飞机或公司。在这样复杂的系统中，买家会对他们所购买资产的当前安全概况非常感兴趣。或者，他们可以要求大幅折价购买资产。物联网风险管理者需要牢记他们的职责不仅包括资产运作，还包括资产转移。

7.1.13　设备反馈："该设备是开还是关？"

许多可能会被引入物联网的设备将需要支持以人为本的活动和交易。因此，管理这些设备相关风险的最基本的方法之一就是了解它们的状态。它们到底是开着的还是关着的？你的动作、行为或某种形式的生物特征是否被电子感知并记录？在这个时刻，你是否属于物联网的一部分？你应该关心机密性吗？

设备反馈的基本性能参数（如开启或关闭）还有很长的路才能让人们保护自己及其数据免受风险。关于状态（开 / 关）的设备反馈将有助于人们理解除了现有终端设备中固有的安全性之外可能需要或不需要哪种类型的安全保障。你会根据物联网设备的状态采取同样的方式吗（或多或少）？如果设备处于开启或关闭状态时，你会因为风险而寻求额外的安全措施吗？例如，当你坐在一辆停着的车里时，你会寻找安全带吗？

在物联网应用和服务演变的过程中，许多设备都具有监控和记录的擦边应用，例如银行自动柜员机（Automated Teller Machine，ATM）中的摄像头，经常被警方用来了解谁在特定的时间经过。ATM 摄像机不是为此设计的，但事实证明，它们在破获许多严重犯罪案件方面发挥了不可估量的作用。同样，可以合理地预期许多物联网传感和记录应用将具有监督和执法的辅助功能。

在某些情况下，与监督相关的辅助或擦边功能将是不可协商的：如果没有禁用或削弱服务，它们就不能被关闭。但是，在很多情况下，在启用跟记录与传输之间肯定会有区别。

人类可读的物联网设备状态反馈（告诉人们它们是开启的或正在做什么）是会被欣然接受的。到目前为止，很多人都忍受着笔记本电脑麦克风的缺点，它们从来没有真正告诉过你目前状态，是打开的还是关闭的。又或者，虽然摄像头可以显示打开或关闭——但你真的知道吗？或者摄像头电话似乎可以被轻松地激活并拍照。但是，由于这些功能在我们的生活中几乎无处不在，所以对这些小弱点的容忍度会逐渐减弱。

随着物联网设备的普及，并越来越成为人们生活的一部分，我们需要更好地了解附近的设备是否已通电并正在运行。至少，很多用户希望有这个选项。

除了客户满意度的因素之外，设备状态反馈会带来运行效益。例如，在智能灯泡中，是灯泡烧坏了（发生故障），还是断路器断电了？当需要去地下室查看开关箱时，这样的反馈可能会让你省去拖出一架梯子的麻烦。或者，各种类型的物联网状态反馈可能会降低服务台和咨询电话的发生率，因为用户能够更好地了解周围的物联网设备，这会降低成本并提高满意度。

这种对便利性的考虑还可能产生与消费者满意度相关的重大竞争优势，并降低业务级风险。

最后，物联网状态反馈将有助于降低用户意外关闭物联网设备或以某种方式对它们进行错误配置而影响物联网服务保障的风险。潜在地，如果物联网设备真的被用户关闭或配置不当，它们所属系统的性能可能会变得不可预测，从而带来安全风险。

在与人交互或由人直接使用的物联网设备中，反馈将成为一种降低操作需求相关风险的重要手段。

7.2 隐私和个人数据监管

在前面的章节中，我们将隐私视为一项业务和组织需求，但是隐私对于任何物联网服务或系统来说都是操作上的致命弱点，因此我们将在这里再次讨论隐私的监管问题。

7.2.1   监管和法定隐私

如果你环顾世界，隐私监管就是一个万花筒，各国之间都存在微妙和实质性的不同。在一些地方根本没有对隐私的规定，而在其他一些地方，隐私却可能会在司法范畴内阻碍物联网服务并使其商业案例失效。

为了在隐私要求的操作管理方面给出更多的指导，我们向您推荐 Michele Dennedy 和 Jonathon Fox 近期出版的一本书——《 The Privacy Engineer's Manifesto 》[⊖]。

在任何物联网服务设计过程的开始阶段，了解什么是隐私支持的不变需求以及可能存在的争议是一项基本要求。（在本书的后面，将会有更多的争论。）一旦了解了明确的监管要求，就可以开始评估操作控制的流程了。

好消息是，大多数隐私监管都没有提供大量的操作指导，也没有告知如何应用隐私的任何细节。

隐私法通常是指导方针，会讨论与个人可识别信息的收集、使用和披露相关的广泛事项，正如我们在第 5 章中所讨论的那样。然而，在一些地方，隐私法规接下来就是更详细的规定，操作需求可能会受到这些法规的影响。

7.2.2   非固有隐私

隐私并不是物联网的固有属性，也就是说，当你发现物联网系统或服务时，不要上来就认为可能侵犯了隐私。

隐私——就像物联网系统或服务中的任何其他潜在需求或隐患一样——是需要评估的，而不是假设。正如我们将在本书后面讨论的那样，这种不恰当的、硬性的隐私要求对物联网造成的损害可能是巨大的。

作为一个整体，物联网中存在的海量数据，在不考虑所有权和管理、物理和逻辑存储的差异时，几乎涵盖了所有的元素和服务。毫无疑问，这意味着物联网整体上很可能是私人的。如果你能访问、关联并将身份与物联网中的活动日志和事件联系起来，那你几乎可以写一本震惊母亲甚至终结婚姻的传记了。问题是，说起来容易做起来难。下面将有更多关于这方面的内容。

虽然物联网中存在大量与隐私相关的风险，但是这些风险需要客观看待，最重要的是要从规定（事实上，这不是一个很好的需求来源）和客户期望（实际上，可能比规定更重要）两方面的需求来理解。

7.2.3   举例说明：隐私和智能家居自动化

从物联网中提取个人信息是非常困难的，举个例子，想想家里的电力监控。

如果你可以从共享网络的其他所有仪表中分离并捕获来自特定仪表的数据流。

⊖ ISBN : 978-1-4302-6355-5

如果你可以从服务负载（真实数据）中筛选出无关的信令和网络握手。

如果你可以将电表的 IP（网络）地址映射到远程数据库中保存的用户 ID。

如果你可以将 ID 映射到用户的真实姓名（该真实姓名保存在不同的，甚至逻辑上更远的客户管理数据库中）。

那么，也许你可能掌握某个人（或许单身？）独自生活的个人信息。然后，也许你最终会超出物联网服务协议的范围并可能触犯法律，也许吧。

这是一大堆"如果"，但更重要的是，它假设所有这些信息（已经因为与隐私无关的商业原因而被分离）可以毫无障碍地汇集在一起。

在物联网中管理隐私风险的第一个要求是以准确的视角看待风险：任何对隐私支撑技术的投资提议是否平衡了发生的可能性、运营成本以及对客户满意度的影响？

1. 抵制再利用数据的诱惑

重新利用从物联网服务中收集的操作数据的压迫（因为与初始数据收集没有明确的关联），也是一种必须谨慎管理的常见商业诱惑，因为它可能会给业务层需求（如监管合规性和客户满意度）带来风险。

由于物联网环境中数据量的增加，将收集到的数据用于其他目的的机会变成了一种严重的压迫和可能性。如果个人交易数据可以被重新封装并转售获得额外收入，那么业务和服务提供商就会考虑这样做。

即使在数据收集开始之前，数据的再利用也很可能发生，例如执法机构或情报机构可能会以合法的理由要求访问服务提供商收集的数据，一旦获得访问许可，就寻求将相同数据扩展到其他监视和公共安全领域使用。

再利用的影响是一项重要风险，因为它很容易被视为侵犯个人隐私，并对社会和公众接受度造成更广泛的影响。⊖

事实上，在 2016 年，苹果与美国执法部门之间的一次重大纠纷的源头就是这种再利用风险。该部门想要绕过 iPhone 的加密技术来调查一起造成 14 人死亡的严重恐怖主义事件。⊜

2. 物联网的隐私设计需求

"风险管理、信息安全、隐私和数据保护应该在设计阶段就被系统地加以处理。不幸的是，在许多情况下，它们是在预期的功能就绪之后添加的。这不仅限制了添加信息安全和隐私措施的有效性，而且在实施成本方面效率也比较低。"⊜

因此，在收集和汇编整个项目需求时，最好考虑一些支持隐私的操作需求：

❑ 匿名性。一种无法追踪身份并且使用过程无法与身份相关联的订阅服务的能力。例

⊖　物联网隐私、数据保护和信息安全，欧洲数字议程，见 2013 年 2 月，http://ec.europa.eu/digital-agenda/en/news/conclusions-internet-things-public-consultation。

⊜　Tim Cook 给联邦调查局的公开信，2016 年 2 月，见 www.apple.com。

⊜　OpSit，物联网隐私、数据保护和信息安全。

如，用户可以通过第三方支付增强现实信息服务，第三方提供盲化支付信息和交易清算服务，并使用户的身份对服务提供商透明。

❑ 不可链接性。确保给定服务的订阅者多次使用资源后，其他人在没有监督和适当授权的情况下无法将这些使用过程关联在一起。

❑ 不可观测性。确保订阅者可以在没有其他人（尤其是第三方）的情况下使用服务，并且能够观察到该服务在没有监督和适当授权的情况下被使用。

❑ 验证删除。应用程序和服务可以生成移除或删除个人数据的相关证据，以便个人可以获得满足合规性要求的证明。

❑ 被遗忘权。类似于本章前面讨论的删除编码，这是一种代码或服务，它将在一段时间后删除所有个人信息。理想情况下，作为一项服务订阅，被遗忘的权利应该是可调整的，订阅者可以拥有更短或更长的保留时间。

❑ 数据可移植性。能够访问所有的个人信息和日志并将其集中转移到不同的服务提供商，或者只是将信息存档并用于其他未指定的用途。

7.3　结论和总结

本章打破了传统的 IT 安全教条：打破了既定的机密性、完整性和可用性（Confidentiality，Integrity，and Availability，CIA）的三位一体——将可用性单独放在第 8 章中。这样做是因为我们相信：

1）IT 安全的惯例并不适用于物联网。

2）除了 CIA 之外，物联网风险管理者还需要平衡更多、更新的安全需求类别。

关于机密性和完整性，我们已经回顾了多个需求，其中包括：

❑ 密码稳定性——在物联网中，你到底可以多频繁地循环或更改密钥。

❑ 密码超期——密钥多长才被认为是安全的。

❑ 证明数据未被篡改贯穿了整个系统，不论在存储中还是在传输中。

❑ 关闭已建立的和可验证的过程和协议。

❑ 证据链——出于责任和合规性的目的，信息的来源和目的地必须在多大程度上可证明？

❑ 证明能力——这些设备可以支持与安全相关的共同假设吗？或者应该寻求与不同设备的不同关联吗？

❑ 数据路由——网络传输路径是否支持给定的质量保障？

❑ 删除编码和数据重力——及时删除数据。

❑ 冷存储——更多的数据意味着更高效的存储，但也必须能够快速访问。

❑ 综合报告——跨物联网的资产类别，不仅是由服务提供商完全控制的资产。

❑ 了解与学习——如果一个设备必须在实际中自我引导，那么我们如何才能确保它以正确的信息进行引导？

❑ 水平日志，这意味着出于安全的目的对事件进行长期管理。

❑ 对设备开、关状态的反馈以保护机密性和隐私。

操作层的隐私需求包括：

❑ 匿名性

❑ 不可链接性

❑ 不可观测性

❑ 验证删除

❑ 被遗忘权

❑ 数据可移植性

物联网的可用性和可靠性需求

可用性是了解企业信息技术安全和风险管理的人非常熟悉的一个安全概念。它是机密性、完整性和可用性（前两个特性在第 7 章中进行了讨论）的一部分。

在物联网中，可用性的地位提高了。从风险的角度来看，在互联网和企业 IT 系统中，机密性和完整性往往是最重要的特性。未经授权的变更披露可能会导致监管和财务方面的违规和损失。然而，可用性需求通常不是监管的一部分，互联网本身也不是为服务质量而设计的。过去的互联网是一个"尽力而为"的网络，由于许多独立自治的网络频繁参与进来，所以没有提供流量延迟的保证。

可用性问题会迫使物联网改变互联网的运行方式，因为物联网对可用性的要求更加严格，且用户和服务提供商的期望也会因为所管理的事物至关重要而变得更高。

在一个由独立网络组成的网络中，这似乎是一个不可能的要求，但我们有什么选择？构建一个新的互联网以支持物联网中新的可用性需求吗？不，那样行不通。

作为物联网系统设计者和风险管理人员，我们需要做的是更好地描述与物联网相关的操作需求，以便我们能够将这些需求传达给正在寻求解决方案和适当服务级别的系统和网络管理者。

8.1 可用性和可靠性

物联网风险与传统企业 IT 环境中的风险有什么不同是本书的一个重要主题——总的来看，过去的互联网，其实就是台式电脑、笔记本和智能手机与本地服务器或云端软件进行通信。

为了将物联网用于生命攸关的应用、系统和服务，物联网组件必须满足可靠性和可用性需求，这些需求可以被广义地定义为鲁棒性和弹性——这对工业系统工程师们来说比较熟悉，但是对大多数 IT 系统工程师和管理人员可能就比较陌生。

❑ 鲁棒性：物联网系统应该提供在不修改服务配置的情况下能够抵抵御外部干扰变化的能力。

❑ 弹性：物联网系统应该提供响应外部干扰变化的能力，并将服务返回到预期的配置。[⊖]

下面是一些与可靠性和可用性相关的更为具体的需求，物联网服务和系统中的风险管理人员应该考虑到这些需求。它们并不是物联网独有的，但是在物联网中可能会呈现出不同的特性——这正是我们将努力争取的。

8.2　简单性和复杂性

简单性是物联网可用性和可靠性最重要的平衡操作需求之一。管理者们在阅读本书时应该记住这一点，同时也应该开始关注各自物联网系统新出现的新颖安全需求。

在本书的最后，无论你提出了哪些需求列表，都请进一步考虑每个需求产生的复杂性整体的程度，以及增加的复杂性是否值得增加风险：复杂性并不是安全性及风险管理的朋友。

物联网本身已经极为复杂。正如我们将在物联网威胁一章中讨论的，安全和风险管理所带来的复杂性是非常严重的。物联网安全和风险管理的需求越简单越好，因为这些需求有：

❑ 出错少
❑ 更低的设计、实施和管理成本

8.3　网络性能和服务等级协议

在 IT 行业中，与各种网络服务提供商签订的服务等级协议（SLA）通常可以用下列参数来测量和量化：

❑ **速率（bps）**——连接速率有多快？至少，在数据段上传到互联网（没有服务等级协议）接入点之前的部分有多快。

❑ **延迟（ms）**——最新的数据包平均延迟为多少？

❑ **丢包百分比**——路径上有多少数据包丢失或损坏？

物联网的网络服务等级协议可能包含相同的基准度量，也可能需要额外的新指标来反映物联网安全及风险的不同特性——具体而言，不仅与网络的可用性相关，还与其他绝对安全的网络对设备本身可用性的影响有关！[⊖]

❑ **每焦耳比特数**：物联网设备（靠电池运行？）发送定量的数据会消耗多少能量？虽然这可能是设备设计的一个功能，但它也很可能会成为网络的一个功能。例如，如果网络提供商对某些设备仅提供有限的网络覆盖，那么这些设备在将数据传输到远程网关的过程中会更快地耗尽其能量储存。靠近网关的设备比覆盖边缘的设备每焦耳会获得更多的比特。

❑ **每赫兹比特数**：一个给定的无线频谱单位可以发送多少数据？一般来说，频谱有两种

⊖　Eric Simmons，对 SWG IoT 5 AH4 的贡献，2014 年 4 月。

⊖　http://www.fiercewireless.com/tech/story/intel-exec-5g-will-redefine-how-we-measure-network-performance/2014-04-04?utm_medium=nl&utm_source=internal

类型：授权的和非授权的。非授权的无线频谱非常拥挤，充满了应用和噪声，因为任何人都可以建立和购买在该频段中运行的无线电设备。无线局域网、微波炉、门铃和闭路电视摄像机通常都运行在这个共享频谱上。授权的频谱是指为已获得许可的应用和服务而保留的频率，以便它们在操作时没有其他服务的干扰和噪声。蜂窝电话、电视和警用无线电都是授权频谱的例子。在诸多影响因素中，每赫兹比特数可用来决定使用授权频谱还是非授权频谱。在可用性方面，尤其是延迟，每赫兹比特数是与碰撞概率和风险相关的关键决策。

❑ 每平方米比特数：一个给定的物联网设备（很可能是网关）可以管理多少数据？换句话说，如果一个网关服务于它周围 1000 平方米的区域，它每秒可以接收的数据量将决定在给定的 1000 平方米内可放置多少个设备。网关运行无线电和频谱的可用功率以及与频谱相关的干扰和噪声等因素将会依次影响数据管理速率（比特 / 平方米）。此外，对每平方米比特数欠考虑的规范和要求也会影响到物联网系统的可用性和可靠性。

8.4   访问物联网设计和文档

与各种形式的业务和组织需求相关的操作控制至少会产生以下三类设计文档，用来在物联网中有效地管理风险：

❑ 应用和系统设计文档
❑ 用户界面设计文档
❑ 记录和报告文档

很多时候，系统都是用糟糕的或不重要的文档构建起来的。在物联网世界，糟糕的或过时文档增加了网络 – 物理接口和安全关键系统的风险。因此，风险管理人员在审查开发和运营团队所创建的内容对于物联网服务是否充分时，至少应该考虑以下几类文档。

8.4.1   应用和系统设计文档

应用和系统设计是指在终端、网关、网络以及最终存储和管理服务信息的数据中心或云中运行的软件和逻辑。

限制个人或其他敏感数据的收集、使用和泄露的需求从一开始就应该被直接纳入设计，以便将物联网风险降至最低。这不仅与监管合规相关，而且还与后期或部署后重建的（监管违规）责任和计划之外成本相关。

8.4.2   用户界面设计文档

许多物联网设备都没有用户界面——它们是"无头的"。许多服务被嵌入到应用、系统和服务中，并没打算让用户现场操作。

然而正如我们在第 7 章中所讨论的那样，有时即使是最简单的设备也需要基本的基础功能界面，例如开 / 关、记录 / 不记录、网络连接 / 网络中断等状态指示。

作为物联网系统设计过程中显示安全关注的部分，有关用户界面或其缺失的简单决策，应该作为服务数据集的一部分进行记录和管理。

在由现场人员管理物联网设备的情况中，界面设计会是用户整体满意度和服务采用率及其常规商业成功的关键决定因素。界面设计和文档记录将在管理与行政或用户错误和疏忽相关的风险方面发挥作用。如何正确地创建用户界面已经超出了本书的讨论范围，我们只会强调此过程对物联网风险管理的重要性。

8.4.3 报告和系统文档

从任何逻辑服务的客户或用户角度来看，无论是 IT 还是物联网，如果没有良好的结果报告和系统文档来证明操作熟练度，也就不存在安全。

报告性能和安全是任何物联网设计过程都必须支持的关键特性，而不是事后才去考虑。

在物联网部署之后，往往很难获得表明系统或服务是安全的度量参数和关键性能指标。虽然通常可以将必要的日志和指标拼凑在一起，最终生成足够的安全和系统报告，但这是一个代价高昂的过程，还会导致操作效率低下，客户自然不会满意。没有人想要看到安全报告并不存在的情况——这意味着安全性可能没有被全面监控。

8.5 自愈和自组织

物联网的网络将是可靠的，能够在系统发生变化或部分崩溃时进行自我修复来维持部分网络可用。这样的变化、中断和故障最有可能频繁发生在人口最多和最活跃的网络部分——终端接入网络和网关的外围。

物联网设计人员和风险管理人员应考虑以下需求：确定其在物联网服务中是小的、中等的还是主要的关注点，并确定可用资源在多大程度上能够满足这些需求。

对于终端设备以及支持几十甚至数百个终端的网关设备，接入网多久为它们的更改频率如何？例如，传感器网络的拓扑结构并不总是固定的。此外，物联网的网络必须适应设备或网关之间的通信链路的可用性，这些设备或网关可能会使用对等 Mesh 网络与连接到集线器或网关的星形拓扑的组合结构。通常要求物联网的网络拓扑是自愈和自组织的，除了物联网服务的移动特性外，还有以下一些原因[⊖]。物联网设备可能会由于如下因素改变网络拓扑：

- ❑ 设备的接入和退出：物联网网络拓扑必须能够处理离开或加入网络的节点，而且不会导致传感器网络性能不可控地降低。
- ❑ 可用功率和电池水平（例如，设备在电池即将耗尽时可能会变慢、降低功能甚至退出系统）。
- ❑ 随着环境的变化改变设备的功能（例如，太阳升起时路灯熄灭）。
- ❑ 维护状态（在进行某种形式的维护管理时某些设备会关闭或重新启动——让其他设备来承担其负载）。

⊖ ISO/IEC 29182-1

❑ 安全状态：某些类型的业务可能需要与网络服务等级或网关及节点的可信特性相关的高级别保障。

从根本上说，物联网网络的风险部分取决于其适应不断变化的环境的能力，尤其是在服务的访问级别中。这意味着物联网网络能够支持驱动动态拓扑的特定需求，并获得适当级别的鲁棒性、可靠性和可用性，以优化资源管理和功能。

8.6　远程诊断和管理

可靠性和可用性的一个主要因素将会与非接触式维护和操作联系起来。物联网设备和网关需要长时间运行，尤其是在没有物理（手动）维护或技术支持来解决问题的情况下。除了手动服务之外唯一的选择是系统自行诊断并修复或操作人员远程诊断并解决。

远程诊断和管理很可能是由物联网服务的多个协调部分提供的自动化和半自动化功能的组合。例如，为了有效地发现和跟踪问题，需要不同的服务提供商提供不同的功能。

> 在任何物联网中，能够访问不同部门和服务提供商的诊断和报告信息是一项关键需求，应由客户将这种访问添加到协议和 SLA 中。否则追查与可用性和可靠性相关的问题将是困难的、昂贵的且耗时的。不同的服务提供商呈现出迥然不同的报告是常态而非例外，这是传统 IT 需求到物联网需求演进的一个主要方面。

如今，在 IT 系统中遇到系统问题是很常见的，并且在试图解决问题的过程中，不同的服务提供商（内部及外部）随时会直接相互指责。设计应用程序的人责怪服务器（平台）的人。平台的人责怪网络管理员。网络管理员责怪运营商。运营商责怪其他所有人。这样不能解决任何问题，因为这些系统和服务提供商并没有给出可以快速了解故障实际发生位置的统一报告。

通常情况下，系统发生故障是由于多个系统的级联和聚合——要解决这个问题需要调整两个或更多的系统，而这些系统本身都没有出现故障！

这对任何物联网服务都是一个重要风险：当存在多个服务提供商和制造商时，需要有效且高效地诊断和跟踪系统问题。

在任何涉及多个提供商的复杂系统中，服务故障和降级首先会归咎于相互依赖的服务提供商，这是众所周知的情况。责任被推卸了。如果没有良好的远程诊断，就很难确定服务中发生故障的位置，就无法证明在系统的哪个给定部分（终端、网关、网络、云）发生了故障，因此很难让提供商们承担责任，进而就会造成延误。

物联网的一项重要操作需求是为系统的各个部分定义足够的诊断能力，并提供足够的细节，以管理服务效率中的相互依赖性，而不会增加太多的额外成本。由于大多数诊断工具和日志会创建更多的信息管理需求和数据存储需求，因此会增加成本。

物联网风险管理人员必须能够细分物联网服务的不同元素，并了解从每个元素和服务提供商获得哪些需要的和可用的诊断信息（参见图 8-1）。其实在物联网的主要元素类别中，也会有子服务。例如：

- 终端设备：确定远程诊断和维护功能
- 网关设备：确定远程诊断和维护功能
- 网络
  - 物理网络平台：确定远程诊断和维护功能
  - 网络即服务平台：确定远程诊断和维护功能
- 数据中心 / 云
  - 基础设施即服务：确定远程诊断和维护功能
  - 平台即服务：确定远程诊断和维护功能
  - 软件即服务：确定远程诊断和维护功能
- 所有服务元素的日志和汇总报告

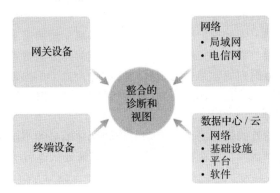

图 8-1 物联网中的诊断数据源

8.7 资源消耗和能量管理

能量效率是物联网的一个重要需求，直接影响到可靠性和可用性，通常还会影响物联网设备（尤其是终端设备）的一般工作寿命。因为产品经理试图增加特性和功能以使物联网设备和相关服务尽可能具有市场价值，所以在正常或是异常情况（尤其异常情况）下，风险管理人员都需要了解资源消耗的总体影响，以及服务等级协议之类的事项会受到怎样的影响。

例如，在没有补给或能量恢复的情况下，设备可以运行的最长时间是多少？那么由于气候条件、环境危害或恐怖主义威胁引起的撤离、劳工运动以及燃料短缺或其他供应链中断等原因，设备又可以运行多长时间呢？

具有实时操作系统的物联网终端和网关通常是资源受限的系统，往往不具备典型的 IT 安全功能，因为"物"中可能没有可用的计算资源来包含充足的或任意的安全功能。此外，在某些情况下，即使物联网系统集成商希望这样做，第三方安全解决方案也无法用于售后整合：许可证和服务协议可能会禁止物联网设备升级，并破坏支持协议。如果在没有厂商确认或批准的情况下安装第三方应用程序，那么可能会失去厂商的支持。

在许多传感节点由电池供电的传感器网络中，能量效率和设备能量管理是非常重要的，以使网络尽可能长时间地运行。能量收集技术可能有助于能源管理和延长网络寿命，但在季节和其他外部因素的影响下，效果可能会有所不同。[⊖]

能耗调节和管理

另一项能耗和管理需求是能够远程改变和调节消耗水平。例如，减缓或禁用特点来降低能耗并延长设备使用期限。举个例子，网络数据传输可以从远程实时监测调整为批量上传信息来节省无线电功率。另一个例子是，设备传感器可以将其环境采样率从每十分之一秒减少到一秒，或者人机界面的亮度可以调暗到一半或更小。

这类需求很可能会是最先驱动物联网系统整体业务基础的那些特性，例如非高峰需求管理。另外，风险管理人员应该认识到这些需求对物联网风险控制也是有用的。

通过能耗技术看待物联网风险管理的另一种方法是：许多行业在得到充分通知的情况下都有重大的生产调度选项，但是他们很少能够通过全面减少短期需求来应对计划外的能源短缺情况。与通过调节供暖、制冷和家庭照明来减少负荷的典型消费者应用不同，将能量供应保持在精心设计的参数范围内通常是极为重要的。此外，为了不损害产品质量或设备，某些类型的生产一旦启动就不能停止。偏离计划的能量供应水平会对保持生产质量、工厂安全和安全防护产生破坏性影响。

因此，用于应对计划外的能量需求和波动的物联网标准必须不同于常规的 IT 系统标准。IT 系统在遇到计划外的情况时多数都会发生故障，并在恢复供电后才能重新运行。[⊖]

8.8　故障代码

故障代码本质上是指从终端到网关或云服务的指令，指示在因故障、延长关闭或工作寿命结束而导致网关或云服务消失时应如何采取行动。对于某些物联网服务，正确定义终端设备或网关的故障代码，会使服务风险发生重大变化。

通常，故障代码是由不同服务元素所暗含和管理的，可以由厂商和工程师来配置和制定，而不是服务所有者、产品经理或风险管理人员！

故障代码通常可以并入网关而不是终端设备。例如，在一段时间的无响应之后，网关可以将给定终端的警报发送到中央设备。这意味着如果在终端设备上运行多个服务，那么无论应用如何，它们可能共享相同的故障代码。

物联网中更灵活、更可能的需求是终端将其故障代码传达给网关和云服务，而不是使用一刀切的方法。故障代码信息可能会规定设备的要求和参数，例如：

❑ 主题或服务名称

❑ 默认故障代码（基准）——"死亡后"的响应和数据管理指令，包括以下元数据：

⊖ ISO/IEC 29182-1

⊖ IEC 新工作项目提案 65/519/NP，见 http://www.theregister.co.uk/2014/07/08/standby_consumes_more_power_than_canada_iea/。

- 在另一个终端设备被指定为死设备的情况下，设备和网络的服务质量（Quality of Service，QoS）需求
- 数据延迟、丢失、缓存和保留参数
- 错误和警告的转发指令（谁获取了日志）
- 故障代码使用期限
- ❏ 临时故障代码（特定情境故障代码）——替代默认故障代码的情况和条件以及相关的元数据

对于物联网风险管理人员而言，并不一定要求所有服务都支持设备故障代码。多数情况下，这些功能实施起来代价可能过大。然而在设计阶段，表达支持故障代码的需求可能会打开更多的部署选项和潜在服务，从而降低服务完全失败的业务风险！

8.9　流量分类和 QoS

物联网的一个明确需求是可用性风险被放大，这些风险比过去典型的企业 IT 网络风险更为严重。这在前面的章节中已经讨论过了。因此，与物联网相关的操作需求之一是 QoS 功能在需要它们的物联网服务中可用。

从网络提供商的角度来看，QoS 在技术上是可行的，并且是网络的一个功能特征。然而，仅根据物联网服务栈中许多不同级别的服务提供商所计划和采购的网络订阅类型（第 2 章中讨论过），很难知道什么样的 QoS 切实可用。

如今，互联网上的所有业务都是尽力而为的 QoS。互联网只负责将数据包发送到目的地，基本不考虑顺序或延迟问题。只要数据包到达目的地了，互联网也就完成了它的工作。这在物联网中是不够的，在物联网中需要阐明与 QoS 相关的需求。

例如，来自感知物理和动力事件的物联网设备的警告和警报，即使不是最高优先级的，通常也是高优先级的。在伤害或损坏的情况下，将尽力而为服务模型作为设计需求是不合格的，并且还会出现责任和犯罪问题。即便在细则中正式告知了用户会尽力提供服务，但情况糟糕时，仍然会有人抱怨（甚至更糟）疏忽或漠视损害。你现在可以听听律师的声明："你怎么能在'尽力而为的网络'基础上设计物理上至关重要的物联网服务，却期待什么都不会发生？"

> 第 4 章讨论了监管的作用，以及需要考虑法规中包含的可能对物联网服务构成风险的要求。特别是在流量分类和 QoS 的场景中，网络中立性就是这种风险的一个例子：共享的互联网上的所有数据包都同样重要，优先考虑某种流量是歧视和反竞争的（大概是因为某些服务提供商在网络上获得优待，会使竞争对手处于劣势）。但是，网络中立性却与端到端流量分类和 QoS 的物联网需求背道而驰。我们将在第 12 章中进一步讨论这个问题。

当谈到将 QoS 应用于物联网服务时，其中一种实现方法是将所有智能 QoS 置于网络中，或者在网络与终端设备 / 网关之间共享 QoS。

8.9.1　网络中的流量控制和 QoS

在网络中应用流量控制和 QoS 的既定方法是使用隧道并隔离具有不同 QoS 级别的流量。这意味着在给定隧道中的任何流量都会被同等对待。如果隧道信不合适，可以采用基于网关地址（流量的来源地或目的地）应用 QoS。无论是哪种情况，隧道或网关地址都将是基于点到点的第二层协议（例如，以太网协议）连接，而不是基于第三层传输协议（例如，互联网协议）。这意味着，除非网络元素可以在每"跳"（例如，使用多协议标签交换（Multiprotocol Label Switching，MPLS））处将 QoS 需求从一个节点中继转发到另一个节点，否则 QoS 会在第一跳处丢失 IP，比如路由器。

对于依赖第三层 IP 网络所应用的端到端 QoS 来满足可靠性和可用性需求的风险管理人员来说，存在的问题是在哪里启动和停止 QoS 功能！

8.9.2　终端和网关中的流量控制与 QoS

一种更细粒度的方法是依靠网络做出 QoS 决策，然后支持它们，即划分职责。让终端设备和网关能够根据场景信息（时间、数量、环境条件（雨、雪、地震）等）决定 QoS 需求。

允许终端建立 QoS 需求并不是一个新想法，实际上已经在 IPv4 和 IPv6 中通过各种数据报选项和数据报标志得以支持，例如 IPv4 中的服务类型（Type of Service，ToS）和 IPv6 中的流量控制（参见图 8-2）。问题是现在在 IPv4 互联网上的路由器已经完全被设置为忽略 ToS 标志，甚至 IPv6 设备也被设置为忽略 QoS 标志，除非明确设置为不忽略。

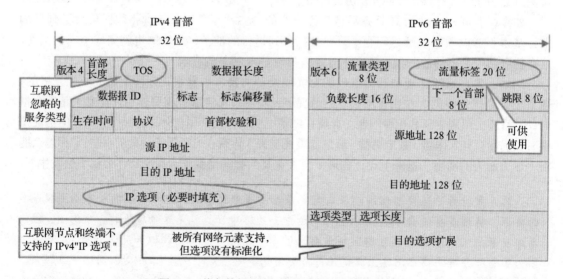

图 8-2　着色数据报的（IPv4/IPv6）IP 首部选项

考虑到以效率和服务专业化的名义支持的物联网服务选项的粒度特性，由终端设置的 QoS 最好能在整个互联网上确定下来。但这不会很快发生。

这意味着物联网系统工程师和风险管理人员可能需要通过专业服务或"网络即服务"提

供商来获得 QoS。这些提供商从运营商处购买批量 QoS 并在订购用户之间进行划分。

8.10　互换性和厂商中立标准

互换性和厂商中立性并不是物联网的新需求。长期以来，企业 IT 系统的目标是从不同厂商解决方案的混合和匹配中获益，并避免被锁定。但是只是因为所有厂商的合谋，导致近 50 年的企业 IT 仍然很难避免厂商锁定！这对商业是有好处的！

我们将互换性和标准化置于可用性和弹性需求之下，因为看似很小的问题也可能会破坏复杂系统满足服务级别目标的能力。（一些从业者可能会认为这个需求应该属于业务和组织需求，他们很可能是正确的）。

在物联网中，对互操作性和标准化的要求变高了，因为来自企业 IT 领域的潜在厂商和提供商数量越来越多：众多不同的潜在厂商会提供更多的设备、网关和网络服务，众多不同的服务提供商也会提供各种应用。从风险角度来看，一个物联网系统供应商的锁定可能会对其他供应商产生级联效应，导致所有厂商锁定。

举例：如果终端设备（比如某种传感器）只能由一家拥有特定专利的厂商制造，那么它可能需要特定种类的网络支持和技术，而这些支持和技术只能从有限数量的"网络即服务"供应商处获得。同样，终端设备的厂商肯定会有动机来促进其他形式的锁定，例如应用锁定链。这种动机可以是各种形式的佣金、合作伙伴关系以及应用供应商们的交叉持股。

因为避免厂商锁定是企业 IT 理解透彻且长期存在的一个需求，所以也许以不同的方式表达物联网操作需求会更好——作为一种积极的形式指导：

❑ 物联网系统应该使用开放标准或接口，允许添加或删除其他厂商的设备。

❑ 特定厂商的增强功能不应与基本设备服务捆绑在一起，因为如果不部署这些增强功能，就会对基本功能产生负面影响。

❑ 设备或服务厂商必须明确公开所使用的技术标准，或声明在哪些地方应用了可能会限制互操作性的专有标准增强。

8.11　寿命、升级、修补和处置

表达设计寿命是风险管理人员必须理解的一个重要需求，因为预期的功能寿命会对物联网系统的安全和风险产生重大影响。我们应该期望设备保持可用性和可预测的可靠性多长时间呢？

使用寿命越长，设备遭受攻击和破坏的可能性就越大。简单来说就是，目标设备的可用时间越长，最终被攻击者入侵的可能性就越大。此外，前面讨论的密码超期以及软件和固件随着时间推移突然出现漏洞等问题，都会使攻击者更加猖獗！给定的物联网设备的寿命越长，就越需要了解设备安全配置文件在其使用期开始时与使用期结束时的潜在差异。

可升级性（改进软件或固件）和修补能力（修复漏洞）是设备风险及其与设备寿命关系的基本考虑维度。对于物联网中更大、更强的设备，升级是必然的选择，以解决与超期和软件漏洞相关的安全和风险问题。但对于许多远程、受限或较小的物联网设备，这种升级或修补的能力会对各种类型的风险（比如，前期设计和开发成本以及持续运营成本的财务风险）产生巨大影响。

除了关注可升级性的需求之外，还可以选择一次性处理。如果设备是一次性的，那么选择不升级；如果设备不再安全，可能已经被破坏，或者不能进一步升级或修补时，那就丢弃并销毁它。显然，虽然我们将可用性和可靠性作为这些需求的主要场景，但它们也适用于我们在本书中讨论的许多其他风险管理的类型。

8.12　心跳、统计和库存

对于处在设计中的物联网系统，你需要了解所管理设备的总体情况的粒度：你是否需要每分钟都了解哪些设备可以正常运行？每小时呢？或者当遇到较长时间的暗区（没有数据的逻辑或物理区域）时，你是否部署了维护资源？

有许多不同的技术可以用来评估设备数量和执行库存的状态，可以将它们归结为设备的主动或被动心跳或信标系统。

主动的心跳和信标可以由一个设备在一致的或预定的基础上重复生成。这是一种会缩短设备使用寿命的资源密集型监控形式。

或者，心跳或信标是为了响应来自网关的寻呼信号而产生的一种请求位于监听范围内的所有设备报告其状态的响应方法。

在这两种系统中，被动方法被广泛用于诸如蜂窝电话之类的系统中，以保存功率和稀缺的无线电频谱。缺点在于，如果设备是移动的，可能很难每分钟都了解设备的物理位置。因此，考虑到物联网应用基于位置的特征，主动报告状态可能是实际的操作需求。

8.13　文件编制和培训

文件编制和培训不仅是物联网操作流程的重要需求，而且还能在正常或异常条件下（尤其是异常条件）控制风险。我们在前一章的用户界面设计及其对可用性和可靠性的影响中提到了这个需求。

文件编制和报告对于用户采用率和客户满意度至关重要，因为它在决定物联网服务可用性及可靠性方面起着重要作用（无论系统状况如何）。系统是否可以让用户理解和信任（通过报告和文件编制）？

培训和教育是讨论文件编制及其优点的另一种方式。向用户解释允许他们做什么和不允许做什么，显示了物联网必要的善意，对推动采用和增长有很大帮助。类似地，通过记录和报告数据事件、数量和频率，以一定的透明度备份这些信息，可以在开始处理许多代价高昂的客户需求和商业调查问题之前提供证据。

物联网所面临的风险并不全是难缠的威胁和技术隐患，它们也可能是温和的、不确定的和政治化的。信任对于物联网的发展至关重要，适当满足终端用户甚至是物联网系统的管理人员的情感需求，可以赢得许多信任。这样的需求相当简单，因为他们只是想要具备了解系统的某些内容的能力，希望文件编制和培训随时可用（即使他们从不碰它）。这种情况下，我们所说的温和的、政治的风险是指用户拒绝物联网应用和系统是出于感觉而不是因为缺点。

良好的文件编制和培训可以提高整个系统的可用性和可靠性。用户和管理员最终会成为安全和风险管理链中最薄弱的环节。错误和疏漏最终也只能由训练有素且消息灵通的用户和管理员来解决，他们影响物联网系统或服务功能的能力。

8.14　发现 – 利用窗口和网络 – 情报

发现 – 利用窗口是指系统漏洞从发现到可利用的时间段。显然，此窗口不是固定的，它会受到一些因素的影响，比如谁发现的漏洞，以及它是如何被暴露的。不过发现 – 利用窗口的一贯特征是，随着信息传播速度的加快，以及漏洞开发工具的免费、自动化和商业可用，窗口会不断缩小。

网络 – 情报是一种预测性安全功能，描述了错误地址、统一资源定位符、域、自主系统、业务流和文件并为它们指定信誉分数。然后设备会查询网络 – 情报系统，以获取有关连接和数据的已知信息，并且根据返回的声誉评分以及与此分数相关的组织策略来大概地应用控制。

通常只需几分钟即可完成发现 – 利用窗口的测量！当然，一旦一个漏洞在互联网上被公布，它很快就会被预制的工具所利用。例如，广泛使用的 Web 安全平台中的"心脏滴血"Open SSL 漏洞，当规模最大、最优秀的安全机构都知道这个漏洞的时候，利用它的工具早已经开始流行了。

有这样一个例子，一个只有基础计算机技能的少年击败了联邦政府税收体系的安全系统——一个在 IT 安全上花费了巨资的著名系统。这个少年使用的是他并不理解的"心脏滴血"开发工具，但却可以像脚本小子一样运行。这个脚本小子在发现 – 利用窗口内操作并破坏了数百个公民的税务记录和身份。不过他也是过于天真且不熟练，留下了数字痕迹，导致其被逮捕和起诉。[⊖]

这意味着安全系统需要保持动态：更新关于漏洞的情报，以便检测和阻止攻击。从本质上来说，需要尽快传播攻击和恶意软件的签名。

在物联网中，某些类似网关的设备，无论大小，都可能包含动态安全元素。有些物联网终端也会包含动态安全元素，但是还有许多终端由于功耗、网络容量、连接性、处理能力和内存等因素并不包含。对于支持动态安全性功能和需求的设备，接下来的问题则是更新的频率以及更新的程度。这需要物联网系统设计人员和风险管理人员仔细评估系统组件（如网络 – 情报及其更新）的可用性和可靠性需求。

人们倾向于让网络 – 情报的更新间隔尽可能长，因为更新是有代价的。它要求设备至少是开启的。更新需要带宽和网络——消耗更多的功率并可能产生。最后，动态安全性意味着

⊖　http://www.cbc.ca/news/politics/stephen-arthuro-solis-reyes-charged-in-heartbleed-related-sin-theft-1.2612526

在更新期间（日志大小和内存需求，管理和支持成本，故障排除和维护的频率都会增加）会发生更多的故障。问题是，如果发现 – 利用窗口大小为 10 分钟，且刷新间隔为 24 小时，那么产生的漏洞窗口会非常大。

平衡小漏洞窗口的成本与大漏洞窗口的风险对于物联网安全管理人员来说是一个关键问题，特别是因为它会影响正常或异常条件下的可用性需求。

8.15　总结

在这里，我们研究了物联网环境中的可用性，发现其与企业 IT 和一般互联网环境中的不同。

基本上，物联网对整个系统的价值主张有着更为中心的需求，而且变化较小。

物联网的可用性服务级别将会有很大差异。在某些情况下，它们可能会低于诸如 Web 服务等常见应用的服务级别。从网络角度来看，大多数 Web 服务的可用性服务级别都非常低。相反，物联网设备也可能会具有非常高的服务级别——例如工业控制系统或金融业高频交易系统中的服务，都是按毫秒计数的！

物联网可用性需求的变动性源于广泛的、新的性能和风险管理需求。本章试图揭示一些在典型 IT 系统中可能不太明显的需求，以便在设计物联网系统时可以更好地考虑可用性所需的服务级别，并以更高水平的精准程度和理论来表示这些服务级别。

物联网的身份和访问控制需求

我们观察发现：身份和访问（Identity and Access，I&A）控制与其他的信息技术（Information Technology，IT）安全之间的关系，就好比鲸鱼和海豚与其他哺乳动物之间的关系，是来自不同世界的相关生物！你可以成为一名专职 I&A 人员，在整个职业生涯中，每天只处理 I&A（例如用户目录和口令重置）而与其他安全措施和安全人员几乎没有任何关系。

I&A 往往越过其他安全功能独立运作。例如，防火墙和入侵防御系统（Intrusion Prevention System，IPS）人员通常与 I&A 人员毫不相干。无论 I&A 系统是否正常运行，台式机、服务器或数据中心的安全人员都将继续工作。虽然许多安全系统都具有与 I&A 系统的接口，并且可能与 I&A 解决方案相互依赖，但是它们之间的差异和界线就如同海洋与陆地一样明显。

在典型的 IT 安全讨论中，I&A 控制被视为机密性问题，主要是防止未经授权的数据外泄。I&A 控制也可能享有某些完整性的功能，例如未经授权的更改或删除。但在这两种情况下，I&A 控制仅仅是更大需求的用例。

在物联网中，I&A 问题应该被视为一个重要需求。它如此重要的具体原因如下：

❏ 在物联网中，存在着比人更多的"物"，这意味着挑战的规模要大得多，这同时也是成功的关键因素。

❏ 不会像 IT 系统中常见的那样，仅在每次登录时执行一次 I&A，而是可以在多个级别中多次执行。例如，设备可能先在网络上通过网关执行 I&A，然后再到网络服务提供商执行 I&A 订购服务级别，最后再到应用提供商执行 I&A。在所有这些情形中，可能是由人类用户对整个系统执行 I&A。这比在公司网络上登录个人计算机要复杂得多！

❏ 如果 I&A 执行失败，系统便会发生故障。而台式机、笔记本、服务器和智能手机通常拥有广泛的功能，即使它们无法提供 I&A 或是 I&A 服务不可用。但在物联网中，由于对引导程序和网络的依赖，许多物联网设备和服务没有 I&A 就会"溺亡"。I&A 是许多物联网系统的"生命之火"。

下面将更详细地介绍物联网中一些不常讨论的 I&A 基本元素。

9.1 I&A 控制的互操作性

互操作性被广泛认为是物联网系统和设备的首要考虑因素之一，并且被列为物联网的首要挑战。

互操作性是指物联网设备和系统与不同厂商、服务提供商和法律范围的其他设备和系统协同工作的能力。例如，某个制造商所提供的设备能够同时使用通用的、标准的网络语言和或其他多种网络语言，以便在许多不同的地方工作。

那么，在物联网风险的讨论中，为什么要将互操作性置于 I&A 控制之下呢？由于物联网的重要安全要求，I&A 控制可能面临互操作性的最高需求：引导设备并应用 I&A，将设备带到可用环境达到部署时的实际目的。

例如，为军事传感应用部署的设备可能会具有与 I&A 相关的高度保证，而同一制造商的相同传感器也可能被消费者购买和部署，用于家庭的安全应用。在这种情况下，I&A 需求可能会有很大不同。理想情况下，同一设备可以同时支持这两种应用，不过可能会需要检测并应用不同的 I&A 流程。

我们甚至可以用一整章来讨论互操作性，但是就这个话题已经有很多书了。就物联网标准而言，有些标准完全集中在互操作性上，而它们探讨的所有安全性问题也都只集中在技术层面的安全控制互操作性上。技术需求超出了本书范围，请参见其他资源。⊖

9.2 物联网中的多方认证和密码技术

物联网相比过去的互联网会有更频繁的多方交易，而互联网上的大多数交易本质上是端到端或点对点的。

例如，现在的许多交易都涉及客户端和服务器，其中客户端向服务器请求认证，以获得服务器提供的应用或服务。这可能是消费者到企业（Consumer-to-Business，C2B）模式的服务（如银行业务），也可能是零售购买或政府的服务（如填写税表）。

但是，当应用是新一代物联网服务，在交付服务的过程中涉及两个以上的服务提供商时，会发生什么情况呢？必须在三方或更多方之间快速建立通信的信任和安全吗？

处理名义上多方交易的传统方式是依靠服务提供商（服务器）将大多数或所有供应商和交易对手聚合成单一的客户关系，并收取费用作为服务总价的一部分。

零售商或旅行社可能会这样做：与许多供应商合作，为客户整合一套商品和服务。或者有时他们只是批量采购（批发）商品或服务并分发给客户，然后收取这项服务的利润。这是一种久经验证的模式，可以追溯到几千年前最早的批发商和零售商的出现：他们从多个销售商和供应商处购买商品，成为一站式商店使客户可以在这里一次支付来自众多供应商的商品。其实这就是今天的杂货店，比如现今的亚马逊（线上）或沃尔玛（实体店）。

⊖ 见 oneM2M（http://www.onem2m.org/）或者工业互联网联盟（http://www.iiconsortium.org/）。

　　但是物联网及其底层技术允许通过基本组件构建新的、甚至是动态组合的服务，所以聚合商家是没有必要的。当涉及一项需要数千种不同设备参与的服务时，聚合既不高效也不可行。

　　例如，基于位置的检测和跟踪服务将为物联网服务创造许多机会。但是用于建立位置的服务和设备会随着人或设备的移动而不断变化。虽然这是有可能的，但对于第三方聚合商或批发商而言，为了给定客户去尝试和协调所有这些位置服务将是代价高昂且复杂的。此外，这样的聚合会创建一个潜在的个人身份数据信息库，但是你起初可能并不想创建它！

　　或者，对于不同供应商和厂商提供的不同时间、质量和价格的物联网服务或商品，客户或用户可能希望定期甚至自动重新安排其物联网供应链，以利用服务配置中的微小差异来提高效率。这是物联网架构不断发展的一个重要因素：通过服务栈的许多不同层间（物理设备、物理网络、网络即服务、软件即服务、服务管理等）的竞争，使得供应链分层更为专业和高效。

　　获得上述程度的效率和分层的一个主要挑战是，必须用尽可能轻量的密码方式在多方之间快速地建立信任关系，以节省处理器、功耗、内存和时间！

　　为了最大限度地发挥这些物联网机会的潜力，需要新形式的多方认证。

9.2.1　弱或昂贵：旧的密码系统和技术不能扩展到物联网

　　互联网上使用的认证模型主要有两种：一种很弱且容易被破坏（共享密钥），另一种计算资源密集且昂贵（公钥）。它们都不能满足物联网全面的身份和访问需求。

　　安全套接层（Secure Socket Layer，SSL）和传输层安全（Transport Layer Security，TLS）协议是迄今为止互联网上使用最广泛的安全系统。这两个系统都使用了公钥和共享密钥的组合模型在两个终端之间创建安全信道，例如 Web 浏览器和网站。

　　共享密钥实质上是双方或多方所知道的共享秘密。各方会向另一方（或多方）证明自己知道共享秘密，并且另一方（或多方）会验证这个共享秘密。通过这样的方式可以实现各方之间的相互认证。共享秘密可以是口令、生物特征样本、个人识别码（Personal Identification Number，PIN）、图像、手势和对称密钥。简单来说，这种身份认证模型会问："你知道这个秘密吗？"

　　在共享密钥模型中，只有可信终端可以拥有或获取密钥。如果设备可以通过加密或解密令牌来证明其可以访问共享密钥，那么它就是可信的。共享密钥的安全性很弱，因为如果密钥被泄露，那么依赖该密钥的所有设备和服务都极易受到攻击和破坏。在物联网中，随着数十亿设备接入网络，物理访问设备和获取密钥的可能性大幅增加。此外，随着越来越多的设备共享相同的密钥，单一密钥受到攻击的影响可能是巨大的。共享密钥的安全性很弱，不是因为加密算法，而是因为物联网共享密钥的管理存在隐患。

　　另一种广泛使用的身份和认证机制是公钥，从计算、内存、功率和存储的角度来看，该机制对于大多数物联网系统而言都是过于昂贵的。

　　实际上，公钥涉及两个密钥：一个用于加密（公钥），一个用于解密和签名（私钥）。每个采用该机制的设备都需要有唯一的密钥对。公钥系统通常会包含仅限于两方使用的挑战 – 应答协议。其中一方拥有公钥（非秘密、公开的），另一方拥有私钥（未公开、秘密的）。[⊖]一方首先

　　⊖　Shamir 密钥分割，见 https://en.wikipedia.org/wiki/Shamir's_Secret_Sharing。

利用自己的私钥加密一个随机消息，并将其发送给另一方，另一方使用发送方的公钥解密它，并将解密后的消息返回（可能会用接收方的公钥重新加密）。如果接收到的消息与原始消息匹配，那么接收方便通过了发送方的认证。简单来说，这种身份认证模型会问："你能解密吗？"

为了能够实用，公钥对要比对称密钥长很多，通常是10倍的长度。这意味着使用公钥的设备必须为每个安全交易执行更多耗资源的密码操作，并且能够生成、重新生成和存储自己的私钥。从设备性能（功耗、处理器、内存和防篡改能力）的角度来看，这是非常昂贵的。在多数情况下，操作和管理公钥的代价可能会使物联网设备在经济性上不可行。

对于某些物联网来说，公钥过于昂贵，因为它需要为每个单独拥有密钥对的设备进行专门的点对点认证。这对于网络（尤其是受限的、工业的或传感器网络）来说是一个巨大的负担，并且对于所有基于云的系统和服务来说甚至会成为一个更大的负担，因为这些系统和服务必须同时维护与数千甚至数百万设备的安全认证会话。此外，在端到端安全通信快速变化的情况下，公钥也会消耗过长的时间、过多的资源或网络带宽。

例如，智能汽车在道路上行驶，每隔几毫秒就会通过指示速度和安全距离的道路信号灯。如果每个信号灯里面没有微型服务器，那么对这些信号灯的公钥认证可能就不够快。但这对于计算资源和财务成本过于昂贵！

9.2.2 多方认证和数据保护

多方认证和数据保护系统可以简单地表示为 $2+N$ 的关系，这意味着需要"两个以上"的批准或参与者一起来认证交易。这些系统被称为密钥分割系统，是在20世纪70年代末发展成熟的，但它们实际上是从18世纪80年代传统数学的多项式基础上发展而来的。[⊖]

这些多方系统的关键在于每个参与方都可以通过提供自己的部分分割密钥来重建密码运算所需的密钥，而不是在对称或公钥系统下共享永久密钥。

多方认证不一定是一个访问数据的新需求。在许多用例中都存在两个以上的实体需要访问同一信息数据库的同一安全资源。

例如，数十名公共安全人员需要访问安全加密的无线信道。然而，随着参与人员数量的增加，尝试使用对称或公钥系统来保护这些信道的安全性会大大降低，或者成本会指数增加。在对称（共享密钥）系统中，分配的密钥副本越多，副本泄露或以未授权的方式被公开从而破坏整个系统的可能性就越大。在公钥系统中，加密信道可能意味着要管理许多唯一的密钥：每个参与者都有一个！

在物联网中，随着大量个人可识别数据的流动，有一个操作需求必须明确：谁可以使用哪些信息。例如，你可以授权医生在医院的系统中访问你的健康信息，但不允许其在家庭系统中访问。实际上，要获取你在数据库中的信息，可能需要你的许可、医生的同意以及医院系统的批准。在这种情况下，需要三方协作才能在密码系统中解锁你的健康记录，或者说患者、医生和设备都必须同时在医院。

⊖ 支撑这种认证和密码系统的数学早已为人所知。参见欧拉从1779年开始的关于多项式定理的工作。现在需要的是将这些定理转化为熵源。

多方操作需求的另一个例子可能是操作一致的相同节点，例如关键传感器网络；或者是执行不同任务的高度相互依赖的元素。在这两种情况下，都可能会有足够的故障安全措施，只要其中一个元素发生故障、停止发送数据或停止响应心跳或信标，就立即停止操作。由于针对这些系统的伪装攻击会是一个主要威胁，所以可能需要认证每个响应心跳或信标的节点。基于单个密钥的多方认证系统，可以在所有参与者之间重新生成密钥，这远远优于基于在所有参与者之间共享一个公用密钥的系统，但是要比大规模昂贵的公钥系统安全性要差。

面向消费者的操作用例可能是朋友之间的照片共享。与其用多个公钥加密相同的照片，不如用 2+N 个参与者严格创建的密钥加密一次——这些参与者可以在一起时重新创建该密钥。

这种多方认证和数据保护的模型保留了共享密钥和公钥的长处，避免了安全性弱或成本高的缺点。终端上不需要存储密钥——只需要在最开始有足够的内存来获取和分割公共密钥，然后分发给多方。这样做只需要少量的内存和处理器功耗就足以生成和分割公共密钥。唯一的要求是要了解多方的这个"多"实际上包括了多少参与方：需要多少终端或参与者重建密钥？

1. 多方水平认证与数据保护

在物联网中，一种有用的多方认证形式是水平的：即系统可以扩展为无数个同等权限的参与者，其中部分（并不是全部）参与者必须一起重建先前被分割的对称密钥。总之需要提前知道创建密钥所需的最少参与者数量。例如，需要 3 个参与者重建的密钥被分割成特定片段发送给 10 个参与者——但是这 10 个被授权的参与者中只需要 3 个同意就可以重新创建密钥并用于认证交易或加密（解密）信息。

水平认证是指无数个节点可以从唯一的凭据内容中推导出公共共享密钥的能力。这类似于共享密钥，但密钥是推导出的，而不是嵌入或存储的。想要在公钥系统下复制这样的功能需要每个水平节点单独加密共享密钥——这对于许多资源受限的物联网设备来说过于昂贵。

2. 多方级联认证与数据保护

与水平认证和数据保护相对应的是多方级联认证和数据保护。区别在于，在这种情况下，能够多次将分配给其中一个参与实体的密钥（凭据）分割成更多的片段。分割凭据意味着物联网单元（人员、设备、服务，无论什么）可以将自己的端到端水平凭据继续分割成 n 份，以便进一步控制较低层次节点的使用情况。或者，一个实体可以将自己在系统中的凭据委托给多个内部节点。和在水平模型中一样，只有达到最小数量的内部节点拿出它们的分段时才能重建原始分段。参见图 9-1。

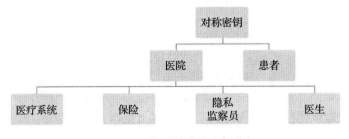

图 9-1　物联网的分层密钥分割

再次以健康信息为例：医院仅使用两个凭据（患者和医院）派生出的密钥来加密一项医疗记录。要想解密和访问该记录，物联网系统同时需要患者的密钥分段（凭据）以及医院的密钥分段。然后医院会多次分割自己的密钥分段，需要至少两到三个或更多的分段在内部聚集，才能重建医院原始的密钥分段并解锁患者记录。

在某个场景中，若要访问患者记录，四个医疗利益相关者中至少有两个必须提供其唯一的密钥分段或凭据以生成单一的医院证书，然后将其与患者自己的密钥分段或凭据组合，以创建密钥并解密患者记录。而在另一个场景中，密码系统设计者可能要求该级联层次结构中至少四分之三或更多的参与方提供其内部密钥分段，以便生成更高级别的一半密钥。

9.3　批量认证和授权

许多设备在短时间内注册并加入网络或服务的访问请求激增，是当今网络和在线服务（固网和无线网络）面临的挑战之一。物联网的一个重要需求是找到支持批量认证的方法，避免造成过度的服务中断。

上述情况可能发生在断电后恢复供电时，也可能发生在网络中断后恢复蜂窝网服务时。它也可能发生在许多设备突然进入服务区域时（例如，特殊事件期间的停车场），或是当许多设备突然同时请求服务时（例如，危机时每个人都可能会拨打紧急电话）。

在物联网中，成千上万个微型设备集中在一个相对较小的区域内，会使得注册、认证和授权服务耗尽，成为一个真正的风险或重大开销，从而给系统带来更高的操作成本。

当认证服务耗尽时，将会出现实质上的拒绝服务（Denial of Service，DoS）情况，导致设备和物联网无法正常运行。这种 DoS 可能会引发一系列的未知连锁反应，不仅会影响当前所考虑的物联网系统，还会影响相互依赖的系统。

与之前讨论过的多方认证直接相关的是群认证和授权：许多设备可以单独请求注册和加入网络或服务，不过需要基于共享凭证，用它防止企图从受限设备中获取预存共享密钥的窃听或攻击。

对于许多物联网设备来说，这两种管理对称密钥的方式可能都有风险，因为单个密钥泄露的威胁可能会损害成到千上万个共享相同密钥的设备，而密码系统对于所考虑的物联网系统和设备来说计算成本又过于昂贵。

诸如密钥分割之类的技术是值得考虑的解决方案。例如，成千上万个设备可以使用完全不同的存储分段来重建相同的密钥。这将使得这些设备之间能够使用公共的密钥进行高效通信，但也使系统可以根据这些分段将设备从中排除。假设一个已知某设备存在缺陷，该设备使用的密钥分段的哈希也已知。当设备尝试在批量授权系统认证时，注册过程可以确保设备绑定的密钥分段是好的。如果密钥分段的权限已被撤销，则认证就会被拒绝。

这种用于批量认证方法的一种变型是简单地保存所有信誉良好的成员设备的密钥分段的哈希值。如果一个密钥分段是为了生成用于批量认证的共享密钥，但是它又不在已知的良好分段的注册表中，那么认证就会被拒绝——无论该分段是否可以在与认证系统分段绑定的情况下创建出正确的共享密钥。

9.4 自治（自我配置，智能适应）

许多进入物联网的设备都有一个基本的业务需求，即以最少的指令和高度的互操作性上线并开始运行。它们需要在尽可能多的服务提供商的系统中做到这一点，因此它们的环境假设就要尽可能通用。这种自我配置的能力可以被称为自治。

自治可能包括几项能力，物联网管理者需要从一开始就了解这些能力可能是什么以及它们的预期操作。与其他所有事物一样，自治可能意味着设备需要更加智能，以便它能够理解它所处的任何环境，并正确配置自己。

自治是一个重要的安全要素，因为无法正确自我配置或被欺骗到不适当的自我配置系统中，都可能会导致设备失效。最糟糕的是，自治可能会使设备受到破坏甚至威胁到整个物联网系统。一些可能属于物联网系统的关键安全自主配置参数包括：

- ❏ 设备名——它是否获得并分配了正确的标识
- ❏ 所有权和成员资格
- ❏ 使用的网络，包括冗余和多重连接
- ❏ 从可用供应商处寻找期望的服务级别
- ❏ 场景性能信息——给定参数（如时间、位置、用户配置文件等）的合适性能是什么

从风险管理的角度来看，与自治相关的需求是风险发现的过程有适当程度的认证和授权，以便从授权源获取和更新配置参数。

9.5 设备和对象命名

随着大量新设备涌入物联网，可能需要采用分层识别方案来支持跨越不同国家、地区或选区的数百万个不同服务提供商（网络、软件和操作平台）的不同终端、设备之间的识别。

如果物联网要充分发挥其潜力，那么命名要在许多厂商和服务提供商之间具有灵活性和互操作性。命名的灵活性以及从某个域或目录移动和重新定位设备的能力可以以之前从未考虑过的方式混合和组合设备，从而创建全新的服务。

此外，如前所述，命名的灵活性将使得诸如设备所有权转移之类的活动成为可能——这又进一步丰富了物联网的潜力，因为资产变得可转移了。资产在面向竞拍等商业活动时是可转移的，或者说在公司破产或因竞争、监管等原因需要拆分公司时是可分割的。

如今，最主要的对象命名服务是互联网的域名系统（Domain Name System，DNS），其可将机器地址（即 IP 地址）显示为人类可读的单词（www.example.com）。DNS 允许这些服务背后的资源更改 IP 地址，并且允许它们在整个互联网中窄行时无须更改域名。这样，无论服务在物理或逻辑上移动到何处，用户都可以轻松地定位服务。

DNS 还存储了其他类型的在线服务信息，例如给定互联网域的电子邮件服务器列表，以及在给定地址（books.example.com，cars.example.com）下的所有可能服务器列表。通过提供全球分布式命名服务，DNS 已成为互联网的关键基础设施。当 DNS 发生故障时，互联网也会在很大程度上出现故障！

同样，一个对象名称服务也是物联网的基本要素之一，它可用于转换对"物"友好的对象名称，这些名称可能是不同网络上的技术规范和命名空间（例如，产品代码、uCode 或任何其他自定义代码之类的长串数字）。例如，TCP / IP 网络或受限网络转换成其相应的对"物"友好的地址，以便其他人和物轻松地将信息寻址到资源。

例如，如果一个汽车制造商想在与公路交通传感器通信的车辆中建立智能交通系统，如果有一种标准的方式处理交通传感器，而不是试图让汽车学习和支持每个国家（或制造商）提供的独特的寻址和命名方案（如州、省、行政区、教区），岂不是更好？

最后，不同类型的资产可能需要不同的识别方案，比如交通或运输系统传感器的识别方案与书籍、药品或食品的识别方案就不同。需要不同识别方案的另一个原因是不同的物联网资产和"物"具有与工作寿命等基本特征相关的不同属性。食品在对象命名目录中被添加和删除的速度很快，而耐用品和工业用品可能很少被添加和删除。因此，对象命名销毁（不仅仅是创建和维护）将和对象注册、创建一样，是物联网操作需求的一部分。

从安全和风险管理的角度来看，需求变得很清楚：如果命名和目录服务对物联网至关重要，那么保护这些系统的必要性就显而易见。

我们只需要看看当前互联网的命名和目录系统就可以明白为什么：DNS 服务是互联网的关键基础设施，正不断受到攻击。如果 DNS 服务被成功中断，会给用户造成严重影响，大多数用户甚至无法找到互联网上像网站这样的基本资源。当前的物联网服务也会受到类似的影响，它们同样会失效。

在物联网中，支持互操作性、资产转移、组合、划分和发现的等效演进系统将成为攻击的目标。

9.6　物联网中的发现与搜索

每个物联网终端或对象都可以是信息源。在许多情况下，通过查询、搜索目录或数据库来获取终端信息可能比查询设备本身更有效。另一方面，设备可能会因过于受限而无法支持查询。在这种情况下，任何有关终端或对象的信息就都必须从目录搜索了。

物联网设备的目录搜索，不仅仅是简单地将对象名称映射到网络地址（比如 DNS）。在物联网中，有些应用需要更多的与设备相关的场景——因为设备行为通常与其他要素一样会受到使用场景和操作环境的支配。因此，需要物联网目录和搜索来管理语义和场景信息，例如以下类型的场景信息：

- ❑ 开、关、休眠
- ❑ 负载水平
- ❑ 地理位置：近处？远处？
- ❑ 所有权？使用者？租赁时间多长？
- ❑ 制造商？
- ❑ 范围内的节点？节点的状态？
- ❑ 范围内的网关？网关的状态？

- ❏ 可用的网络服务等级协议？
- ❏ 可用的服务？设备订阅了哪些服务？
- ❏ 使用条件？娱乐设备？专业设备？只有执法和司法秩序？

9.7 认证和证书需求

认证特指验证设备的身份，也可能是验证设备及其用户或所有者的身份，甚至可能是一次验证三者的身份。这与授权不同，授权是关于已知设备（＋用户、＋所有者）可能被允许或不被允许做的事情。授权作为物联网需求很快就会被谈及。

认证标准是一个物联网高效运行和发展的主要需求。在撰写本书时，虽然标准推进工作已经正在进行了，但是与支持物联网的认证技术相关的标准开发还未完成。更讽刺的是，几个相互竞争的标准中竟然没有一个占主导地位。虽然这些努力是好的，不过与互操作性相关的问题可能还是会出现。例如，快速身份识别在线（Fast Online Identity，FIDO）⊖联盟和oneM2M⊜都在宣传针对所有物联网市场的认证和访问架构。

在物联网中，认证和证书管理服务需要支持服务栈中不同层次的各种不同关系。例如，一项给定的物联网服务可能需要支持：

1）终端设备到（集中式）应用：例如，飞机向空中交通管制系统请求认证。

2）终端设备到应用网关：例如，在任何空中交通管制数据被放行之前，飞机需要向特定机场的安全网关请求认证，以建立网络连接。

3）终端设备到应用网络和网络层：例如，一架飞机连接全球空中交通管制专用网络，该网络基于（名义上）专用 IP 网络来提供空中交通管制服务。也许这是一个建立在管制频段上的网络，只能通过基于同样特别授权的无线电设备进行访问，同时必须拥有政府颁发的频谱认证证书。（如果该无线电不具备正确的证书，它便无法与频谱中的其他合法无线电通信——尽管它仍可以在同一频谱中通过非法广播来干扰它们。）

9.7.1 物联网设备的匿名性和认证

跟物联网认证相关的另一个潜在需求是匿名性：设备的真实性得到了验证，但可能使用了假名或别名。例如当飞机从一条航线飞到另一条航线时，它可能会改变其标识，就像它改变航班号一样。支持与认证相关的匿名服务不单单是为了隐私，还有许多安全方面的原因也不希望设备的移动在时间和空间上长期被追踪。有关物联网标识保护的工作正在许多论坛上进行，例如互联网工程任务组（Internet Engineering Task Force，IETF）。⊜

匿名性还是涉及物联网网络情报系统发展的一个重要需求。如果物联网设备成为网络情报系统收集、评估报告和事件的来源，那么就需要考虑以什么样的匿名作为先决条件。

考虑一下例如车内摄像头这样的一些设备，总有一天，从这些设备收集大量的数据将可

⊖ http://chipdesignmag.com/sld/blog/2014/07/14/security-levels-the-iot-device-and-server-landscape/

⊜ http://www.onem2m.org

⊜ http://tools.ietf.org/html/draft-urien-hip-iot-00

能用于从交通监测到事故统计和规避技术的一切工作。但是，如果车辆能够被识别出来，车主们可能就不会参与了，因为他们担心保险公司会利用这些信息来提高费率。另外，汽车制造商可能也不想让他们的汽车参与，因为他们担心竞争对手会分析得到的数据，用来生成与制动或转向性能相关的统计信息，这对参与分析的制造商不利。

尽管我们可以对如何管理数据以及谁将有权访问数据做出最高的承诺，但这些承诺在大规模数据泄露和内部披露的情况下越发显得无力。更可靠的保证是在参与确定组织和功能时能够将匿名性应用于设备标识的能力。

支持匿名认证需求的另一个例子是将设备标识为特权设备，故意模糊其唯一标识。设备匿名连接的原因各有不同：

- 该系统用于在大型事件或活动的众包场景中收集情报。需要从个人及其设备处收集信息，以防止多次投票。但与此同时，个人隐私问题可能会阻碍他们的参与，除非可以确保其匿名性。

- 在另一种情况下，与记录和了解设备或用户身份相关的监管问题会产生数据管理负担，进而会增加超出商业可行性的成本。物联网系统的保障可能就会无法支撑管理可识别设备信息的必要安全性，而匿名参与的成本会便宜得多——因为监管负担显著降低！

这项操作需求不仅仅是为了匿名化技术和服务，也是为了能够拥有标准化的和可接受的方法来应用这些技术，而不是以一种只会产生持续和重复结果的方式进行简单的审计。

9.7.2　基于硬件的防篡改认证

匿名性的另一个思路是在硬件设备中内置认证凭证，即使是制造商也无法再造或复制。这些功能会在某些可信计算（或设备）环境中用到。

如果服务只能由授权设备执行，则可能需要基于硬件的认证，因为设备的地理位置或周边的物理防护是未知的。

基于硬件认证服务的一个很好的用例与处理和管理某些类型的个人数据有关。在某些情况下，监管要求，如果个人数据被收集并放在虚拟化系统中，则必须要明白了解该数据的处理和存储：不能以不受控的方式将数据移动到未经许可的处理和存储中，因为这很可能是一个未经批准的物理位置，比如一个不同的国家！一种有用的控制是限制某些信息的处理并将其关联到特定可识别的硬件平台。如果管理受限或受控数据集的应用程序试图转移到未经许可的硬件平台（或无法识别的硬件平台）上，那么该应用程序会自行关闭。

对于物联网风险管理人员来说，基于硬件的特定设备的认证，再加上物理定位功能，可能会促成也可能会破坏服务的特色！

9.8　物联网的授权需求

授权是 I&A 管理的一个性质，它侧重于访问管理元素，而不是身份。授权是指用户、设备或主体（可以是其中之一）在确定身份后可以做什么。它有哪些与应用、网络、数据源和其他对象相关的特权?

在 IT 业务数据领域,通常需要两种授权:基于主体的授权和基于角色的授权。

- 基于主体的授权:赋予特定的(已认证的)用户或设备一组特权,这些特权可能会由管理员以手动或半自动的方式来应用或选择,或者由用户或设备根据其偏好、目标或场景来请求。
- 基于角色的授权:在某个位置应用的一个或一组相关权限,在任何给定时间内可能会被多个已识别(已验证)的主体占用。主体可以有多个角色,也可以有一组权限,这组特权是指定主体的授权和基于角色的授权的一个组合。

在物联网中,我们需要增加第三种授权:基于属性的授权。虽然基于属性的授权在 IT 界是众所周知的,但其在物联网中的地位可能会发生重大变化。

- 基于属性的授权:不是基于先前的指令或配置,而是基于主体的使用场景和特征授予的一组权限。基于属性的授权可以与主体授权和角色授权相结合,也可以独立存在——这意味着给定必要的属性,经过认证的设备可以访问服务。关于这一点下面有更多的内容。

混合、结合或指定主体权限可能会覆盖掉许多角色,使得企业 IT 领域的 I&A 管理变得困难!在物联网中,添加基于属性的授权甚至会更加困难!

9.9　基于属性的访问控制

在物联网中,基于属性的授权有时可能与基于角色的授权系统正交,会覆盖它们或只是独立的替代。例如,在火灾等紧急(异常)情况下,也许员工的访问控制卡就可以打开紧急出口,并不用考虑角色,因为有关使用场景的属性要求不触发额外的警报就可以打开门。

另一个例子是现在大多数移动手机漫游时的配置:即使用户的手机没有使用蜂窝网络的许可,它通常也可以被允许拨打 911 或 999 等紧急电话。在这种情况下,运营商认识到了对系统本身完全不透明(只对指定位置上的传感器可见)的环境属性(紧急情况)的重要性!

基于角色的访问控制(Role-Based Access Control,RBAC)本身还不足以满足物联网需求,因为它们还不够灵活。仅有 RBAC 的系统会增加具有以下特征的物联网系统和服务的风险:

- 不可预知环境:不可预知环境中的物联网服务,例如那些同时要处理许多人的环境,人群的动态和情绪会对不同条件产生难以预计的反应。
- 对立的功能:物联网服务在异常或正常情况下有着明显不同甚至相反的功能需求。例如,在发生火灾(异常状况)的情况下防火门必须打开,而在正常情况下防火门必须能够发出警报且不易打开。

RBAC 无法独立有效地处理这些特性。而在物联网中,随着逻辑 – 动力、网络 – 物理接口的日益突显,属性在授权实践中将会发挥重要作用。

ABAC 概述[⊖]

尽管基于属性的访问控制（Attribute-Based Access Control，ABAC）到目前为止还没有一个明确的共识模型，但该方法的核心思想指出，访问可以通过基于终端或主体呈现的各种属性来确定，也可以从主体所在的环境中识别。这些属性可以修改允许或拒绝访问的规则和条件。

图 9-2 中描述了 ABAC 的主要术语，如下所示：

❑ 属性是主体的特征。环境条件和场景都由权威机构预先定义，也可以从环境中实时提取，因为它们可能是动态的（例如天气条件）。

❑ 主体是人类用户或非人类实体，例如发出访问请求以便对对象执行操作的设备。主体可以拥有一个或多个属性。

❑ 对象是一种物联网系统资源，可根据身份、角色和场景对访问进行部分或全部管理。对象的示例可能包括：其他设备、应用、服务、文件、记录、表、进程、程序、网络、信息存储以及包含或接收信息的域。

图 9-2 是 ABAC 的概念模型，其中主体（请求访问服务或资产的实体）发送请求以对物联网中的对象或服务进行操作。根据主体的指定属性和角色授与或拒绝访问权限，并为他们分配对象的常规属性和一组策略，这些策略是根据下列属性和条件来规定的：

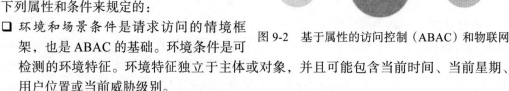

图 9-2　基于属性的访问控制（ABAC）和物联网

❑ 环境和场景条件是请求访问的情境框架，也是 ABAC 的基础。环境条件是可检测的环境特征。环境特征独立于主体或对象，并且可能包含当前时间、当前星期、用户位置或当前威胁级别。

❑ 基于主体的授权是特定主体的属性和授权的集合。例如，基于个人技能或资格的特定个体的授权，或基于性能规范的特定设备的授权。

❑ 基于角色的授权被分配给多组主体，可能包括具有共同需求、职责、技能或能力的一组个体或设备的标准化特权集。

❑ 对象属性可以从对象的角度来反映与访问请求相关的环境或场景属性。例如，一个主体可以根据时间、季节或其他场景变量的服务等级协议反映较高或较低的优先级请求。

与图 9-2 和 ABAC 都相关的一个限定条件：没有必要使用所有形式的授权来访问对象。无论主体或角色授权如何，都可能存在与需要访问的场景和环境相关的属性。再次考虑一下异常或紧急情况，因为会威胁到生命或财产，所以任何设备都有可能被授予访问对象的权限（某些服务或功能权限）。

第 10 章实际是在 ABAC 上构建的，考虑了可能反映属性的不同变量，同时又定义了物

⊖　作者通过 oneM2M 了解到 ABAC 的概念，本部分源自 oneM2M 内部的标准化工作，但不完全相同。见 onem2m.org。

联网系统的操作场景以及不同的风险和合适的风险管理技术。

9.10　物联网中的读写操作

与物联网中主体和角色的访问控制相关的是对公共表单或数据访问和权限的更改：只读是最常见的权限。在这种情况下，读操作提供了文件和系统权限的清晰处理，这意味着虽然可以看到文件或信息源以及消费的内容，但不能以任何方式更改、删除或移动信息或文件。只读是数据权限的主要形式，例如网页通常是浏览器在互联网上的只读资源，大多数人应该都有过这种经历。

写操作也是一种文件或数据权限，用于更改信息、添加或更改文件或数据源以及从数据源中删除。写操作通常包括更改数据源名或文件名的能力。写操作权限通常仅被授予某些特权用户、账户持有人或在系统中有地位的人（但是通常以可控的方式扩展写操作权限，例如在网页上匿名评论或其他类型的社交活动）。

在物联网之前，只给写操作权限而不给读操作权限很常见，工业控制领域除外。你为什么要添加、更改或删除一开始就看不到的东西？你怎么知道你正在进行正确的更改？这是物联网发展的需求。

许多设备会把数据从网络边缘推送到物联网服务和应用程序中。多数情况下，这些设备的处理和存储能力有限。它们可能只是基本的传感器或其他一些并不清楚自身操作环境的设备，只知道按照指令去做。在这种情况下，所需要的是只写权限。

按照惯例，有写操作权限就有读操作权限。在物联网中，读操作权限与写操作权限要求严格区分开来，然后再进行评估。否则，与管理、数据隐私和知识产权相关的各种风险可能会妨碍系统的运行。例如，具有只写功能的设备被具有读取能力的设备替代或伪装，然后该设备就可以使用常规权限以未经授权的方式读取数据存储中的数据。

9.11　并发权限在物联网世界中不常见

并发意味着你可以同时从多个设备或位置登录到服务。Google、Facebook 以及大多数企业 IT 部门都默认允许最大限度的并发，在某些情况下，并发级别是未定义的。可以根据需要从多个设备、多个位置、多次登录！

并发在企业 IT 界意义重大，但在物联网中是一个有问题的权限。

I&A 控制将越来越多地与半自动或全自动终端有关，它们没有理由要求在服务层进行并发连接。服务层是逻辑层，语义信息在这一层上交换，以提供特定服务，例如智能计量或智能健康应用。

这些终端设备只存在一次。它们不会为了同一目的使用不同的物理设备。它们不会尝试使用智能手机，然后再使用三个不同的台式机来操作个人银行业务！它们是为特定目的而定制的，并且一次只连接到一个服务，在不同的和特殊的用例下可能会连接两个甚至三个。但是不同于互联网上的个人设备，物联网中的并发为操作需求设置了标准。

在物联网中，风险管理者会发现，在默认情况下，与并发相关的需求是不被允许的，并且需要特定的用例来配置物联网设备以实现并发。

9.12　唯一可寻址性

在某些情况下，终端设备或网关的网络地址将充当其实际标识，至少在某些配置或引导形式是这样。因此，能够安全寻址并确保地址与预定的服务设计一样唯一的能力，对于物联网风险管理来说非常重要。

许多物联网系统要求终端设备或它们所依赖的网关具有唯一标识符（Unique Identifier，UID），其中地址的唯一性对路由和业务流很重要。冲突可能会导致服务中断和停用。

UID 本身也可能与产品、品牌、制造商以及产品的特定批次直接相关。UID 可以很容易且通常是绝对唯一的：它们仅用于单一设备或商品。UID 的需求和细节是一个很大的主题，可以从 ISO JTC1 SC32-Data Management and Interchange[⊖]等处找到很好的论述。

即使是位于网关后面且不直接使用互联网进行连接的终端设备，地址或标识符的唯一性对这些设备的计费、审计和维护仍然非常重要。

拥有篡改唯一可寻址设备的能力可能会强烈吸引那些愿意并有兴趣进行欺诈或试图破坏系统的人；同样，拥有唯一可寻址设备的能力与了解这些设备如何防篡改以及地址冲突和篡改实际是如何发生的都有关联。

对于风险管理者来说，地址唯一性的主要需求是了解寻址的实际风险是什么，以及是否处理、转移或接受这些风险。

9.13　引导标识

物联网中的设备（尤其是终端）可能需要两组标识：在启动（引导和安装）时使用的一次性标识，以及用于访问服务的永久标识。

引导是指只能依赖当前的本地资源且设备必须使用这些资源进行初始操作的过程。在物联网中，引导标识可能非常简单，它的作用是获取本地网络的基本权限，以便回访厂商以启动更明显的认证和授权过程。在此过程中，它获得了可以较长时间访问服务应用和资源的身份标识。

例如，某个设备具有初次运行时使用的引导标识，然后就足以找到网关并获取地址，最后调用制造商主页——这就是全部过程。它可能只有一个基本的操作系统，只能支持这个引导标识。一旦该设备能够访问厂商，制造商就可以将其关联到所有者（购买者），然后在逻辑上重定向到该所有者的网络。而一旦该所有者收到来自引导设备的查询，它就会为该设备提供全面的操作系统和身份标识，包括认证和授权凭证。

引导标识的使用会极大地影响设计、开发和部署成本。在某些情况下，使用终端设备的引导标识可能比尝试从制造商处预配置设备要便宜得多。但是与此同时，引导标识意

⊖　http://jtc1sc32.org/

着即将到来并发出请求的设备对系统来说在很大程度上或至少有部分是未知的。因此，物联网系统本身需要能够根据不同的因素升级认证请求，并能够根据标准化流程管理引导认证风险。⊖

设计糟糕的引导指令会将设备和物联网服务暴露给与盗窃、失去控制和失去观察相关的各种威胁和风险。对于远程部署的使用基本的即插即用安装技巧和技术的设备，引导指令的设计是一个主要的风险管理需求，即使是高管也该对此提出疑问。一个弱安全性的引导过程就好比买了一辆没有点火钥匙、也没有门锁的汽车——当它被盗时，你还会感到惊讶吗？

9.14　互操作性和标识查找的新形式

物联网系统是否需要与其他物联网系统交互操作？它会从其他物联网系统中获取信息或是与它们共享信息吗？部分物联网服务是否会依赖自动化服务的第三方服务提供商，如交易处理？

如果这些设计考虑都是正确的，那么部分物联网系统需求必然与能够从某种目录系统中查找出设备标识、相关元数据和属性的能力有关。

在传统互联网上，互操作和第三方服务供应在万维网上非常普遍。无论是提供广告服务、网站分析还是交易服务，所有这些服务都提供 DNS 形式的目录支持，而这些目录都必须有可供查询终端（通常是智能手机或台式计算机）查找的服务地址（网络位置）。

物联网当然可以使用相同的 DNS 服务，但还会补充各种其他的查找服务。其中一些服务可能来自制造商联盟——就像今天从制造商联盟中查找条形码一样。

> 在物联网中，设备可能会从第三方来源处查找食品中的成分或发动机油的黏度，并根据结果自动做出决策。与过敏反应或机械故障点有关的决策也可以这样做。来自与物联网设备和服务相关的制造商或供应商目录和元数据库的信息，其真实性对于确保自动化服务以及与网络－物理接口和结果相关的风险至关重要。

但就像今天的条形码系统一样，异常或伪装的目录可能会造成误导、误传等一系列的风险。

物联网风险管理人员需要了解物联网系统带来的这些操作需求，以便引用外部目录并查找并相应地管理这些风险。这些才是真正的风险！⊖

9.15　所有权转移

物联网风险管理人员应当考虑到物联网系统有一天可能会被出售、拆分、外包或受到其他管理层面的变化，这些情况将需要转移物联网系统的部分所有权。

⊖　截至 2014 年，oneM2M 已经开发出这样的参考流程。
⊖　见 "数据质量和物联网"，http://blogs.mcafee.com/business/data-quality-in-the-internet-of-things。

例如，一家体育用品公司被收购了。该公司生产了一系列鞋子和服装，并研发出了可供不同运动员佩戴的智能帽子。该帽子可以监测运动员训练和比赛期间的身体状况，如体温、水分、脉搏、血压、pH 值和汗液中的葡萄糖水平等。帽子是最好的选择，因为头部是大量身体指标的丰富来源。鞋子和服装也有智能的特点——但该体育用品公司更多的是库存管理，而不是持续的服务。该公司在收购中被分割了，帽子产品归了一个与健康生活方式相关的公司，而服装产品被卖给了一个时尚品牌。所有东西的所有权现在需要被拆分和重新分配。

所有权的转移需要以某种形式重新配置终端（鞋子、服装和帽子）。此外，这些终端可能会利用外部系统和服务的不同第三方提供商。例如，第三方软件提供商可能会为帽子提供免费的、基于云的报告和存档系统（实际上，他们是通过向关心健康的人出售广告来赚钱）。在这种情况下，就需要改变系统中使用的设备认证和授权系统以适应新的所有者。在所有权转移期间，系统会被重置出厂设置，然后启动帽子，最后完成整个重新配置。

所有权转移可能还需要之前作为物联网服务的一部分所收集到的信息，该信息也是从数据库中提取出来，然后再传输到新的存储库（云服务？）中。例如，账户持有人信息和活动日志。在过去，收购基于互联网的服务是很常见的，其中所有资产都会被转移到收购方。

在物联网中，随着服务分层程度的增加，服务可能会有与传统的实体企业相同的可分割性。传统的实体企业往往被拆分成多个部分，以高于整体的价格出售。

同样，一个成功的物联网服务也可能会被出售或收购，并且其组成部分可能会被拆分。例如，终端、网关和基于云的应用可分别卖给不同的收购方。在这种情况下，所有权的转移要求将服务划分清楚，再将资产转移给不同的所有者。

9.16   总结

I&A 控制曾经是 IT 安全领域之外的一种实践。它在很大程度上独立于终端（台式机）、服务器、网络或数据中心中的其他安全控制。它们之间存在着明显的关系，甚至是相互依赖的关系，但这些实践往往是孤立的。这种情况之所以流行，是因为与物联网中即将出现的I&A 相比，它们相对简单。

在物联网中，会有更多的 I&A 要执行，并且由于服务分层和分化会执行多次。

通过阅读许多不断发展的物联网标准，甚至是一般的物联网技术媒体，可以明显看出互操作性已经被认为是物联网愿景的主要挑战之一：而 I&A 的互操作性将成为所有互操作性挑战中的首要问题。

物联网的另一个主要需求和挑战是开发密码系统，使之超越那些自互联网诞生以来一直为我们提供良好服务的其他技术。如果想要让物联网系统在本质上既安全又高效，则需要用到多方认证、大规模认证和密码学，这会涉及到易于理解但较少使用的数学运算，如多项式插值和密钥分割。如果没有其他原因，只是因为传统系统继续工作，上述形成过程也不会很快。但是随着成本和业务风险迫使进一步创新，变革终将会到来。在某些情况下，使元数据匿名化的标准也很关键，可以防止数据滥用。

在更具功能性的层面上，本章回顾了推动物联网中新的或与 IT 系统不同的风险的各种需求。例如，能够为数十亿甚至数万亿的设备唯一命名的能力，应用那些偶尔也会发生变化的属性的能力，单独或集体转移设备所有权的能力，以及匿名设备出于司法目的必须是可识别的。所有这些需求都会出现在与 I&A 相关的物联网中，但并非所有的物联网系统都需要支持全部的需求。

　　如前所述，选择或讨论给定的需求是系统设计者和风险管理者的工作。我们只是试图创建一个需求的超集供他们选择，以适配其所考虑的系统。

第 10 章 · CHAPTER 10

物联网的使用场景和环境需求

使用场景和操作环境是我们提出的第一层安全需求（如机密性、完整性和可用性）的另一种需求形式。这是因为大量的物联网设备将同时进入、离开、共享网络和基础设施和在这种系统中管理 I&A 是一个至关重要的安全需求。这可能有些激进，因为在早期的 IT 安全领域甚至不知道有什么使用场景，或者至少在各种标准中很少讨论或者提出使用场景。

在物联网出现之前，至于为什么场景不是广泛讨论的安全需求，只能单纯去猜测了。但在威胁情报、普适加密以及不断寻找攻击线索／指标的时代，场景就是一切！

有可能是因为过去的 IT 系统不具备逻辑 – 动力、网络 – 物理的真实世界接口，并且也没有必要以任何直接的或者自动化的方式测量或者控制物理世界，所以它们根本无法具备对场景的感知。因此，过去的 IT 系统在设计时采用了许多关于 IT 设备的假设，比如：

- ❑ 它们将在室内，或者至少在遮蔽物下使用
- ❑ 它们将由健康的人使用
- ❑ 它们将由冷静的、理性的人使用
- ❑ 它们将由能够感知所有感觉的人使用
- ❑ 它们将由具备必要语言技能的人使用
- ❑ 如果有必要，它们将由可以等待系统重新启动的人使用
- ❑ 最后，它们不是由那些哑巴机器操作，这些机器在某些情况下很容易做出合乎逻辑但是极不恰当的决定

这些假设在物联网中并不适用。物联网设备的功能和所扮演的角色将会发生巨大的变化。这些设备将被设计用于各种各样的恶劣环境，由健康的、生病的和惊慌失措的人们使用，他们可能是残疾的、受伤的、因噪声心烦意乱的、被光线致盲的，或者是处于黑暗中的人。他们可能正在使用由遥远国度讲不同语言的人制造的设备，并且他们管理或者处理物联网系统的能力可能与每一秒的个人喜好、便利、损失、伤害甚至是生死的问题有关。

在物联网中，场景很重要，可能比在传统 IT 领域更重要。场景如此重要，是因为它的需求将推动重要的设计、安全和风险管理决策的发展。

10.1　引言

第 9 章讨论了物联网中与 I&A 控制相关的安全需求。I&A 控制与使用场景之间存在着一定联系，其中 I&A 控制提供了许多管理物联网设备所需的基本安全属性，而场景为物联网的系统开发人员、服务提供人员和风险管理人员提供了更精细的控制层。

在物联网中，场景是指正在通信、使用或者访问的终端设备或者网关的情况和条件。它可能会影响网络处理和管理业务的方式或者影响云服务应用对进出终端或者网关的数据的处理和管理方式。

场景非常重要，因为系统通常必须支持多个场景或使用条件。虽然场景可能是一个技术术语，但是由于场景代表了太多与监管合规相关的业务风险，所以它最终是一个组织的政策。例如，定义哪些使用场景是可接受的，哪些场景需要额外的安全，哪些条件可能会提高服务交付的成本，哪些条件可能会被禁止。这将是物联网风险管理人员的一个重要的角色：定义与场景相关的安全需求。

场景一般独立于身份和授权，从某种意义上说，拥有正确的身份和授权凭证并不意味着任何事物（包括人）在任何时间都有权访问可用的物联网服务特性和功能。但是在企业 IT中，用户通常希望在任何时间、任何使用场景下都能完全访问所有的服务特性和功能，这就是物联网与企业 IT 的主要区别。

场景以完全不同于企业 IT 和传统互联网的方式影响着访问控制。对于物联网中的许多系统和应用来说，拥有并证明正确的身份标识无疑是很重要的，但它将不再是可访问的唯一要求。这不仅适用于人，也适用于互联网上的"物"，尤其是移动设备：如果它们证明了自己的身份，那么其所处的场景是否适合它们在特定环境条件（场景）下所从事的活动呢？

场景和使用条件至少可以由三个潜在的属性来定义：访问设备、位置或者网络以及物联网应用状态。组织需求必须考虑场景和条件，或者清楚地定义单一的、可接受的场景所代表的含义。

10.2　威胁情报

2015 年，网络威胁情报爆发，成为流行的主流讨论话题，尽管在此之前它已经存在了很长时间。由于威胁情报会根据使用技术、地理位置、语言、地区和人口统计等因素发生很大变化，所以它跟物联网系统的使用场景和环境有很大关系。

威胁情报通常跟有问题的或者怀疑有问题的 IP 源地址、域名、统一资源定位符（Uniform Resource Locator，URL）、文件或者有效负载等有关。这就转化为一个信誉评分，可以通过安全基础设施进行查询，然后执行处理策略。例如，当从一个已知发送垃圾邮件的互联网地址通过传入的 SMTP（电子邮件）网络连接接收业务或者文件时，消息服务器可能会在对负载不进行任何处理的情况下拒绝这些可疑的业务或者文件，原因是该消息源的信誉不佳。这相当于在威胁到达目标之前就预先主动地拦截了它们。在本例中，主动拦截威胁发生在花费宝贵处理资源来接受连接之前。

在物联网中，威胁情报的使用将成为系统设计人员考虑的一个重要需求，因为物联网系统过于昂贵、脆弱或者受限，无法成功地应对所有攻击。物联网系统，包括物联网终端和大型集中式数据中心，都需要上游安全元素基于情报来采取行动来应对威胁、风险和可疑意图。

从操作的角度来看，物联网服务提供商可能正在接收来自配备单一家庭网关的家用医疗服务设备的数据。如果因为该网关被发现正在使用带有病毒的恶意软件或者正在互联网上进行攻击，使得其信誉突然下降，那么提供商可能希望对该情报做出回应。这种回应有多种形式，例如，警告健康服务用户在受感染设备附近（在同一个家庭网络中）使用医疗设备的危险。物联网服务提供商这样做可能是为了保持用户体验，或者因为这是服务级别规定的管理责任的一部分：如果家中存在恶意软件，服务可能会被拒绝，或者所有的责任和服务级别都处于暂停状态，直到家中清除了恶意软件。

10.2.1　威胁情报的来源

威胁情报的来源多种多样。由单个高水平的人员或者一组安全专家组成的团队，都有可能会在互联网上创建并出售情报资源或者不良信息地址列表。在你的控制域（家庭或者企业），你永远不想跟这些地址有流量交互。供应商也会创建并向其产品注入有关 IP 地址、域名和恶意文件的信誉变化情报，通常按分钟定期更新。网络供应商越来越多地利用其管理功能依据网络行为来追踪受感染的或恶意的设备。威胁情报来源的选择仍然跟给定物联网系统的使用场景和环境相关。例如：如果你正在中国建设智慧城市，当涉及到针对中文用户编写的恶意软件或位于中国的 IP 地址时，来自美国公司的威胁情报可能就不会包含必要的粒度。在这种情况下，为了获得更好的结果和更好的风险管理，场景需要一定程度的区域化。

同样，工业控制系统经常在 IP 之上使用少见的或者晦涩的协议，或者将其封装在传输控制协议（Transmission Control Protocol，TCP）中。并不是所有威胁情报供应商都能理解为工业系统创建威胁情报（或者签名）所必需的操作环境，更不用说协议了。

10.2.2　消费威胁情报

物联网的风险管理还与及时消费和使用威胁情报的能力有关。

威胁情报的衰减很快，在数小时或数天内就会作用减半。这是因为威胁方会迅速转移他们的网络操作基地，以免被侦测到。恶意软件也变得具有多态性和非确定性：多态性意味着它能够以略微不同的形式和大小衍生和再现，以避免被侦测到；非确定性意味着恶意攻击有效负载的初始形式与最终安装的版本不易关联起来。

基于这些原因，能够从信誉威胁情报中获益的物联网系统需要在情报被揭露（被发现）之初就立即在系统中发布情报，而且还需尽快将其添加到应用的安全基础设施中。这意味着部署威胁情报的过程是自动化的。

10.2.3　威胁情报用于物联网何处

正如我们在本书中所述，物联网有四大类资产：终端（设备）、网关、网络和数据中心或者云。物联网的安全与所有支持物联网服务和系统的资产控制有关，而不是仅与某一类资产的安全能力有关。

一般情况下，在物联网的所有资产类别中都可以应用和消费威胁情报，但是最容易应用威胁情报的地方可能是控制域之间的边界，例如互联网等公共领域和专用于个人目的的基础设施区域之间的分割点。在该模型下，网关和数据中心将是威胁情报应用于物联网风险管理的起点。图 10-1 是端到端的物联网系统架构图，显示了多种设备和服务：从终端到共享网关或者专用网关，到公共传输网络，到专用或者共享的云 / 数据中心服务。虽然数据中心和云具有相对统一的描述，但是网关却有多种不同的形式，其中许多网关都还没有意识到自己是物联网的网关。

（我们假设，所考虑的物联网系统不是某种高度分割的系统，其业务从不与其他系统或者服务共享路由器、防火墙，甚至数据中心等资产。在某种程度上，大多数物联网系统都会与其他服务和系统共享一些资产，其中一些服务和系统肯定会部分或者全部基于互联网！）

10.2.4　如何使用威胁情报

因为威胁情报与互联网上负载和位置的信誉有关，所以物联网系统可能会制定某种策略，将信誉映射到使用条款和服务级别上。

例如，基于互联网的物联网汽车保修服务可能会连接到客户的汽车，对其进行维护、更新和预防性监控。根据威胁情报，如果客户的家庭（通过网关）突然获得了低的（坏的）信誉，那么物联网服务提供商（也许是汽车经销商）可能会暂停所有服务，并通知客户相关的应对政策。

为什么要因为威胁情报而暂停物联网服务呢？因为用于消费服务的 IP 地址的低信誉表明该 IP 地址或者其所在范围内的家庭、办公室或其他什么地方的设备出了问题。无论是什么原因导致了 IP 信誉下降，都可能会攻击和探查家庭中的所有其他物联网资产，使它们变得不可靠，或出现故障，或陷入危险。

没有哪个服务提供商愿意为受到第三方攻击的设备和资产的服务水平和质量保证负责任。他们可能会因为一些与他们无关的事情而受到指责！由于在威胁情报方面信誉不佳，所以……他们停止了这项服务。

如果威胁情报来源可靠，并能被及时使用，那么它会是物联网服务交付的极佳场景。

我们将在第 13 章中讨论一些使用威胁情报的技术。

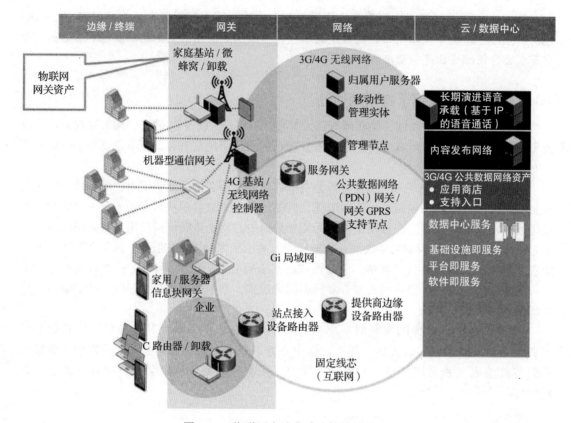

图 10-1　物联网中消费威胁情报的地方

10.3　获取和了解日期与时间[⊖]

物联网与物理世界的交互需要组件能够感知场景的日期和时间。时间还需要参考一些公共资源。否则，一些关键任务将无法执行，例如：

- ❑ 由独立方管理的系统之间的事件同步性和协调性——这一点在将物联网分成多个服务层时会有所体现。同步对健康和安全功能也有重大影响。想象一下，在午夜时分，如果高速公路上的灯都熄灭了会怎么样？或者，铸造厂的冷却系统在熔炉满负荷运转的情况下进入了维护模式又会怎么样？
- ❑ 获得协调世界时（Coordinated Universal Time，UTC）是同步的关键需求——UTC 资源本身的安全和保障也是如此。
- ❑ 与具体事件相关的记录信息，比如：
  - 计费
  - 系统调试

⊖　Eric Simmons，对 SWG IoT 5 AH4 的贡献，2014 年 4 月。

- 取证和合法调查
- 调节纠纷和诉讼

□ 服务等级管理——对于服务等级随时间变化的物联网系统，服务级别变化的确切时刻可能会对服务质量和计费 / 成本产生重大影响。

以下是给定物联网系统中可能需要的日期和时间的具体特征，同时还介绍或者处理了风险。

10.3.1　时效性

物联网系统的重要特征之一是能够在事件发生时作出实时的操作响应。因为实际时间依赖于特定的应用，所以时效性这个术语的在这里更为合适。

时效性是指在规定时间内提供服务的特性，是处理系统内一系列不同级别的功能所必需的。物联网的网络 – 物理特性要求组件能在规定的时间内处理来自传感器的连续数据流，并且能够在物理世界中按照返回的数据起作用。感知与行动之间的延迟必须控制在要求的时间内。如果底层系统的运行速度比应用所需的速度快得多，那么时间戳就足以实现实时控制。

10.3.2　时间戳

准确地将时间与物理世界的测量或者活动联系起来是物联网各部分的一个重要方面。需要准确地结合或者关联来自多个传感器和数据源的数据，以应对各种因素，包括：

□ 账单
□ 健康和安全
□ 服务级别追踪和合规性

需要时间值及其准确性来恰当地评估特定组件是否能够执行指定的任务。

时间戳通常是一个可信的操作，它由可信的源头管理，并且可能会涉及加密签名。由于服务依赖方的假设，仅仅将某个东西称为时间戳可能会误导人们并产生安全问题。

如果时间戳是物联网服务的需求，那么就应该清楚地定义其相关细节。例如：

□ 是否需要密码戳？
□ 时间戳的精度是多少？
□ 时间戳的格式是什么？
□ 时间源是什么？

10.4　以人（生物）作为场景⊖

人或者潜在的任何生物的存在都可能成为物联网场景的关键元素，因为它可能会突然涉及健康和安全问题，以及健康和安全之外的监管问题，比如隐私问题。

周围有人吗？这些人是物联网功能集的一部分吗？换句话说，如果人们没有参与其中，

⊖　IETF 物联网概念描述。

那还会存在服务吗？例如，如果在交易的交换过程中没有人授权金融交易服务或者没有人提供商品或服务，那么金融交易服务就不可能实现。

　　一个设备是否有什么能表明有人在附近？如果该设备正在使用中，这是否意味着在它周围一定有人存在？这些问题的答案会对隐私有什么影响？对于公共区域来说，可能不会产生隐私影响，但是在家里呢？应用本身会真接给出暗示，比如医疗监控应用，或者可以通过应用推断出来，比如电梯控制系统。

　　人员的存在可能会对与状态相关的操作需求产生重大影响。这些状态包括：开 / 关、快 /慢、暖 / 热等。物联网系统在某一特定状态下运行时间的长短可能会对系统的投资回报产生重大影响。例如，当人们不在楼层中或者房间里时，建筑系统会自动灯，而不是为清洁人员和保安人员整夜开着灯。

　　设备感知人或者有生命存在的能力也可能为风险管理者提供一个降低成本的机会，甚至也可以为其他增值任务提供免费资源。以智能交通系统为例：许多汽车（出租车？），当车内没有乘客时，它们可能会选择更近距离的行驶，更快地停车和启动，以这种特定的方式来节省能源；当车内有乘客时，它们不会这样做，因为这样会使车内的人感到很不舒服！

　　另外，如果设备周围没有人，就可以考虑将资源用于其他增值服务。因此，终端、网关和网络在不需要满足人对环境需求的情况下，它们的处理和存储能力可能会被减弱，这些多出来的和未使用的能力可能会在现货市场或者资源池中被转售。这种情况在数据中心和云计算领域，已经出现了，各种能力被以分钟为单位出售。网络和终端虚拟化现象的出现将允许类似的资源代理和套利。[⊖]

10.5　以设备类型作为场景

　　物联网系统中的设备类型为风险管理者提供了与简单监控和控制用例相关的有价值的需求。

　　设备类型能够提供场景，是因为设备的特性通常可以很好地说明与该设备相关的使用条件。与场景相关的用例可能包括设备产生和接收的网络流量类型。设备场景也可能提供一些显而易见的用例，比如设备是否是可移动的，以及它可能将数据发送到哪个网络位置。

　　因为不同的设备存在不同的安全隐患和威胁，所以终端设备会影响场景风险。例如，与典型的台式机访问设备相比，移动设备更容易丢失、被盗或者被观察（肩窥）。小型的、廉价的或者一次性的设备可能没有多少可用的资源来实现诸如安全性这样的"额外功能"，因此这些设备很容易受到攻击，只能从其他方面加以防范。

　　有时，设备类型提供了非常有帮助的场景，可以合理地预期该设备呈现在网络上的资源。一个共享的信息亭或者终端通常具有非常有限的可用功能集，并且可能会保持相当稳定的状态。

　　终端设备也可能使用操作系统，并且具有能够更好地或者更糟地支持安全控制和应对措施

　　⊖　有关应用、参考体系结构和安全问题声明，请参阅 ETSI 的 NFV 网站：http://portal.etsi.org/tb.aspx?tbid=789&SubTB=789,795,796,801,800,798,799,797,802。

的性能特性。有许多方式可以用来收集访问设备的大量信息，这些信息会影响物联网应用所需的操作场景。

相同的标识在多个设备上起作用是完全有可能的，但是该标识的能力还与设备类型相关。换句话说，应用是场景感知的。

多年来，银行在在线安全领域一直处于领先地位，他们一直使用设备来检测网上银行的安全性。在这些情况下，如果软件检测到你正在尝试使用以前未使用过的浏览器或者操作系统进行登录，那么你可能会发现自己正在经历一个升级的挑战–应答要求。同样的道理也适用于银行和用户试图登录的位置或者网络。这很好地引出了物联网场景和风险的第二个潜在因素。

10.6　物联网应用的场景与状态

物联网应用的状态是指它预期要执行的操作，以及这些操作潜在的敏感性。例如，"物"是处于可操作状态还是休眠状态，它接收到的命令在这种状态下有意义吗？它正在发送远程监测信息还是处在接收指令和控制信息的过程中？资产或者"物"的所有者正试图用它做些什么？

互联网上事物的状态不仅会影响安全场景的风险，还会影响诸如路灯等对象的基本操作成本和效率。与路灯相关的控制系统在白天和晚上是否一样重要？你是否会为 24 小时工作的路灯系统发出的警报花费一分钟的响应时间呢？或者只是在黄昏和黎明之间呢？显然，这种围绕场景需求的组织指导对整体效率产生了一定的影响，成为物联网风险管理的核心要素。

当评估监测、检测和响应需求时，物联网风险管理者可能会考虑的一些物联网系统的典型状态：

❑ 开或者关的状态：虽然这看起来很明显，但是理解终端设备（或者任何设备）是否真的具有打开或者关闭的能力还取决于许多不同系统和网络正常运行的能力。

❑ 休眠或者监听状态：许多设备和资产在不使用时会进入节能模式。除非明确区分与监测这些状态有关的需求，否则这些状态可能会使设备和资产看起来是关闭的，甚至是缺失的 / 注销的。很久以前，这些问题就已经在无线网络设备领域中得到了解决，但是这些技术方法可能并不适合于物联网的服务级别。

❑ 第三个可能的状态介于运行和休眠之间，即寻呼或者轮询。设备要么处于休眠状态，要么处于完全活动状态，要么可能正准备进入某种状态。在无线世界中，寻呼和轮询意味着设备或者网关正试图访问某个资源，并调用该资源，等待其响应，然后再执行发送数据等其他操作。因为设备一直处于侦听和等待操作的状态，所以寻呼和轮询所消耗的资源相对比较多。对于物联网中的任何设备来说，这都不是一件好事，因为你正在等待服务，同时还消耗着资源，但却不一定能完成任何工作。

物联网系统中的场景和状态的概念也反映在与隐私相关的工作以及第 4 章所讨论的潜在业务和组织需求中。例如，未来隐私论坛的"移动位置分析"⊖中的条文要求使用店内标识来

⊖　未来隐私论坛，"移动位置分析行为准则"，2013 年 10 月 22 日。

提醒消费者，物联网系统是活跃的，并且正在收集有关他们的信息。该条文还要求在个人希望退出系统时，店家能够提供联系信息。这究竟是如何发生的还不是很清楚，但是这种想法很早就表明物联网的系统状态很重要。

10.7　位置，位置，位置

位置追踪和定位是许多物联网应用的一个重要操作需求，特别是可以在终端和网关发挥作用，因为它们都可能是可移动的或是容易移动的。

> 此外，位置追踪和定位作为与信息技术相关的系统，与安全需求有着明显的联系，需要遵循机密性和完整性的范畴。安全管理位置追踪和定位的能力对于物联网的保障非常重要。

位置追踪通常指的是物联网系统不仅能了解设备的位置情况，还能了解其运动情况，比如方向、速度、行驶距离和海拔高度。在位置追踪中，这些特征可能由设备本身通过远程监测技术来提供，也可能从地理位置信息中推断出来。位置追踪通常与某种形式的定位相关，但也不一定。例如，物联网系统可能并不关心（或者不想知道）设备的位置，只关心设备如何移动，从而了解设备的功能或许还有设备的操作环境是否正常。

定位是指设备或物体的实际坐标，用于建立路径点或标记。定位未必要用到无处不在的全球定位系统（Global Positioning System，GPS），虽然它已经被整合到很多公共和商业应用中。正如我们所要讨论的，定位当然可以在没有 GPS 的帮助下完成。定位可能与位置追踪无关，尤其是当所定位的设备或资产是一个永不移动的地标时。

毫无疑问的是，定位和追踪设备的能力将对设备或目标所处的场景产生重大影响：它的物理位置相对于物联网系统中的其他物体是过高还是过低？它在正确的位置上吗？它应该是在周一中午所处的位置上吗？它所处的场景相比于常规模式发生变化了吗？

由于定位和追踪需求非常重要，因此我们对许多不同的定位和追踪技术进行了梳理，这些技术都需要进行风险评估。

我们深入研究这一领域的原因是要让物联网风险管理人员深刻认识到，虽然有很多技术可以满足定位和追踪的操作需求，但是从安全和风险管理的角度来看，技术都是有优缺点的。

10.7.1　场景作为位置输入的组合

许多物联网系统和设备将根据它们了解自身位置并向系统所有者报告位置的能力来定义场景，而另一些设备和物联网系统则根据位置和追踪服务的信息定义自己的场景。场景是决定特点和可用功能的主要因素，是对物理世界的事件和逻辑世界（网络）的命令的说明。虽然有很多技术可以满足定位和追踪的操作需求，但从安全和风险管理的角度来看，这些技术中的许多都有优缺点。

在物联网中，一些物体会独立移动（比如人或车辆上的可穿戴设备），而另外一些物联网物体会作为一个整体移动，也就是说，它们会根据目标位置以及自己与周围其他物体的相对位置进行协调移动。交通运输管理系统显然属于这一类物联网系统。

因此，根据所考虑的物联网系统，可能需要多种不同的追踪方法。与位置和追踪相关的部分需求分析不仅要确定是否需要位置和追踪系统，而且还要确定需要多少位置和追踪系统。

物体的物理位置及其访问物联网应用或服务所依赖的网络，将对安全场景和相关风险产生巨大的影响。例如，设备或者物体应该是移动的还是静止的？它应该位于德国还是阿根廷？

因为我们对位置信息知之甚少，所以位置和追踪需求还有助于我们判断设备或者物体（事物）是否位于已知安全、不安全或者安全状况不明的位置上。如果该设备试图在已知安全的位置上进行通信，或者在一没有发生明显安全故障的地方定期通信，那么风险可能会更低吗？类似地，如果设备突然从一个全新的、未知的（不明确的）或者已知与恶意设备和网络攻击相关的位置进行通信，那么风险可能会更高。

越来越多的组织将地理标签元素应用到应用通信系统和协议中，以试图获得与事物相关的更多情况和可能的预测信息。地理标签可以通过多种方式实现，通常是基于 IP 地址和已知的互联网提供商接入点（Point of Presence，POP）的地理位置。此外，越来越多的智能设备内置了 GPS 辅助工具，可以很容易访问坐标并反馈给应用。

与位置和所使用的网关或网络相关的评估风险越高，组织策略所需要的围绕追踪和位置的补偿控制也就越多。

10.7.2　定位和电子追踪策略需求

成功的风险管理需要各种策略。这些策略必须能够涵盖物联网设备的定位和追踪，并对正在进行的追踪以及如何收集、使用和公开与追踪相关的信息提供内部和外部指导。物联网系统很可能需要不同的追踪和定位策略，就像现有的不同隐私策略一样。

追踪和定位策略可以封装在现有的策略中，比如隐私策略，这是大多数在线服务的标准特性。然而，隐私策略主要是通过向用户提供关于个人身份信息的收集、使用和公开披露的操作见解来管理法规和合规事项（业务级别的风险）。然后，用户可以根据这些信息推断出隐私风险。

这同样适用于物联网中可能出现的追踪和定位策略。它们旨在提供与物联网系统中追踪和定位技术的使用相关的操作指导，以解决或通报物联网系统的风险管理。

我们在撰写本书时发现，在追踪和定位的监管领域很少有人这样尝试过，可能是因为物联网还很新，而且人们对于追踪和定位系统的折中妥协可能带来的潜在风险也不是很清楚。风险管理人员应该预见到一定程度的监管模糊性，在这种情况下，内部策略通过对监管不力的地方表现出应有的关注和谨慎，会更有意义。

与物联网追踪和定位相关的策略也会提供一些预防措施，防止在监管缺失或相互冲突的环境中出现对个人或者其他形式的信息进行鲁莽管理的指控。

　　举例来说，以下策略层面的需求是根据 ISO 在定位和追踪技术[⊖]领域所做的工作总结和扩展而来的，应该考虑将其纳入内部和面向客户的物联网系统策略中。

　　当追踪和定位作为基本服务交付的可选项时：

　　1）默认情况下，物联网设备或者对象的定位功能必须被关闭或者禁用。

　　2）物联网设备或者对象必须仅在提供用户选择功能所需的时间内存储地理位置数据。

　　3）应用程序 / 服务必须提供一些明显可见的指示，表明启用了定位数据。

　　4）应用程序 / 服务必须为用户提供简单易用的临时或者永久机制，以禁止应用程序 / 服务使用定位数据。

　　5）物联网设备或者对象必须提供定位功能的解释说明，并要求用户明确同意使用该功能。

　　6）物联网设备或者对象必须提供一些当前定位功能状态的可见指示，即启用（on）或者关闭（off）定位功能。

　　7）物联网设备或者对象必须提供一种机制来禁用（关闭）定位功能，直到用户决定更改设置。

　　8）物联网设备或者对象组件（例如硬件、软件或者固件）必须遵守用户的配置设置。

　　9）在可能的情况下，应用程序 / 服务应该为用户提供关于所使用位置信息的粒度或者精度选择。例如，用户可以选择是否允许应用程序 / 服务使用国家级别、邮政编码级别或者精确的 GPS 坐标。

　　10）在可能的情况下，物联网服务应该为用户提供一种控制何时使用位置信息的方法。例如，应用程序 / 服务可以被设计为仅在用户登记时使用位置信息，而不是一直处于打开位置的状态。

　　11）在可能的情况下，物联网设备或者对象应该为用户提供一种简单易用的机制，以删除存储在设备或者物联网服务中的地理位置数据。

　　无论追踪和定位对于物联网服务是可选的还是强制的：

　　12）物联网设备或者对象必须恰当地保护存储在设备上的任何地理位置数据。

　　13）物联网服务不应收集或者存储有关唯一标识符（Unique IDentifier，UID）的个人身份信息，以防止使用位置数据来创建个人信息。

　　14）如果必须要收集和存储 UID 和位置数据，那么只能在满足规定的业务和法律要求所需的最短时间内存储这些数据。

　　15）应用程序 / 服务在更新时应该提示用户查看当前应用程序 / 服务的隐私设置。

　　16）如果应用程序 / 服务希望将地理位置数据用于新的、不同的用途，则应用程序 / 服务必须向用户解释所提议的新用途，并在将地理位置数据用于新用途之前，要求用户明确地选择是否同意。

　　17）应用程序 / 服务必须提供将访问、收集或者使用何种个人信息；哪些个人信息将被存储（在设备或者远程设备上）；哪些个人信息将被共享、将与谁共享以及为什么共享；个人信息将被保存多久；最后，在用户下载 / 安装应用 / 服务之前，要清楚任何可能影响用户隐私的条款和条件。

　　⊖　ISO 18305，实时定位系统，定位和追踪系统的测试和评估。

18）在可能的情况下，应用 / 服务应该为用户提供一种管理他们共享地理位置信息的方法。例如，允许用户指定他们想要共享位置信息的朋友。

19）在可能的情况下，应用 / 服务应该提供一种简单易用的机制，根据用户的喜好禁止地理位置数据的使用，例如禁止在指定的时间以外使用地理位置数据。

10.8　将物联网服务需求映射到定位和追踪技术

可用的追踪和定位技术的种类比大多数人想象的要多，为系统设计人员、工程师和管理人员提供了强大的情境能力。

对于产品经理和工程师来说，了解定位和追踪的可用选项至关重要，但对于那些正在从有限的厂商名单中或者仅从一家制造商中选择设备的物联网系统设计人员和风险管理人员来说，这并不一定重要。

定位和追踪在许多物联网系统中都是非常关键的功能，即使系统所有者本身并不完全理解这个功能的核心本质。例如，虽然定位和追踪可能不是正在考虑的物联网服务的核心，但是它可能具有使业务案例更强大的操作优势。了解终端设备位置的能力，可以提高其维护和替换的效率。

下面的讨论（再次）摘自国际标准组织（International Standards Organization，ISO）所做的出色工作——ISO 18305，"实时定位系统——定位和追踪系统的测试和评估"。

10.9　位置发现

寻找位置涉及广泛的技术和成果：从全球精确的位置到仅在出现问题（我离家有多远？）时才有意义的位置。

与场景和位置发现相关的各种操作需求会通过不同的技术来处理。从风险管理的角度来看，操作选择定位技术可能会影响一系列业务级别的风险，并且会产生与位置发现和追踪之外的其他操作需求相关的操作隐患。

以下是几种不同的定位技术的示例，这些技术已经很常见了，并且肯定会成为物联网的主流。

10.9.1　接收信号强度

大多数基于射频（Radio Frequency，RF）的定位和追踪服务依赖于大量射频收发器（称为锚节点）的可用性。锚节点可以是蜂窝基站、Wi-Fi 接入点或者网关、蓝牙设备、无线射频识别（Radio Frequency Identification，RFID）标签 / 阅读器等。

大多数情况下，锚节点是固定的。由于它的位置是固定且已知的，因此可以计算出其他设备在锚节点附近的相对位置。在某些应用中，可能会出现移动锚节点，它们配备了自己的参考定位设备，可以连续准确地估计锚节点的位置。[⊖]

　　⊖　楷体文本源自 ISO 18305。

在最简单的形式中，射频锚节点的位置被当作接收设备位置的估计值，接收设备可以"收听到"锚节点发送的射频信号，反之亦然。能够收听到信号意味着可以接收到传输实体发送的数据包并且知道其身份。如果收发双方之间的传输介质像波导一样工作，那么射频接收机就可以接收到来自远处射频发射机的信号，就像双方在走廊或者隧道中的视距通路情况一样。⊖

10.9.2　邻近性

邻近系统是一种粗粒度的位置发现方式，相对于已知的固定位置，该服务只需要对设备的位置有一个大致的了解。RFID 就是一个这样的例子。

尽管基于邻近性的定位原则上可以采用任何无线通信标准，但是 RFID 是这类系统中应用最广泛的选择。包括 RFID 标签在内的 RFID 系统可能拥有（或者缺少）各种针对某种攻击形式的安全保障措施。因此，了解 RFID 系统假定的安全控制类型非常重要。⊜

10.9.3　到达时间

如果已知锚节点发送射频信号的时间和被追踪物联网设备 / 对象的到达时间（TOA），那么飞行时间（Time-Of-Flight，TOF）就是两者之间的差值。如果假设射频信号的传播速度与光速相同，则 TOF 可用于估计设备与锚节点之间的距离。这个过程叫作射频测距。锚节点和被追踪设备（可能是网关的终端）的角色可以互换，也就是说，设备可以是发射机，锚节点可以是接收机。⊜

10.9.4　到达时间差

考虑这样一种情况：已知位置的设备 / 对象和两个锚节点接收信号并记录接收时间。如果锚节点的时钟是同步的，则可以计算出到达时间差（TDOA）。

如果进一步假设射频信号以恒定的光速传播（我们知道当信号穿过物体时这一假设是不正确的），那么我们就可以计算出从设备到锚节点之间的距离差。

例如，如果设备和锚节点所在的平面是已知的，且三者都处于某一建筑物的特定楼层，那么该设备的位置可以被合理地假设为距该层楼上锚节点的水平距离。如果这个平面是未知的，即当我们在寻找设备时，它可能在建筑物的任何地方，那么这个设备处在围绕锚节点的一个完整的潜在球面上。⊛

10.9.5　泛在无线信号

当信号很弱或者完全不可用时，例如处在建筑物深处，这类定位传感器可以替代像 GPS 这类基于卫星的系统。这种定位方法出现的另一个原因是卫星系统很容易受到干扰和欺骗。可用于定位目的的信号包括数字音频 / 视频广播信号、模拟电视、AM 电台、中波（Medium

---

⊖　来自 ISO 18305，实时定位系统——追踪和定位系统的测试及评估。
⊜　同上。
⊜　同上。
⊛　同上。

Wave，MW）电台和蜂窝基站。

可以用于基于泛在无线信号的定位技术包括了上面讨论的所有技术，甚至更多！当然，为了能够实现任意定位，了解这些信号的传输位置非常重要。[一]

10.9.6　声传感器

声传感器利用发射超声脉冲到达的时间或者角度，或者同时发射脉冲到达的时间差来确定发射器和接收器之间的距离。声学之所以可以提供定位，同样因为接收器的位置是精确知道的。但是，这种形式的测距和定位之间的集成并不意味着或以任何方式保证。市场上的典型解决方案可以实现几厘米的测距精度。[二]

10.9.7　成像

可以用于定位的各种类型的成像有以下几种分类方式：

❑ 三维（3D）成像技术可以捕捉到它所观察环境的三维图像。例如，激光扫描雷达[三]或者激光摄像系统可以用来构建环境的 3D 模型，并能够基于软件模型估计范围和位置。该模型将扫描设备的已知位置作为锚节点来实现相对的或特定位置的估计。

❑ 非视距系统是一种可以看透墙壁、衣服、集装箱、地面和其他物体的成像系统。这种系统的一个例子是红外或者热成像摄像机，它可以追踪穿过墙壁的能量或者热信号。另一个例子是超宽带（Ultra Wide Band，UWB）成像系统，它可以有效检测到墙后的金属物体或者其他（非金属）物体。探地雷达系统在地质、采矿等领域有着一定的应用，甚至在物联网领域也有着一定的应用前景。

❑ 视距成像可以使用普通的静态照相 / 视频摄像头，只要该区域的亮度水平在可接受的范围内，它就能够捕捉到图像传感器上的亮度和色度，以获得距离和范围。[四]

10.10　运动追踪

运动追踪通常（但又不一定）与定位无关。它可以单独部署在物联网系统中用于各种目的，而无须定位。例如，测量移动距离和速度的运动应用。

确定运动追踪的特定需求常常会将物联网系统设计引向特定的技术。每种技术都可能具有特殊的隐患和风险，应该加以考虑并根据需要适当地接受、处理或者转移。

以下是一些将在物联网中提供基础服务的动态追踪技术的综合讨论（肯定不完整）：[五]

❑ 加速度计：加速度计是一种测量有关重力加速度的装置。这并不一定是坐标加速度，而是与加速度计装置参考系中任何静止测试质量所具有的重量现象有关的加速度。

[一]　来自 ISO 18305，实时定位系统——追踪和定位系统的测试及评估。

[二]　同上。

[三]　激光雷达是一种遥感技术，通过用激光照射目标并分析反射光来测量距离。

[四]　同上。

[五]　来自 ISO 18305。

❑ 磁力计：磁力计是可以测量磁场的传感器。在个人电子设备中，磁力计中最常见的是电子罗盘，它以地球磁场为基准来确定设备的朝向/前进方向。

❑ 计步器：计步器是一种通过计算步数来估计距离的传感器。过去，计步器通常利用摆动的铅球摆这样的机电解决方案来实现计步。如今，现代计步器利用惯性传感器，通过软件处理加速度数据来推算步数，通常的精度为 ±5%。

❑ 倾斜仪：倾斜仪是一种测量物体相对于重力的坡度或倾斜角、仰角/俯角的仪器。它也被称为测斜仪、坡度仪、梯度仪、液位计、方位角计或纵摇指示器。它既能测量倾斜率（观察者向上看时的正斜率），也能测量下降率（观察者向下看时的负斜率）。现在有很多不同类型的倾斜仪，包括机械的和电子的。

❑ 高度计：高度计是一种用来测量物体高度的传感器，其尺寸和价格已经降到可以在许多低成本设备中找到。现代高度计最常用的工作原理是压力传感。在现代个人电子设备中，压力传感器通常是利用压力计上的压阻效应来实现的，可以测量由于施加压力而引起的应变。该技术适用于测量绝对压力、仪表压力、真空压力和压力差的传感器。

在物联网中，重要的是要了解，像运动传感器这样的触发器是定位和追踪的重要输入，跟风险密切相关。这些具有定位和追踪功能的系统之间的相互依赖关系可能会影响它们在逻辑攻击和物理攻击下的安全防护程度。

10.11 自动化可访问性和使用条件

物联网的这一需求本来应该放在第 11 章，但是我们选择将其放在场景这一章展开，是因为在许多物联网用例中，可访问性的实现至少需要半自动化，而不是一定要通过大量细致和烦琐的用户配置选项。

区别在于，可访问性应该尽可能自动化，因为不应该期望用户去理解给定物联网系统的所有特性和功能，虽然这些特性和功能可以使用户更容易地使用系统。

物联网系统应该尽可能地意识到可访问性问题，并对其做出响应，或者根据场景观察主动提供可访问性选项。

可访问性常常被错误地与轮椅坡道、计算器上的大按钮和祖母家的有线电话联系在一起——为那些因年龄或残疾而有特殊或不同访问需求的人提供产品和服务。

在物联网中，可访问性具有全新的含义，它意味着风险和安全后果。可访问性作为一种操作需求，必须成为物联网设计过程的一部分，而不是因为我们经常会关联到这个词。例如，为老年人或者残疾人提供的无障碍服务。

为用户提供便利的技术肯定会成为物联网的一部分，比如与健康和老龄化相关的物联网设备：智能健康。诸如更大的控制屏幕和按钮、取代书面指令的听觉指令以及多语言支持（包括书面和口头）等功能，都将在物联网设备的可访问性方面发挥作用，从而使适应率、效率上升，总成本下降。

可访问性的另一种有趣的形式是环境可访问性：能够在阳光下，或者黑暗中，或者雨中进行阅读屏幕，随着噪音水平的变化（当你从办公室移动到火车上时），或者当你开始开车时，你必须从视觉 / 触摸屏控制切换到语言控制——诸如此类的物联网设备将无处不在，我们不应该假设物联网环境是干净的、干燥的、只适合典型消费者使用的。

为了保持可访问性，物联网设备需要集成传感器来检测环境，并通过网络将条件反馈给应用。管理许多物联网设备的各种数据中心和基于云的应用决定哪种形式的命令和控制最合适这些条件，并且通过网络向设备提供必要的信息（使用多少背景光，适当语言的字幕，或者普通 vs 专家的字幕），否则设备必须在本地维护所有信息并使其保持最新。考虑到物联网中出现的可访问性需求的范围，在本地存储和管理可访问性的能力将大大提高物联网设备和服务的成本。

可访问性还必须能够跨异构网络工作，不应该因为漫游网络而受到限制。例如，字幕不应该因为迁移到新的网络而从视频控件中消失。

因此，可访问性用户 / 消费者、管理人员、技术人员、执法人员、监管人员和所有潜在的利益相关者都将通过网络参与其中。这些网络将为不同类型的控制装置和人机接口（Human-Machine Interface，HMI）提供关键的指令和信息。

这就是安全和风险所在。如果设计不良的设备安全性很差，它们的关键控制接口就可能会在网络（互联网）上被篡改。同样，安全性较差的网关或网络也可能被减缓或禁用，以至于物联网设备无法更新用户界面。例如，在你需要时无法使用语音命令，或者当你从一个黑暗的房间走到车里时，无法读取屏幕内容。这些风险也可能与关键基础设施管理有关。例如，当一个技术新手试图重新配置一个设备时，比如一个泵，当他切换到专家模式时，可能会收到一个伪造的命令界面。或者，可能因为网络可用性和安全性因素，只有专家模式可用，也可能是由于缺乏经验而发出的错误命令。

一些与物联网相关的具体操作需求将影响整个系统的风险管理：

❑ 年龄敏感和残疾敏感：由于人口老龄化以及老龄人群服务设备的使用增加，设备中的字体变得越来越大，界面也更容易看到，这就是智能健康。这不仅仅是可用性问题，也是安全性问题。随着物联网系统的可访问性接近系统用户的极限，用户和管理错误也会增加。

❑ 环境：物联网设备将无处不在，我们不应该假设环境会很好地配合。其他环境可访问性问题包括：

- 温度
- 照明
- 湿度和潮湿
- 灰尘、颗粒物和环境卫生
- 空气质量和环境危害

许多物联网设备的环境改造将依赖于网关和网络及其安全性。

❑ 异构网络：可访问性不仅涉及人类用户，还涉及终端设备和网关本身。启用具有多个网络接口的物联网终端和网关可以解决许多与资源耗尽、干扰和监管相关的潜在风险，这些风险可能会影响网络和通信能力。多种不同的技术，比如将 Wi-Fi 接口和固定线路以太网接口结合起来，或者与蓝牙接口结合起来，将为设备和服务提供多种选择以满足关键需求：保持连接。

❑ 服务供应商和路由可访问性：可访问性必须尽可能跨网络供应商工作。这意味着基于标准的网络和大型的对等、可互操作系统比小众系统更受欢迎——即使小众系统打折的网络接入费用是一个诱惑。与此同时，服务路由应该是透明的，并且可以通过某种自动化的方式进行理想的通信，以便决定路由是否支持场景以及与场景相关的服务级别。

10.12　总结

本章提出，在物联网中，使用场景和操作环境对于安全和风险管理的重要性不亚于传统 IT 领域中的机密性、完整性和可用性。

在 IT 领域中，许多支撑安全和隐私的假设在物联网中并不成立。大多数 IT 系统都是在服务级别不明确的情况下开发的，其目的就是使这些系统能在办公桌上安全使用，最差也是能够在沙发上使用智能手机。无论在日本或者莱索托、白天还是黑夜、热还是冷，IT 的工作方式都是一样的，最糟糕的情况可能就是大规模的欺诈和经济损失。物联网设备无处不在，将直接响应物理和逻辑环境，有时还会对物理安全产生显著的影响。

在本章我们所讨论的需求中，威胁情报是最复杂和最重要的需求之一。威胁情报仍处于早期阶段，还是一个质量参差不齐的阶段性商品。理想的情况下，威胁情报有朝一日将真正成为一种商品，由数百甚至数千个安全实体协作产生——可以为任何使用互联网和跨控制和服务域共享信息的实体提供一个易于理解的标准化信誉评分。但是，在我们到达这一理想之前还有很长的路要走！

场景和操作环境的其他方面也将在物联网和风险管理中发挥作用：系统和服务需要更多的意识到日期和时间，无论人们是在附近还是在远处，在一定程度上明白他们将要开始使用什么类型的设备和服务。

物联网中的设备，尤其是终端和网关，有可能支持多个场景：例如，正常场景和异常场景（紧急情况？）。在物联网中，理解场景如何影响安全和操作需求对于物联网风险管理非常重要。

位置将在物联网的发展中扮演重要角色，成为系统或者服务可能拥有的最重要的场景数据之一。位置将通过多种方式来提供场景——包括实际的地理位置、设备或人是处于运动还是静止状态，以及这是正常状态还是异常状态。此外，还有许多不同的位置发现和追踪技术可供选择：技术的选择肯定会对特定物联网服务的安全性、隐私和风险产生影响。虽然人们的本能反应总是采用最方便、最容易部署或者最低集成成本的定位技术，但是仍然要注意这些定位技术在部署后对风险的长期影响。

最后，我们总结了可访问性的相关内容——但是可访问性的定义与试图适应个人障碍的典型定义不同。在物联网中，设备是为多用途应用而开发的，面向全球市场，其目的是可以重新配置，可以转让其所有权，并且可以在该领域中重新使用——可访问性还包括根据用户和应用的位置、一天中的时间和任何其他可能发挥作用的场景变量，来更改接口和设备反馈。实际上，物联网的可访问性要求和风险不仅要考虑预期条件下的目标用户，还要考虑非计划用户以及设备和物联网系统可能会碰到的非预期的使用场景。

物联网的互操作性、灵活性和工业设计需求

这是本书关于需求的最后一章，它将继续拓展物联网风险和安全从业者的认知边界。事实上，本章中的一些主题明显具有前瞻性，这将为互操作性、灵活性、可扩展性和工业设计带来前所未有的机遇：信息管理人员、安全和风险管理人员、系统设计人员和工程师都需要做好准备！

物联网的互联性、级联影响以及前所未有的行为和反应速度，通常具有制造过程的特性并会引起信息技术和一般企业风险管理人员的关注。互操作性、灵活性和工业设计是我们提出的第三类，也是最后一类需求，它们是物联网新出现的安全特性和使用场景。（我们讨论的其他需求类别反映的是对以前理解的安全特性进行必要的重新排序和重组。）我们将在物联网的安全和隐私场景下进行探讨的物联网需求的最后一个主要类别。

对于某些人来说，这可能是一项令人不安的创新，但是对于全面管理物联网风险而言，这却是一项必要的创新。

11.1　组件的互操作性

互操作性是物联网系统供应商和服务提供商最关心的问题。

每个人都担心物联网的互操作性：物联网中的设备和服务应该是易解耦或者松耦合的，同时还能够根据系统设计变成紧密集成和强耦合的。物联网应该既可分割又可互换，同时又不牺牲效率或者安全性。

物联网系统的设计应该允许由独立的、可解耦合的组件组成，以实现灵活性、健壮性和应对不断变化情况的弹性。使用独立的和可互操作的组件可以简化设计组合，并且可以通过接口在新的、不同的系统和场景中被重复使用。物联网垂直层间也应该能够解耦合，以便在不影响其他层的情况下修改和替换每一层。

关于物联网的互操作性，以及与糟糕的互操作性相关的风险（高成本、不灵活的部署、快速老化的资源和低实用性），已经有了大量的讨论。

当你听说"互操作性是服务提供者和供应商最关心的问题"时，需要记住一件重要的事情：他们不是目标用户！

询问物联网用户、客户、普通消费者、司机、患者或者家长，他们最关心的问题是什么？答案不是互操作性。除了物有所值，他们最关心的是安全和隐私。他们并不关心互操作性——他们只是假设它的存在。

不要忘记，作为物联网的风险管理人员，你可以完美地解决互操作性问题，但是客户大多不会留下深刻印象，通常也不会考虑它。然而，他们会询问有关安全和隐私的问题。监管机构也是如此。

11.2　有关工业设计

工业设计通常指与美学、用户吸引力、人体工程学、功能性和产品（通常是物理产品和逻辑（软件）产品）的可用性相关的应用艺术和工程。工业设计也可能是影响产品的市场性、操作能力和生产的主要因素。

物联网系统采用或者被广泛应用于各种不同服务提供者和使用场景的能力，不仅会影响到与系统业务成功相关的风险，还会影响到系统的安全性和保障。

下面的需求会影响到给定物联网组件（终端、网关、网络或者数据中心/云）的构建、维护、扩展、集成或者分解以及成片销售的难易程度。从业务角度来看，这些都是理想的功能，尽管各种管理或者其他事项可能对灵活性有很大影响。

11.3　自定义组件和体系结构

物联网的元素通常需要自我描述，以便最大限度地提高互操作性和灵活性，并实现有效保护的即插即用功能。

物联网系统会定期连接一些异构组件，根据利益相关者的需求执行不同的功能。物联网会混合和匹配不同的子服务来创建全新的服务，例如每天从衣柜中挑选物品，搭配出不同的新服饰。

许多不同的设备、资产和分层服务提供商可能会参与到支持给定的物联网系统中，就像在任何给定的衣橱中都可以发现许多不同的设计师和服装制造商一样。

因此，物联网系统设计应提供能够进行良好定义和描述特征与行为的组件。例如，如果提供了唯一的标识符（如序列号或者 MAC 地址），也就提供了自标识符，或者分配了中央可访问存储库具有的相关元素的重要细节。

这种识别物联网元素及其属性的集中式系统需是开放的、可访问的，同时还要使用标准化语义和语法提供说明。组件应该使用标准化的组件/服务定义、说明和组件目录。

从风险管理的角度来看，物联网系统的灵活性将根据各元素（服务和资产：终端、网关、网络、数据中心 / 云）制造商是否支持采用一些易于应用的流程来理解其设备属性而发生变化。

传播给定设备的功能不一定需要查找中央存储库，设备可能在接收到单播（一对一）查询的轮询后，本身就可以传递属性了。当然，这意味着设备必须支持网络功能，以响应这样的轮询或查询——理想情况是用非专有的方式。

当涉及物联网中的安全和风险管理时，重要的是以自动化的方式传递属性，提高设备的灵活性和实用性，而且要以一种可信的方式完成。更重要的是：这些属性不能被拦截、伪造、更改、删除或延迟，因为这会对物联网自身带来风险。

11.4　设备适应性[⊖]

物联网设备和对象应该能够适应它们所处的环境。如今，当一个手机用户从一个国家漫游到另一个国家时，人们普遍认为手机是兼容的并存在漫游协议。类似地，当一个智能手机用户进入家中时，手机通常会自动将其数据服务从蜂窝网络"转移"到家庭 Wi-Fi 网络。同样，当它到达办公环境时，它会适应公司的网络设置，再次转移数据服务。

物联网对许多服务和应用程序的适应性将会更加复杂和重要。适应性不再局限于终端设备和服务对象，它将扩展到物联网中的各个资产类别：终端、网关、网络和数据中心 / 云。

在新兴的第五代（5G）无线世界中（预计最早会在 2018 年或 2020 年会进入部分市场），适应性将发挥更大的作用，因为它是大多数 5G 诠释的核心：设备不仅会漫游到能发现最佳连接的任何地方，而且还会结合不同的无线技术得到聚合带宽。例如，你的运营商第四代网络（4G）连接加上你的家庭 Wi-Fi，总共可以为你提供 500 Mbps 的无线连接。在这种情况下，通过网络的数据路由几乎是不确定的（不可预测的）。

对于物联网中的风险和安全管理人员来说，关键是要了解有哪些连接自适应可用，以及如何使用并平衡它们，进而同时改善风险（包括业务风险，比如盈利能力）和安全性。

因为适应性可能来自任何给定物联网系统的各个方面，所以系统设计的问题是，在哪里应用哪些适应性可以获得最大的收益。

> 由风险管理者决定适应性及其假定的收益是否真的能够全面降低风险，而不是解决了某种弱点或风险，却极大地放大了另一种弱点或风险。

让我们来看几个适应性需求的示例，以及它们如何在风险和安全管理方面达到平衡：

❑ 终端设备：例如，在工作日人流量高（但在非工作时间人流量极低）的区域进行室内安全运动检测。

　● 适应性：节能目标意味着在工作时间进入休眠状态？记录和缓存数据与实时传输？完全停止记录？

⊖　概念来源于 Gyu Myoung Lee，"Internet of Things—Concept and Problem Statement"，IETF，2012 年 7 月。

- 评估：节省电力和网络可能是关闭实时运动检测的正当商业理由，但其他理由（如人员安全和责任管理）可能会使稍后上传缓存数据到存储服务器成为一种明智的做法。

☐ 网关设备：例如，为了让交通监控应用程序能够读取牌照信息，对范围内的指定终端设备提供互联网访问。

- 适应性：网关应该使用哪种接入网？网关可能有四种可用的网络选择：本地固网以太网、本地提供的 Wi-Fi、第三代（3G）蜂窝网络和 4G 蜂窝网络。

- 评估：不同的技术具有不同的成本、服务级别保证、合同承诺、业务级别风险以及与机密性、可用性和完整性相关的性能参数（操作风险）。风险管理者需要在考虑所有需求后做出选择，并提供建议。

☐ 网络设备：例如，运行在服务提供商网络边缘的路由器，在企业内部为不同的网关管理服务提供商提供数十个网关的连接，以及为服务器和台式电脑提供一般的企业互联网连接。

- 适应性：向哪些数据提供哪种服务级别？不同的物联网服务可能需要根据不同属性（比如可用性（延迟）、完整性（丢失）和机密性）采用不同的服务级别。

- 评估：网络提供商提供的不同服务级别具有不同的成本，通常应该使用满足服务级别需求的最低成本的服务；然而，由于距离、网络控制和来源等原因，通过网络的不同路由可能会对所有属性造成不同的风险。

11.5 "物"的包容性

对构成物联网的"物"的定义应该是灵活和开放的。与其限制"物"的本质，不如专注于准确描述"物"的特征和行为。

在标准世界中，"物"的正式定义范围通常很广，但也并不总是如此。例如，一些定义试图将"物"限制在自动化或半自动化基础上运行的工业传感器或机器上。

对"物"的限制性定义会将风险引入物联网系统中，因为它们否定了一些基本事实，并导致了对物联网的不准确假设，而这正是系统设计者、工程师和风险管理者必须牢记的：

1）物联网使用共享网络。即使从设备到网关的网络是专用的和专有的，物联网服务也很少会放弃任何形式的共享网络，比如运营商网络。这意味着，从最早支持互联网的 Windows 3.1（甚至是 Windows 之前磁盘操作系统！）桌面电脑到最新的可穿戴设备，所有设备都将在某一时刻使用共享资产。共享可能只发生在电信运营商的核心区域，也可能发生在网络中的第一跳，如家庭网关——但它始终存在，并且可能在大部分地理距离上传输数据。

2）物联网使用共享技术。物联网的风险之一是它在很多方面都是"单一化"的：它建立在国际互联网工程任务组（Internet Engineering Task Force，IETF）协议（IP 是最大的协议）的公共平台上；虽然设备和网关看起来可能完全不同，但是许多物联网系统都将使用通用的计算平台（硬件芯片、内存、存储）。

包容性作为一个设计需求，并不意味着要为正在开发的物联网系统内部的各种设备和服务腾出空间。它意味着要理解物联网是一个巨大的空间，由于共享网络和技术而存在相互依赖性，所以需要管理许多相应的风险。

没有哪个物联网系统是以独立、真实、完整、独特的状态而孤立存在的。

就像我们的星球一样，物联网中的每一个人和每一件事，无论是否被承认，都有一定程度的包容性。

11.6　可扩展性

物联网系统的可扩展性需要尽可能多地支持应用、设备、工作负载和复杂性，以平衡业务需求，比如具有灵活性操作需求的成本效率，以及对不同服务重用组件的能力。例如，在非常简单的应用中使用的相同组件应该也可以在大型复杂的分布式系统中使用。理想情况下，组件可以被快速调整和扩展（即使在运行时也是如此）。

扩展可能意味着向物联网系统添加越来越多的终端。这可能会增加数据出入终端以及终端处理数据的速度，也可能会增加单个基础设施管理的半自治物联网系统的数量。例如，多租户解决方案可能允许多个客户共享一个服务或基础设施，而不是为每个新客户运行一个专用服务或服务实例：可扩展性极差的解决方案。

可扩展性差会导致许多物联网风险，包括由于能力不足以及管理系统无法应对所管理的人群而对可用性造成的影响。由于这些特点比正常运行时间和未经授权的删除问题更复杂，所以我们将它们放在了互操作性、灵活性和工业设计的需求类别中。

此外，物联网系统的设计可能会将可扩展性作为一项基本需求，但由于不完整的视角和用于评估的适当用例，都可能会出现细节错误。

例如，企业 IT 的一个常见错误是在隔离的环境中为给定的任务开发软件或硬件，并假设没有人会尝试在不同环境中使用数据、软件或硬件，或将它们用于新的、可操作的或增值的应用和服务。但是你看，几年之后，有人找到了一种巧妙的方法，以完全出乎意料的方式使用数据或软件，但却是在一个不同的、不那么隔离的和安全性较低的环境中。由于该软件从未被设计成在一个"不太卫生"的操作环境中运行，最终它成了一个在功能上可操作但不安全的系统。

物联网可扩展性的关键视角是预测你尚未想过的情况。是否有技术需求可以使得现有物联网系统与其他系统的集成更加容易？可扩展性可能与你的系统无关，而是与想要连接和利用你的系统的其他系统的可扩展性有关。

很难预测物联网设备或资产（软件、硬件、系统或服务）一旦推出，将如何捆绑、重新包装、调整、利用和更改用途。对软件的微小改动可能会实现系统设计过程中并未预料到的全新服务和系统接口，将本来小型的、面向小众（专业化经营）的物联网系统转变为大规模的物联网系统。

在一个大规模的环境中——一个超乎任何人想象的实际商业场景，管理需求看起来像什么？可能是一点额外的报告能力？可能是一个额外的固件存储？也可能是在应用编程接口

（Application Programming Interface，API）或网络报头中允许通用或未定义的变量？

对于安全或风险管理人员来说，推荐具有额外未定义功能（这些功能可以在以后填充）的设备、资产、工具和平台，可能具有重要的价值和可扩展性。

11.7　下一代无线网络需求

在撰写本书时，下一代网络有几种不同的定义，尤其是 5G 还在快速演进（且被夸大宣传）。

5G 是蜂窝移动标准组织的最新成果。5G 的命运和物联网紧密相连，因为物联网是推动 5G 应用的许多用例的基础。对于关注物联网风险的人来说，了解 5G 的基础知识对于理解 2018 年或 2020 年前后开始的物联网运营环境和需求至关重要。

在撰写本书时（2016 年年初），5G 标准尚未获得批准，相关工作正在进行中。因此，这里提出的需求不仅是普遍的，而且是预测性的——5G 的最终规范可能会超出或低于这些需求，原因有很多，已远远超出了本书的范围。

5G 的许多通用设计需求都来自物联网需求。从广义上来说，我们的意思是，这些需求已经在一系列预期物联网应用中被整合了出来，5G 必须基于这些需求尽可能地做出更多的假设。

以下是 5G 的一些通用需求，这些需求又被认为是无线蜂窝网络的物联网需求：

❑ 容量：这指的是能够使用 5G 管理更高容量的无线业务，以及在给定（高密度）区域内管理更多设备的能力。

❑ 速度：预计 5G 将提供远高于 4G 系统的速度，目标是从 1 Gbps 开始，最高可达 10 Gbps。这取决于供应商以及小区大小、设备特性等变量。

❑ 延迟：5G 对物联网安全重要性的关键之一是延迟，使用 5G 接入的移动终端和其他任何位于通信末端的设备（例如，在本地小区内以某种形式的业务或传输协调进行协作的另一个终端）之间的信息传输延迟目标是要低于 1 ms。

❑ 效率：随着 4G[⊖] 的发展，我们看到 5G 将具有物联网设备的特殊功能，使其在通信和相关电力消耗方面大大优于当今典型的蜂窝技术。此外，更高的带宽和更低的延迟意味着给定数量的数据可能传输得更快，因此需要更少的无线发射功率，并更快地进入休眠状态。

❑ 可靠性：5G 将通过结合多种重叠的无线技术和互联网接入的替代方式，寻求实现零停机时间的构想。如果一个小区容量下降或达到最大容量，相邻的小区将进行补偿。如果一种特定的无线电频谱技术处于满负荷状态或服务质量下降（例如，一种授权的蜂窝技术），那么另一种不同的无线电频谱（例如本地 Wi-Fi 热点）就可以无缝接入作为替代。

❑ 灵敏度：5G 系统不仅应该能够适应环境和区域变化，还应该能够适应网络上的各种流量类型和设备类型。某些设备类型可能会为其数据获得不同的服务级别，通过网络的不同路由以及不同服务（如安全性）的访问。

我们将在第 12 章与第 13 章中更详细地讨论和描述 5G。

⊖　见窄带 LTE 参考资料，http://www.fiercewireless.com/story/new-lte-standard-internet-things-gets-push-3gpp /2015- 09-22。

11.8　标准化接口

为了使物联网系统集成不同的组件，这些组件的接口应该基于定义良好、可解释和明确的标准。

物联网在某种程度上与互操作性同名，因为它是以终极标准化通信系统——IP 来命名的。此外，接口的标准化将允许现在和未来设想的任何系统都可以轻松地提供各种组件。

缺乏标准化的组件和接口可能依然会有一些优势令某些制造商和服务提供商选择继续执行，比如传统的专有系统。朝着标准化相反的方向发展可能会在前期创造一些明显的竞争优势，但从长远来看不会，因为物联网会在开放的基础上蓬勃发展。

许多支持物联网的技术都是开放的，而不是封闭的。它们是由特别兴趣小组（Special Interest Group，SIG）——由志愿行业联盟组成的准标准组织⊖：自愿联盟——开发的。到目前为止，SIG 一直是互联网的重要组成部分，未来还将成为物联网更大的组成部分。

标准化接口的一个主要示例是基于硬件或机器的认证（身份和访问控制的一个要素）所需的接口。我们之前在第 9 章中讨论了不同形式的访问控制，以及它们如何表现物联网的风险管理需求；但是，我们并没有讨论无人的或基于机器的认证的标准化元素。

在人类世界中有各种各样的操作和科技技术被认为是标准化的，但实际上它们只是惯例。它们不仅被广泛理解、认同和使用，而且也被普遍认为是合法的。诸如口令和口令旋转、双因子认证（如生物识别）和随机数令牌等技术都很容易理解，而且相对简单。不仅如此，这些技术在产品供应商之间也是通用的，而且认证技术可以重复使用。SAML、OAuth 和 Kerberos 就是一些利用一系列可配置的和公认的密码算法的例子。

在物联网中，认证通常需要设备单独进行，而不需要任何人提供任何预共享的秘密或生物特征（如指纹）。这意味着硬件将需要采用某种方式来保存或生成唯一标识，并以安全的方式将该标识传递给物联网服务提供商。这个标识不能被窃取、复制或破坏。

对于基于机器类型 / 硬件的认证，目前还没有公认的接口或流程惯例，这是物联网需求和风险的一个主要缺口（不过，已经有关于独特设备标识的标准工作，我们将在最后一章中把这些标准作为可能的 RIoT 控制进行回顾）。

11.9　限制或最小化黑盒组件

我们既希望保持专有和竞争优势的秘密，又希望获得灵活性以及与其他产品互操作的好处，而这二者之间常常存在矛盾。

在物联网中，内部工作不透明或不清楚的黑盒组件会因企业 IT 系统中一些需要很好理解的问题而出现风险。

❑ 复杂性：复杂性是物联网系统的一个标志，因为来自不同厂商和服务提供商的许多设备和对象混合在一起，为新的、更好的产品和服务创造了无限的可能性。复杂性意味着黑盒系统中的故障可能会产生更多的级联效应。管理复杂性风险需要更好地了解系统各个独立部分的工作，而不是有太多小秘密。

⊖　来自网络世界的一些例子，包括蓝牙、ZigBee 和轻便型设备——所有终端到网关的关键通信协议。

❑ 故障诊断和调试：复杂系统中的黑盒对象越多，调试故障就变得越来越困难。物联网在灵活性和应用标准化的接口和通信协议方面积累了巨大的优势；运行设备和对象的软件及固件需要尽可能地具备开放性。物联网系统中的黑盒设备和对象越多，当出现问题时，无意义的相互指责就会更多。

❑ 厂商锁定：由专有的黑盒设备和对象引起的厂商锁定会降低效率。这是对物联网的"诅咒"，是需要避免的事情。黑盒会降低系统的灵活性、增加系统的成本，而系统的关键优势在于提高效率，更好地做事。

> 总体需求是降低复杂性，从而提高物联网平台和解决方案的透明度。

因此，向开源组件的迁移将会增多，软件商业模式将逐渐转向支持开源产品，而不是专有代码。这种迁移在企业 IT 领域中有两个很好的成功案例，一个是基于 Red Hat[⊖]Linux 的操作系统，另一个是 HP[⊜]的基于 Helion Linux 的系统。

对于采用黑盒策略以保持竞争优势的物联网系统和产品公司来说，需要考虑强加给合作伙伴和客户的风险，以及采用黑盒策略的影响。如果没人买，黑盒还有什么用？

对于那些开发或评估物联网系统和产品安全的人来说，需要了解黑盒风险，并尽可能尝试量化它们。正如我们在别处详细讨论过的，直觉是一种糟糕的风险管理工具[⊜]。对于复杂系统中的复杂风险，不要相信直觉。至少，要了解关于黑盒产品中你还不清楚的内容。

11.10　遗留设备支持[⊗]

遗留设备和系统是指过去设计和部署的设备和系统。例如，工业控制系统的计划寿命通常要比商业 IT 系统的计划寿命长 5 倍，甚至更多！20 年甚至 30 年的计划寿命意味着，在20 世纪 90 年代部署的产品极有可能到了 21 世纪 20 年代还能提供良好的服务，21 世纪 20年代的物联网已经变得比撰写本书时（20 世纪 10 年代）更为普遍和重要。

这些遗留特性（包括设备、系统、协议、语法和语义）是之前设计的，可能与当前的体系结构需求并不一致。

工程师和风险管理者需要仔细评估物联网系统与体系结构应该在多大程度上支持遗留组件的集成和迁移。在此评估过程中，要注意通过集成遗留技术的外部系统，在部署后设想的新服务和新产品的潜力。你永远不知道物联网将会走向何方！

应该设计新的物联网组件和系统，使互联系统的遗留部分不至于限制未来系统的发展。必须制定传统系统的适应和迁移计划，以确保遗留投资不会过早搁浅。

这需要以确保安全性及其他基本性能及功能需求的方式集成遗留组件。首先要从物联网服务中所有设备的安全能力清单开始。这些设备中有一些可能比较老旧，但仍可以被继承、

⊖　http://redhat.com

⊜　http://hp.com

⊜　见 Tyson Macaulay 的 *Understanding Critical Infrastructure Threats, Vulnerabilities, and Risks*（Elsevier 2008）。

⊗　见 Ric Simmons 的 *Contribution to SWG IoT 5 AH4*，2014 年 4 月。

购买或重新用于新的物联网系统。

> 考虑到这些遗留设备有限或缺失的安全功能，需要将物联网网关、网络和数据中心／云服务等元素视为补偿控制。

11.11　了解什么时候足够好了

廉价的内存和强大的处理能力正促使着软件开发人员为物联网系统添加可能不必要的复杂性。正如我们一直所说的：复杂性等于风险——软件／固件故障的操作风险，同时也包括与产品开发和测试成本相关的财务风险，以及一个存在故障的、过于复杂的系统通过质量保证（Quality Assurance，QA）时的责任成本，因为故障在复杂性中被掩盖了。

在物联网中，许多处理物理世界的系统不需要将规格和参数保留到小数点后第四位甚至第一位，因为环境变量和其他输入变量本身可能无法被测量或管理到这么具体。

在某些情况下，即使存在 ±20% 的误差，可能都足以在物联网系统中做出决定。创建与维护那些不能持续收集、平均和纠正远超出所需操作参数读数的软件与固件，是一个需要持续关注的重要需求。

2014 年，丰田在凯美瑞车型的加速控制软件设计中被发现存在疏忽，这一事件引发了一场有益的讨论。

> 我曾和几个程序员一起工作过，他们为我设计的模拟电路编写了支撑代码。在大多数情况下，我不得不对他们说："麻烦慢点，你们为什么要添加这些并不需要的代码？"回答总是这样的："内存是免费的，所以我们选择添加很多复杂的东西，就因为我们可以。"例如，如果一个参数只需要有 20% 的精度，为什么我们还要在每个采样点之间引入插值，然后使计算结果达到 16 位精度？就这样，原本我想要 10 行代码，最后我得到了 1000 行。另一个例子：对于电机驱动的闭环控制，我使用的软件监控了太多的东西，以至于我无法在下一次采样前完成计算。这些参数中有许多是内部循环中的参数，由于外部循环会对这些参数进行修正，因此完全可以忽略这些参数。还记得开环增益 G/(1+GH) 吗？G 可以有很大的变化，而最终的响应仍然是 ~1/H。计算 G 并不需要 0.0001% 的准确率。程序员并不知道这一点，因为他从来没有上过反馈理论课程，或者他忘记了。我在想这个问题的答案：为什么读取油门踏板的位置需要数万行的代码？Rathbun 向我们解释了他在代码里添加的所有项目。他可能是一个很聪明的人，并做了系统工程师想要做的，但是这有必要吗？系统工程师是否"过度设计"了它？
> ——Darrell Hambley 顾问，电力电子专家[⊖]

因此，物联网对良好风险管理和安全性的一项需求将是审查因过度工程而引入的复杂性。要了解物联网中机密性、完整性、可用性、服务水平、精度和测量的质量收益递减点在哪里并不容易；但是，第一步要明白，一个收益递减的点，同时也是风险增加的点。

⊖ http://www.edn.com/design/automotive/4423428/Toyota-s-killer-firmware--Bad-design-and-its-consequences

11.12　网络流量逆转和数据量

回忆一下，物联网有四个不同的资产类别：终端、网关、网络和数据中心 / 云。每个资产类别都有不同的需求，并且随着物联网的真正上线和发展，这些需求会发生不同的变化。

在这种情况下，重点要关注网络，要求必须支持流量模式配置的差异。图 11-1 是阿尔卡特一朗讯公司对不同物联网应用模式（医疗、能源和运输）进行的一些研究。

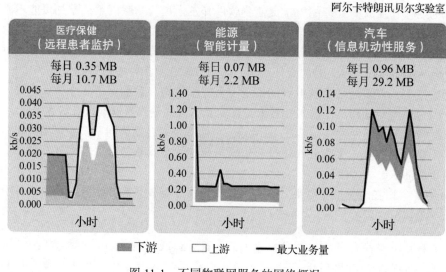

图 11-1　不同物联网服务的网络概况

图 11-1 表现出的意义未必在于物联网服务对网络的不同需求（如网络流量逆转——更多的流量涌入互联网下游，而不是在互联网上游被消耗），而是在于网络灵活性需求对安全性、完整性和可用性 / 弹性等其他需求的影响。

不仅需要调整设备和应用以适应物联网的灵活性需求，还需要调整支持物联网的网络——大型运营商网络将所有较小的外围网络或微型网络（企业网络、家庭网络、数据中心和云）连接在一起。

随着网络不断适应物联网带来的变化，网络的安全需求也会随之改变。

IP 地址转换：IPv4 和 IPv6

在前面的几章中，我们讨论了 IPv6，以及它将如何在物联网中日益显现。回顾一下：我们已经用尽了包含大约 43 亿个地址的 IPv4 地址空间。IPv6 是下一代 IP 地址，其地址空间是以指数级增长的更大空间。很难想象会耗尽 IPv6 地址空间——只要我们的网络范围还限制在地球，甚至是太阳系。但谁知道呢？

运营商以并行和串行的方式同时支持 IPv4 与 IPv6 是非常普遍的。例如，IPv4 和 IPv6 在相同的第 2 层传输上穿插运行。或者 IPv4 被转换为 IPv6（NAT46），IPv6 被转换为 IPv4（NAT64），IPv4 甚至可能会在隧道中通过全 IPv6 的核心回传，然后被转到离目的地更近的另一个运营商的 IPv4 网络（NAT464）。还有很多其他的变体，不过大体情况类似。此外，由于 IPv4 地址空间的不足，在运营商或企业网络中会使用私有的 IPv4 地址区间（RFC1918），并通过 NAT44 将其转换为边界的公共路由 IPv4 地址，这很常见。

支持一个物联网系统的例子是正在广泛使用的 IPv6 到 IPv4 转换，不再进一步关注宽带无线 4G 系统。其中许多系统将 IPv6 地址分配给移动设备，然后在专用 4G 网络和互联网之间的边界网关处将这些 IPv6 地址转换或映射到 IPv4 地址。即使对于那些坚持在移动设备中使用 IPv4 的运营商，也几乎都是通过 NAT44 网关发送数据，因为他们远没有达到物联网系统设计者的预期：在没有先验知识的情况下，NAT44 至少可以应用于任何物联网终端设备，甚至网关。类似地，IPv6 是新兴 5G 无线宽带服务等新兴网络的实际寻址方案。

以下两个广泛的需求将对物联网服务的保证（特别是可用性）产生很大的影响。

❑ 物联网应用和设备应该尽可能地支持双栈 IP。它们要做好在 IPv4 或 IPv6 网络上运行的准备。

❑ 应该对物联网应用和设备进行测试，以确定 NAT 的效果——不同形式的地址转换和隧道是如何影响系统的？众所周知，地址转换会对视频、语音服务和其他实时服务等应用产生影响。

11.13　新的网络需求是什么，有什么变化

除了物联网会有更多相互依赖的需求和与网络服务相关的整体敏感性之外，数据流的方向也发生了变化，即流量逆转。我们在第 2 章中讨论过这个问题，但是有必要回顾一下，以便更好地揭示风险管理者和工程师在设计物联网系统和服务时需要意识到的需求。

让我们浏览一下互联网中数据的简单演变，以便更好地理解正在发生的事情（参见图 11-2）。

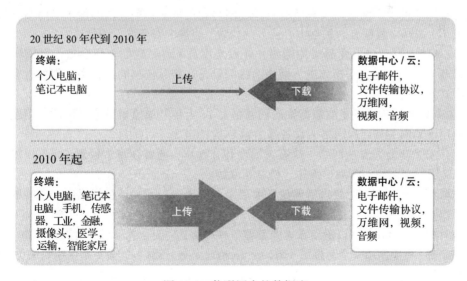

图 11-2　物联网中的数据流

从 20 世纪 80 年代到 2010 年：互联网最初是一个学术网络，有两种主要的信息共享形式：电子邮件和文件传输协议（File Transfer Protocol，FTP）。网络远端的用户通过访问中央数据中心或后来的虚拟化数据中心（云）获取数据。在 20 世纪 90 年代，万维网（World Wide Web，WWW）出现了，用户仍然从集中的资源中获取内容，只是这些资源大幅增多：电子邮件、文件、视频文件、流媒体，所有这些都来自网络的中心点，然后流向终端。

网络技术是专门为适应这种力量平衡而开发的。在大多数网络接入系统（3G、4G、DSL、DOCSIS）中，下载（消耗）数据的速度通常是上传（提供）数据的两倍。

从 2010 年开始：终端开始产生更多的数据，而不再仅仅是消耗数据。此外，我们现在看到的终端实际上根本不会消耗太多数据，因为它们主要是数据的生产者。互联网上的"物"有：POS 机、传感器以及监控和监视设备。至少，网络上的新终端既是数据的消费者，又是数据的生产者。过去的终端设备平均每生成 1 MB 数据就会消耗 20 MB 数据的日子已经一去不复返了。

在即将到来的物联网时代，数据流的方向将发生逆转，这会对安全需求产生影响。

> 这并不是指物联网设备将单独产生大量数据，而是大量物联网设备生成的数据将超过它们消耗的数据。

在逐步形成的物联网中，数据将从远程终端流向中央的数据中心、云和数据处理单元。这与互联网的情况正好相反，在设计物联网系统和服务时不仅需要注意到这一现象，还需要意识到一些基于不断变化的相互依赖性的风险。

11.14 物联网的网络安全边界：外部很牢固

在物联网环境中，网络需要在所有资产之间得到更平衡、更灵活的保护，而不仅仅是主要连接点（比如网络数据流向数据中心或云的位置）的集中安全性。为什么？

1）设备将会持续进入受感染的网络，并成为攻击平台。它们不仅会攻击数据所在的中央服务器和云平台，还会互相攻击。网络边缘的设备在相互攻击的过程中，很可能会绕过大型的集中式安全措施。

2）随着设备将越来越多的数据推送到网络上，"上传"通道也越来越可能被堵塞——导致所有使用本地网关和回程网络的设备都出现 DoS 的情况。

因此，安全功能需要在网络中具有灵活性和互操作，能够在多个位置（而不仅仅是大型聚合点）应用安全监控、检测、预防、协调和缓解。

对物联网工程师和风险管理者来说，要求是寻找能够在不同位置提供安全功能的网络服务和服务提供商。例如：

应该对终端进行评估，以确定在风险管理中启用安全功能是否可行和值得。例如，通信是否可以被加密（可能使用安全套接层（Secure Socket Layer，SSL）），而不是保留明文[⊖]？这些功

⊖ 2015 年，各种利用网络漏洞的汽车安全破坏事件被曝光。特别是，为了方便制造商，智能钥匙和汽车之间的网络连接没有加密。发布的补丁只是以 SSL 的形式应用了网络会话加密。

能已经能够用于通用的物联网服务平台，而且将很快普及。物联网网关的安全功能，无论是自定义的单用途网关，还是多用途平台（如家庭宽带调制解调器或企业边界路由器）都需要启用安全性。

在主要的网络连接点（如构成互联网主干的无线蜂窝网络和固定宽带网络之间的边界）通常会提供安全保护。

最后，在数据中心和云中，安全问题不仅要控制互联网的入口流量（也称为南北向流量），还要控制服务组件之间的数据中心内部流量（也称为东西向流量）。

在物联网四大资产类别的安全选项和控制中，如果网络具有灵活性，可以在这些类别上获得某种形式的可见性或配置控制，那么可能就会有许多选项可用。

在过去，这些类别中既没有可见性也没有配置控制。特别是网络还不灵活。

按照以往的惯例，网络（和网关）是建立在专用硬件平台上的，这些硬件平台虽然只做很少的事情，但做得很好。在物联网中，要求网络能够按需响应安全需求，并在多个点快速部署新服务。这个过程被称为"服务链"（将在第 13 章中讨论）。2016 年，改变游戏规则的网络技术正被用于网络和网关：在下一节中将会讨论网络功能虚拟化（Network Function Virtualization, NFV）和软件定义网络（Software Defined Networking, SDN）。

物联网设计人员和风险管理人员需要开始将这种情况作为 RIoT 控制的操作需求来处理。

11.15　控制"网内网"：网络分段

企业 IT 管理的特点之一是为共享同一个物理网络的不同逻辑资产建立不同的逻辑网络。例如，IT 分支机构可能有它自己的逻辑网络，其形式为专用网络地址或虚拟局域网（Virtual Local Area Network，VLAN）；基于 IP 的语音传输（Voice over Internet Protocol，VOIP）服务可以共享同一以太网，但也可以是不同的地址区间或 VLAN；同时，建筑物内的公共广播（Public Address，PA）系统、建筑物控制和物理访问控制系统等其他资产也可以共享公共以太网平台，但在逻辑上是分开的。

这种方法（通常称为网络分段或简称分段）的好处在于，不同级别的服务质量可能会被应用于不同的网络及其支持的物联网资产（回想一下，物联网是 IP 网络上的一切，而不仅仅是工业控制）。而且逻辑分段可以在一定程度上减少一个网络的攻击蔓延到另一个网络，即使它们共享同一物理网络平台。

与每个物联网服务相关的分段的负面影响是，随着越来越多的物联网系统上线，系统复杂性也会增加。

虽然网络和安全管理人员可能会倾向于继续采用逻辑分段的方法，但是如果不付出各种资源的代价来管理增加的复杂性和随之增加的复杂性风险，这种方法就行不通。

作为最佳实践和惯例，从逻辑上将物联网系统彼此分段的需求在物联网出现后就不会再有了。

物联网系统设计人员和风险管理人员不仅要从逻辑分段已知好处的角度来考虑该方法的操作需求，还要从鲜为人知的复杂性风险的角度来考虑。

在聚合的共享网络中，你愿意支持和检修多少个物联网网络（特别是考虑到复杂性的增加以及由此导致的评估和分析服务中的故障和降级的困难）？

物联网中过多的网络和网络分段将以僵化的管理系统形式催生网络的故步自封，以维持可控性和可见性。这些系统反过来又会导致效率低下、缺乏灵活性和狭隘地使用共享资源（如网络）。

实际上，物联网的基本网络需求是要认识到大多数物联网将依赖于从网关一直到包括数据中心或云的共享基础设施。必须避免"公地悲剧"。

11.16　用户偏好

用户偏好和接口设计要求解决了这样一个问题：如果用户没有被告知或无法以某种方式查看，那么就不会知道物联网正在收集他们的哪些数据。

之前我们提到过，个人信息实际上是指个人可识别信息。出于监管合规的目的，个人信息并不是任何个人参与物联网活动的所有信息。

为了减少与感知到的和实际的监管违规相关的风险，可以为用户管理和接口配置建立明确的、适应性强的和灵活的需求做很多事情。

应用程序有时会在数据收集和功能特性之间进行权衡。例如，大多数移动地图应用可以在不被允许获得 GPS 位置信息并将其发送回中央服务器的情况下安装。然而，代价是功能性会大幅度降低（你可能会看到地图，但不会看到你在地图上的位置）。

在许多监管制度下，开启和关闭功能对于管理许可需求大有帮助。

类似地，在物联网中，一旦管理员能够启用或禁用影响隐私的功能，就可以为更广泛的隐私增强提供更多的灵活性，并为正在讨论中的应用提供更广阔的最终市场。

在这种情况下，并不是要让每个物联网功能都可以由用户来定义，而是要让一些合适的物联网首选项可配置。关键是，用户偏好可以同时影响采用率和合规性。

11.17　虚拟化：网络和应用

相比其他技术，NFV 将会更大程度地影响到物联网的灵活性、安全性和风险管理。与NFV 相关的需求将影响到我们在第 2 章中建立的物联网参考模型中的网关和核心、回程网络以及数据中心 / 云。换句话说，物联网中的大多数资产类别都将涉及 NFV 的存在与否，这会极大地影响到如何在这些资产类别管理风险。

大胆的声明：每个风险管理者都需要了解 NFV 是物联网工作的先决条件。每个物联网系统设计师和工程师也必须理解这一点。也许不是在 2016 年或 2017 年，但到了 2020 年，NFV 将成为除最大安全工作负荷（从网关到数据中心和云）之外的首选技术。

11.17.1　网络功能虚拟化和白盒

相比于定制的单用途硬件平台，NFV 是能够执行大多数网络元素（路由器、交换机、防火墙、广域网（Wide Area Network，WAN）加速、域名系统（Domain Name Service，DNS）

等）相关任务的多用途硬件计算平台（也称为白盒）。就网络而言，这意味着单用途网络元素（本质上是专用计算平台）被运行软网络元素（而不是基于硬件的专用网络元素）的通用白盒平台所取代，意味着在过去十年里改变数据中心的服务器平台和云革命从现在开始要改变网络了，这个过程有时也被称为分布式 NFV。

11.17.2　为何用 NFV

多用途白盒计算的成本比专用网络计算技术的成本降低得更快——这不仅推动了白盒计算进入网络，而且还将其用到了网络的最边缘。

网络中的虚拟化意味着可以使用能够运行不同类型软件的单一硬件平台来安装、配置、扩展或复用网络元素。与之形成对比的是，每个功能的传统模型都有自己的物理盒子，并可以根据需要进行添加或删除（主要是添加）。

NFV 与云从数据中心扩展到网络并最终扩展到远程终端密切相关（见图 11-3）。

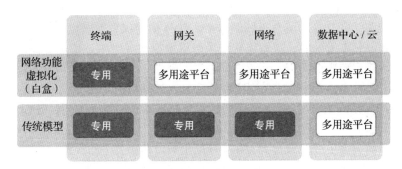

图 11-3　多用途白盒平台

图 11-4 说明了 NFV 的设备级概念。采用多功能计算处理器，并安装允许管理虚拟化机器（云基础架构的基石）的管理软件。然后安装所需网络元素的基于软件的版本：路由器、交换机、防火墙、入侵防御、代理服务器、虚拟专用网络（Virtual Private Network，VPN）聚合等。

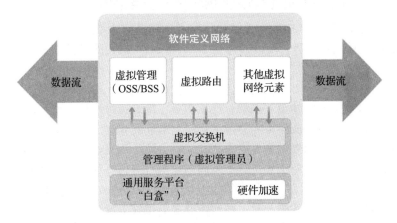

图 11-4　网络功能虚拟化（NFV）

此外，NFV 通常允许安装独立服务器或设备，以及与其他网络元素共享的平台。例如，DNS 服务器、日志收集或事件管理服务、目录以及其他任何内容。

NFV 将是物联网风险管理的关键控制要素和重要资产。虽然它不能用在所有地方，或在所有用例和环境中都适用，但应评估其在任何给定物联网服务中的可用性和适用性，并且如果不是初始设计，至少要在路线图中指出。

11.17.3   软件定义网络和网络功能虚拟化

SDN 是一个经常与 NFV 一起使用的术语，有时甚至被认为 NFV 的同义词。有时情况正好相反：NFV 一词涵盖了 SDN。理解二者的区别是有必要的。

NFV 是用虚拟化版本替换专用硬件设备，并使用编排的流程根据需要启动和停止虚拟映像。但这并不一定改变基本的网络路由和交换。

在不考虑 NFV 的情况下，SDN 是一种全新的管理网络元素的方法，而且管理了流量通过网络的方式。SDN 可以从 NFV 中分割出来。

在一个与被路由和交换的流量不同的层中，SDN 使得以独立于供应商的方式广泛传播变更（我们希望如此）成为可能。这意味着流量可以根据服务级别或成本等需求进行定向，而不会在这种流量重定向中混淆网络元素之间的控制消息。

SDN 与 NFV 的关系非常紧密，因为随着新的虚拟化网络功能（Virtualized Network Function，VNF）的启动和停止，在所谓的服务链过程中，SDN 可以用一种理想的自动化方式来引导流量到达并通过这些网络元素。

例如，如果防火墙上的负载过大，NFV 可以用来启动第二个防火墙和负载均衡器。然后，SDN 会将网络流量从原始防火墙重定向到负载均衡器。负载均衡器再将网络流量分配到两个防火墙上，从而提高服务级别。

因此，SDN 和 NFV 是协同工作的，但是由此产生的复杂性可能会大到令人无所适从，而且在使用所有这些多用途软件管理网络时，攻击面和风险都会大大增加。

11.17.4   NFV 和 SDN 如何有助于物联网的安全保障

假定或预计使用 NFV 和 SDN，应该向网络寻求哪些需求呢？需求很多。物联网中的风险管理有许多增强功能和优势，可以通过与 NFV 和 SDN 相关的灵活性来实现。这里列举出一些：

- ❑ 分担负载，并非减少负载。当相邻资产的负载差别很大时，同类设备和网络元素之间共同分担进程和网络功率。例如，如果需要在网络边缘进行智能或高级处理，而系统资源即将耗尽，那么流量可能会被重定向到最近的具有空闲容量的网络元素。
- ❑ 更好的数据分段。如果网络元素更智能，可以执行更高级的计算功能，那么来自不同物联网系统的数据可能会通过多个不同的层进行分段，而不是按照网络中某一层的基本指令进行管理。例如，输入 / 输出（Input/Output，I/O）流量可能会到达网关或路由器，然后被运行在网络元素上的增值服务处理到上层的加密隧道中，而不是使用第 2 层 VLAN 或第 3 层子网。

- 上市时间。借助 NFV，物联网安全网关可以作为软件（而不是硬件）部署，极大地改变了产品上市的时间和成本。物联网的业务模型将依赖于虚拟化系统的快速部署，以从业务流程获得投资回报（Return on Investment，ROI）。
- 智能基础设施自动分配网络资源。物联网服务需求需要特定级别的服务质量（Quality of Service，QoS），但是成本模型不支持传统网络模型下所需的过度配置。智能网关和网络元素则可以根据需求在逻辑网络管道或分段上扩展或减少 QoS。
- 协作信息处理。在某些物联网应用中，终端可以与智能虚拟网关或网络元素协作解决复杂的传感问题，而这些问题的处理已经超出了单一终端设备本身的能力和成本约束。例如，物理世界中对物体的关联、分类、三角测量和跟踪。在网关中使用（安全的！）即时部署的基于 NFV 的应用处理和细化的终端数据，可能与来自另一个相关网络终端的数据有关。⊖

11.17.5 NFV 和 SDN 的另一面

灵活性 = 复杂性 = 风险。

虽然许多物联网系统可能需要通过 NFV 和 SDN 来实现网关和网络的灵活性，但是要管理这样一个系统并不简单。与传统网络中的专用网关和网络不同，面对错误、遗漏和恶意活动，NFV 有更多的回旋余地。任何基于 NFV 的物联网服务都要求审计和保证认证等控制比传统的基于应用的网络更为普遍。

11.18 订阅和服务的可移植性：支持有竞争力的服务

可移植性通常是指从一个服务提供商迁移到另一个服务提供商的能力——而不是从一个产品供应商迁移到另一个产品供应商的能力，这是一个互操作性问题。虽然互操作性是一个重要的操作和技术需求，但它往往是一个瞬间的决策。你选择一个供应商并继续使用该产品，偶尔允许打补丁和升级（可能应用也可能不应用）。

服务的可移植性不同于产品的互操作性，因为物联网系统是一个不断变化的一系列服务，甚至可能由于各种不同的外部因素（天气、人员安排、假期、环境条件、电力成本、自助餐厅的咖啡费用、交通等）而每天都在变化。尽管服务提供商非常努力地使设备管理、网络、云和数据中心等服务保持稳定和可预测，但它们还是容易出现小的波动，而且令人担忧的是，大规模停机非常普遍。

服务的可移植性是一个非常重要的操作需求，但在物联网目前的发展阶段（2016 年），它仍然难以实现。例如，基础设施即服务（Infrastructure-as-a-Service，IaaS）、平台即服务（Platform-as-a-Service，PaaS）和软件即服务（Software-as-a-Service，SaaS）的云服务一直在开发和生成新的、令人惊叹的特性、功能和性能，但服务提供商之间的可移植性是一个问题。

⊖ ISO/IEC 29182-1

> 虽然从表面看云技术似乎已经商品化，但在内部，最大的服务提供商及其系统往往采用高度定制的操作和编排系统，不允许从一个供应商轻松迁移到另一个供应商。而这仅仅是物联网未来发展的一个缩影，因为服务提供商通常认为可移植性违背了他们的利益。

在第 2 章中讨论过的资产领域中可以找到物联网的可移植性。所有这些领域最终都将被虚拟化（正如前面所讨论的那样），这意味着物理上或逻辑上相邻的、相互竞争的资产和服务提供商是提供可移植性或转让服务的候选者：VNF 移动到一个新的网关提供商，以一种对终端透明的方式为相同的终端集群提供服务。这可能是由多种原因引起的，例如更好的价格或更好的服务。

避免供应商和服务提供商锁定并从一个供应商转移到另一个供应商的能力符合物联网系统所有者的利益，但不符合参与整个生态系统的许多供应商的利益。

可移植性将通过支持更多样化的服务和基本选项来减少业务风险和运营风险，以防出现与特定提供商相关的新风险。例如，某个特定的服务提供商是否会被竞争对手收购，还是会受到未知影响而导致财务崩溃？服务级别违约的发生率是否会慢慢上升到连处罚都变得毫无意义的地步？你只需要正常运行时间！这些事件表明，可移植性需求将成为董事会台面上的热门话题。

以下是与物联网服务的可移植性相关的风险管理需求示例。这些需求在诸如与各种服务提供商（基础设施、平台、软件、网络等）谈判等情况下可能会有用：

- 设备管理，设备状态监控、日志管理、打补丁、配置和关闭
- 资源佣金和转售过剩产能
- 身份和访问凭据
- 接入网络和回程网络
- 法律和监管报告服务
- 安全性测试、评估和监控
- 硬件平台 / 基础设施（IaaS / PaaS）
- 软件平台（SaaS）
- 大数据仓库和分析提供商
- 威胁情报供应商

11.19 应用接口的多样性和实用性

我们希望避免 IT 行业在客户端－服务器体系结构和设计领域的早期错误：在专有通信语言和接口方面的大量投资，必然会有赢家和输家，而输家不得不抛弃整个技术平台，并及时转换方向。回想一下在 IP 网络面前（痛苦地）消失的网络技术，比如 Banyan 和 Novel。

客户端－服务器 IT 系统先于物联网出现，但其模型将在物联网中持续存在：远程终端与集中资源通信。必须克服的一个早期错误是在客户端和服务器之间创建专用的语言和接

口。每个供应商都将构建自己的终端和服务器，用于通信的网络协议对每个供应商来说是唯一的，可能对每个产品来说也是唯一的！

最初的客户端 – 服务器 IT 系统在供应商产品系列中甚至不同版本之间通常没有互操作性。很快，这种方法的弱点就凸显出来：成本更高、实用性和可扩展性更差、厂商锁定以及无法扩展或升级系统。

不久之后，像微软、IBM、Novel 和 Banyan 这样的软件供应商便引入了局域网系统，允许任何供应商为一组通用的网络协议创建客户端 – 服务器应用程序，这大大改善了人们的生活。最终，IP 变得无处不在，并且明显凌驾于所有本地网络技术之上——从 20 世纪 80 年代末到 90 年代初，所有系统开始被连接在一起，创建了今天我们所拥有的全球互联网。但是许多实际的应用程序接口仍然是独特的：对应用程序来说是唯一的。

然后，像 IBM、微软、Sun 和 Oracle 这样的软件供应商开始创建标准化的应用程序和数据库接口的语言，比如分布式组件对象模型（Distributed Component Object Model，DCOM）、结构化查询语言（Structured Query Language，SQL）、开放数据库连接（Open Database Connectivity，ODBC）和其他允许使用标准 API（如果开发人员使用正确的软件开发工具包和必要的编程技能）的语言。但是这些工具包对它们可以支持的命令范围设置了权限，而且还伴随着漏洞和安全问题。它们没有规模，也不安全。

最近，互联网上的大部分客户端 – 服务器系统正在迅速地从基于 API 的接口转向最标准化的、最灵活的、最容易实现的接口——RESTful 接口，它不需要任何特殊的 API 或工具包。

REST 代表具象状态传输（representational state transfer），本质上是一种常规的全球 Web 通信协议，使用标准化的可扩展标记语言（Extensible Markup Language，XML）对数据、请求、命令和响应进行编码。在设备间使用类 RESTful 接口的好处在于，它们可以使用最少的通信和处理资源来创建，同时利用现有的、易于理解的和可用的技术，比如超文本传输协议（Hypertext Transport Protocol，HTTP）、超文本传输安全协议（Hypertext Transport Protocol Secure，HTTPS）和 SSL。

在物联网中，为了支持服务和新需求具有最大灵活性的类 RESTful 接口成为一个主要需求，以便这些新需求虽然还没有被预想到，但可以通过可扩展的接口来支持。

更详细地说：灵活的接口允许不同的服务提供商基于相同的设备和平台提供不同的服务。基本上，他们可以提出不同的问题，以得到支持者需要的答案。

最终，易于理解和标准化的应用程序接口比专有 API 更容易保护。

11.20　总结

如果你与物联网产品供应商交谈，他们可能会告诉你，关于互操作性需求的这一章内容要放在最前面，或者它本身就应该是一本书。

这是因为供应商倾向于将产品快速、廉价地推向市场，并希望拥有最大的潜在市场。在这些情况下，互操作性是最大的问题。互操作性差将减缓增长、分割市场并限制服务和选择。

但作为物联网服务的消费者，你应该对质量更感兴趣：你想要物有所值。除了希望有互操作性之外，你其实并不关心它！因此，安全性和隐私风险管理将成为终端用户互操作性的更高要求。

但是，正如本章所讨论的，互操作性、灵活性和工业设计本身会对物联网系统的安全和隐私能力产生重大影响。

下一代网络的出现，特别是5G（第五代蜂窝网络）将严重依赖于互操作性、灵活性和工业设计。作为物联网的关键技术，5G的主要需求将围绕容量、速度、延迟、效率、可靠性和灵活度展开。

互操作性决策将对安全性、隐私和风险产生影响，这对物联网服务提供商、工程师、高管和风险管理者来说至关重要。

是的，从业务或组织风险的角度来看，互操作性是一件大事，但它也会影响操作风险管理，正如我们在本章中所强调的那样。

物联网面临的威胁和影响

在这一章中,读者将了解物联网可能面临的威胁范围——可能比我们想象的要广泛。读者应该对如何评估和区分威胁有一个正确的认识。

12.1 物联网面临的威胁

威胁可以是针对某个漏洞采取行动的个人、团体或事物,而这反过来又会带来潜在的影响和风险。

对于本书而言,行动元素非常重要,因为对我们而言漏洞和威胁的区别在于是否发生了某种行为。例如,一个威胁要成为威胁,必须由一个人、一个团体或一件事来实施,而漏洞则是系统中的一个缺陷,不需要任何人去做任何事情—它就在那里。

12.1.1 了解物联网中的威胁

为了进行风险评估,之前已经发表了大量关于了解威胁的工作,我们相信,重复这些工作将为那些对 RIoT 控制有何不同之处特别感兴趣的读者带来一定的收获。

以下部分将讨论物联网威胁与传统企业或用户信息技术威胁的区别,并区分哪些威胁可能会随着物联网的发展和传播而发生变化。

通常情况下,基于以下特征来考虑威胁的潜力,例如:

❑ 威胁技能
❑ 威胁动机
❑ 威胁资源
❑ 访问

接下来让我们在物联网的背景下逐一讨论每个领域，并讨论可能会有哪些不同之处。

12.1.2　物联网中的威胁技能

攻击物联网需要多少技能？这些技能与以 IT 为中心的互联网和企业网络中的技能有区别吗？

我们的看法是，攻击物联网很可能需要更少的技能。这意味着潜在威胁者的数量会增加，因为进入的门槛降低了。

由于安全属性的平衡正随着物联网的发展而变化（从机密性至上转变为可用性至上），所以只需更少的技能就能攻击物联网。成功攻击物联网系统和服务不需要获取凭据、提升权限或盗用身份，只需要中断或停止业务。这是一件非常容易的事情。因此，成功实施这种攻击所需的技能可能远远低于必须曝光信息或破坏访问控制系统所需的技能。这并不是说物联网中不存在针对数据完整性和机密性的复杂攻击，只是在可用性至上的情况下，威胁者的总体进入门槛变低了。

例如，大部分终端设备和网关设备很可能是通过无线连接的。不幸的是，通过简单的暴力技术（如干扰）破坏无线通信并不困难：用噪声填满无线电频谱，以阻止网关接收从物联网设备发出的信号，反之亦然。此外，还可以通过简单和廉价的设备远距离干扰无线信号，这意味着威胁者可以以最小的风险、使用难以跟踪的方法进行攻击。实际上，威胁者被抓住的风险也很低，所以那些因为害怕被抓住而不敢去攻击的人，可能会利用降低的风险而成为主动的威胁者。

12.1.3　威胁动机

是什么驱使一个威胁者？动机有很多，而且往往与威胁者本身的性质有关。罪犯通常追求金钱。恐怖分子寻求政治目标。黑客可能是在寻求地位和同伴的钦佩？间谍需要情报，可以继续列举下去。

动机的强度也是一个因素。威胁者有多强烈地想要达成他们的目标？这将影响他们投入多少时间和资源来进行攻击。

攻击动机在物联网中改变了吗？答案可能是肯定的。动机的改变至少有两个原因：

1）力量倍增——物联网大大扩展了网络 – 物理 / 逻辑 – 动力接口。这意味着，在遭受巨大的财产损失或人身伤害的威胁下，造成损害或劫持实体来勒索赎金的可能性更大。从资源的角度来看，用更少的资源做更多的事情意味着物联网可以为威胁者提供事半功倍的效果：威胁者只需要花费 2000 年左右互联网上的类似努力，就能从他们投入的资源中获得更大的回报。他们可能会造成更严重的损害，或者利用物联网敲诈更多的钱。

2）幸运的打击和混乱的结果——威胁者的另一个激励因素是物联网的复杂性。这种复杂性意味着攻击可能会产生高度不可预测的结果。IT 世界中温和的攻击却可能会对物联网产生深远的影响，并让所有人都感到惊讶，包括物联网系统所有者自己。通过这种方式，威胁者可能会被诱使去尝试一些东西，看看会发生什么，在混乱的、复杂的，有时甚至是脆弱的系统中，非常小的输入就可能会产生巨大的输出。这对于那些与试图窃取金钱相比更有兴趣去扰乱服务和有身份的政治目标的人来说，是一种理想的条件——本质上，就是对物联网基础设施进行一系列低风险的、随机的攻击，然后观察会发生什么。

简单地说，与 IT 环境相比，物联网具有更有利于威胁者的特征。物联网为威胁者提供了额外的动机，因为可能会得到更多的回报！

12.1.4　威胁资源

威胁者可用的"资源"可以以时间、金钱和知识的形式进行评估：

❑ 时间关乎耐心，就是你在某件事情上能坚持多久。这不仅与金钱因素有关，也与动机有关。威胁者可用的时间越多，威胁就越严重。时间的另一种形式是提供给威胁者的利用窗口。在威胁者被检测到之前，或者在某种形式的自动控制（如密钥轮换）将时钟设置归零之前，他们可以尝试利用系统多久？

❑ 金钱关乎一个威胁者能够买得起什么来进行攻击。他能买到好的工具吗（如漏洞或发现漏洞的专家）？他能雇佣更多的人来调查弱点吗？他是否有资金贿赂内部人员，故意制造弱点，或者通过调查内部人员的个人情况，从而使敲诈或社会工程攻击成为可能？

❑ 威胁者的知识与其智力技能以及所掌握的信息密切相关。知识会随着技能、时间、动机和金钱等因素而变化。例如，一个非常主动的威胁者，比如黑客或恐怖分子，通常在一开始并没有什么知识，但他可以通过个人努力和开源资源获取知识。这需要时间。相反，国家资助的威胁者，如间谍或网络军事单位，可能会从高级人员那里得到广泛的培训和指导，所有这些都由一个大型组织支付开销。知识的另一个方面在于是否可以获得攻击系统的必要信息。多年来，工业系统受益于神秘的、鲜为人知的网络和操作系统，而且规范也没有被广泛使用。但是，工业系统向 IP 协议的迁移彻底改变了这一切。

因为物联网系统与传统的 IT 系统不同，所以在物联网中，威胁者可能需要更多的时间和知识来实施攻击。学习如何对这些系统进行破坏，可能并不总是需要重新应用别人整理记录的且经过演练的攻击。物联网可能需要更多来自攻击者的原创工作。然而，一旦攻击成功，我们可以预期它会像在今天的互联网上一样迅速传播。可能不需要很多的钱，因为物联网设备经常被设计得非常廉价并且可以批量生产——这意味着它们将容易获得和买得起。

12.1.5　访问

威胁者对物联网系统或系统相关信息的访问非常重要，因为它强调了内部人员与外部人员之间的区别。

强调内部人员和外部人员对组织的访问权限和区别非常重要，因为对任何安全系统来说，没有什么比内部人员被攻陷更危险的了。

访问对于内部人员意味着更多，因为它使内部人员成为威胁者而不自知：例如，一个疏忽大意、缺乏训练、不合格或过度配给的具有访问特权的内部人员被恶意实体俘获或使用！

随着网络变得越来越复杂并且支持越来越多的物联网设备，善意的内部人员相关的威胁也与日俱增。很多时候，他们并不是有意造成伤害的。甚至在大多数情况下，他们并不会认为自己就是一个威胁。

物联网的复杂性使内部错误和遗漏成为物联网中最严重的隐患之一。以符合内部人员技能、知识和职位的方式管理他们的访问权限将是物联网面临的最大威胁之一。

访问作为系统和流程的一个特征，是另一种形式的威胁，因为在许多数据中心和网络中，允许对资源直接进行扁平化的广泛访问是很典型的。假设机器或服务本质上是好的，不会滥用访问特权。授予系统或应用的权限越广，与通信失败和访问中断相关的调试和故障排除就越少。但是，如果系统或服务受到攻击并处于恶意实体的控制之下，该怎么办？它的访问权限（广泛的访问权限（内部的权限））会把它变成一个强大的攻击平台。

12.2 威胁者

针对物联网系统的威胁者多种多样。其中一些很好理解，跟任何典型的互联网或企业IT系统中的情形相同。但是，与互联网和IT环境相比，他们在物联网中至少是不同的威胁者。

接下来，介绍一些常见的威胁者群体，目的是将它们与物联网中出现的新变化进行对比。对威胁者进行分组的原因可能是为了根据威胁概况（技能、动机、资源和访问）了解风险。

如果你对威胁者的概况有广泛的了解，那么你就可以以更加明智的方式做出与安全和风险管理相关的投资决策。例如，虽然你不可能处理所有的隐患和风险，但是可以将重点放在更严重的隐患和风险上。需要进行处理的隐患和风险类型可能会因你（作为风险管理人员）认为谁是威胁者而有所不同。

表 12-1～表 12-6 描述了 IT 系统或当代互联网上典型的威胁者：

❑ 罪犯
❑ 激进黑客
❑ 工业间谍
❑ 民族国家
❑ 恐怖分子
❑ 内部人员

事实上，许多威胁者将是这些典型威胁者的组合，而不是只简单占据一个动机。例如，一些民族国家利用其主权、网络攻击能力来监视其他国家的工业。

注意：为了便于讨论，这里给出的描述是一般化的。所讨论的任何一种威胁都具有跨越各种能力的威胁者：高或低的技能、动机、资源或访问权限。

此外，威胁者也不是单一的——它们相互混合。一个给定的威胁者可以很容易地显示几种不同威胁的所有动机。在某些情况下，一种威胁可能成为另一种威胁的手段。例如，间谍机构可能会利用犯罪来资助其政治动机的攻击提供资金。一般而言，对威胁行动者的相对老练程度做出缜密的假设是困难的。恐怖组织、黑客组织和犯罪集团在不断地进化，在某些情况下，它们在网络战、间谍活动和影响力方面的能力甚至超过了民族国家。这要归功于恶意软件技术和供应链的商业化。

表 12-1　罪犯

描述	罪犯可以是单独行动的个人，也可以是获得多国技术支持的高度有组织的团体和实体。犯罪组织在形成和解散的过程中，出现和消失都很快。成员可能同时参与几个犯罪组织的一部分。犯罪组织也可能是高度竞争的，会以僵尸网络和恶意软件的形式互相攻击对方和他们的财产
技能	高——大多数情况下，网络犯罪是有利可图的。对技能的投资越多，利润就越高。犯罪组织组织严密，利润丰厚，并且有能力聘请最好的技术人员或接受相应的培训
动机	现金。金钱或获得金钱的手段，如诈骗、盗窃商品或服务。在物联网终端、网关、网络和用于管理资金的数据中心中，为了实施诈骗，犯罪分子通常会被吸引到现金或信息（如信用卡号码）管理系统所吸引
资源	中——与技能一样，犯罪组织也可以用钱买到好的资源。然而，犯罪组织往往无法轻易获得难以找到的工具和资源，因为他们可能需要许可证才能从合法制造商那里购买和进口
访问	低——许多犯罪组织会把注意力集中在网络、逻辑攻击和技术上，而不太可能物理访问内部控制系统和网络。虽然远程访问对犯罪分子来说是绝对有可能的，但由于缺乏内部人员与其合作，这将会非常困难。当然，贿赂和敲诈有访问权限的内部人员完全属于犯罪行为的范畴

表 12-2　激进黑客

描述	从入侵或破坏财产中追求政治目的和刺激，寻求宣传和恶名
技能	中到高——传统上，激进黑客会利用已知的弱点或使用他人开发的工具，例如，他们可能会破坏安全性较差的网站，或使用在开放互联网上获得的工具和技术对银行或政府发起拒绝服务攻击。然而，一些黑客组织可能技术高超，比如匿名组织，他们利用自己设计的新奇的"零日"漏洞发起攻击[①]
动机	纠正或报复政治或社会的不公正。激进黑客可能采取类似于恐怖组织的方法，即受影响的目标与他们的不满没有直接联系，仅仅是机会目标。这使得激进黑客成为物联网安全的一个重要考虑因素，因为系统的弱点可能会因为系统所有者不清楚的原因被利用。 这类群体中包括特技黑客，他们通过黑客设备（特别是物联网设备）来证明一些攻击是可以做到的，从而寻求名声或宣传优势。特技黑客对婴儿监视器、茶壶、可乐机和心脏起搏器进行攻击，使许多小型的、不知名的安全咨询公司和企业在短时间内受到全世界的关注。问题是，一旦特技黑客证明了一个漏洞，恶意黑客就会把它扩散开来
资源	低——激进黑客并不是富有的组织，但他们可能有来自犯罪的收入来源，这跟前面提到的威胁的混合性质有关
访问	低——他们不太可能物理访问内部控制系统和网络。与犯罪分子或国家支持的威胁者等实体不同，激进黑客通常缺乏资源和财力来贿赂或勒索内部人员

① 在这篇文章中还有一些笨拙的黑客攻击者的例子，见 http://www.theregister.co.uk/2015/01/02/bristol_bus_timetable_website_defaced_militants/。

表 12-3　工业间谍

描述	由公司或民族国家资助的行动者，其目的是监视竞争对手并获取（来自其他国家的）知识产权
技能	中到高——工业间谍有望得到充足的资金，并与国家支持的机构合作，从而获得民族国家层面的间谍机构的资源。然而，并不是所有的工业间谍都与民族国家有联系，也不是所有属于民族国家的间谍机构都必须分享他们所获取的情报
动机	通过寻求有价值的知识产权来获得竞争优势，或者通过破坏手段（生产中断、减速、增加缺陷或错误率等）来影响竞争对手
资源	高——工业间谍通常有明确的目标和成功标准，并且有与资源相关。通常情况下，被抓获或被认为是某个特定行动者的行为对间谍特别不利，因为很显然，间谍在攻击前后都应该是隐蔽的。资金将反映出有必要尽可能地掩盖攻击的痕迹，并混淆攻击的来源
访问	高——预计工业间谍会利用贿赂和勒索，以及与原籍国有关的爱国主义/民族主义，以获得访问权限或勾结内部人员

表 12-4　民族国家

描述	国家支持的攻击者拥有大量的资源，可以在全国范围内造成重大破坏。国家军事力量的特种作战单位，或由民族国家或其机构直接资助的准军事网络部队
技能	中到高——直观地说，你可能会认为没有其他威胁像国家那样拥有更多的资源来招募和雇佣技能。虽然技能可以用钱买到，国家也有很多钱，但技能也可以完全以金钱之外的理由被招募和维持，比如爱国主义、民族主义，以及为女王陛下服务的神秘士兵的正义和男子气概。综上所述，民族国家并没有在技能和能力方面摆脱罪犯。除了少数民族国家外，大多数国家的政府在应对针对它们的犯罪和黑客主义威胁方面的技能都有所下降
动机	与其他威胁者一样，民族国家行动者的动机也可以是多种多样的：经济竞争、军事竞争、政治竞争，或者以上所有。作为国家威胁者一部分的个人，通常会受到前面提到的爱国主义、民族主义和成为一名为女王陛下服务的士兵的激励。这是很难被打败的，因为他们往往不受金钱和贿赂的影响，尽管勒索仍是一种选择
资源	高——工业间谍通常有明确的目标和成功标准，并且有与资源相关。通常情况下，被抓获或被认为是某个特定行动者的行为对间谍特别不利，因为很显然，间谍在攻击前后都应该是隐蔽的。资金将反映出有必要尽可能地掩盖攻击的痕迹，并混淆攻击的来源
访问	高——预计工业间谍会利用贿赂和敲诈，以及与原籍国相关的爱国主义/民族主义，以获得访问权限或勾结内部人员

表 12-5　恐怖分子

描述	依靠滥用暴力来支持社会政治议程的个人或附属团体。恐怖分子可能会提出一个从宗教到阶级、民族主义或环境保护的议程
技能	低到中——恐怖分子通常利用已知的弱点或使用他人开发的工具。例如，他们可能会破坏一个安全性很差的网站，或者使用在开放互联网上获得的工具和技术对政府发起 DoS 攻击
动机	一个社会或政治议程，通常由极少数人提出，但他们狂热地相信他们的事业是正确的。恐怖主义的动机包括但不限于：宗教、阶级或社会正义、领土或环境
资源	低到中——恐怖分子经常在社会边缘活动，被民族国家、黑客和犯罪分子所唾弃。因此，除了狂热信徒的技能之外，他们几乎没有什么资源。然而，在过去，如果某些恐怖分子的利益一致，他们肯定可以从民族国家获得资金。然而，如果认为可用的资金被用于网络攻击，而不是用于为士兵提供食物、住所和武器训练等基本问题，那就太投机了
访问	低——恐怖分子不太可能物理访问到内部控制系统和网络。与犯罪分子或国家支持的威胁等实体不同，恐怖分子通常缺乏贿赂或勒索内部人员的资源和财力

表 12-6 内部人员

描述	内部人员（恶意的或意外的）——不满的现任或前任雇员、承包商或其他拥有详细的非公开的操作信息的人，或在试图善意地履行其职责时，可能因错误和疏忽而造成损害的雇员或接触者 内部人员——虽然不是物联网中的新威胁——但会成为物联网面临的最大威胁之一。不一定是因为当他们成为恶意行动者时拥有访问特权，而是因为物联网系统的复杂性意味着错误和疏忽可能会产生显著的不可预测的影响：混乱的影响
技能	高——内部人员通常对内部系统拥有广泛的权限，并对不同的终端和网络接口具有物理访问权限。此外，内部人员可能已经接受了关于内部系统和访问控制的培训，包括与内部系统相关的一些安全特性的培训
动机	对于恶意的内部人员，他们的动机可能有很多。从对组织的不满到旨在羞辱同事或让同事陷入麻烦的报复。例如，众所周知，工会成员会在劳资谈判或罢工行动之前破坏设备，向管理层施加压力，以尽快取得有利的结果。 众所周知，债务和毒品等社会问题也会迫使原本诚实的内部人员成为威胁，因为他们需要钱，想要贪污或被敲诈。 患有抑郁症或其他精神问题的内部人员可能会停止履行其职责，忽视培训或安全标准，从而对物联网系统构成重大威胁
资源	高——内部人员资源丰富，因为他们基本上可以利用物联网系统的所有资源来服务自己。他们不需要更多的培训，不需要雇佣技术人员，也不需要购买特殊的设备，因为他们可以凭借他们受信任的职位，获得他们所需要的一切
访问	高——虽然内部人员可能不能（通常也不应该）完全访问所有系统，但他们通常都有足够的权限来执行他们想要进行的恶意活动 至于事故——问题在于，级联影响以无人预料的方式发生在被管理的系统之外——这种方式从一开始就没有访问权限

12.3 物联网中新的威胁者

这并不是说物联网中存在全新的威胁，而是 IT 界中以前不寻常或罕见的威胁，正变得越来越容易被物联网的风险管理人员识别出来。这些新的威胁者可能被称为混乱的行动者，这是一个相当新的风险管理术语，而监管者作为业界广泛熟知的利益相关者，并没有被明确定义为真正的威胁者！

12.3.1 混乱的行动者和自卫者

对物联网风险管理人员而言，为什么混乱的行动者和自卫者（见表 12-7）是不一样的？因为他们根本不在乎发生了什么。他们会按下按钮，开始做出反应，带着难以理解的利益或动机找寻结果。就自卫者而言，假设他们想要某种形式的公正。不幸的是，犯罪往往是不明确的，或者他们的行为所造成的附带损害似乎与所报复的任何犯罪都极不相称。

混乱的行动者将寻求近乎随机的、不确定的影响（不可预测和意想不到的影响）。他们会利用物联网系统的复杂性和理解这些系统之间甚至系统内部相互依赖关系的困难性。无论谁犯了错，自卫者都会去纠正错误。而且他们只想要自己狭隘的目标得以实现，根本不关心与其他系统的相互依赖关系（政治、个人、技术）。在本章和第 13 章中，我们将它们作为物联网中必须进行管理的一个关键隐患来讨论。

表 12-7　混乱的行动者和自卫者

描述	混乱的行动者只想要混乱。自卫者会想要报复。他们的目标不像间谍或恐怖分子那样明显，可能会更私人一些。混乱的行动者和自卫者可能会再次由其他威胁方组成，从而产生另一种混合体。但他们有一个显著的特点：喜欢匿名。他们想要制造混乱和破坏性的情况和条件，但又不想被发现与这些条件相关联——就像间谍一样。与间谍不同的是，他们没有授权，可能也没有预算。他们想把扳手扔进机器里，然后坐下来看会发生什么。或者，他们想要惩罚某个特定的选民群体，而不管在这个过程中，从家庭到投资者再到政府，有谁会受到伤害。在某种程度上，他们的计划是针对特定的系统、资产和实体①
技能	中到高——像激进黑客一样，混乱的行动者和自卫者通常会利用已知的弱点或使用他人开发的工具。然而，就像间谍和民族国家一样，他们可能会接受训练并掌握相应的技能，这同时也伴随着警告，不要被抓住！
动机	自然公正和非确定性（伪随机）的结果——享受故意和可预见的破坏性攻击所造成的附带影响。"如果我们按这些按钮会发生什么……？"
资源	中到高——许多与混乱事件和前沿正义相关的乐趣会促使将事件公诸于众！这意味着它们需要足够大，以便从远处就能看到：也就是说，他们需要制造新闻。为了使媒体能够报道，可能需要在经过长时间、仔细和昂贵的侦察之后，对袭击进行周密的计划和执行。（虽然随机袭击可能会产生预期的效果，但真正关键且具有破坏性的攻击更有可能引发重大的随机附带损害，而不仅仅是一次侥幸的袭击）
访问	低——尽管这是有可能的，但内部人员不太可能在没有明确目标的情况下参与攻击，除非出现混乱。当然，在任何情况下，敲诈勒索和贿赂都可以大有作为……

① 2015 年有一个混乱的行动团体叫做"蜥蜴小组"http://www.theregister.co.uk/2015/01/02/lizard_squad_ddos/。

最近在物联网和互联网上出现了一些混乱的行动者和自卫者的例子：

❑ 德国钢厂遭到破坏——没有明显的原因，并且没有任何归因或声明㊀
❑ 水净化系统被破坏——动机不明㊁
❑ 乌克兰电网遭到破坏——没有任何明确的动机或主张（尽管怀疑是对手）㊂
❑ 索尼影业公司受到攻击，大量知识产权被曝光㊃
❑ 阿什利·麦迪逊（Ashley Madison）——数百万的个人身份暴露在公众面前，没有明确的动机和利益，只有假定的道德上的反对㊄
❑《巴拿马文件》泄露了大量的法律信息，可能是为了揭露政治腐败，但也暴露了大量有关法律部署的合法个人信息㊅

㊀ 见 BBC 2014 年 12 月的报道，http://www.bbc.com/news/technology-30575104。
㊁ 见水技术 2016 年 3 月的报道，http://www.watertechonline.com/hackers-change-chemical-settings-at-water-treatment-plant/。
㊂ 见 BBC 2016 年 1 月的报道，http://www.bbc.com/news/technology-35297464。
㊃ 见 BBC——2014 年 12 月，http://www.bbc.com/news/technology-30328510。
㊄ 2015 年，一个名为"影响团队"的组织发布了阿什利·麦迪逊约会网站的所有个人信息和数百万身份信息，原因似乎完全是出于报复心理，但没有具体说明。
㊅ 见 The Economist，2016 年 4 月 9 日，http://www.economist.com/news/leaders/21696532-more-should-be-done-make-offshore-tax-havens-less-murky-lesson-panama-papers。

12.3.2　监管机构

这里不是对大政府或监管的指责。但是，监管机构确实可能对物联网造成严重威胁，不是从商业角度，而是从运营角度（见表 12-8）。

监管机构之所以成为物联网领域新的威胁者，其核心原因是它们对自身决策的复杂性和潜在的连锁效应缺乏认识。就像混乱的行动者一样，武断的甚至经过深思熟虑的决定在物联网中都可能会产生不可预知的后果：这比在计算机、智能手机和纯网络业务的 IT 互联网中的后果要严重得多。监管机构会有意或无意地给物联网系统和服务带来负担，降低其业务计划、灵活性和服务交付选项。在某些情况下，监管将服务于公共利益，但在其他情况下，由于 IT 领域中的系统依赖性以及假设并不适用于物联网，如果监管对此认识不足，将抑制物联网的发展。

表 12-8　监管机构

描述	监管机构的形式和规模多种多样。有些隐私监管机构制定法规和法律，以保护个人身份信息免受不当利用和丢失。许多行业都有专门的健康和安全监管机构，它们可能需要按照规定的最低要求或标准进行某种类型的检查、报告或审计。有环境保护条例、劳工和劳动力条例，甚至有共享公共资源的国际条例和法律——如海洋或无线电频谱。再加上监管机构之间的跨境监管差异，监管环境可能会变得像物联网系统一样复杂
技能	低——监管机构是政府的一部分，并且不知道自己处于行业创新的前沿。通常，几乎在所有情况下，监管机构都不是利润中心，也不打算盈利，因此也不会保留收益（尽管有时它们通过资源拍卖为政府赚取了惊人的收益——比如 4G 频谱拍卖，在美国筹集了 440 亿美元[①]） 监管机构被视为技能低下，主要是因为它们的目的是管理市场，而不是参与市场，而且它们不需要盈利。监管机构也垄断了自己的业务。因此，它们往往不会得到大量的资金支持，不会被逼至最后的期限，甚至不会对不良监管的市场效应承担责任，也不会因良好监管而获得回报。对于一个监管机构来说，获得顶尖人才和稀有技能并不总是那么容易
动机	在最好的情况下：公共利益、安全和繁荣是许多监管机构的动机。然而，也有监管机构与民族主义经济政策或个人贪婪一致的例子。 在所有情况下，监管机构通常都会或多或少地受到政治压力（作为政府的一个实体），并受到政治决策偶尔的随意性，甚至与政策完全相悖的影响
资源	低到中——世界各国政府都面临着用更少的资源做更多事情的压力。很多监管机构虽然资金充足、能够实现目标，但却不一定拥有最好的可用资源、技能或培训。因此，监管机构可能会对它们所监管的物联网系统还不完全了解
访问	高——在许多情况下，法律将赋予监管机构广泛的权力，要求获得有关被监管系统的详细和专有信息。然而，它们可能无法获得所有这些信息——因为经常会有来自受监管实体的阻力。同样，监管机构将在监管过程中接触人员和设施，允许他们提出具体问题，并进行只有虚拟的内部人员才能做到的具体观察

① http://www.businessweek.com/articles/2014-12-18/u-dot-s-dot-mobile-spectrum-auction-a-44-billion-windfall-so-far

监管禁令或规范市场的法律可能会破坏物联网商机，有时甚至难以建立社会效益。

我们将在下面的讨论中看到几个直接针对物联网监管影响的例子。目前还无法确定这些影响是有害的还是有益的。然而，事实上，有那么多不同的利益相关者关注这个方向，肯定协调不好任何事情，这不是一件好事！

12.4 业务（组织）威胁

在第 4 章中，我们讨论了与物联网安全和风险管理相关的业务和组织需求。为了继续关于物联网威胁的讨论，我们将使用相同的基本结构：

- ❑ 与法律和行业强制执行的安全和隐私保护最低标准相关的监管和法律威胁
- ❑ 财务威胁，主要来自平衡安全和风险管理成本的需求，以应对威胁和隐患
- ❑ 由于缺乏良好的安全性，而可能将优势拱手让给同一领域其他人的竞争威胁
- ❑ 与言行一致相关的内部策略威胁

我们不可能成功地列举和描述所有潜在的威胁——更确切地说，这是一种尝试，旨在勾勒出一个可能适用于一系列物联网用例的威胁超集。这些例子的目的在于演示性和方向性，而不是结论性。

12.4.1 监管和法律威胁

以下小节总结了监管和法律方面的威胁。

1. 隐私威胁

在所有监管威胁中，隐私将成为许多物联网系统和服务的最大威胁，因为它是一种跨越许多行业和物联网用例的监管形式。此外，众所周知，隐私倡导者的行动凌驾于技术之上，他们试图在对系统和服务的理解不完整或有缺陷的情况下提出（或实施）监管。

隐私也是立法者优先考虑的问题，但它是一个定义不一致的监管需求，许多不同的隐私法在不同级别的政府中相互重叠。隐私法规既可以作为适用于整个国民经济的综合性立法，也可以作为特定行业的指导。例如，在综合立法之上，健康系统通常会有自己的隐私法规和条例。

物联网的许多新兴用例可能与个人隐私不一致：它们建立在用户的个人信息是可访问和可链接的假设之上。在某些情况下，这是一个有效的假设，特别是如果所涉及的服务是免费的，并且业务模型要求向第三方出售定向广告或用户配置信息。但是，由于对隐私的预期与物联网服务提供商的业务设计不匹配，企业和用户都将面临真正的威胁。

个人信息与用于商业目的的信息之间的平衡仍不清楚。如果企业在保护个人隐私方面走得太远，可能会阻碍重要的增值功能和服务——最终导致企业倒闭；如果企业过度滥用用户的个人信息，可能会出现违规行为，导致丑闻和用户流失。

隐私也会给公司带来罚款——虽然这些罚款历来数额不大，甚至是微不足道的，但新的变化是隐私法规获得了对违规企业实施惩罚性金融制裁的能力——在某些情况下，制裁金额将达到全球总收入的 4%[⊖]！舆论法庭对企业造成了真正损害。

从现代社会普通用户的角度来看，我们已经接受了关于我们日常生活细节信息的大量收

⊖　见 *SC Magazine*（http://www.scmagazineuk.com/breaking-news-eu-agrees-4-fines-for-breaching-data-protection-regulations/article/ 460046/）和 BBC 的报道（http://www.bbc.com/news/technology-25825690）。

集。例如：从不断增多的闭路电视监控，到商店会员卡的消费习惯，再到智能手机追踪我们的行动和数据。物联网将这一趋势扩大到了一个宏大的规模。Gartner 预测，到 2015 年底，联网设备的数量将接近 50 亿台，到 2020 年将超过 200 亿台。[⊖]

物联网大大增加了威胁者获取个人可识别数据的机会。这促使美国联邦贸易委员会（Federal Trade Commission，FTC）主席在 2015 年的消费电子展（Consumer Electronics Show，CES）上表达了她对物联网隐私的担忧[⊖]：这表明隐私监管机构已经意识到这一点，并提醒物联网行业，"狂野西部"将不会盛行。这是监管机构的新领域，他们正在密切关注。

总之，物联网中的隐私威胁主要有两种形式：

❑ 第一种隐私威胁：对需要收集、使用和披露个人数据的企业构成的威胁，以及对他们在没有法律或市场制裁的情况下这样做的能力。

❑ 第二种隐私威胁：对个人和物联网服务用户的威胁，他们通过同意收集、使用和披露个人可识别信息而获得免费的服务或补贴。

2. 数据安全

数据安全不同于隐私，因为它的范围更大。数据安全包括隐私以及其他形式的敏感数据，如知识产权、战略计划、竞争情报、操作流程和程序。数据安全是指实体认为有价值的每一条信息。

但在很大程度上，数据安全并没有像个人可识别信息一样受到隐私法的监管。相反，企业认为有价值的大部分数据都采取了管理层认为合适的保护措施。如果发生重大破坏，管理层和股东将为此付出代价。

这种数据安全方法很有意义，并且可以很好地服务于企业 IT 领域。由于没有对企业施加太多的监管负担，创新得以蓬勃发展。在大多数情况下，这一逻辑在物联网领域是正确的，但毫无疑问，监管也在缓慢推进。

例如，截至 2015 年 8 月，公司有额外的刺激来关注数据安全。当时，美国联邦法院授权联邦贸易委员会（FTC）对那些在网络安全方面表现不佳的公司进行制裁，并追究其责任。本案涉及的是温德姆酒店（Wyndham Hotels）。FTC 称，该酒店的企业数据（包括商业机密和个人信息）没有受到基本安全控制的保护。同样，还有其他类似的案件等待审判。[⊜]

3. 资源分配

在私营部门所有权强势的国家，大部分资本和人力资源都由私营部门分配。但即使在这些地方，大量经济资源也是按照法规分配的，或者它们的分配直接受到法规的影响。

监管机构作为分配者或经济资源，有可能会因分配不当对物联网构成重大威胁。

资源配置不当：自然资源。自然资源有很多形式，但与物联网最相关的形式可能是用于无线通信的无线电频谱，如无线局域网（Local Area Network，LAN）（Wi-Fi），特别是蜂窝网络 3G、4G 以及即将到来的 5G，这些技术将我们的智能手机连接到互联网。

⊖　http://www.gartner.com/newsroom/id/2905717

⊖　http://www.theregister.co.uk/2015/01/07/ftc_chair_worries_about_iot_privacy_in_ces_speech/

⊜　见《华尔街日报》，http://on.wsj.com/1hDqN2z。

在世界范围内，无线电频谱由各国政府管理，国际法规也大致协调一致。这种协调已经成为一种迫切需求，否则混乱将接踵而至。当你接近国家边界或独立监管区域时，手机就不能用了，警方无线电或空中交通管制也无法工作。协调无线频谱规则对安全与繁荣有着明显的好处。频谱监管机构规定了谁可以在何处使用无线电频谱的哪些频率，从而使无线服务的发送、接收和传输不受干扰。

无线电频谱与其他任何东西一样，如果不加以管制，就会成为"公地悲剧"：被相互竞争的利益集团剥削直到耗尽。如果没有监管，其将毫无用处，因为无线电和无线通信对干扰非常敏感——甚至超过了其他形式的公共设施，比如水道或田地。

无线通信是物联网的重要组成部分。没有无线，就没有物联网！没有无线，就没有移动性，就没有远程访问，在没有铜线或光纤物理连接的地方就没有可用的服务。如果你的智能手机带有一根连在墙上的电缆，它会有多吸引人？实际上，那就是电话 c.1985。

如果没有无线通信，需要进行通信的物理连接设备的成本将非常高昂。

如果没有无线通信，服务将会过于脆弱，容易受到干扰。切断一条连接到远程终端的细铜线比干扰无线载波更容易。

有效且令人信服地监管无线通信频谱等自然资源的需求对物联网至关重要：我们先讲到这里。然而，监管有可能会走得太远，或者走得太慢。

物联网面临的一个重大威胁可能来自监管机构的发展速度不够快，或者受制于既得利益。例如，无线频谱被低效的技术（如模拟电视）占据太长时间，而数字电视可以做得更好，能够为新的无线数据服务释放频谱，进而支持新的物联网应用。

另一种情况是，用于政府目的（比如军队的紧急服务）的大量无线电频谱可能会占用太长时间，从而损害了私营部门用于物联网开发的共享带宽。并不是说这些服务应该退役，而是因为它们本身已经转向了新的技术，不需要像以前那样的带宽。

同样，太空运输公司——一个新兴的领域——希望监管机构在进行进一步监管之前，不仅要考虑现有的频谱，还要考虑未来对卫星（Ka - 波段）频谱的创新使用。作为美国联邦通信委员会（Federal Communication Commission，FCC）调查通告（Notice of Inquiry，NOI）的一部分，这些公司对超过 24 GHz 的 5G 频段的技术和服务规则进行了评论——因为担心监管不力可能产生大量频谱干扰，并将服务水平降至可用性的临界点之下。

另一方面，监管机构可能只需要看到要求传统通信技术公司和消费者继续前进的好处，这样频谱和其他资源就能尽快重新分配。

资源配置不当：人工资源。没有互联网，会有物联网吗？不会。互联网的出现是否源于精心的规划和监管？不完全是。

互联网和物联网的繁荣是建立在自愿、机会主义、自发、任意和不受监管的网络连接以及在这些网络上运行的服务开发的基础上的。

在过去的 30 年里，互联网的繁荣在很大程度上得益于缺乏监管而带来的惊人创新。这种监管的缺失并不是因为政府不愿意监管，而是因为他们对互联网还不够了解，无法尝试对其进行监管。监管机构根本无法跟上互联网的步伐。（许多行业都面临着同样的挑战，这并不丢人。）

物联网面临的一个重大且现实的威胁仍然是监管机构试图根据"网络中立性"等理念来管理互联网基础网络。⊖

网络中立性认为，运营商或服务提供商应该在无偏见的基础上传输所有进出网络的数据。不应对数据来源或目的地、应用或协议、同行或用户给予偏袒。

它的基本假设是，在物联网中，应用和服务总体上是平等的，而且用户对它们的估值总体上是一样的。我们很快就会讨论到，这是一种错误的观点，也是物联网面临的一个重大威胁。

最基本的威胁是，网络中立性将影响支撑物联网核心网络的带宽和服务水平，并将网络扭曲到物联网失效的程度。例如，网络中立性认为每个数据包的价值相等，并且应当享有同等的优先级。然而，这也就是说，来自智能交通系统的数据包与来自社交网络上小猫追逐自己尾巴视频的数据包具有相同的保障需求！

网络中立性规则可能会干扰服务提供商为特定物联网服务购买或提供增强网络保障的能力——即使服务的最终用户希望并愿意支付额外的费用，但是由于服务的安全影响，导致他们不会接受该服务。

网络中立性还假定，监管者比这些服务的所有者和用户本身能够更有效地评估使用网络的应用的保障需求。如果只有几十种服务，这也许是可能的，但是目前已经有成千上万种不同的物联网服务在网络上纵横交错，未来还会有更多，并且已经远远超过了监管机构能够理解这些物联网服务的具体需求和相互依赖的程度。监管机构试图以宽泛的方式进行监管只会导致效率更加低下，结果可能会越来越糟。

从安全和风险管理的角度来看，网络中立性将增加与安全性和可用性相关的风险，因为无法获得或以其他方式计算出更好的服务水平。潜在地，网络中立性可能会导致网络上不确定的（不可预测的）路由和数据流动——增加了被拦截（机密性）或破坏（完整性）的风险。

网络和带宽是人造资源，也是物联网的核心——糟糕的监管，就像营养不良一样，可能会威胁到核心问题。

补贴分配不当。政府补贴会对经济产生可怕的影响，这是一个经过充分研究的现象。旨在造福穷人的燃料补贴实际上可能造福精英阶层、腐败分子和走私者。旨在养活大众的食品补贴，可能会让一小部分农民变得富有，而大众则会因为吃了错误类型的食物而发胖，或者只会让食物变得过于昂贵。失败的补贴不胜枚举。

物联网也不能幸免于补贴分配不当的威胁。对物联网系统开发人员和风险管理人员来说，补贴的重要性在于未来补贴将在何处、如何发生变化，以及将如何影响物联网商业案例和发展。

以下是一些引入、延续或取消补贴的例子，这些补贴可能会影响物联网风险：

❏ 保证牛奶、玉米或小麦等商品最低价格的农作物补贴可能会推迟引进新的、更有效的基于物联网的农业技术。作为物联网主管，不要低估了传统的农民从政府那里获取新

⊖　http://www.theregister.co.uk/2015/01/20/telcos_try_to_head_off_net_neutrality_rules_with_legislation/

补贴的能力，这种补贴会在一夜之间破坏商业案例。

❑ 包括政府支持在内的能源补贴使效率低下的技术在财政上仍然可行。例如，如果在寒冷的冬天过后对家庭供暖实行税收抵免，那么对智能家居的激励就会降到最低！另一种情况是，如果放宽或推迟燃油效率标准，那么对智能交通的激励可能就会减少。

❑ 交通补贴使原本效率低下的航空公司、铁路公司或卡车运输公司变得有利可图，这可能会推迟大量智能技术的引进，而这些新技术不仅可以减少浪费，还能提高对基础设施（如道路和跑道）的利用率。

❑ 医疗保健——社会化或补贴——将在一定程度上向那些使用医疗服务的人隐瞒医疗服务的成本。其结果可能是，减缓了智能健康系统的部署速度。此外，这种补贴可能会降低最终用户对服务交付质量的可见性，例如安全性和隐私，因为降低了成本。

❑ 基础设施补贴可能包括各级政府之间为修建道路和桥梁而支付的款项。这些补贴将低效率的成本从终端用户那里分摊出去，并可能推迟物联网技术在交通领域的应用。

这些只是补贴可能扭曲物联网商业案例、威胁技术和系统发展的少数几种方式。如果补贴影响到物联网业务，必须找到新的开支节省，那么这些节省往往部分来自于对安全投资的减少。因为安全投资是一种前瞻性投资，只在预期会发生不好事情的情况下进行。

总体而言，监管对物联网是一个重大的威胁，由于其具有政治性质，所以很难预测，而且即使监管到位，也很难评估其长期影响。

监管带来的最大威胁是，它推出得太快，而依据的经验和知识又太少。例如，基于有限的、早期失败或设计不佳的物联网示例的监管产生了一些负面影响。监管可能会偏离正确方向。在试图对物联网进行监管之前，监管机构需要克制并了解它。考虑到车辆安全在过去的100年里不断演变，直到今天依然如此：物联网监管不需要（或不值得）100年的忍耐，但是它应该基于经验和猜想的平衡进行监管，这些经验和猜想与我们在本章中讨论的许多威胁相关。

12.4.2　金融

物联网面临的金融威胁与本章讨论的大多数其他威胁相互依存，很少是独立存在的。为了讨论金融威胁，我们将直接关注安全和风险管理不佳可能导致的损失——而不是一般的商业失败。

1. 用户欺诈和窃取服务

向终端用户收费的任何物联网系统或服务都可能会遭受欺诈和窃取服务——这是毫无疑问的。在蜂窝技术的早期，安全性很弱，欺诈和窃取服务的影响非常严重，更不用说隐私的影响，因为第一代（1G）蜂窝技术完全可以被窃听。

威胁将在何处出现完全取决于所涉及的物联网系统，但没有理由相信威胁不会针对所有四种资产类别——只不过是在寻找最薄弱的地方加以利用：终端、网关、网络或数据中心 / 云。

物联网欺诈和窃取服务的威胁很可能以多种形式出现：

1）用户为了获得免费的增值服务而破坏系统。合法用户擅自扩展订阅，避开了业务系统支持（Business System Support，BSS），添加了通常需要付费的附加功能。

2）用户攻破系统以减少账单或打破服务限制，而不产生额外费用或没有被计费系统发现或记录已经超期。

3）第三方克隆或伪装成合法的用户或设备并获得完整的服务，致使合法的用户却得到了高额的账单（他们拒绝支付）。即使在今天，人们还是可以通过非法窃听或分线进入住宅来窃取有线服务。

4）违背服务协议共享账户。合法的用户可能非法共享服务，这样一个物联网服务提供商实际上以一个用户的价格支持了两个用户。举个例子，一个人把车停在智能停车场，然后把通行证交给一个在外面闲逛的朋友——他又拿着同样的通行证再次停车。另一个例子可能是家庭监控，两个邻居合谋让无线运动传感器连接到一个公共接入点，每月只支付一笔费用——通过这种方式来监控两个家庭。

5）服务替换。设备可以以补贴的方式提供给用户，但所有业务和服务将由提供补贴的服务提供商管理；但是用户可以重新配置（补贴的）设备以使用更便宜的服务提供商。在手机领域，其中一种形式是解锁手机，这种手机是在补贴的基础上提供给用户的，条件是手机只能与补贴的运营商绑定使用。通过解锁手机，用户可以在合同期满之前就替换 SIM 卡（Subscriber Identity Module，SIM），以使用更便宜的运营商。

2. 物联网中的社会工程攻击：未来事物的形态

另一种困扰物联网的欺诈形式将与社会工程联系在一起[一]：欺骗人们而不是损害设备。这些攻击有可能为威胁者带来丰厚的利润，当然是在欺诈方面，但也包括身份盗窃、间谍活动，甚至是财产赎金。即使在 2016 年，社会工程仍然是网络犯罪和欺诈的主要攻击工具之一。

通过物联网系统进行成功的社会工程攻击可能会导致一种被敌对设备包围的感觉，这可能会极大地阻碍物联网的发展，导致攻击的后果非常值得注意。

物联网展现了社会工程攻击的一个全新领域，它将当代互联网中一些最有效的攻击与工业控制中更常见的攻击相结合，也就是说，攻击会试图获取具有内在价值的信息（口令、账户详细信息、对易受攻击系统的访问），同时诱使用户基于错误信息执行复杂的指令序列。

当代物联网的安全性令人怀疑。有很多报道称，婴儿监护仪[二]、电视[三]、医疗设备[四]，甚至汽车[五]等设备都已被黑客攻击或明显是易受黑客攻击的。

这里有几个通过物联网发起社会工程攻击的假定案例：

反映目标和入侵。"物"在处理和存储方面往往非常有限，无法操纵它们以达到更大的效果。更重要的是，它们可能没有罪犯感兴趣的内在价值信息。然而，它们可以作为一个高效的社会工程平台，推动入侵家庭或企业中更强大的计算平台（如服务器、网络、台式机、平板电脑或智能手机）。

[一]　故意使用欺骗技术，目的是操纵某人泄露信息或采取可能导致信息泄露的行动。来源：https://blogs.mcafee.com/mcafee-labs/hacking-human-os-report-social-engineering。

[二]　http://www.huffingtonpost.com/2013/08/13/hacked-baby-monitor-houston-texas-parents_n_3750675.html

[三]　http://mashable.com/2013/08/02/samsung-smart-tv-hack/

[四]　http://www.forbes.com/sites/ericbasu/2013/08/03/hacking-insulin-pumps-and-other-medical-devices-reality-not-fiction/

[五]　http://money.cnn.com/2014/06/01/technology/security/car-hack/index.html

设想一下：威胁者学习如何使用"物"来显示消息，或者控制与物联网产品捆绑在一起的基于云的服务，比如补丁或内容管理。智能电视就是一个很好的例子，因为它们已经使用了基于云的监控和管理平台。

威胁者向所有智能电视发送一条消息，该消息会在下次打开电视时显示：

> 您的电视需要进行软件升级。
>
> 为了您的安全，它将在 60 分钟内停止工作，直至升级完成。
>
> 请前往 www.example.com/smartTVupgrade 下载补丁软件，然后在与该电视同属一个网络的任何 Windows 计算机上运行它。

想象一下这个主题的各种变化，通过几乎所有云增强设备的人工控制面板都可以显示（大部分都是这样）。

这相当于物联网网络钓鱼⊖。大多数人（但肯定不是所有人）都知道，带有此类指令的钓鱼邮件应该被忽略和丢弃。但是如果指令是来自于你的智能物联网设备呢？大多数人都没有使用智能设备作为攻击平台的经验，也没有理由去怀疑。他们只是享受电视节目：我的业余舞蹈节目 45 分钟后开始！！

与这种攻击相关的另一个因素是，它可能会绕过传统的安全系统，比如桌面电子邮件保护与防病毒、恶意软件和 URL 信誉拦截。为什么？因为攻击者没有使用电子邮件作为社会工程平台——攻击使用了一个带外传输通道，这与我们在何处进行安全方面的投入有关。

为什么这跟今天的社会工程不同？物联网中社会工程攻击的后果可能比今天在 IT 互联网中的相同攻击更为严重。

这种感觉就像生活在弱设备之中，一下被敌对设备包围一样！——设备在任何时候都可能试图欺骗你去做违背你兴趣的事情，就像科幻电影里的恶毒机器人。那会很糟糕。如果你的设备被黑客攻击和入侵，这是一回事；如果你的设备诱骗你伤害自己或他人，那就是另一回事了。

3. 罚款

与数据安全和隐私管理不善相关的巨额惩罚性罚款正日益逼近。（请参阅前面关于法规合规性和隐私制裁的讨论。）

在过去，甚至今天，许多与数据安全和隐私相关的法律都会对违反或不遵守相关规定的行为处以少量的甚至无关紧要的罚款。但实际上，更让企业感到恐慌的是由此带来的负面和高调的宣传，以及监管机构可能要求企业道歉的行为——比如即使只是判断可能发生违规，也要发出一封通知信。然而，随着风险的增加，物联网将进一步加剧罚款的威胁。

除了损害名誉之外，对企业来说，遭受数据泄露的代价往往要比尝试投资一个好的安全平台更低，也更容易。在物联网领域，设备和服务的成本将倾向于快速进入市场，并以较低的价格鼓励用户采用传统方式，几乎没有理由确保安全方面的投资。（正如我们在本书中反复提到的那样。）

⊖　https://en.wikipedia.org/wiki/Phishing

但随着一些地方（比如注重隐私的欧洲）对数据泄露罚款的增加，金融威胁正达到新的水平。例如，新的欧盟数据保护条例规定，罚金最高可达 1 亿欧元（相当于新欧盟数据保护条例覆盖的全球营业额的 4%）。[⊖]尽管这些条例在撰写本书时既将生效，但我们完全有理由期待它们将与 2020 年及以后的物联网愿景并行不悖。

4. 法律解释的变化：版权、隐私和数字化产出

许多基于互联网的大型服务（如 Google 和 Facebook）都有一个主要假设，即用户可以在最低授权的情况下，放弃与其在线活动分析相关的任何权利。此外，大多数用户认为这样的信息没有什么内在价值，而他们得到的回报（在线服务）是一笔巨大的收益。

美国 1998 年颁布的《数字版权千禧法案》（Digital Copyright Millennium Act，DCMA）允许个人通过简化流程（无需聘请律师和支付费用）维护其创建的数字内容的所有权。然而，最近有关知识产权的法律诉讼[⊜]发现，对互联网上的数据进行合理使用辩护的适用范围有所扩大——这打破了 DCMA 的有效边界。本质上说，虽然知识产权可能明确属于某个实体，但该实体无权对知识产权进行绝对控制。例如，如果知识产权的使用方式不偏离其含义，也不产生相对于推定许可成本的有意义的收益。

就物联网而言，这是一个模糊的领域，因为人们和设备产生的大量数字化产出都将来自物联网，并被重新利用、重新包装、聚合、关联和销售。它将被出售给广告商、营销人员、研究人员和产品制造商，甚至政府监管机构和安全机构。

当涉及物联网时，属于个人和服务提供商的界限在很大程度上都还未经检验。所有免费云服务（像电子邮件、存储、照片管理等）中的服务协议通常都包含一些条款，严重限制了用户声索与他们的数字化产出（他们的使用模式、偏好、日志和流量模式）相关的任何权利的能力。

虽然这个问题现在看起来很简单，并且已经解决了，但是随着物联网的发展，我们的数字化产出可能会累积到被认为是一项独特而有意识的工作的程度。如果我们故意允许自己被记录，并且意识到我们正在创造的甚至可能是故意塑造的独特场景，那么权利会扩展到用户的个人情境吗？

事实上，物联网有望创造出令人难以置信的详细描绘，这些信息可能会被出售，而不是赠送：例如，出售给广告商或服务提供商，他们获得独家为你创建、打包和包装商品和服务的权利。

也许你把你的数字化产出卖给了一家旅行社，以换取为你打造一个理想的度假套餐并将其呈现给你的权利。你可以买，也可以不买，但你可能只有在准备买的时候才会出售这种权利……所以服务提供商知道这种投资会有一个很好的转化率。

如果这样的实践是基于物联网产生的丰富数字化产出发展起来的，那么如今的服务提供商如（Google 和 Facebook）以及未来的服务提供商（如汽车公司和杂货商）可能会发现，当面对隐私问题和新的商业模式时，*合理使用*的解释有可能会崩溃，因为它们会高度重视那些以前只被认为是消耗、扰乱甚至破坏商业计划和服务模式的东西。

⊖　见 *SC Magazine*（http://www.scmagazineuk.com/breaking-news-eu-agrees-4-fines-for-breaching-data-protection-regulations /article/ 460046/）和 BBC 的报道（http://www.bbc.com/news/technology-25825690）。

⊜　http://www.theregister.co.uk/2015/09/17/dancing_baby_victim_shaming/

5. 责任与保险威胁

在物联网中，责任和保险最好作为一种威胁组合进行讨论，安全故障和疏忽导致的产品或服务责任的威胁引发了对保险的需求。

物联网中产品和服务的责任正在逐步演变。在物联网领域，设备被放置在网上并作为新的和改进的产品出售，与离线的老版本相比，其安全性和可靠性要差得多。能听到房间里每个字的电视[⊖]，或者允许外人监看并对蹒跚学步的孩子喊叫的婴儿监视器[⊖]，这只是导致对制造商追究责任和提起诉讼的两个例子。物联网供应商和服务提供商的自然反应是寻求责任保险。

在这种情况下，物联网对消费者来说就像一辆汽车——是一种有用的工具，但它也会伤害到你，不管是谁的过错。无故障物联网保险可能会被纳入到家庭保险中，但也可能作为独立保单出售给个人和企业。同样，过失与疏忽责任保险以及网络风险保险将明显延伸到物联网产品和服务。另外，网络保险政策将有意地排除对物联网的覆盖，没有额外的附加条款、规定、条件和成本。

由于物联网还很年轻，还存在着许多问题和场景。在试图用保险来保护责任时，由于成本的上升和不确定性，保险对企业和消费者都构成了真正的风险：以下是一些与物联网和保险相关的可能情况：

- ❑ 法院对与物联网相关的事故的过度责任赔偿，将使保险成本超出物联网业务的合理范围，或迫使物联网服务提供商将价格提高到服务对用户和订阅者不再有吸引力的程度。
- ❑ 保险公司——为了管理与惩罚性赔偿相关的风险，保险公司开始禁止广泛形式的赔偿。由于没有经济保险，用户要求禁用和禁止物联网服务和功能，从而扼杀了可用的物联网功能。如果启用了智能，智能汽车便可能无法投保：只有非智能汽车是可预测的才值得投保吗？
- ❑ 物联网系统的复杂性使得很难确定什么是应该被合理预见的事件，什么是真正不确定的事件。换句话说，过错是否在于他人及其保险范围内的过失和疏忽吗？因此，保险索赔多年来一直没有得到解决，而且由于缺乏可靠的通过保险转移责任风险的手段，物联网市场的发展又一次受到了阻碍。

这些只是对组织机构可见的金融威胁的示例，物联网中的任何风险管理计划都需要考虑它们。

12.4.3　竞争

竞争威胁，和竞争需求一样，与市场以及物联网产品或服务进入市场、抢占市场份额并在市场上不断发展的替代品面前保持竞争力和可行性的能力有关。以下是管理人员需要处理的、与物联网安全技术（和隐私）相关的首要竞争威胁。

1. 技能缺乏

物联网具有高度的创新性和颠覆性，能否获得、培养和保留在特定市场中启动和竞争所必需的技能关乎成败。

我们经常听说高科技产业存在技术短缺的现状，在高科技安全领域，这种短缺最为严重。

⊖ 见"禁用此功能，以阻止你的三星智能电视听你讲话"，http://www.cnet.com/how-to/samsung-smart-tv-spying/.

⊖ 见 *SC Magazine*，http://www.scmagazine.com/research-shows-vulnerabilities-in-video-baby-monitors/article/436547/.

无法获取和关联物联网安全技能是对物联网中任何产品或服务提供商的主要威胁。在不考虑如何从人力资源的角度来解决安全问题的情况下，为物联网制定商业计划将是愚蠢的。

在所有定义良好的安全标准中，每个组织必须有人训练有素且负责任，成为被认可的 IT 安全领导者，这是基本实践。在物联网中，随着许多机构进入市场，技能短缺肯定会影响其开发和维护物联网设备、系统和服务足够安全的能力。

我们认为这是一个具有竞争性的问题，因为安全性是物联网技术采用者（无论是消费者还是企业）面临的最大问题之一。那些能够应用并展示良好安全性和风险管理实践的物联网产品和服务提供商将拥有差异化的机会。以产品和服务进入市场的供应商会因为最小化的安全能力而经常面临产品和声誉的威胁，以及被打上不安全产品烙印的明显威胁，其市场份额和客户信誉将受到可预见的灾难性影响。

2. 未能有效地利用大数据

未能有效地利用由此产生的大数据来获得竞争优势和增值服务[⊖]是一种威胁，但如果能正确地利用它们，则是一个机会。许多竞争机会可能存在于新的物联网产品和服务所产生的海量数据中，而错失这些机会对组织来说意味着成功与失败的不同。

物联网将产生大量关于人、地点和事物的信息。这一点广为人知，隐私专家（尤其）担心可能会发生的影响和入侵。但是这些对个人信息和隐私的真实或想象的影响并不总是会发生，因为信息的持有者可能无法利用通过物联网获得的信息和大数据。

这并不是说所有的物联网日志和事件信息都应该公开数据挖掘和转售，但是也确实存在一个巨大的威胁，即组织机构无法以适当的方式使用他们所拥有的资源，并将其作为市场上的竞争优势。

由于对物联网数据的分析和管理不善，将失去提高产品服务效率的机会。

提高服务水平和客户满意度的机会也将消失，因为没有人愿意从数据中提出正确的问题。或者，更有可能的是，没有人具备从物联网中提出正确问题的必要技能。

任何系统可以被用来获取收益的极限都是未知的和理论的。就像一盘棋，物联网中许多元素的排列以及可能被移动的顺序是宠大的。客户通常会依据从大数据分析中获得的结论，来评估哪些特性、组合和服务的排列将产生最佳效果。物联网系统无法充分发挥其全部价值和潜力的威胁与未能正确利用和分析物联网中的数据密切相关。

此外，大数据分析可以对诈骗、技术安全违规和漏洞等事件提供非常有用的洞见，还可以简化安全合规性报告。如果没有足够的分析投资，很难想象物联网服务会像现在这么好。

3. 神风特攻队般的竞争：“昙花一现”，转瞬即逝

这除了是一个多重的隐喻之外——还指一件事！

在 20 世纪 90 年代后期，随着电信放宽管制的影响开始在市场中真正显现，许多新的竞争性本地交换运营商（Competitive Local Exchange Carrier，CLEC）如雨后春笋般出现在城市甚至郊区，希望与大型的传统本地交换运营商（Incumbent Local Exchange Carriers，ILEC）竞争。

⊖　Joan Chen，中兴执行副总裁，2015 年 9 月 11～13 日。

　　这些小型运营商正试图从住宅电话服务到长途业务数据网络的所有业务中分一杯羹。大多数加入者因为投资过度在几年内就倒闭了，市场也由于电信服务领域中许多替代产品的进入而变得支离破碎。因此，他们的商业机会并没有实现。但是，他们所造成的严重的电信供应过剩使得幸存的运营商在多年内（1999～2003 年）的价格严重下挫。这种竞争形势引发的一系列行为还导致了一些大型电信设备制造商的倒闭，如以前的北方电信——由于糟糕的信贷决策而一败涂地。

　　在进入物联网市场的热潮中，许多小型物联网初创企业正在涌入市场。很多企业都无法跨越鸿沟——正如戈登·摩尔所说的——将会失败。但与此同时，这些大量的加入者使物联网市场变得支离破碎，并可能压低产品和服务的价格，从而阻碍整个市场的发展：如果利润率过低，投资就不会到来。

　　对任何物联网企业来说，真正的危险在于：它正面临着为争取客户而不惜一切代价的激烈竞争。面对这样的竞争，为了比竞争对手更快或以更低的价格进入市场，物联网企业管理者会试图在诸如安全等领域走捷径。从运营的角度来看，安全是一种前瞻性的能力。安全是你所期待的，但希望永远不会实现。如果期望足够强烈，或者管理者出于无奈，他们将首先削减安全投资，因为从理论上讲，业务仍将继续！

> 　　在这种竞争环境下，许多小型供应商正竞相在拥挤的市场中创造或获得市场份额——真正的威胁是在物联网产品或服务的开发和管理中所做出的看不见的安全妥协。
> 来源：Caveat emptor。

4. 不稳定的供应商和合作伙伴

　　如今，互联网安全产品和服务的世界是高度竞争和碎片化的，这使得与供应商和合作伙伴相关的不恰当的、不起作用的或明显错误的选择都会对对所有类型的管理者造成真正的威胁。在这种情况下，物联网供应链（安全提供商）的匆忙完工可能代表着威胁！

　　在互联网安全领域，大约有 10 个主要的产品类别（或多或少取决于你从哪里获得信息）：
- 台式机和服务器安全
- 网络防火墙
- 数据丢失防护
- 分析和安全事件管理
- 系统加固和白名单
- 威胁情报
- 数据库安全
- Web 安全
- 邮件安全

　　在所有这些顶级分类中，至少有 50 家不同的公司（每个类别至少有 5 个，有时会跨类别重复）被 Gartner、Forrester 或 Yankee 等公司视为互联网安全领域的领导者。除了这 50 家公司之外，还有成千上万的小型安全公司、门店以及与产品和服务相关的初创企业，它们都在争夺下一代安全技术。在被认为是领导者的公司中，实际上很少有非常大的公司——大多数年收入不到10亿美元，有些甚至远低于此。这些公司都在拼命地相互竞争，大量的门店和初创企业都在紧随其后。在纯粹的替代品、多样性和万灵油方面，没有任何行业可以与技术安全行业相媲美。

在所有的产品领域中，互联网安全是最拥挤和分化的。为什么？因为安全变得越来越糟糕了，而不是越来越好（物联网对这种情况并没有帮助）。安全也是一个主要的风险 - 投资领域（很像物联网）。

企业（即使是管理最好的企业）的特征之一是在基础设施中有太多的服务提供商。在大型企业中，对于上述十种产品类别中的每一种都能找到两个产品供应商的情况也并不罕见。换句话说，许多企业将尝试使用 20 种或更多不同的安全产品来管理其安全！

这将导致高运营成本和低安全性能。这部分成本相当明显：如果你从许多小供应商那里小批量地购买，就会支付更多的费用：安全能力因素对一些读者来说可能不那么明显，但它实际上是致命的。试图管理许多安全产品意味着工作人员可能永远都不会对其中任何一个产品有良好的使用习惯，许多警报和警告会被忽略或被认定为误报。结果，对供应商的广泛投资——或许假设在任何给定的类别中购买最好的产品总会更好——在很大程度上是失败的。

曾经发生过的一些最大的安全漏洞来自于安全投资高但由于操作疲劳而导致的安全性较差的组织机构。有太多的事情，仅有少数人去做和了解。

物联网中的服务提供商存在同样的威胁：为了创建有效的安全计划和基础设施，收购了太多的安全厂商和供应商。

正如我们在第 3 章中所讨论的，物联网将从服务分层和全面竞争中获得灵活性和动态性。就像安全行业一样，物联网将被细分成许多不同形式的产品和服务类别——我们反复讨论的终端、网关、网络和数据中心 / 云。但是除了物联网产品或服务提供商可能占据的垂直类别以及他们的竞争领域之外，还将有无数其他类别和层面需要供应商和合作伙伴（见图 12-1）。这就是供应商 / 合作伙伴疲劳所表现的威胁。

物联网产品或服务提供商将会接触到许多潜在的供应商和合作伙伴。

	终端	网关	网络	数据中心 / 云
应用管理	供应商 A 供应商 B 供应商 B1	供应商 I 供应商 K	供应商 Q 供应商 R	供应商 AA 供应商 AB 供应商 AC
软件服务	供应商 C 供应商 D	供应商 J 供应商 L 供应商 L1	供应商 S 供应商 T 供应商 U	供应商 AD 供应商 AE 供应商 AE1
平台服务	供应商 E 供应商 F	供应商 M	供应商 V 供应商 W	供应商 AF 供应商 AF1 供应商 F2
硬件和基础设施服务	供应商 G 供应商 H	供应商 N 供应商 O 供应商 P	供应商 X 供应商 Y 供应商 Z	供应商 AG 供应商 AH

（你在这儿：供应商 I）

图 12-1　供应商疲劳

他们都声称自己是同类产品中的佼佼者。

他们都声称在竞争中具有关键的差异化特征和能力。

最后，如果不断增加合作伙伴和供应商的数量，那么一个安全解决方案供应商相对于另一个供应商的边际收益（甚至是可观的）将构成一个威胁——因为这会创建一个难以管理的生态系统，尤其是从安全的角度来看。小型或快速增长的物联网企业如何有效地管理多个供应商和厂商的安全？这些供应商和厂商可能本身正处于安全和风险管理或者缺乏资源的边缘。

12.4.4　内部策略

内部 IT 安全策略对任何组织都很重要，因为它为运营团队提供了有关安全和风险管理的管理级指导。如果没有安全策略作为 IT 安全流程的起点，那么创建可重复、可度量且高效的 IT 安全流程是不可能的。

从内部策略的角度来看，物联网面临的第一个主要威胁是缺乏物联网安全策略。

缺乏 IT 安全策略从未阻止任何人开展业务，虽然不至于使公司破产，但也确实会让许多高管失业。一个公司可以通过优质的产品或服务以及快乐的客户来开启良好的开端。然而，由于缺乏以 IT 安全策略形式进行的任何治理和管理，它们实际拥有的安全性是临时的、不完整的、不可度量的，并且很快就会陷入功能失调的状态，而且代价会非常高昂！最终，工作人员因缺乏与 IT 安全相关的管理而感到受挫，并且由于没有人真正关注（因为缺乏对玩忽职守进行惩罚的政策），他们不再始终如一地实施安全，取而代之的是概率法则：一个大规模的安全违规就发生了。多年来，我们正是以这种方式吸取了许多惨痛的教训。

从 IT 安全策略中吸取了教训的企业，是那些从一开始就被威胁者瞄准数字资产的企业：银行、政府和包括娱乐在内的高科技产业。

良好的内部策略是安全和风险管理的基础，最需要了解内部策略的是那些最快进入物联网世界的行业：处理有形产品和服务而不是逻辑产品和服务的行业，如卫生、交通、能源、制造业、水利和公共安全。

不幸的是，在没有任何内部安全策略的情况下，成立并运转一家公司并不难。我们应该可以预料到物联网在这方面也不会有什么不同。同样，对于习惯于在网上处理实体产品和服务的公司来说，期望旧的 IT 安全实践在物联网世界里同样充分，这是一件很简单的事情。

总的来说，这是物联网的一个主要威胁——缺乏足够的或任何的内部安全策略都会导致安全和风险管理功能失调。

物联网安全策略空白是一个标准空白

在物联网和 MZM 安全方面缺乏既定的国际或国家标准会使制定物联网安全的内部策略变得非常困难。由此带来的一个巨大威胁是，由于缺乏好的实例，内部安全策略没有成为物联网独特的安全需求（本书 6 个完整章节的主题）。由于缺乏国际公认的物联网安全标准，没有任何实例可以为物联网安全策略和流程提供广泛认可的公信力。

在 2014～2016 年间，国际标准化组织（International Standards Organization，ISO）的工作显示，有超过 500 个合法的国际标准触及到了物联网。其中包括从无线和射频识别（Radio

Frequency IDentification，RFID）标准到本地化标准再到供应链标准，以及安全标准。所谓合法，指的是那些公认的、政府批准的标准组织，比如 ISO 或者国际电信联盟电信标准化部门（International Telecommunications Union Telecommunication Standardization Sector，ITU-T）或者顶级行业组织，比如第三代合作伙伴计划（3rd Generation Partnership Project，3GPP）或者电气电子工程师学会（Institute of Electrical and Electronic Engineer，IEEE）。然而，这些标准都没有专门针对物联网的需求、体系结构或设计。这项工作正在进行中，其中第一项任务是尝试从这 500 多个标准中提取出有用和有意义的内容，以形成一个综合的指导[⊖]。

在现有的 500 多个物联网标准中，几乎没有关于安全的。当然，IT 安全标准，如 27 000（IT 安全）、18 000（密码系统）、20 000（测试和验证）和 29 000（隐私），通常包含了关于信息安全的有用指导。然而，在所有情况下，这些标准要么本质上是通用的，适用于任何信息系统，要么是特定于垂直行业的，但不涉及特定的垂直物联网。

备受关注且广泛使用的 27 000 安全标准及其主要替代标准（如 CoBIT 或 NIST 800-53 系列标准）是关于信息安全的——企业 IT 信息安全和风险——而不是物联网安全和风险。

这就是威胁产生的原因：由于缺乏明确的标准，风险管理人员可能会创建自己的物联网安全标准，这些标准可能会威胁到他们所支持的物联网系统、服务和产品。

为填补标准空白而开发的任何内部标准，都可能对已投入运营的物联网产品或服务提供商构成威胁，从而带来风险。这并不是任何人的过错，但是在某些情况下，物联网安全标准的延迟到来是一把双刃剑。一方面可以提供必要的指导和合法性，但另一方面也为之前的努力制造了问题：

1）现有的物联网产品和服务的安全策略与最新的国际标准不兼容——需要对服务进行昂贵的改造，以使之前开发的流程和技术符合官方标准。

2）在发生法律纠纷或事故时，法院认为预先制定的内部策略是临时的，就像没有任何安全策略一样；因此，内部策略可能会被拒绝作为尽职调查的证明和业务努力的指标。

3）内部或外部的审计人员无法识别临时 / 内部的物联网安全和隐私策略。当审计人员不理解安全或隐私策略时（因为使用了外来的（新颖的、独特的）框架），审计的成本就会增加，因为他们试图将内部标准映射到他们知道的、认可的并愿意提供意见的内容。这些矫正的审计技术会将审计所消耗的资源提高到破坏性的水平。

4）内部开发的物联网安全和隐私策略作为一种本土化的、非常聪明的标准空白解决方案而备受推崇——没有人会质疑它们或者想要审核它们，"因为没有什么可以和它们相比"。就好像对于父母来说，没有丑孩子这一说，这才是与内部策略相关的真正威胁。人们没有看到自己工作中的缺点。

5）基于上述四个原因，最高管理层可能不信任内部开发的物联网安全和隐私策略。如果没有管理层的支持，物联网业务或产品线可能会发现自己孤立无援，并且缺乏足够的资源。从本质上讲，管理层可能会根据过高的标准去评估在没有操作安全策略的情况下进行操作的风险！

⊖ 见 ISO/JTC1 工作组 10——物联网。

12.5　物联网的操作和流程威胁

操作威胁，和操作需求一样，源自于并可追溯到业务威胁和风险。这使得操作威胁成为业务威胁的一个子集，这就是为什么该部分内容出现在业务威胁之后的原因。

操作威胁和业务威胁同样重要，它们在可能发生的影响类型中更加细化和具体。但是，所有的操作威胁都将在业务层产生影响。至少它们应该产生影响。如果威胁不会影响到业务层的风险……这真的是一种威胁吗？或者至少，它是一个值得管理的威胁吗？（相对于仅仅接受威胁和由此产生的风险。⊖）

> 我们在下面内容中将要讨论的许多威胁可能会出现在多个标题下。在大多数情况下，我们的目的是将物联网的各种操作威胁作为物联网威胁的超集展现出来，而不是试图用一种或另一种形式的操作需求来将它们永久地分类。

此外，在下一节中，我们将尝试证明，对于物联网中每种形式的需求，总会存在某种相应的威胁。

对风险管理人员来说，重要的是了解一个给定的操作威胁追溯到业务威胁的程度。操作威胁与业务威胁之间的关系越强，物联网系统设计人员或风险管理人员就越需要注意。

最后，这里列出的威胁并不详尽！物联网产品和服务可能面临的威胁范围是无限的。以下是物联网中一些较新的威胁。理解这些威胁将为理解特定物联网产品和服务可能遇到的实际威胁提供一个有用的平台。

请将这些威胁纳入应该考虑的威胁范围。风险管理人员负责识别物联网产品或系统需要考虑的适当威胁。

12.5.1　物理安全威胁

物理安全作为一种需求与安全性不同，因为它强调了物联网中的网络－物理/逻辑－动力接口。由于信息和数据事件，"物"可能会"激增"，人们可能会受到伤害：温和的事件也会产生严重的后果。正如第6章中所讨论的，物理安全通常要考虑与设备的可靠性和可预测性相关的性能问题，甚至远远超过典型的企业IT设备所考虑的范围。

物理安全威胁与其他逻辑安全（甚至是隐私）威胁密切相关，通常不会单独存在。

以下是关于物联网物理安全威胁的例子。

1. 拒绝、丢失、操纵视图和控制⊜

许多物联网设备，包括一些工业控制设备，如可编程逻辑控制器（Programmable Logic

⊖　回想一下，管理风险总是有三种选择：处理风险，转移风险，接受风险。

⊜　来源：Tyson Macaulay 和 Bryan Singer 的 *Cyber Security for Industrial Control Systems*（2011），见 http://www.amazon.ca/Cybersecurity- Industrial -Control-Systems-SCADA/dp/1439801967/ref=sr_1_2?s=books&ie=UTF8&qid=1444917519&sr=1-2。

Controller，PLC）[⊖]和远程终端单元（Remote Terminal Unit，RTU），都是相对简单的设备。其中并不存在提权威胁，因为通常只有一个权限级别：管理员。这可能对监测或管理逻辑 – 动力 / 网络 – 物理接口的物联网设备构成重大安全威胁。

威胁可以简单宽泛地分为六类：拒绝视图、丢失视图、操纵视图、拒绝控制、丢失控制和操纵控制。但这不是绝对的安全级别。如表 12-9 所示。

表 12-9　安全威胁类别

	拒绝（临时）	丢失（持续）	操纵
视图	DoV	LoV	MoV
控制	DoC	LoC	MoC
白色	视图被中断，但不受控制。对报告和操作人员意识的干扰。生产和基础设施风险主要是由于这种情况长期得不到检测或解决		
灰色	控制中断。对通信接口的影响（暂时的或持续的）可能导致 IP 通信接口出现不稳定或冻结的情况，但会使控制接口在其他方面保持稳定和逻辑完整。风险随控制过程的不同而变化很大		
黑色	无法自动或远程恢复视图或控制。通过向控制室人员错误传递的信息，或向生产设施发送恶意指令来破坏潜在的安全。风险是最高的		

根据所考虑的物联网系统或服务的状态，可能存在部分甚至全部六类威胁。

拒绝视图（Denial of View，DoV）是由物联网终端设备与其控制源（云、移动应用程序或你拥有的设备）之间的临时通信故障导致的，一旦干扰条件消除，接口就会恢复可用。例如，指向终端而不是集中式云资源的 DoS 攻击。

在这种情况下，即使有 DoV 发生，物联网设备内的控制逻辑仍会继续起作用。DoV 在操作上可以表现为生产放缓，并在生产过程的其他部分或整个物联网服务中产生级联（但不适当地）放缓。

丢失视图（Loss of View，LoV）是由于持续或永久的通信故障导致的，其中物联网设备需要本地实际的操作人员亲自进行干预；例如，重启。

在这种情况下，即使发生 LoV，物联网设备内的控制逻辑仍能继续工作。在服务交付的过程中，丢失视图可以表现为服务交付的减速或停止。

操纵视图（Manipulation of View，MoV）——故意向物联网设备或服务云发送有害命令的威胁，其中错误信息（伪造的物联网数据）被用于激发不当的管理员响应。换句话说，欺骗物联网服务所有者或操作人员做出一些对系统或服务有害的事情。

MoV 不会影响通信或控制接口的功能。MoV 可以欺骗操作人员进入不恰当的控制序列，从而在生产过程中引入缺陷和可能的灾难性反应。企业报告系统也可能提供错误的信息，为管理提供不准确的指导。

拒绝控制（Denial of Control，DoC）——由于通信中断造成的暂时无法控制的威胁。DoC 可以是无意的或有意的：无意的 DoC 包括操作人员失误和疏忽、硬件故障或者对物联

⊖　可编程逻辑控制器（PLC）和远程终端单元（RTU）。

网接口具有负面系统影响的 DoV，比如网络故障、网关故障或不当的网络容量。

例如，对物联网设备或网关的攻击有可能专门针对 IP 通信栈中的缺陷，从而导致接口失效或者停止按照程序工作。一旦对 IP 通信的降级或干扰消除，通信接口恢复正常，物联网控制就会恢复。

有意的 DoC 也可能来自对控制接口的威胁，该威胁不会影响通信元件或接口，只会禁用输入 / 输出控制接口。在这种情况下，所有者和服务提供商会看到物联网设备在没有任何控制能力的情况下，可能做出的不稳定或非程序化的行为。

丢失控制（Loss of Control，LoC）——持续失控的威胁。在这种情况下，即使干扰已经消退，操作人员仍然不能发出任何命令。LoC 可以是无意的或有意的：与 DoC 一样，无意的 LoC 包括操作人员失误和疏忽、硬件故障或者对物联网设备接口或网关具有持续、系统影响的临时 DoV 状况。

例如，对物联网设备的攻击有可能专门针对 IP 通信软件栈中的缺陷，导致 I/O 接口永久失效或停止其设计行为。有意的 LoC 可能源于对控制接口的威胁，虽然不影响 IP 通信接口，但会禁用 I/O 控制接口，同时可能允许操作员查看工业控制系统（Industrial Control System，ICS）在没有控制的情况下所做的不稳定或非程序化的行为。在 LoC 的情况下，只能通过本地操作人员的干预来恢复对 I/O 接口的控制，比如重新启动设备或网关。

操纵控制（Manipulation of Control，MoC）——在这种情况下，物联网设备可以被第三方重新编程，并覆盖合法操作人员的命令。MoC 不会影响网络通信接口或控制接口的功能。

MoC 可以覆盖或拦截、更改设备所有者和服务提供者的合法命令，应用不恰当的命令序列，从而导致服务降级、缺陷和可能的灾难性反应。

上面描述的故障模式有助于分析早先已知的故障或由于未知的 ICS 漏洞而导致 ICS 网络或进程失败的方式。例如，通过审查系统中的 LoV 或 MoV 因素，安全和防护分析师可以评估当前系统状态的不准确或操纵视图会如何导致操作人员采取的潜在有害行为。

这种做法有一个先例，在 2005 年英国石油公司德克萨斯城炼油厂爆炸事件的后续相关行动中，许多操作人员采取的行动加剧了事故的灾难程度——这是一场基于 LoV 的行动。完整的事件记录可以在美国化工安全与危害调查局（Chemical Safety Board，CSB）[⊖]中找到，CSB 的精彩视频可以在 YouTube 上找到[⊜]。值得注意的是，德克萨斯城事件并非有意的事件，但它已被许多安全专家用作基础研究，并作为如何发起有针对性的安全攻击的一个案例。该基础分析已被用于开发各种针对石油、天然气、电力、水和关键制造过程的威胁模型和攻击场景。

2. 商品化和向下竞争

物联网对整个物理安全来说是一个福利，因为它能够以更远的距离、更高的精准度和更低的成本管理更多的设备。交通、制造业和能源等领域尤其有望受益。但这一安全福利也将招来大量的同类竞争对手，在价格上展开主要竞争，并促使最成功和最受欢迎的物联网服务尽快简化系统和流程，否则就会失去市场份额。这意味着物联网设备价格将会分层：不同的

　　⊖　美国化工安全与危害调查局，见 http://www.csb.gov。

　　⊜　CSB 安全视频，英国石油公司炼油厂爆炸，见 http://www.youtube.com/watch?v=c9JY3eT4cdM。

产品和服务质量有不同的价格。

但是从安全的角度来看——你真的希望价格降到多低？消费者通过比较来评估一个物联网服务提供商或产品的安全要素的能力通常有限。正如我们所讨论的，监管和标准没有跟上！

某些物联网设备和服务的竞争和商品化的迅速出现将对物联网造成威胁——与安全有关的性能丧失和衰减的威胁。最初，这种衰减很可能是渐进的，产品和服务质量会慢慢下降以应对竞争的因素，这可能是因为早期阶段的良好防护创造了良好的安全记录。

质量的逐步降低可能会使安全不断妥协，直至风险不再被接受。但与此同时，在灾难发生之前，这些风险是难以察觉的。

3. 无线安全

美国交通部于 2015 年提出："到目前为止，无线通信系统倾向于不支持关键安全功能；关键安全系统也倾向于不基于无线系统。因此，通信数据传输系统的安全思路借鉴了行业最佳实践，同时也建立了新的实践以满足联网汽车环境的特定需要和要求"。[⊖]

未授权的无线威胁。在公共接入无线频谱中，无线通信系统（如 Wi-Fi）肯定会受到围攻，不可靠的性能对物联网系统的安全构成非常严重的威胁。原因很简单：任何有目标或动机（包括以混乱作为一种动机）的人都可以用非常便宜且随手可得的工具来观察、拦截和干扰这些无线电信号。作为一个整体，无线网络会令关键安全系统变得不可靠，并在可用性和机密性方面受到各种威胁。

Wi-Fi 系统以工业、科学和医学（Industry, Science, and Medicine，ISM）频谱为基础，例如 2.4 GHz 和 5.2 GHz。这些无线电频率会被许多不同的应用使用，而不仅仅是 Wi-Fi 无线电系统，并且偶然和意外的干扰也很常见。微波炉的工作频率也在 2.4 GHz，如果微波炉自身的屏蔽随着时间的推移（由于年代久远）或者由于缺陷而失效，那么它就会产生大面积的干扰，从而严重影响 Wi-Fi 系统。即使是屏蔽良好的微波炉也会干扰到 Wi-Fi。

在作者自己的房子里，厨房的（现代的、质量好的）微波炉在电视房和 Wi-Fi 接入点之间连成一条直线。当有人使用微波炉时，电视房中的每个人都会发现他们移动设备的可用带宽在急剧下降。

其他常见的设备也会在 2.4 GHz 或 5.2 GHz 的频段运行，包括老年人安全胸针、婴儿监视器、车库门开启器、电灯开关、摄像机、家用无绳电话，以及物联网供应商决定布置的任何其他设备。唯一的限制是广播强度，根据法律规定，（在大多数地方）广播强度将把干扰的可能性限制在半径为一两百米的范围之内。但是，通过简单的调整和现成的天线系统可以极大地增加这些能力来干扰和拦截 ISM 信号。

授权无线威胁。在物联网中广泛使用的另一种无线形式是授权无线。无线电频率会被分配给特定的应用，并向工业用户提供许可证。许可证通常适用于给定地理范围内的给定频率。授权频率和应用的例子包括广播电视、公共安全无线电频道（如警察和消防），以及全球定位系统（Global Positioning System，GPS）等服务。

使用授权无线电频谱的设备不能被任何人以任何理由随意购买和激活，如 ISM 设备。它

⊖ 同上，来自 DOT 的 VIVA 报告。

们只能出售给拥有许可证的实体，这些实体通常会转售使用这种频谱的设备。另一方面，想要制造使用授权频谱设备的制造商需要对设备在无线电世界中的行为进行更多的监督和控制。

从安全的角度来看，授权无线电频谱中的威胁可能会减少，因为通常会对设备进行更好的管理，从而减少意外或故意干扰和冲突的危险。类似地，在授权频谱中窃听和监视通常会更加困难，因为设备不太容易获得——尽管任何有动机的威胁者都可以通过正当的目的获取合法的频谱扫描仪。

许多物联网系统正寻求将 3G 和 4G 无线技术用于其终端设备或网关，正是因为这种连接更可靠——减少了安全威胁。

然而，在授权与未授权频谱中还会发生其他的威胁，包括：

❏ 资源枯竭。对定义良好但授权资源有限的管理意味着，一旦资源被耗尽，DoS 情况就会出现。

❏ 缺乏弹性（下面将提到的一个威胁）将成为授权无线基础设施的一部分。由于控制和管理是这些系统的核心，所以它们通常不具备与未授权无线技术相同的需求 – 响应能力。在这种情况下，可能需要按需部署新的网关。

❏ 资源分配——这在一定程度上是一种商业威胁——会妨碍授权频谱以最有效的方式被使用，因为它是一种稀缺且昂贵的资源。当一个所有者可能资源过剩，而另一个所有者可能资源短缺时，将频谱从一个所有者转移到另一个所有者会涉及监管机构和复杂的谈判，这会阻止授权频谱满足意外的需求。

12.5.2　机密性和完整性威胁

机密性、完整性以及后面的可用性是安全需求的基础。下面是一些针对机密性和完整性威胁的示例，与在企业 IT 环境中的理解相比，这些威胁在物联网中会有所不同或更加突出。

1. 云的机密性

基于云（基于互联网的、多租户的）的应用和数据存储的机密性对物联网的安全和风险管理是一个重大的威胁，因为许多物联网都将使用基于云的系统和存储技术。如果由于感知到的或真实的机密性（包括隐私）威胁，使得基于云技术的经济性和效率不易达到或不适合物联网，那么我们在本章前面讨论过的许多金融风险将很容易以最糟糕的形式显现出来。

2015 年底，欧洲法院否决了美国与欧盟之间的安全港协议[⊖]。安全港允许将欧洲的个人信息存储在美国的数据云中，只要管理数据的企业证明，它所采用的隐私保护措施与这些国家公民的监管要求相当。在撰写本书时安全港消亡的后果仍然不确定，但它本质上是围绕着与由机密性延伸出的[⊜]隐私相关的威胁。截至 2016 年，一些暂时的补丁应用于安全港协议——被称为隐私盾[⊜]，但是很多人仍然认为这些措施不够，只是一个临时的解决办法。围绕安全港的讨论甚至没有具体涉及物联网，而隐私盾协议作为对美国联邦贸易委员会其他工

⊖　http://export.gov/safeharbor/

⊜　见 *Economist Magazine* 中的 "Get off my Cloud"，2015 年 10 月 10 日。

⊜　https://www.commerce.gov/privacyshield

作的参考，在 120 多页的篇幅中提到过物联网两次[⊖]。这意味着在保护云端个人可识别信息（Personally Identifiable Information，PII）的当前解决方案中，物联网的新需求（本书的基础）是不确定的，这可能会导致更多的干扰和风险，因为物联网将成为隐私保护的焦点。

虽然安全港在名义上是属于欧洲人的 PII 隐私，但普遍认为是机密性威胁导致了其消亡。美国国家安全局（National Security Agency，NSA）信息操作的大量数据泄露，将美国境内信息的机密性问题推到了风口浪尖。此外，美国联邦调查局（Federal Bureau of Investigation，FBI）试图迫使美国公司披露在美国境外云中的数据，这进一步突显了云端机密性所带来的威胁。[⊜]

与基于云的存储和应用相关的机密性威胁绝不仅限于美国。中国、俄罗斯、越南等国家已经制定了本土云规定，强制所有类型的服务提供商（包括物联网服务提供商）使用基于国内的云服务，这大概是为了防止其他政府机构破坏其公民和商业数据存储的机密性。但是，众所周知，有些国家对 PII 和企业知识产权方面不够纯粹。

出于机密性的考虑，基于云的应用和服务的命运从未像现在这样不稳定。即使 PII 是催化剂，但更高级别的云机密性也是对物联网的一个主要威胁。

2. 假冒商品

假冒是诚信威胁的一种形式，因为假冒的商品或服务是合法商品或服务的非法复制品。所提供的商品或服务只是表面上看起来是合法的，但实际上是通过伪造而来的，并不相同。

伪造贵重商品是一种众所周知且常见的犯罪行为，从手表到奶酪到汽车。但在物联网中，它带来了新形式的威胁，不仅是因为网络 – 物理接口，还因为与自动化和合法制造商（假冒受害者）打击造假者的能力相关的相互依赖效应。

假冒商品可以寻求各种方式进入产品流程、家庭、物联网系统或服务，即使经销商和服务提供商的行为是诚实的；接下来讨论的供应变化腐败可能导致这一结果。出于这个原因，假冒商品的物联网用户甚至经销商都可能不知道假冒商品的存在！

首先，存在与假冒相关的自动化威胁。假冒商品往往与质量和性能差有关。因此，如果假冒商品不仅仅是为了样式，那就太危险了。假的药品、手机、汽车以及其他任何具有商标或品牌的商品不仅会导致合法生产的收入损失和品牌受损，还会给用户带来人身危险。假药可能效果不佳，或者根本不起作用——仅仅是安慰剂。假冒汽车部件的性能远低于正规设备制造商的安全规格。同样，面向物联网的商品如果被假冒，其性能肯定会比用户预期的差很多。自动化可以预见与假冒产品相关的威胁，例如：

- 物联网中的相互依赖性可能很难被理解，假冒商品在复杂物联网系统中的影响将带来无限的威胁。
- 性能差的假冒商品可能会引发服务的自动关闭或放缓。例如，一个具有严格安全要求的地铁控制系统检测到一个明显有问题（伪造）的传感器，并出于安全原因关闭线路，等待调查。

⊖　见隐私盾协议正文，https://www.commerce.gov/sites/commerce.gov/files/media/files/2016/eu_us_privacy_shield_full_text.pdf.pdf。

⊜　见 *Economist Magazine* 杂志中的"Under my Thumb"，2013 年 10 月 10 日。

    ❑ 假冒商品的性能不符合规范、信息和日期存在舞弊——都会导致不当的自动响应。例如，在家庭或办公室管理不适当的环境条件，或者不定期地对患者用药。

    ❑ 根本不起作用的假货。

物联网中的假冒商品将包括特定 IT 的元素，如第三方软件栈、物理和逻辑网络接口、各种软件工具包，甚至安全软件。这种假冒网络和安全输入将对物联网构成明显的威胁。

3. 物联网中假冒的双重损害

与假冒商品相关的第二种形式的威胁可能不太为人所预料，那就是假冒品受害者为应对假冒商品对其合法产品构成的商业风险而采取的策略。受害者的行为可能包括盲目或无情的回应，威胁物联网系统或服务。

2014 年发生的受害者反击物联网造假事件是一个很好的例子。当时一家工业控制系统处理芯片制造商发现其芯片被仿冒了[一]，而且知道大多数使用其芯片的系统都是由 Windows 操作系统管理的。因此，厂商设法通过微软发布了一个全局 Windows 操作系统的安全更新。这个更新对操作系统和硬件平台（台式机、笔记本电脑等）是完全无害的。但在安装的过程中，会对使用假冒芯片的外围设备（连接到计算机的硬件）进行搜索。

当 Windows 操作系统更新检测到假冒芯片时，它基本上以一种基本上会销毁假冒品的方式更新固件，但是合法芯片不会受到损害。结果世界各地的（物联网）控制系统都被瘫痪了。使用假冒芯片的控制元件将停止工作，如果不用合法的授权芯片替换包含假冒芯片的部件，控制就无法恢复。

假冒的最初受害者——物联网产品制造商——成为了物联网服务的威胁者！为了打击针对他们的犯罪活动，实际上变成了惩罚他们的客户，因为这些客户没有明确的方法知道自己所拥有的设备中是否包含假冒芯片。[二][三]

4. 供应链威胁

与假冒品一样，供应链威胁包括因输入零部件（硬件和软件）的供应商所带来的违法、非法或未知的刺激而导致的物联网商品或服务的变化。为了维护安全架构的信任和完整性，检测和避免受污染或假冒部件的渗透是必要的。

非法或故意污染的硬件和软件将对物联网的逻辑安全构成各种威胁，进而对物联网控制和交付的系统和服务的物理安全构成威胁。例如，劣质组件不仅是不可靠的（影响可用性），还有可能允许后门程序和其他形式的未授权访问。

供应链威胁将来自不同形式的威胁者：从吝啬鬼为了节省资金（使用假冒或可疑的廉价组件替代）到民族国家（寻求对物联网商品或服务秘密访问的能力）。有时威胁是物联网产品的制造商试图削减成本，从可疑的廉价来源购买知名产品，并对材料的来源视而不见。另一个极端是国家安全实体，它们有权强迫当地制造商向商品或服务注入不需要的、非法

  ⊖ http://arstechnica.com/information-technology/2014/10/windows-update-drivers-bricking-usb-serial-chips-beloved-of-hardware-hackers/

  ⊜ http://zeptobars.ru/en/read/FTDI-FT232RL-real-vs-fake-supereal

  ⊗ http://www.eevblog.com/forum/reviews/ftdi-driver-kills-fake-ftdi-ft232/375/

的功能。

世界经济论坛（World Economic Forum，WEF）在题为《2012 年全球促进贸易报告》的贸易和经济发展报告中提出了四个问题，这些问题在理解供应链威胁时必须加以解决：

1）这个产品是否来自我认为的地方？

2）它是按照我认为的方式制作的吗？

3）它是否像我认为的那样发展？

4）它会按照我的想法去做吗？

从广义上讲，供应变化威胁可能会影响本书中涉及的所有形式的操作威胁和需求：当后门程序被编码到软件中时会影响机密性。当物联网服务因假冒品质量差或由于篡改原始部件而变得不可靠时会影响可用性。供应链威胁还可能影响环境和场景需求、身份和访问控制以及互操作性需求——这些都是由于质量差、不可靠或不安全的性能而导致的。但最终，这会追溯到一个单一的完整性威胁，所以，我们把供应变化风险放到了完整性威胁这一章。

尽管安全从业人员可能会争论供应链威胁在这种分类中的位置，但所有人都同意它们是一种威胁。

物联网中的供应链威胁是否真的与其他传统 IT 企业的供应链威胁不同？出于之前提到的各种原因和要求，我们的回答是确有不同，比如：

- ❏ 许多物联网设备规模较小，价格便宜，通常针对价格敏感的消费行业。降低成本和寻求其他方式的压力将是普遍存在的。
- ❏ 物联网设备通常是不可修补的——与安全有关的供应链问题可能是无法修复的，设备必须停用——与可修复的 IT 系统不同。
- ❏ 我们在第 2 章以及第 3 章中讨论过的物联网服务开发的多层次、专业化和分层化性质将使供应链管理变得更加复杂，比以前拥有更多的参与者和移动部件，因此，出现威胁的可能性会大得多。

5. 物联网的数据质量

还记得 20 世纪 90 年代《纽约客》对互联网的开创性讽刺文章吗："在互联网上，没人知道你是一条狗"？如果我们更新漫画，标题可能是"在互联网上，没有任何事物知道你是一条狗"。

物联网中的新兴威胁与"物"的数据质量以及它们如何被其他"物"和人们消费有关。

主要的威胁并不在于"物"中数据本身的损坏，而在于"物"所引用的互联网上的元数据源被以某种方式污染，并且关键决策是由人或自动化的物联网服务基于坏数据做出的。

条形码已经出现 40 年了，这可能是创造智能事物最早、最成功的例子[⊖]。条形码将零售商和消费者引导到一个信息数据库，里面除了包含标签上的必需信息外，还描述了关于产品的更多信息。条形码使从库存管理到运输到结账的效率得到了提升。

条形码本质上是一个机器可读的数字，用来识别制造商和产品。条形码数字和相关元

⊖　www.gs1.org

数据由 GS1（www.gs1.org）在国际范围管理，它会分配制造商前缀并注册制造商指定的产品 ID 后缀。然后，GS1 维护与条形码数字相关联的元数据。产品元数据可能包含成分、产品公告、联系方式等相关信息。GS1 还在开发一个可公开访问的元数据在线数据库，称为 GS1 源。[⊖]

与条形码相关的是流行但不受管理的快速响应（Quick Response，QR）码，它通常是对基于文本的统一资源定位符（URL）进行编码，以访问更多的信息。

互联网上有许多免费的第三方条形码和 QR 码扫描应用软件，允许人们和自动化系统通过扫描条形码和 QR 码将物联网扩展到商品。但是，这些第三方应用程序访问产品元数据的方法和来源都是临时的，因此会存在问题。

当物联网产品或服务使用条形码、QR 码或其他类似的信息定位符时，数据质量威胁就会出现，这将导致在线存储库中包含没有良好声誉和来源的错误或不可靠信息。例如，几乎没有什么可以阻止一个不择手段的设备制造商将用户重定向到符合他们利益的在线元数据，而不是向用户提供可靠的信息。

我们越是依赖物联网来提供有用的决策信息，数据质量威胁就越真实。威胁可能涉及大量需要慎重选择的物联网服务（你需要什么尺寸？），或者与不适当的选择或输入成分组合相关的潜在负面身体反应（你需要一个不含花生、过敏安全的蛋糕吗？）。

举一个具体的例子，用户可以根据车载应用提供的信息来决定是否在街上停车。也许该应用来自第三方，而不是来自城市的官方应用，因为市政停车应用枯燥、无聊和难以使用，而来自第三方的灵活的停车应用（其中包含广告并为第三方带来收入）则相反。第三方从信息存储中创建自己的元数据，相比于市政应用，这些元数据可能是旧的、过时的或不完整的。最后，由于糟糕的元数据，用户的汽车被拖走，并且必须忍受高额的罚款和不便（或者更糟）。

物联网中与不良数据相关的一个更为严重的威胁将与引入不当输入所触发的物理变化有关。例如，一位家长购买了一个蛋糕，因为一个智能手机应用告诉他，蛋糕的成分里没有花生——但是该应用来自第三方，而不是面包店，所以可能会引发过敏反应。

另一个例子可能与化学或药理反应有关。智能应用或工具大量涌现，都试图给工程师、药剂师和厨师提供配方，并在适当的时候发出安全警告，从而让他们的生活变得更轻松。但是，这些智能应用很多都是通过互联网链接到由非权威产品供应商管理的资源。

物联网中与产品数据质量和第三方应用激增相关的一些威胁包括：

❑ 满足特定应用需求的不适当的产品数据摘要，像内存消耗。

❑ 智能产品中的编码错误，导致产品错误地解析产品数据，并在无意中更改、截断或省略信息。

❑ 设计用于执行（完成任务）代替足够信息的应用，而不是失效安全。（"把事情完成！"）

❑ 将产品代码链接到具有竞争性或欺诈目的的虚假信息的应用。

⊖ http://www.gs1.org/source

- 供应商将智能产品的专属门户作为商业计划（销售广告或交叉销售策略）的关键元素。他们的业务目标或核心业务能力都不是数据质量。

另一个与物联网中数据质量相关的威胁是，智能产品的元数据已经被证明是恶意软件的交付载体。我们知道 QR 码被用于在互联网上传播恶意软件，许多第三方条形码阅读器应用程序提供的信息显然不是来自产品制造商。[○]

那么，谁负责监控或减轻第三方应用程序利用物联网中日益增长的条形码和 QR 码提供的元数据所造成的损害呢？没有人。买家要小心。

12.5.3　可用性和弹性威胁

1. 用户假设和异常状况

这种形式的威胁不同于许多其他被讨论的物联网威胁，因为它主要是由终端用户和订阅者造成的，而不是直接归因于运营。用户将越来越多地依赖物联网服务，但主要是在正常情况下。当用户期望相同的服务在异常情况下以相同的方式运行时，威胁和风险就会出现。

例如，在紧急情况下，手机服务会在需求激增时崩溃，这是一个经常出现的现象。因为它们是为正常运行期间的容量设计的，而不是在异常运行的情况下。仅仅因为一项服务在偶然和短期观察中看起来非常稳定，并不意味着它在所有情况下都能够保持这种状态，或者在受到重大影响之后能够自我恢复。

除了某些关键基础设施之外，围绕着普通消费者的大多数服务都不是为高可用性而设计的，并且服务水平有限。围绕这些服务的协议能够说明这一点。这些服务的价格也反映了相应的服务水平，使成本与客户的支付意愿相匹配。物联网服务当然也不例外，至少在部署的初期是这样。

不幸的是，在某些情况下，物联网服务提供商可能会因为各种原因而故意（无奈地）让客户暴露于这些威胁之下，例如：

- 通过应用更少的安全控制或更低的服务水平来降低服务的运营成本。
- 通过减少与监管要求和内部策略相关的审计和监督来降低管理成本。
- 通过向广告商、赞助商、合作伙伴以及任何看到数据价值的人出售数据和分析来提高盈利能力。

类似地，用户和订阅者对所有其他操作需求（如安全性、机密性（隐私性）和完整性）的质量假设，将对物联网服务的用户和订阅者构成严重威胁。在异常情况下对可用性的假设可能会第一个暴露出来，因为在某些物联网服务定义下，构成"异常"的范围实际上可能非常广泛，从而会为用户带来定期的影响和体验。

> 在业务层上（参见竞争风险），用户对异常条件下服务水平的假设对物联网服务提供商也是一个重大的威胁，因为不满意的客户会离开。在最需要服务的时候，没有什么比服务意外降级或失效更让客户失望的了。

○ http://helpdesk.gs1.org/ArticleDetails.aspx?GS1%20QR%20Code&id=ecd867a9-2372-e211-ad68-00155d644635

2. 相互依赖性

相互依赖性是指物联网中各种独立管理和拥有的服务（参见第 3 章）如何相互依存。物联网服务不是独立的系统，而是协作的、相互依赖的系统。

随着物联网的优势越来越突出，相互依赖性将对可用性和弹性产生重大影响。关于灵活性和互操作性威胁，我们将在本章的最后一节中详细讨论这个概念。请继续阅读！

这些相互依赖的威胁在与能源和交通等关键基础设施相关的物联网系统领域尤其严重。在这些领域，近乎实时的需求将受到特别严重的威胁。

> 围绕基本可用性和可靠性的最大的物联网威胁也许是对相互依赖性以及当前问题的范围和规模的理解不足，更不用说将来了。

3. 寿命终止和供应商整合

在前面与竞争相关的物联网业务威胁一节中，我们讨论了供应商疲劳：过多的安全产品经销商和供应商使选择变得复杂且令人担忧。安全产品和服务的供应商数量众多，使得许多供应商不是倡义者，而大多数供应商会因设计或缺乏足够的成功，而被其他更大或更健全的供应商消耗。

物联网商品和服务将在第三方的安全保护下开发和部署，有时还会深入集成到服务中。一个重大的威胁是，物联网商品和服务的寿命比集成的安全还要长，最终成为被搁置或孤立的安全功能。举例来说，如果物联网设备被推向市场时有意依赖基于云的安全签名和来自第三方的威胁情报，而第三方停止运营或合并，或者仅仅升级一个接口，那么现场设备可能就再也无法获得维持可接受的安全状态所需的情报。

> 鉴于许多物联网设备和服务不易于升级，被遗留安全合作伙伴和供应商搁浅的威胁很大。

即使是像思科、惠普和英特尔这样大型可靠的供应商：在过去的几年里，它们都已经停产或卖光了主要的安全产品⊖。通常情况下，这些产品将根据"产品寿命终止"（End of Life，EOL）条款向客户提供长达 3 年甚至 5 年的支持。但是，如果物联网设备或服务有 10 年或更长的终止期，那么会发生什么呢？它是否在计划生命周期的后半段伴随着过期的、不受支持的安全性？

当然，用新的安全性来改进物联网产品和服务的能力是存在的。但威胁在于，新的成本会给商业计划带来隐患，并引发各种商业风险。

当面对 EOL 情况时，物联网服务提供商更有可能采取的行动是等待 EOL 支持期结束后再进行痛苦的更新（如果可能）。这同样代表了安全威胁，因为在 EOL 期间，更新和支持将减少到最基本的服务水平。即使有补丁，也会来得非常慢。在安全领域，供应商延迟产品补

⊖　例如，思科 MARS 平台、惠普 Tipping Point、英特尔下一代安全防火墙都在重组和改变企业战略的过程中被卖光了。

丁是一个很大的过错——如果产品在 EOL 状态，那么更新僵尸产品的动机就会大大降低：供应商宁愿你只是简单地更换产品。

最后，如果一个关键的安全供应商被第三方收购，而第三方本身对物联网服务构成威胁，那么将会发生什么？例如，军队供应链管理对产品和服务提供商的所有权和来源有着严格的要求。某些国家和供应商的部件将在供应链中受到限制或禁止。有时，由于企业的所有权发生了变化，正式允许的产品和服务会变得不受欢迎。有一个简单的例子：IBM 将笔记本电脑业务卖给了中国的联想公司，许多企业几乎立即停止购买联想提供给企业使用的笔记本电脑，尽管它们的外观和功能没有什么区别，但品牌变了。

物联网面临的可用性和弹性威胁在于供应链中的组成部分虽然跟以前的条款一样，但因为所有权问题而变得不可用。所有权问题引发了人们对国家支持的商业的间谍或破坏者等威胁者的担忧。

4. 融合威胁

物联网将加剧与 IP 融合相关的威胁。在 IP 融合中，单一技术（互联网技术）是一系列关键服务的基础，这些服务的功能各不相同，在过去拥有独立的网络平台。例如，基于普通老式电话服务（Plain Old Telephone Service，POTS）的电话服务仍在广泛使用。威胁在于，基础技术的故障会导致不止一个（如果不是全部）服务的失效。

在 21 世纪初，IP 融合是一个热门话题：它指的是三种基本通信技术都朝着单一服务交付平台——IP 发展的现象，并且服务将由相同的服务提供商通过相同的基础设施交付。这种语音 / 电话、视频 / 电视和互联网的三合一是一个强有力的组合，但也伴随着自身的风险。但即使在那个时候，工业控制系统等其他元素也在逐渐向基于 IP 的网络迁移，即使它们在很大程度上仍然是隔离的（物理上是分开的），而且大多数终端仍然是哑终端。⊖

基本上，所有的鸡蛋都在同一个篮子里，而在这之前，三个基础设施是分开的。对一个基础设施的威胁对其他基础设施几乎没有意义。语音通过双绞铜线上的模拟服务传送。视频 / 电视利用无线电波通过公共广播和同轴电缆传送。互联网本质上是一种由小型互联网服务提供商（Internet Service Provider，ISP）提供的顶级服务，通常是通过拨号模拟调制解调器提供的。这些调制解调器的在线时间不会超过一个小时，而且只能依靠 POTS。

在物联网中，融合威胁意味着，当所有服务所依赖的单一 IP 网络失效时，许多服务会同时失效，造成无法预见或无法管理的后果。

5. 语音融合

物联网中的许多用例和服务将利用语音作为客户支持和服务台之类的服务接口。当你需要帮助时，什么更简单：打字还是说话？语音服务仍将是物联网中基本的客户支持和应急管理技术。

如今，语音主要通过基于 IP 的解决方案来实现的，即 IP 语音（Voice over IP，VoIP）。许多老旧的、遗留的基础设施仍然存在并将持续多年——物联网服务中内置的语音功能无一例外都是 VoIP。

⊖ 见 Tyson Macaulay 的 *Managing Risks in Converged IP Networks*（2006）。

语音电话可以追溯到 100 多年前，每个人都有过伴随这种体验成长的经历。而且，每个人对语音电话都有一定的期望。这些期望会有所不同，但总的来说，它们总能奏效（如果你有电话）。在欧洲和北美，"拨号音"一词等同于"心跳"和"脉搏"。许多人曾认为最多在几步之内就有可用的电话服务。

我们应该预料到许多物联网设备将使用 VoIP 作为支持用户的一种手段，将语音接口直接内置于汽车、冰箱、医疗设备、灯柱等设备中。任何需要人机接口的地方，都会考虑支持某种基于语音的接口（比如对讲机）。

但在物联网的背景下，设备和系统被快速构建并以成本效益为考量推向市场，与语音电话相关的疏忽不可避免。物联网中的语音电话始终与 VoIP 有关。反过来，VoIP 将通过各种第一层的网络技术（如无线、铜缆和光纤）进行传输。我们已经看到了无线技术上的语音部署，例如长期演进（Long Term Evolution，LTE 或 4G）的 VoIP，即 VoLTE。

其结果是，物联网服务的交付数据和联网将与语音技术高度融合，对一方的威胁就是对另一方的威胁：当有一个失败时，两个都会失败。这本身就是一个威胁，不仅关系到语音服务的可用性和可靠性，还关系到整个物联网服务交付的生态系统。

12.5.4　身份和访问威胁

随着物联网设备以每天数千台的速度涌入互联网，较差或较弱的身份和访问控制是对物联网的一个重要威胁。

身份和访问（Identity and Access，I&A）威胁可能适用于端到端的任何服务元素，但可能会主要针对物联网系统的两端：在更远程的物联网设备上，例如物理上远程的终端和网关，通常更容易受到中间人攻击和流量操纵等技术的影响。而云和数据中心，通常是服务交付的关键。需要不断地围绕以下问题来管理威胁：

❑ 是不是正确的设备尝试加入服务？

❑ 正确的设备是否对服务目录具有适当的访问权？

为什么终端和数据中心更有针对性？因为所有终端，不管多么受限，总是需要一些 I&A 功能，即使它们的安全性和风险管理的其余部分是在别处完成的，例如在网关。在某些情况下，威胁终端设备 I&A 的能力可能就是攻击它们的唯一且最好的方式。对于数据中心而言，这些是 I&A 系统和属性系统的存储库和服务交付点——除了物联网的许多应用之外。

反之，网关和网络可能依赖 I&A 过程做出决策，但却较少涉及身份和凭证的管理和使用——它们主要响应终端共享的身份和属性。这并不是说网关永远不会受到 I&A 攻击的威胁。在某些情况下，网关可以代表引导中的终端设备执行 I&A 的某些部分。此外，当网关加入网络以及从一个网络移动到另一个网络时，网关本身将经历 I&A 过程。

1. 可扩展性威胁

不可扩展的 I&A 控制管理系统是物联网的一大威胁。I&A 将成为物联网中的关键基础设施。与大多数关键基础设施一样，不管是在正常情况还是尤其是在异常情况下，它都可能被耗尽。

可扩展性威胁至少存在于两个不同的维度中：

1）I&A 服务管理的设备规模。

2）保证需求（需要多久重新认证一次？），反过来又推动了 I&A 请求的数量。

设备规模的扩张。如果 I&A 系统不能满足快速增长的设备规模，那么 I&A 服务将迅速降级。如果 I&A 服务降级，那么新设备将不能及时加入，或者已注册的设备也可能无法正常运行。

随着物联网系统的发展，可能会有数千个或更多的终端设备尝试一次性加入服务。我们可以看到，设备将如何日复一日、成千上万地增长，特别是在消费领域，一个热门的物联网设备可能在一天内就卖出数百万台。作为热销设备的例子，看看苹果手机就知道了。就苹果手机而言，这些设备由电话公司通过标准化的、经过检验的 I&A 基础设施进行管理。但物联网的 I&A 基础设施并不总是那么健壮。

设备规模扩大的威胁也可能出现在重启、高峰时段或每天使用时。同样，危机事件和异常情况会产生较大的需求峰值，这将影响整个系统的保障，而该系统本身可能是一种应急管理或安全系统，专门在异常情况下采取具体行动。

保障的增加。如果 I&A 系统不能满足来自给定设备群体不断增涨的请求，那么保障将会降级。例如，设备不仅可以选择在系统启动时对中央服务进行身份认证，还可以选择对每个业务进行身份认证。或者，对于本地系统（如汽车）中的通信，保障可能要求所有内部通信的智能组件在双边基础上相互认证——而不仅仅是中央服务。

保障的增加可能发生在系统重新配置和更改期间，其中信任需求会发生变化，并且需要更多的 I&A 操作。例如，加强保障的威胁可能由监管（法律）或市场（客户或竞争）需求驱动。

2. I&A 互操作性

目前，许多物联网供应商都支持其设备在 I&A 过程上的独特变化。虽然大多数过程都是基于众所周知的技术，并且通常是合理的，但它们经常不支持互操作。I&A 的互操作性将在操作层面上对物联网造成重大威胁，并将这些威胁立即传输到业务层面。

例如，物联网的优势在于能够将服务和设备混合并匹配成新的组合。这源于物联网的服务层。但是服务层之间缺乏互操作性是一个重要的威胁。糟糕的 I&A 互操作性将严重限制服务提供商使用最佳和最合适解决方案的能力，因为除了支持该服务的其他供应商遗留的 I&A 过程之外，这些解决方案可能还需要采用新的 I&A 过程。

I&A 在物联网中将是多层面的，而不是来自单一的权威。如前所述，物联网将是服务提供商的一个分层生态系统：设备制造商、应用提供商、网络提供商等。在不同的层次上，不同的服务提供商可能会根据他们提供的服务，要求相同的物联网设备采用不同形式的 I&A：

❑ 有服务提供商规定一个设备是否是它所声称的那个设备

❑ 有服务提供商识别设备是否属于给定的所有者、订阅者或用户

❑ 有服务提供商定义如何将设备注册到给定的服务套件中

❑ 除了这些例子，其他形式的分层 I&A 也可能存在

除了认证过程之外，授权过程也会有层次，这些层次可能是也可能不是身份认证过程的一部分——同样，还有更多的互操作性问题。一个给定的设备（或其人类用户）批准或订阅与物联网服务相关联的特定功能——因此被授权。在蜂窝电话领域，这就像只有语音服务，而不是同时具有语音和互联网服务一样。用于身份验证的电话是同一部，但是用于服务订阅的授权却不同。

I&A 互操作性可能会在这些关系中失效。考虑到这些服务可能由多个服务提供商和供应商提供——出现不匹配或部分匹配的几率很大。

对物联网来说，最危险的可能是与关键基础设施（如 I&A）相关的近似匹配。在 I&A 中，互操作性是局部的，或者通过设备或服务端的临时应对和补丁发挥作用。这些应对措施会不可避免地进入生产系统并成为威胁，因为 I&A 的稳定性和可靠性将在很多方面受到质疑——由于没有被适当地整合，最终将影响整个系统。

3. 多方认证

在第 9 章中，我们讨论了作为物联网重要需求的多方认证。与此需求相关的威胁是我们执行得很糟糕。

实际上，多方系统允许许多设备共享安全接入或认证，但不一定共享密钥：在这个领域中，有许多已知的密码技术正在出现或被改进。这些技术是在几十年前发展起来的，其中许多都是花了很长时间去寻找问题的解决方案。物联网已出现为密码技术要解决的问题。

毫无疑问，为了确保安全通信，物联网将需要大量设备相互信任和广泛共享密钥，并且保证密钥管理的处理开销不会打乱系统。（对于终端设备来说，处理可能过于繁重而无法进行有效的管理，或者可能需要一定程度的网络流量，但这会消耗太多的能量或者需要很长时间才能完成。）

与多方 I&A 相关的糟糕实现威胁将来自偶然事件，以及关于什么是可接受的安全性的错误观念——当多方系统被攻破时，会威胁到整个物联网服务。

如何不用实现多方安全。以下 I&A 实施实践将对物联网设备、系统和服务的安全性构成重大威胁，因为供应商和服务提供商寻求快速和不可靠的方式来支持大量设备进行快速身份认证，在某些情况下还以匿名性为借口：

1）嵌入或编码到软件以及不受保护的硬件平台中的共享密钥（或口令，它们是一样的）。这是目前在各种物联网设备中发现的一个非常普遍的缺陷。在这种多方系统中，一旦一个设备被入侵，所有设备都会被入侵。这些密钥可以是众多对称的或非对称的算法中的一种。

2）自主开发和专有的多方 I&A 系统。众所周知，如果一些人不能或不愿意透露他们是如何保护事物的，那么很可能它根本就不安全。同样，也很容易把好的密码方案实现得很糟糕。因此，由易于理解的算法和密码流程构成的适用于物联网的新的 I&A（或安全）系统需要被严格评估。

3）不成熟地使用普通的 I&A 系统，例如非对称（公钥）系统，这些系统在设备数量增加时无法扩展，并最终压垮设备或管理平台。

4）高度集中和短暂（不断变化）的信任代理模型，依赖于通过网络获得的远程验证服务。例如，物联网中的两个设备或元素只需偶尔通信或可能只通信一次，因此它们通过多方系统的可信第三方来代理信任。这种做法可能存在许多关键的故障点：网关、网络以及云或数据中心的信任代理和服务。

4. 引导、数据质量和 I&A

I&A 依赖于数据质量，正如我们之前在可用性和完整性威胁一节中所讨论的那样，对 I&A 的威胁将通过 I&A 系统中的不良、丢失、更改或非法信息的载体来出现。

I&A 服务通常是许多物联网设备最基本的引导功能的一部分。干涉 I&A 目录系统或元数据服务（便于 I&A 和服务定义）的能力可以停止服务的运行。

> 在引导过程中，物联网设备和服务可能面临最大的操作威胁，因为这是它们最容易受到劫持、毁坏甚至意外破坏的时候。

技术领域的引导是指启动和开始使用本地资源的能力，例如网络连接。它也意味着一个设备在制造的时候有足够的功能，可以启动并立即连接厂商，完成基本的 I&A，然后接收其完整标识、操作系统、指令和权限。

如果由于中央存储库的更改，甚至设备上引导配置的更改，而影响引导过程中的数据质量，那么整个初始化过程都可能被破坏。损坏的引导可能导致物联网设备和系统被错误配置以致自毁的程度。

在某些受限设备中，它们可能只能访问厂商一次（在开始阶段），作为自我部署。如果它们用于引导的全局目录被拦截、强制、替换或受到中间人（Man-in-the-Middle，MITM）攻击的影响，它们可能会被窃取或毁坏，使得永远无法通过设备级别的物理干预来恢复其所有权。

另外，在与服务盗用相关的威胁中，与物联网 I&A 和引导相关的数据质量管理不善可能导致整个基础设施配置错误，以致所有者失去控制，而非法或犯罪所有者得到控制权。

5. 匿名技术失效

匿名化技术将收集的大量个人可识别信息进行净化，使其可以用于广泛的分析而不会产生关于隐私的监管违规，或者疏远订阅者和市民。净化后的数据也可以出售给第三方，用于他们自己特殊的分析和研究。

从理论上讲，匿名化技术将成为围绕大数据的物联网操作流程和控制的核心部分，它将催生许多新的服务交付形式，并对从政府到博彩业的各个行业领域提供丰富的视野。

但是，需要明确的是，匿名化技术不一定适用于所有物联网数据或大数据。作为服务交付的必要条件，许多物联网数据存储将完全可识别并可追溯到特定的个人或设备。今天，像 Google 和 Facebook 这样的主要在线服务提供商必须维护个人或账户可识别的详细日志和记录，以便其与收入相关的服务能够正常运行。不然他们怎么知道如何定位广告呢？

匿名化技术有多种形式，使用各种不同的过程，同时也对物联网造成了一些高层的操作威胁。

其中的一个威胁是，这些技术并不像它们所宣称的那样有效，无论是有意的还是无意的。另一个威胁是，匿名化失效后，其他匿名数据集聚合和关联也无法幸免。

6. 匿名化技术失效成为威胁

正如我们在第 9 章中谈到的，有几种（如果不是很多）匿名化数据集的方法。关于哪一种是最好的或是真正有效的，还没有达成共识。在大多数情况下，匿名化技术可能在一定程度上由数据集决定，数据科学家正试图将这些数据集匿名化。

这种选择肯定会带来明显的威胁，如果：

❑ 所选择的匿名化技术被证明具有内在的缺陷。它并不能真正清除 PII 的数据集，并且可以将任何相关数据反向工程到确定的个人或设备。

❑ 将错误的匿名化技术应用于给定的数据集或数据集的错误部分，并且 PII 或特定设备信息仍然可见。

聚合和关联威胁。有时通过将不同的数据集组合在一起可以克服匿名化，这是对这些技术形式的第二个主要威胁。

数据科学家们都知道，数据集越大，匿名化就越困难。有许多不同的方法可以查看模式并将相关活动关联到特定设备。一旦你能识别出一个特定的设备，就很容易将该设备与人类连接起来。

对于物联网风险管理人员来说，需要依赖匿名化来保持监管合规性或保护与设备活动相关的某种形式的知识产权，因此组合数据集的时候要小心。

虽然一个给定的数据集在单独存在时可以通过匿名化充分保护人员和设备的身份，但是当它与另一个相关的数据集结合时，情况可能就不一样了。

例如，政府数据集在匿名化后可能会被放到研究社区。但是，将其合并到大型数据集并应用强大的计算和分析的能力就可能通过评估跨两个数据集的不同活动识别出特定的个人。

7. 属性威胁

越来越多的问题不再是你是谁，而是你的属性如何反映你。不幸的是，我们还不习惯像管理身份（人员和设备）那样小心地管理属性。

属性不同于身份，因为它们更加动态，而且可能由于多种原因被许多不同的服务提供者操作。属性也可以跨许多不同的信息源进行管理，并且仅仅与身份相关联。然而，身份属性对于许多物联网服务条款至关重要。

属性将定义物联网服务的许多特性，因为它们被交付给特定的个人、设备、群体、区域、国籍和制造商等。例如，年龄、健康状况、财富 / 信用、位置、技能等因素将成为在物联网中启用 / 禁用或限定服务交付的属性。你的年龄足以买那种啤酒吗？你足够健康去租用这种潜水设备吗？你和你的信用卡现在都在旧金山吗？你在多伦多打开车库门，而你的智能手机在德国，这正常吗？

这是物联网的一个威胁。攻击者总是攻击最薄弱的地方，如果攻击属性比攻击身份更容易、更有利可图，那么就会发生这种情况。例如，与其攻击用于保护身份的身份数据库和密码系统，不如攻击管理属性的独立系统。

　　与人和设备的身份相关联的属性将全部通过互联网存储和管理。它们将由服务提供商（政府、银行、零售商、医疗服务提供商等）以及器材和设备供应商（智能手机应用商店、汽车制造商、家庭安全公司、互联网服务提供商、工业服务提供商等）来管理。

　　如果一个威胁者想要攻击个人或设备，那么攻击与其相关联的属性可能比攻击身份或设备本身要容易得多。

　　属性威胁也可以归入我们上面讨论过的数据质量的范畴。事实上，这些类型的威胁肯定与数据质量有关。

　　从广义上讲，属性至少会因为两个显著的目的而受到攻击：

- ❑ 提供或启用不适当的商品或服务访问。提供不适当的访问将导致诸如盗用服务之类的事件发生，或者可能获得商品或服务用于非法活动。例如，允许未成年人买酒，或允许冒名顶替者假扮医生并开处方或做手术。另外，如是对工业系统的命令和控制可以从不允许的位置或账户进行，就相当于给了攻击者通过暴力猜测技术直接攻击身份的能力。而这在给定 IP 的网络访问属性初始不变的情况下是不可能出现的。
- ❑ 拒绝商品或服务访问。在添加、移除或更改属性以拒绝访问的情况下，可能会出现一系列的威胁场景：
  - 工程师不能控制工业系统，因为不允许他们连接，或者他们可以连接但不具有管理权限。
  - 父母不能从学校接孩子，因为他们与子女的关系已经从学生的属性中移除。
  - 自动化系统中的未知级联效应，当相互依赖的系统开始出现故障，或者对与给定账户、设备或系统相关联的新的或意外的属性做出不可预测的反应时，突然的和不受控制的变化将产生未知的影响。（更多关于相互依赖性威胁和风险的讨论将在第 13 章中展开。）

12.5.5　使用环境和场景威胁

　　正常情况与异常情况是管理物联网威胁和风险的关键。

　　在某些情况下，了解物联网的使用环境和操作场景是一个监管要求，也是业务级要求。本节将讨论与环境和场景威胁相关的问题。

　　例如，在业务层，《巴塞尔协议 III》⊖预计，尤其是在异常情况（而不仅仅是正常情况）下，银行需要为风险准备金融储备。《巴塞尔协议 III》的监管机构称这些压力测试是在审计期间进行的，目的是评估银行在金融危机情况下的弹性。2008 年，次贷危机引发的金融危机表明，许多银行对危机的准备不足——尽管它们在正常情况下非常稳定。同样，在 2014 年希腊债务危机期间的欧洲⊜，许多向希腊提供贷款的银行在正常情况下表现稳定，但在异常情况下（希腊违约）却倒闭了。

　　我们完全有理由相信，随着其他经济体和基础设施变得像银行业一样相互关联、交织在一起，监管将同样要求服务提供商考虑到异常情况下的运营威胁。

⊖　https://en.wikipedia.org/wiki/Basel_III

⊜　见 *The Economist* 中的 "In Depth——the Greek Crisis"，http://www.economist.com/greekcrisis。

1. 合作伙伴升值威胁

我们知道，这是一个矛盾修饰法。

作为物联网服务提供商，在不正常的情况下，当你的伙伴关系的环境和场景发生巨大的变化并且许多其他的客户也要求特别关注时，你真的知道你在队伍中的位置吗？

其思想是，物联网服务提供商需要了解来自其他服务提供商、关键基础设施、供应系统和服务水平的入站相互依赖关系。入站相互依赖本质上意味着一种单向的依赖关系。服务提供商需要从供应商那里得到什么？

与入站依赖性对应的是出站依赖性，从服务提供商的角度来看，这是供应商对服务提供商的要求：从外部看，作为一个服务提供商，供应商和客户对我的期望是什么？这可能就像为供应商付款或履行服务水平以及跟客户当面交付货物一样简单。

或者相互依赖关系可能更加复杂，比如由组织的不同部分公认的局部依赖。例如，医疗行业的正常运行可能依赖于市政用水。水净化基础设施可能依赖于医疗行业来测试其样本并照顾其员工。但是，在他们面对一个异常情况之前，他们可能永远都不知道自己有多需要对方。关键基础设施相互依赖的问题已经在其他资料中得到深入探讨。[一]

以下是与物联网合作伙伴不了解相互依赖性（入站和出站）威胁相关的一些问题：

❑ 入站威胁——你真的是一个优先考虑的事项吗？

❑ 供应商能否提供正确的服务水平？如果服务水平在异常情况下发生变化，用户是否能意识到这一点？他们能以有意义的方式应对变化吗？

❑ 你的客户是否能够准确地理解在异常情况下他们能从你那里得到什么，以及这将如何影响商誉和事后潜在的法律后果？

图 12-2 中的指标是通过询问关键基础设施（Critical Infrastructure，CI）行业内 120 多个北美组织（公共和私有）的高管，让他们对自己部门与其他 CI 部门通信和数据流[二]的紧急程度进行评分（1～10）而产生的[三]。访谈包括三个不同的问题，涉及与信息和数据的机密性、完整性和可用性相关的保障需求。这些保障需求被平均化，生成给定 CI 对另一个部门的数据依赖性。根据标准普尔的观点，此类定性执行指标对于评估运营风险至关重要[四]，并且可以提供通过定量分析无法获得的视角。

入站指金融部门高管如何评估他们从其他 CI 参与者获取的信息和数据的保障要求。出站指其他 CI 参与者如何评估金融部门提供的信息和数据的保障要求。

图 12-2 显示，信息和数据的依赖关系在入站和出站要求之间通常是不平衡的，并且会对存在这种不平衡的部门构成威胁。例如，金融部门对其他 CI 部门的出站依赖性的总体中位

[一]　见 Tyson Macaulay 的 *Critical Infrastructure Security*（2008）。

[二]　数据流的特点是通过电信服务提供商维护的核心数据网络进行任何形式的通信。这通常包括几乎所有的行业间通信：语音呼叫、传真、电子邮件、EDI 事务、多媒体、远程命令和控制等。

[三]　见 Tyson Macaulay 的 *Critical In frastructure: Interdependencies, Threat, Vulnerabilities and Risks*（Auherbach Publishing, 2008）。

[四]　见 Standard 和 Poor 的 *S&P Completes Initial "PIM" Risk Management Review For Selected U.S. Energy Firms*（McGraw-Hill, May 29, 2007）。

数水平最高。由于监管和社会服务的交付，政府排名第二，其次是通信和 IT 以及交通运输。与此相反，金融、政府、通信和 IT 部门对其从其他 CI 部门消费的信息和数据的平均入站依赖要求明显较低。

图 12-2 通常代表着风险管理者和决策者的直觉突破，决策者可能认为能源、通信与 IT 以及交通运输才是所有 CI 中最重要的部门。对金融部门来说，这代表了潜在的风险，因为政府最终负责协调应急管理，并因此制定大规模的恢复计划。如果政府不了解其他 CI 部门对金融部门的保证要求，则可能会导致资源缺乏弹性和对金融部门的响应。

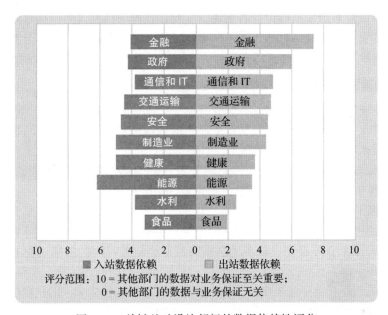

图 12-2　关键基础设施部门的数据依赖性评分

2. 紧急情况服务底线威胁

在建立服务级别保障时，有关消息和服务级别的费率限制应考虑到紧急情况。自从引入该技术以来，蜂窝服务失效的标志之一是在紧急情况下出现饱和故障，这通常不是因为基础设施受损，而是因为需求超越了系统，使其对所有应用都变的不稳定。

在物联网中，网络基础设施在极端负载下可能会切断物联网设备的通信，即使设备只使用了有限的带宽。例如，由于一场爆炸，成千上万的人在一个蜂窝区域内同时拨打电话。结果，这些个人电话占用了所有可用的带宽，从而导致基础设施物联网（运输、水利、能源）无法访问网络（即使是很小的带宽），剥夺了基础设施管理人员在这些异常、紧急情况下控制设备的能力。

在紧急或异常情况下的进一步威胁是，物联网设备将耗尽其能量储备用来尝试与家庭基础设施进行通信。这可能会发生在依靠环境能量（如太阳能）运行的能源管理或交通计量系统中。它可能会每小时报告一次常规日志，即使发现网络堵塞也会继续轮询，直到耗尽自己的电量，以至于必须进入省电模式（会丢失数据），直到电量恢复。

12.5.6　互操作性和灵活性威胁

关于物联网中的互操作性威胁，首先要知道的是，物联网产品和服务提供商认为这是物联网面临的最大挑战和威胁。但这只是供应商的观点。

从物联网用户或消费者的角度来看，互操作性只是假设，是其他人的问题，通常是产品或服务提供商。

物联网用户和服务订阅者不会去假设安全性。他们怀疑物联网的安全和防护[⊖]。这就是本书背后的主要驱动力：物联网威胁和风险管理。

对于物联网风险管理人员或设计者来说，互操作性和灵活性风险将远远超出简单的技术互操作性，并将包含各种在一开始可能不明显的威胁。这里我们关注的是与互操作性相关的威胁——就像物联网中的用户和订阅者一样——假设互操作性已经到位或即将到位。

1. "物"的供应商方面

在开始讨论互操作性威胁之前，简短地回顾一下该问题的供应商方面。

互操作性和灵活性是供应商（包括服务经销商或服务提供商）关心的问题，因为互操作性差或缺乏互操作性对供应商意味着很多。具体而言：

❑ *供应商锁定威胁*：缺乏互操作性意味着服务提供商（或通过其供应链的设备供应商）必须选择单一的物联网设备或软件提供商（无论好坏）并且坚持使用。这给物联网供应商带来了几个明显的威胁：

- 更高的单位成本：被供应商锁定的感觉就像被垄断或联盟所控制一样。压低价格的竞争实际上并不存在，成本仍然很高甚至会随着时间的推移还会上升，而不是通过竞争下降。

- 较低的创新：由于互操作性不允许替代，所以只能使用单一的供应商，这意味着创新将因缺乏不同的来源而受到影响。单个供应商只会根据自己的目标和策略进行创新，而服务提供商必须适应这种创新，即使它的速度太慢或者方向压根是错误的。

- 巨大的迁移挑战：在与互操作性相关的所有威胁中，最大的挑战是试图从现有系统中迁移出去的痛苦。巨大的成本和时间超支、数据损坏和丢失以及对个人职业生涯的影响，都是试图离开锁定服务平台的常见结果。迁移威胁存在于所有类型的企业软件中，甚至在开放的互联网上，云服务提供商已经形成了锁定艺术。

❑ *产品功能性和稳定性威胁：*

- 多厂商解决方案只能还原到功能的最小公共交集。如果选择了两个供应商来提供物联网服务，并且每个供应商都支持广泛但不同的功能范围，那么只有重叠的功能才可以在用户群中提供。如果没有互操作性问题，单一供应商的解决方案可能会提供更多的选项。

- 增加的错误和缺陷。因为不同供应商的解决方案，其协议和 API 的实现只要略有不同，就会无法协同工作。通常，这些差异没有记录并且基本上是不可知的，直

⊖　有很多资料详细记录了这一立场。参见最近的一个例子——*The CEO's Guide to Security the Internet of Things*, AT&T, March 2016。

到将设备放在实验室中进行费力的测试才会发现。更常见的情况是，服务在运行中出现了故障，必须在客户等待和发怒时先解决互操作性问题。

- 由于互操作性和灵活性有限，不能快速创新是多供应商解决方案的一个特征。简单地说：它需要两个相互竞争的供应商来升级并实现新功能，才能为物联网服务提供商和客户提供单一服务的升级。新服务引入过程中的故障和其他延迟通常会导致供应商之间相互指责，而不是短期内快速修复。

❏ 运营成本：

- 解决方案的复杂性导致更高的运营成本。在最有利的情况下，由于需要培训员工、支持独特的流程和程序、跟踪不同供应商的更新和补丁以及支付更多的支持费用，所以多供应商解决方案会增加运营成本。不支持互操作的多供应商解决方案只会使这些问题变得更糟！

- 由于不均衡的安全升级和难以监控来自不同供应商的公告，安全性会很差。即使可以及时获得补丁，也会存在一个合理的假设：随着供应商的增多，补丁出现的频率会越来越高，停机时间也会增加。

从供应商的角度来看，与互操作性相关的最终风险可以追溯到业务级风险，尤其是客户满意度，以及互操作性威胁如何以多种方式对其产生负面影响。

2. 个性化和服务复杂性威胁

个性化包括创建为个人量身定做的物联网服务体验或用户资料。这使得服务更加好用，并且提高了客户满意度。

为了实现个性化，物联网系统在设计上需要一定程度的灵活性。因此，在操作层面上，限制了个性化的僵化设计是对物联网的威胁。

相反，设计中过多的灵活性（名义上支持个性化）可能又会增加成本和复杂性（参见下面的讨论），并引入服务失败的威胁。因此，个性化作为物联网的一个特征将是一个谨慎的平衡，涉及许多不同的设计利益相关者。

这种威胁的一个很好的例子可以直接从安全领域中得到。随着宽带无线服务的广泛应用，向不同类型的移动用户引入内容控制的需求也在增加。例如，家长对未成年人或公司对使用公司设备的员工所持有设备的内容控制。如今，移动设备的可用带宽与大多数的家庭带宽一样多，但是对可访问内容的类型几乎没有任何实际限制。

那些家长或内容控制的需求被通过 RFP 发送给潜在的供应商，其中涉及了大量的个性化信息。对宽带无线内容控制的要求将个性化延伸到了设备级别，这意味着可以为特定家庭中的每个孩子或特定公司的员工设置策略。

这种高细粒度形式的个性化所带来的复杂性在某些情况下导致了几个案例的项目失败。⊖

个性化聚合威胁。到目前为止，在本章中我们已经多次提到聚合或合并数据源的可能性，其中的详细的个人信息本来应该是匿名的或良好的，但通过大数据分析的力量——产生

⊖　作者至少目睹了三个与设备安全个性化相关的 RFP 流程，但都没有一个达到了部署。但在世界的其他某个地方，它可能已经发挥了作用：只是我们不知道在哪里！

详细的用户资料和个人可识别的数据集。

这种情况下，威胁在于用户以个性化的名义提供的数据越来越多。其结果就是，匿名性受到了威胁。或者，更多的个人资料在不知情的情况下被公开。

例如，物联网可能添加了允许用户更改界面颜色（皮肤）的个性化功能。这对大多数人来说可能是微不足道的事情，对他们的经历也无关紧要。然而，在个性化应用皮肤的过程中，它提供了用户总体偏好的显著线索。当与来自其他物联网服务的海量数据相关联和结合时，这种简单的、逐步积累的个性化特性可能会打破这种平衡，从而能够捕捉到个人身份信息。

3. 突现行为威胁

突现行为是指将与商品或服务相关的新功能组合在一起时所产生的不明显的副作用。突现行为既可以是有益的、良性的，也可能是有害的，但在所有情况下，它们都是难以预测的，直到它们自己显现出来。突现行为有时也被认为是比其各部分之和更复杂的系统。

突现行为本质上是新的，由两种或更多不同事物的组合产生——它们都没有单独的表现行为。在昆虫世界中可以找到一个突现行为的例子，简单的生物（如蚂蚁或白蚁）会自发地聚集在一起形成非常复杂的结构（比如形成地下蚁群或可达数米高的土丘，包括精心设计的通风沟和散热槽）。

突现行为还经常出现在复杂的系统中，包括自然（生物）和人工系统。例如，自然界中的突现行为可能来自于一种动物或植物的杂交繁殖。突然之间，在杂交后代中出现了一些新的特性，而这些特性在双新或基因贡献者中都没有出现。

在诸如软件、网络或物联网等人工系统中，突现行为可能与新接口的创建有关，或者可能与从不同服务进入到公共网络的流量组合有关。这种组合的结果可能很难评估，因为无法基于源系统的已知行为来预测行为。

突现行为的一个例子也可以从家里找到。例如，假设许多物联网服务在家庭网络中共存并正常运行。然后，房主从新的服务提供商处添加了一个新的服务，也许是一辆新汽车？汽车开始使用家里的 Wi-Fi 进行客户服务应用。但是，在将汽车（停在车库中）配置到家庭网络的几分钟内，汽车就开始在用户界面显示错误。与此同时，家庭安全系统的控制也停止了工作。这两个故障可能与共享同一家庭基础设施物联网服务的新组合的突现行为有关。

在这个假设的例子中，背后的原因可能是家庭安全系统对通过网络广播的传感器进行例行轮询。这种轮询从未困扰过网络上的其他物联网设备。但是车库里的新车不一样：它将轮询看作是汽车管理系统的某种内部轮询系统，但是它的接口错了。因此，汽车会抛出一个错误，同时也向家庭安全系统发送错误响应，而家庭安全系统无法识别这个响应，使得自身陷入错误状态。

由于家庭安全系统供应商和汽车供应商从未尝试互相测试，因此之前并不知道或没有观察到这种突现行为。

在物联网领域，由于潜在的供应商和服务提供商的范围很大，因此不可能对物联网产品和服务的每一种潜在组合的突现行为都进行测试。许多威胁和隐患肯定会存在，并且在很大程度上是不可预测的。

物联网系统、混沌理论和相互依赖性。毫无疑问，物联网的相互依赖性表现出一种非线性或混沌系统的特征，使物联网中的风险管理变得更加困难。[一]事实上，我们进一步展开之前关于突现行为的观点：它们在具有大量熵或无序的系统中最为常见，而熵或无序反过来又促使它们趋向混沌特性。[二]

非线性或混沌系统有着悠久而深厚的学术和数学渊源，这可以追溯到 20 世纪初，当时研究行星运动的数学家发现了这一点——对方程输入的微小影响（可能被认为是舍入误差）可能会导致截然不同甚至完全相反的结果。图 12-3 是混沌方程的一个图形示例，蓝色和黄色（也称为洛伦兹吸引子）的起始坐标相差 10^{-5}。现在，设想一个物联网系统可能会改变其运作模式和威胁，而这只是基于商品和服务组件供应商输入的微小变化。

混沌理论就是著名的蝴蝶效应的来源。根据非线性理论，一只蝴蝶在巴西扇动翅膀，两年后就能在德克萨斯州形成龙卷风：输入的微小变化可能会带来戏剧性的结果。这些关系如此复杂，以至于实际上是无法计算的，即使采用定量方法来衡量和预测也是徒劳的。

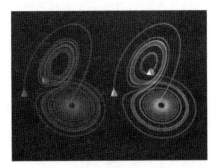

图 12-3　用图像表示的混沌方程——洛伦兹吸引子[三]

在物联网中，类似的事情可能是在经常发生变化的系统中全面地管理风险。每一次改变都会对操作条件产生巨大的影响。从根本上说，威胁在于，这些系统无法达到我们认为的可管理程度。

即使非线性领域中一些最伟大的思想家，如 Henri Poincaré，最终得出的结论是：与非线性系统有关的讨论只能用定性的方法来进行[四]。但我们仍然在尝试。

天气是一个非线性系统，但我们仍然在试图预测它。如果物联网风险管理能够达到天气预报那样的准确水平，那么我们可能会做得更好！

像物联网这样的复杂系统中的相互依赖性。相互依赖性最好是在依赖关系的场景中去理解：为了某些商品或服务而部分或完全依赖他人。物联网以其分层的供应链、专业化的产品和服务以及动态演化的输入替代生态系统，具有大量的相互依赖性。

年幼的孩子依赖父母、汽车（大部分仍然）依赖汽油、企业依赖客户。相互依赖性是一种双向的、具有一定强度的依赖：双方部分或全部依赖对方。例如，汽车制造商和客户依赖于能源公司生产高质量的燃料，这些燃料不会污染发动机，而且还拥有可靠的分销系统（加油站）。反过来，能源公司又高度依赖那些购买燃料的汽车客户，并受到效率和改进或电力

[一]　见 Tyson Macaulay 的 Critical Infrastructure: Interdependencies, Threats and Risks（2008）。

[二]　Science 2.0，见 http://www.science20.com/welcome_my_moon_base/emergent_behavior_thriving_edge_chaos。

[三]　洛伦兹吸引子表现出混乱的行为。这两个图显示了对吸引子占据的相空间区域内的初始条件的敏感依赖性。见 https://en.wikipedia.org/wiki/Chaos_theory。

[四]　见 Nassim Nicholas Taleb, The Black Swan 的 The impact of the highly improbable（Random House 2007, 178-179）和 http://en. wikip-edia.org/w/index.php?title=Henri_Poincar%C3%A9&oldid=153446742。

等替代能源出现的影响。

　　相互依赖性不一定对等，相互依赖的双方可能有一方比另一方更加依赖对方。(事实上，本书的核心目的不仅要揭示相互依赖性，还要关注关键基础设施行业之间不同程度的依赖关系。)

　　级联相互依赖性：一级、二级、三级。在像关键基础设施和物联网这样的复杂系统中，双方之间建立双向关系之后，相互依赖性并不会停止。相互依赖的复杂性以及关键基础设施和物联网的混沌本质在于级联关系：A 影响 B，B 影响 C，C 影响 D，以此类推。

　　一级影响是事件对实体(如物联网产品或服务)的直接影响。无论是物理上的(火灾、洪水、地震、劳工诉讼)还是逻辑上的(数据丢失、软件 bug、网络故障)。影响可能是为物联网系统提供物理连接的网络设施发生了火灾，或者可能是远程云服务所依赖的服务器发生了故障。一级影响是促使事件发生的催化剂。这给我们带来了二级影响，进一步威胁物联网系统。

　　二级影响是相互依赖性分析的核心。它们反映了一级影响的级联结果。第一级系统或设备中的影响所造成的威胁如何向外传导到用户群或供应链中？不能仅仅因为某个特定的物联网服务没有直接遭受火灾或云故障，就把它从间接影响中排除。

　　此外，二级影响可能会以一种与原始一级影响完全不同的威胁(和风险)形式出现。一级影响可能是 A 系统发生火灾，导致流向 B 系统的服务中断，而这接下来会要求 B 系统减慢或停止产品生产。

　　三级影响基本上是由于对给定物联网系统的二级影响所产生的第三级响应威胁。由于第一级系统的影响，威胁或影响将从第二级物联网系统传播到第三级系统。或者，三级影响可能被反射回第一级系统，其中相互依赖关系会产生反馈回路，使第一级物联网系统的情况变得更糟，因为原始威胁导致了新的威胁。

　　当二级影响难以识别和评估时，三级威胁便更加难以确定和评估，因为必须考虑到衰减效应。

　　理解级联效应是本书的作者在另一本书里所面临的挑战。[⊖]

12.6　总结

　　在本章中，我们尝试探讨物联网中新的或不同形式的威胁：威胁行为、威胁事件或活动。我们并没有完全定义物联网中所有潜在的新型威胁，因为那是不可能的，所以我们通过讨论突现行为和混沌系统的方式完成了本章。

　　威胁行动者往往通过特征来定义，告知风险管理者谁可能想要对他们的物联网服务系统做什么。通常，威胁者有四个主要特征：

　　❑ 威胁技巧
　　❑ 威胁动机

　　⊖ 见 Tyson Macaulay 的 *Critical Infrastructure: Interdependencies, Threats and Risks*(2008)。

❑ 威胁资源

❑ 访问

在威胁行动者中，还有一种有用的传统分类法，可以通过上述四个特征加以区分。因此，不同的行动者可能会对不同的物联网系统造成不同的风险。同样，这也是风险管理者需要判断的。在 IT 系统或当代互联网上，典型的威胁者包括：

❑ 罪犯

❑ 激进黑客

❑ 工业间谍

❑ 民族国家

❑ 恐怖分子

❑ 内部人员

此外，我们认为物联网系统和服务的复杂性和脆弱性直接导致了新型威胁行动者的出现：

❑ 混乱的行动者——他们只是想看东西烧毁，并没有明确的原因，除了他们可以。

❑ 监管部门——与物联网最依赖的资源和行业相关的法律法规还不健全，比如无线频谱和互联网。

本章的大部分内容都是围绕物联网的高层业务威胁和低层操作威胁展开的。虽然不是一个详尽的列表，但同时关注了特定物联网的威胁或在物联网中具有特定意义的威胁。本章的内容也没有试图去同时讨论企业 IT 威胁和物联网威胁，因为业务和操作层面的企业 IT 威胁已经在其他地方（包括在国际标准中）讨论过很多次了。

第 13 章 · CHAPTER 13

RIoT 控制

本章并没有包含物联网中的所有风险。相反，它只关注物联网风险管理的不同之处，以及物联网发生了哪些变化。

在本书的最后一章中，将同时讨论隐患和风险，并延续前面与需求相关的章节的组织结构。通常，隐患和风险是分开考虑的，因为风险是关于隐患被利用的概率和可能性，以及由此产生的影响的严重性。但是，由于我们正在处理的是物联网中全新的隐患集合，在一般层面上很难将风险与隐患区分开来。因此，我们将同时讨论隐患和风险，并依靠从事风险管理的专业人员、工程师、管理人员或高管根据自己的物联网系统或服务的信息进行推断。

因此，风险和隐患之间的关系是固定不变的。我们可以得出以下结论：

❑ 一个特定的隐患可能会面临多方面的威胁。我们在上一章中已经讨论了威胁。

❑ 对于隐患和威胁的每种组合，都有可能产生负面效应（和影响）。

此外：

❑ 对于隐患和威胁的每种组合，都具有与效应（影响）相关的严重性。

从可能性和严重性的角度看，风险是隐患加上威胁的单一结果。

虽然本章内容可能很丰富，但它并不是管理物联网风险的正确方法的详细清单。管理物联网风险的方法几乎数不胜数。本章提供了不同方法的广泛事例，并深入分析了一些不断发展的技术，这些技术将提供新的风险管理机会和解决方案。

从某种意义上说，本章是对物联网广泛的风险评估。风险本质上是概率和影响，并根据隐患与需求进行评估，如图 13-1 所示。

	低影响力	中影响力	高影响力
高概率	4	7	9
中概率	2	5	8
低概率	1	3	6

图 13-1　从概率和影响的角度看风险

与任何给定业务或操作需求相关的实际风险和隐患会因为物联网用例到用例、系统到系统，甚至设备到设备的不同而不同。因此，我们不会在本章中尝试规定某个风险大于其他风险。但是，在任何正在开发（或运行中）的物联网系统场景中，本章中的所有风险都应该是值得研究的。

13.1　管理物联网中的业务和组织风险

物联网中的风险管理得益于不同资产类别（终端、网关、网络、云或数据中心）的不同服务提供商之间的协调与合作。由于物联网范围、规模和供应链的不断发展，单一的解决方案提供商甚至单一的国家都无法做到这一点。物联网的集成安全已经超出了企业的控制范围。企业信息技术安全与此不同，它可以执行安全管理插件和独立解决方案，因为它是在单一的领域。

13.1.1　物联网设计流程

这种对更高程度协作的要求意味着物联网的正确设计流程必须比企业 IT 更加正式，因为风险往往更高（由于网络物理接口），信任模型也更深入。例如，在企业 IT 设计中，IT 中的许多元素和资产类别（例如网关和网络）都是非智能且不受信任的。在物联网设计中，网关和网络等元素具有新的紧迫性，因为它们可以成为关键控制点。

物联网风险管理的一个重要部分是：设计是如何演变和发展的。一个很好的例子是使用具有不同管理目标的不同设计层，如图 13-2 所示。

图 13-2　物联网设计的层次

1. 概念模型[⊖]

概念模型的主要目标是传达它所代表的系统的基本原则和基本功能。这有助于人们认识、理解或模拟模型所描述的对象。该模型应该为模型用户提供易于理解的系统解释。

正确实现概念模型通常会考虑的度量标准：

❑ **可理解性**：它对提高个人对系统的理解有多大帮助？

❑ **知识可转移性**：它在多大程度上促进了利益相关者之间有效地传递系统细节？

❑ **共同出发点**：它是否有效和高效地为系统设计人员提炼系统规范提供了一个参考点？

❑ **可参考性**：它是否提供了一种有效的方法来记录系统以供将来参考，并提供了一种协作方式？

那么概念模型究竟是什么呢？它提供了一个高层次的全局视角。它是由概念组成的模型：对物理过程的抽象、假设和描述的集合，表现出了现实利益的行为，从中可以构造数学模型或验证实验。它是概念（实体）及其之间关系的表示并被明确选定独立于设计或实现的

⊖　ISO 第十工作组会议记录，渥太华会议，2015 年 8 月，来自美国专家 Howard Choe 的意见。

关注点。

如何使用概念模型？它是讨论特性、使用、行为、接口、需求和标准的基础。概念模型作为一种工具，用于识别参与者和可能的通信路径，以及描述、讨论和开发体系结构。它是一种识别潜在的域内和域间交互以及这些交互所支持的潜在应用和功能的有用方法。它为分析互操作性和标准提供了场景。最后，一旦对域概念进行建模，它就为域中应用的后续开发奠定了稳定的基础。

在一个物联网系统场景中，概念模型可能概括出组成系统的不同形式的供应商和服务提供商。这使得早期就可以验证有关安全、隐私和风险管理的某些假设。例如，系统可能存在多大程度的供应链或网络路由风险？或者，数据的地理位置是否会成为一个需要考虑的监管问题？

2. 参考模型

概念模型之下的一个细化层面是开发中的物联网系统或服务的参考模型。参考模型的目的是促进对一类问题的理解（而不是针对这些问题的具体解决方案）。参考模型有助于从业者想象和评估各种潜在解决方案的过程，明确环境中的事物或问题空间，清楚地描述它所解决的问题以及需要看到问题得以解决的利益相关者的关注点，并提供可以在不同实现之间明确使用的通用语义。

正确实现参考模型的度量标准是：

❑ 标准的适用性：为模型中存在的对象及其相互关系创建标准的效率怎么样？

❑ 可教性：对广泛技术人员和非技术人员的教育效果怎么样？

❑ 通信：与没有使用参考模型的情况相比，如何改善人们之间的沟通？

❑ 可转让性：是否能有效地帮助创建明确的角色和责任？

❑ 权衡能力：是否提供了有效的方法来比较不同的事物？

在物联网系统的环境中，参考模型可能会在端到端系统中显示安全和隐私功能的布置，而不试图规定任何配置，尤其是厂商解决方案。参考模型应该开始反映通过包含特定控制元素或流程接口（如数据存储库）来定义的操作要求。参考模型有助于技术需求的谨慎定义、配置和规范，并支持物联网系统中商品和服务提供商的选择。

3. 参考体系架构

参考体系架构的主要目的是指导和约束解决方案体系结构的实例化。从这些实现中获得的知识、模式和最佳实践会被合并到参考体系架构中。参考体系架构还描述了主要的基础组件，例如端到端解决方案架构的建模。

正确实现参考体系架构的度量标准是：

❑ 可持续发展性：便于不断修改以包含新的见解吗？

❑ 可重用性：通过重用有效的解决方案，会如何帮助你的组织加速解决方案体系架构的交付？

❑ 可治理性：是否有效地促进了可治理性，以确保组织内技术使用的一致性和适用性。

❑ **可重复性和一致性**：是否真的以一种通用的格式提供了有效且详细的体系架构信息，从而能够以一致的、高质量的、可支持的方式重复设计和部署解决方案？

那么什么是参考体系架构呢？它是多个解决方案体系架构的概括，这些体系架构已被设计并成功部署以解决相同类型的商业问题和使用案例。它是一种预定义的体系架构模式或模式集，可能是部分或完全被实例化、设计并经过验证的，可用于特定的业务和技术环境以及支持产品使其可用。参考体系架构展示了如何将这些模式组合到一个解决方案中。它可以是一个主题领域中多个参考体系架构的集合，其中每个参考体系架构代表该领域的不同重点或观点。它可以在许多不同的细节和抽象层面（从具体到概括）进行定义，用于多种不同的目的。它由功能列表及其接口（Application Programming Interface，API）的一些指示组成，还包括其相互之间的交互以及与参考体系架构范围之外的功能的交互。

如何使用参考模型？它可作为架构和解决方案的参考基础，作为特定领域架构的解决方案模板；作为范围识别、差异评估和风险评估的框架，制定设计和实现解决方案的路线图；并作为讨论实现的通用词汇的来源，通常旨在强调共性。参考模型还可以作为一种工具，通过重用有效的解决方案来加速交付，并作为治理的基础以确保组织内技术使用的一致性和适用性。

4. 一个现实的物联网概念模型示例

图 13-3 是威瑞森开发的物联网安全概念模型示例，该模型是其物联网服务平台的一部分。这个模型是 2014 年物联网概念模型的一个早期示例，但已经显示了终端、网关（标记为集线器）、网络（运营商平台）以及云服务（合作伙伴平台）的概念。

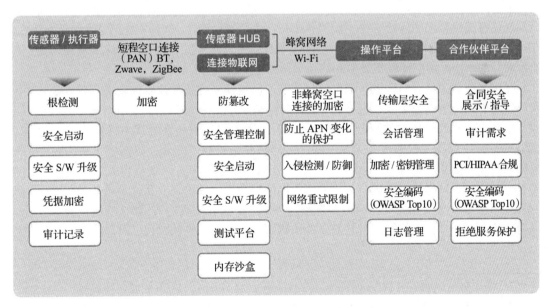

图 13-3　一个现实的安全概念模型示例

13.1.2　监管隐患及风险

物联网中新的威胁方是监管机构[一]。当监管制定欠佳，或基于监管主体错误的或不完整的信息时，监管就可能构成威胁——如物联网。但是，一些监管也确实有利于风险管理。例如，美国参议院在 2015 年年底通过了一项与上市公司有关的法案。该法案规定，安全和风险管理不仅在董事会层面上可见，而且董事会至少应具备一些与安全相关的可信技能[二]。具有讽刺意味的是，对新老企业来说，缺乏网络安全技能可能不仅仅是操作或技术上的缺失。有关对物联网隐患和风险管理的影响，请参阅 13.4 节的讨论。

1. 监管指南的发展

当谈到有关机器人设备的法律法规时，会经常引用到 Isaac Asimov 的机器人第一定律，该定律指出"机器人不得伤害人类，或因不作为使人类受到伤害。"Asimov 的三条定律可能是科学幻想，但它们往往被视为机器人治理的重要基础。然而，机器人设备引发了许多棘手的法律、伦理和监管问题。例如，如果一辆自动驾驶汽车发生事故，该怪谁？而增强或成为人类身体一部分的仿生技术则更加复杂。如果辅助外骨骼与导致死亡有关，该由谁负责？如果使用脑机接口与植物人交流，这些信息是否受法律约束？

为了帮助回答这些问题，2012 年启动了一个主要由欧盟资助项目，名为"机器人法"[三]。该项目为物联网的监管提供了有意义的指导。

这个项目汇集了来自法律、工程、哲学、医学领域的专家，以及经验丰富的监管者。他们制定了一份报告——"机械人规范指南"，并提交给了欧洲议会。该报告的目的是，就如何在不损害欧洲法律原则的情况下管理引进新的机器人和人类增强技术提出建议。

"机器人法"的专家建议应避免过多限制创新的法律。他们建议使用功能视角，而不是试图创建有关机器人的广泛法律。按照 Asimov 的机器人定律，这种宽泛的法律可能会失败。立法应针对物别基础上的特定市场。这样考虑是因为机器人技术具有多样化的应用，而"包治百病"的方法可能会导致不必要的甚至荒谬的规定。

在医用假体和外骨骼领域，鼓励通过限制产品责任来支持新技术的发展，或许是采用无故障保险模式，或者是让制造商和政府支付赔偿基金。

报告中也提到了机器的权利问题，尽管人工智能的发展还在继续，但报告得出的结论是，机器的任何自主权都是人类赋予的，它们仍然是机器。然而，也需要承认，在一些有限的情况下，可以考虑赋予机器某种类似于公司的法律权力，以便机器人实体可以签订合同等。随着物联网越来越先进，关于系统智能的问题肯定会出现。我们不难想象物联网系统的设计和安全性会受到质疑，因为如果系统"做出了正确的决定"，那么一些负面事件是可以避免的。在一个机器能够在极其复杂的围棋游戏中击败人类的时代，可能会有更多关于机

[一]　https://blogs.mcafee.com/executive-perspectives/something-old-something-new-threat-internet-things/

[二]　Cybersecurity Disclosure Act 2015，https://www.congress.gov/bill/114th-congress/senate-bill/754/text

[三]　http://www.economist.com/news/technology-quarterly/21635318-european-policymakers-look-making-laws-automated-machines-and-come-up

器人的讨论。[⊖]

报告最后指出，国际标准将在这一领域有很大帮助。目前，虽然美国是物联网创新的温床，但在该领域制定立法指导方针的协调努力方面，却落后于欧洲和亚洲。

2. 端到端监管注意事项

移动边缘计算（Mobile Edge Computing，MEC）的发展为物联网系统提供了新的信息处理节点和附加值（尤其是在网络和网关）。这可能意味着在这些位置进行数据处理时要考虑到监管和法律需求。可能的情形包括：

□ 隐私：如果用户没有同意，则不应将受限制的信息传递给应用程序。MEC 的发展是否需要考虑用户的同意？

□ 在网络边缘平台上托管应用程序可能会提供某些优势，例如对于具有严格可用性和弹性需求的物联网服务来说，延迟很低。这种托管提供了一种专业服务，可以确保为此类应用程序的运行提供足够的服务质量。但是这些应用程序是否合适，是否能够在不断发展的网络中立性原则下始终如一地做到这一点？这需要适当地进行更多的技术分析，以确定标准来评估哪些应用和服务将从专业处理中获益。分析还可以研究如何配置网络，以确保有足够的容量来满足对专业服务的需求；同时保持适当的网络条件，以支持非专业服务的可靠用户体验。在专业服务类别和所有非专门服务类别业务中，透明性和非歧视原则可以作为网络中立框架的一部分进行观察，网络中立框架允许终端用户或内容、应用程序、服务的所有者支付专门的处理费用保持合理的消费者，这对网络中立性至关重要。

□ 在无线接入网中引入 MEC 服务器不应减少合法监听的规定。物联网系统必须服从合法的访问和监听请求，MEC 将意味着来自物联网终端的原始数据可能需要作为证据链的一部分加以保存。与此同时，合法的访问将需要以一种不会（轻易地）透露正在监听的方式进行（以免监视主体因发觉自己受到监视而改变行为）。

□ 漫游场景中访问服务的计费要求。例如，如果家庭网络提供相同的服务，并通过接入网访问，那么是否应用不同的计费要求？需要考虑对漫游费用进行持续的监管改革。

3. 治外法权

美国政府已经对通过互联网传输的数据展开大规模和广泛的访问。这使美国的云提供商处于危险之中，因为客户可能会试图与非美国的提供商合作，以避免这种访问。

这也导致了美国云计算行业对政府要求的抵制。例如，纽约地方法院裁定，美国政府可以使用"存储通信法案"来访问微软在都柏林服务器上维护的数据。[⊖]

物联网世界的治外法权可能会产生更为有害的影响，因为整个系统和服务的经济模式依

⊖ Computer says Go，见 http://www.economist.com/news/science-and-technology/21689501-beating-go-champion-machine-learning-computer-says-go。

⊖ Straight Outta Dublin，见 http://www.theregister.co.uk/2014/09/23/microsoft_vs_the_long_arm_of_us_law/。

赖于全球范围和层面上的共享资源。特别是当你考虑一个国家能做什么时，另一个国家也可以这样做。来自不同国家的相互冲突的域外法律可能使物联网系统或服务无法管理。

处理财务信息和个人信息的物联网系统可能特别受到治外法权约束。犯罪分子通过物联网将资金转移到哪里、如何转移，以及物联网对特定的监控对象了解多少，都将成为全球执法部门的宝贵资产。因此，物联网管理人员从一开始就期望解决治外法权规则问题，即使他们不在海外销售商品或服务。为什么会这样呢？因为几乎可以肯定，分层物联网中服务供应变化的基础将会是离岸的。

4. 跨越国界的相互冲突和重叠的标准

目前，许多引进云计算标准的尝试正在进行，欧洲电信标准组织已经认定了 20 个组织在这一领域创建的 100 多份文件。这些倡议来自欧盟、国际电信联盟（International Telecommunications Union，ITU）、国际标准组织（International Standards Organization，ISO）以及英国云产业论坛等私立标准机构。

目前，还没有权威的标准、合约或服务水平协议（Service Level Agreement，SLA）。虽然云提供商对其推进并不热衷，但他们却期望最终的标准、检测机构和认证方案会出现。作为物联网的关键输入服务，云计算及其安全性的碎片化标准几乎是没用的。而且当我们更广义地把物联网看作一个服务系统时，情况只会变得更糟。

5. 与物联网相关的标准差异

2016 年，物联网安全标准化仍处于早期阶段。国际组织，如国际电工委员会（International Electrotechnical Commission，IEC）、ISO 和国际电信联盟电信标准化部门（International Telecommunication Union Telecommuniation Standardization Sector，ITU-T），都在努力进行与物联网安全标准相关的工作，他们正在以协作的方式向前推进这个工作。然而，与此同时，一些地区性的标准机构，如物联网架构（Internet of Thing-Architecture，IoT-A）（来自欧洲）和国家标准与技术研究所（National Institute of Standard and Technology，NIST）（来自美国）也在他们自己的地方性指导下推进相关工作。这些标准的冲突和重叠增加了物联网的脆弱性。

谁是正确的？在这种情况下，合规性会是怎样的呢？如果标准不能在这些事情上达成一致，你又该如何确保自己不受疏忽的影响，并表现出应有的谨慎呢？

另一个隐患是，由于缺乏公认的标准，当投资与假定的标准发生冲突时，就必须进行彻底的检查或分解。

另外，由于缺乏标准，物联网产品和服务的供应商会做看起来正确的事情，而且需要不断地向客户、审计人员、监管机构和竞争对手证明自己的安全方法是合理的。这会造成运行成本的消耗。

物联网中的设计者和风险管理者需要仔细地观察与物联网安全相关的差异，因为这是冲突、意外和风险最有可能发生的地方。表 13-1 总结了 2016 年物联网安全相关标准的一些显著差异。

表 13-1 2016 年物联网安全的标准差异

差异 1：网关安全	虽然物联网服务提供商广泛认为网关是关键的功能元素，但标准机构只是逐渐才意识到网关安全是一个成败攸关的问题。请参阅 13.7 节中关于智能网关的讨论
差异 2：虚拟化安全	"云"安全标准是否充分认识到传输中的虚拟化安全——而不仅仅是 PC？ 网络功能虚拟化（Network function virtualization，NFV） 软件定义网络（Software-Defined Network，SDN） 物理上不安全的虚拟化设备？ 路由器、机器 / 家庭网关？ 远程虚拟设备 第三代合作伙伴计划（3rd Generation Partnership Project，3GPP）演进分组核心网（Evolved Packet Core，EPC）元素，基站（3G，4G，5G） IP 多媒体子系统（IP Multimedia Subsystem，IMS）元素 DC 和传输中的虚拟化层安全性 DC 中的容器安全 身份识别和访问控制 由于风险增加，最小特权是传输虚拟化中更为推荐的做法
差异 3：安全管理和度量	不仅为了遵守法规 用于安全覆盖和成本管理 基于设备的旧成本模型是不够的 基于安全聚合点的旧成本模型是不够的 如果没有信息标准和替代方案，物联网安全将因为无法负担而被排除在外
差异 4：开源保证和安全	大部分物联网应用将建立在开源平台上 虚拟化（DC 和传输） 嵌入式设备平台（Linux） 现有的软件保障标准是否可以有效地支持开源？在什么支持模型下？ 自我支持？ 商业支持？
差异 5：物联网风险评估技术	风险评估标准是否充分解决了由于自动化而放大的新威胁？ DC 和传输自动化 NFV / SDN 自动化 部署和供应自动化
差异 6："物联网的隐私设计"和大数据	规定对涉及个人身份信息（Personally Identifiable Information，PII）的物联网项目进行隐私影响评估，以及首先由谁来确定物联网 PII。 从大量的物联网数据中识别个人身份信息（PII）的指南。 在物联网服务提供商之间收集和整合数据时，如何以及何时屏蔽或更改数据以保护隐私的详细指导方针。 SC27/WG5 N35——数据假名化和匿名化过程作为隐私增强技术的指南。 物联网中流动的数据量将受到与 PII 存在或不存在相关的任意假设的影响。 在某些情况下，进行隐私影响评估将变得不切实际，因为物联网服务的迅速出现和消失、跨越国界和监管环境的速度几乎是始料未及的。 关于 PII 何时存在的指导方针和高级通用规则将鼓励在物联网中更好地遵循隐私，而不是完全依赖复杂的方法和流程。第 5 工作组（Working Group 5，WG5）的前期工作将被审查，以确定适合物联网的分类过程

（续）

差异7：关于正确使用多方身份认证/密钥分割的指南	到目前为止，互联网主要依赖于两种形式的识别/认证和加密技术：对称密钥和公开密钥（非对称）密钥共享。需要考虑这些密码系统的其他演化形式，比如基于身份的加密（Identity Based Encryption，IBE），它是针对特定物联网场景而发展的。[1] 过去的密钥管理形式，如密钥分割和多方身份认证以及加密，在传统的互联网中并不适用，但现在可能大有所为。[2] 对于什么类型的密码技术适用于什么形式的物联网系统，我们还需要有公认的指导——因为物联网场景比传统的企业IT场景大得多
差异8：物联网事件响应	大多数事件响应方法都是为类似IT的设备和系统开发的，而不是专为物联网设备开发的。物联网设备将具有不同的接口、功能需求和操作系统
差异9：物联网安全应用开发技术	存在评估风险（IE ISO 27002）和管理正式评估应用安全需求过程（ISO 27034）的技术。它们还没有被采用或审查是否适用于物联网服务和系统——以上所有IT系统中哪个可能需要它——由于物联网安全性混乱，需要一些指导。 这个问题很困难，因为物联网需求、威胁、隐患和风险会因行业而异，当然也会因系统而异

① https://en.wikipedia.org/wiki/ID-based_encryption。
②密钥分割/共享（多项式插值），见 https://en.wikipedia.org/wiki/Secret/sharing。

为了取代该领域的物联网安全标准，物联网产品和服务供应商有三种选择来管理这种风险：

1）做看起来正确的事情，并尝试在标准出现时纠正与标准不一致的地方或者不断证明方法的合理性。

2）等待标准出现——可能会错失市场机会。

3）观察或参与标准开发，以获得物联网安全标准方向性的一些暗示，并尝试将其设计的足够灵活，以支持更广泛的潜在效果。

6. 物联网中的监管风险管理

监管机构可能会对物联网系统进行实质性的管理和监督。考虑到电信行业：价格往往由监管机构设定或控制（高于或低于市场），不赚钱的地区需要接受补贴服务，许多重要基础设施需要与竞争对手共享。在某些情况下，需要剥离或拆分为较小的公司。

与大型电信公司一样，物联网所需的基础设施将由拥有大量资本储备的大型公司完成。因此，参与某些形式的物联网服务供应的公司数量有限。垄断企业的发展在享受运营效率的同时，也可能受到反垄断立法和监管的约束。可能存在法律责任风险，例如对物联网资源薄弱管理的疏忽。

监管机构还拥有频谱使用权，监管机构需要更快地释放频谱，比如老式地面电视频道的超高频（Ultra-High Frequency，UHF）。有一种风险是频谱将过于昂贵——政府试图通过拍卖频谱来筹集巨额资金，这可能会给物联网行业带来沉重的债务负担。在上一章中，我们讨论了这种与资源分配相关的威胁，其中频谱就是一种自然资源。

7. 新兴的频谱相关风险和第五代无线网络

与监管相关的无线电频谱风险可以影响各种物联网系统，影响远程和短程网络连接。然而，围绕频谱的最大风险可能与现有技术无关，而与即将到来的新技术有关！

　　在现有技术基础上改进的新兴网络技术是否可以使用频谱？或者旧技术是否会占用频谱，并限制那些保障许多物联网应用得以实现的网络技术？没有其他网络技术能像第五代（5G）蜂窝网络那样体现这种风险。

　　据设备制造商和运营商称，5G 移动网络将于 2018～2020 年之间进入市场。物联网产品和服务的制造商将会好好体会这方面的风险意味着什么。

　　首先，5G 地盘大战正在进行中，同时也反映了物联网的脆弱性和风险：设备供应商可能会带着仅支持试验和有限部署的预标准设备匆忙行动，这可能会给未来埋下一些隐患。风险管理将要求物联网服务提供商以及（特别是）电信运营商确保设备供应商能够使设备完全符合带有软件更新的标准。更广泛地说，任意的、腐败的、昂贵的、速度缓慢的、管理不善的频谱授权和分配可能是 5G 的一个主要风险，因此许多场景将严重依赖 5G。

　　5G 无线技术将对物联网和风险管理产生各种非常重要的改进。无线频谱在世界各地都受到严格监管。监管机构对频谱接入所做的工作，将对 5G 在特定管辖权内的可行性和可用性产生重大影响。

　　5G 技术对物联网尤其重要，因为它具有第四代（4G）和早期技术所不具备的性能和地址需求，如能源效率、设备成本、功耗和电池的使用。当建立在 4G 技术之上时，也就是将其称为 5G 时，5G 环境下的物联网需求开始浮现。

　　从图 13-4 可以看出，本书对物联网的定义包括了所有的"物"——人类 5G（智能手机、平板电脑、笔记本电脑、台式电脑、远程访问）和机器 5G（图中所有没有被名义上称为人类 5G 的东西）之间没有区别，都是物联网。

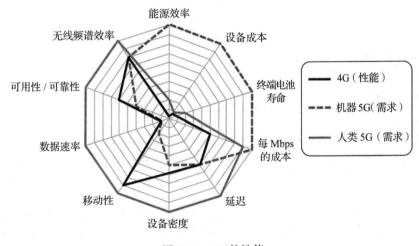

图 13-4　5G 的性能

5G 将在物联网的实现和发展中发挥重要作用，因为它将带来：

❑ 增加的带宽

❑ 减少的延迟

❑ 更广的覆盖

❑ 更多的冗余覆盖，因为涉及多个无线技术

它还将严重依赖技术来协调和管理设备如何访问不同形式的无线电技术。它的复杂性将是惊人的，将高出我们今天所看到的 4G 网络一个数量级（4G 网络本身就让大多数非电信工程师感到困惑）。

5G 将自然而然用到如下技术：

❑ 意识到并跟踪不同的物联网应用和服务，这些应用和服务提供不同的服务水平并收取不同的费用

❑ 从单一承载技术到多路复用多个信道

❑ 同时管理对两种或三种不同承载技术的访问控制（身份识别和认证），用于身份识别和认证，以提高速度和弹性——所有随需而变

❑ 承载技术间不同的身份与认证系统接口

❑ 许多所谓的物联网杀手级应用将依赖于 5G 技术的两个主要优势：低延迟和高速通信。围绕这些差异，物联网应用场景通常分为两类：

❑ 自动化或辅助交通：

- 车辆之间的协调和驾驶
- 自动着陆或飞行的飞机或无人机
- 自动停靠和导航的船艇
- 联运货物管理

❑ 由人类远程操纵机器进行精细操作：

- 健康分诊
- 外科手术
- 驾驶，飞行
- 焊接和维修
- 制造：缝纫、产品组装
- 炸弹拆除
- 艺术追求：绘画、乐器演奏

在不支持 5G 频谱接入的监管环境中，或者因为从公众利益到腐败问题而强行给基础设施所有者和运维者增加过重负担的情况下，这些应用场景都不会蓬勃发展和扩张。

8. 5G 标准开发

端到端网络将比以往任何时候都更加复杂，并且必须很好地运转才能保证大幅度降低延迟、根据需要灵活地变换频谱资源等。由于 3GPP 的长期演进（Long-Term Evolution，LTE）成为了单一的 4G 全球标准，因此 3GPP 肯定会成为 5G 标准空口发展的大本营。

由于 5G 应用的技术范围很广，因此需要多个标准机构参与 5G 的开发。标准组织包括（但不限于）电气与电子工程师协会（Institute of Electrical and Electronic Engineer，IEEE）、互联网工程任务组（Internet Engineering Task Force，IETF）、欧洲电信标准协会（European Telecommunications Standard Institute，ETSI）和 ITU。虽然不一定必须是全部，但 5G 将是

一个由多个机构支持的标准，这些机构将端到端网络分割开来，并密切合作。这将促进 5G 标准的实现。[⊖]

对于物联网服务提供商和设备制造商来说，监督这些标准机构是一种成本高昂但有价值的风险管理形式，它将确保产品和服务的计划和战略不会与新兴标准发生冲突。

5G 的独立部分很有可能会在不同的组织中形成，从远处看似乎是脱节的，但随后它们会迅速结合在一起，这可能会让一些没有关注它们的物联网产品和服务提供商感到意外。

在本章的后面，我们将继续讨论 5G 的潜在复杂性以及对物联网风险控制的影响。

13.1.3　健康与安全监管风险

监管部门在物联网安全方面发挥着特殊作用，它们制定法规强制产品和服务提供者在履约声明中保持明确和诚实，并以尽量减少对用户人身安全危害的方式来满足服务水平要求。这与网络中立性等问题不同，会涉及对哪些服务收费多少以及允许向哪些人销售服务等业务问题。

在这种情况下，监管机构必须过度监管，而且风险可能仍会受到监管不足的影响。在监管过度的情况下，服务提供者将直接以成本过高和效率低下的形式承担责任。但在监管不足或监管不力的情况下，安全问题将是物联网安全失效的最明显的形式。可见的安全故障将对客户满意度和采用率产生巨大影响，并可能引发其他风险，如金融和法律风险。

从物联网风险管理人员或高管的角度来看，无论监管如何，都必须仔细考虑和管理健康和安全风险，因为它会对整体服务产生有害影响。根据定义，基于网络物理接口的物联网使健康和安全风险始终成为人们首要考虑的问题。

13.1.4　重新识别隐患和风险管理

组织机构应根据物联网中收集的海量数据所带来的优势，评估重新识别个人和组织的风险。

随着数据集的增长，重新识别成为一个问题，数据分析在大数据发展中变得更加强大。为使数据所有者满意，来自某个物联网源的数据可能已经从理论上清除了 PII。然而，大数据是指从多个来源收集和聚合数据，并从中挖掘隐藏的相关性和意义。

这种情况下的隐患在于，尽管对单个数据集应用了明显合法的方法，但大数据和现代（或未来）分析将允许对 PII 进行重新识别和未经授权的公开 / 披露。除了日益受到监管的 PII 以外，重新识别隐患还可能导致商业价值信息和商业情报的泄露，并可能导致不可预见的责任。

例如，来自家庭安全系统和智能汽车的数据可能被单独管理和清除 PII，因为它们最初保存在不同的存储库中。但是一旦结合，两者就会包含足够的跟踪信息——邮政编码、每天的平均行驶里程、每天待在家里的时间、汽车财务数据等——透露了很多相关的信息，以至于单个看似无关紧要的数据可能会从组合数据集暴露出完整身份和新的或隐含的信息。

⊖　5G 核心技术研究与时间线，ABI 研究，2014 年 9 月。

管理与重新识别相关的风险部分取决于良好的实践，以及使用假名、匿名化和随机化管理物联网日志和事件的技术标准的演进。

1. 假名

使用假名，数据记录的一些可识别属性被替换为一个值（别名），该值可以用作访问记录的引用，但不提供可识别信息。

2. 匿名化

通过匿名化，有意降低数据值的精度或粒度以避免被暴露或识别。匿名化通常与假名一起使用。

3. 随机化

随机化是匿名化的一种，它使用了诸如噪声添加、置换和差分隐私等技术。

13.1.5　物联网的合法访问

物联网系统和服务可能面临着来自合法访问请求的意外和潜在破坏性的风险。合法的访问风险与执法部门和公共安全部门为调查或起诉目的而要求从特定（物联网）系统获取信息有关。

在过去，这是指向运营商提出请求电话监听。在互联网时代，我们看到像 Google、Facebook 和 Twitter 等网站被这样的请求压得喘不过气[⊖]。物联网设备将不可避免地成为不法分子、犯罪企业和调查过失和责任的工具，法律将要求移交或至少保留大量的日志记录和用户信息。这些合法的要求通常不附带赔偿。

在 IP 电话（Voice over IP，VoIP）的早期，长途电话还很昂贵，许多创新型公司开始使用基于 IP 的互联网长途电话，其成本只是电话公司的一小部分。这些服务将成为合法访问请求的主体，这是面向消费者和商业提供通信服务的必然结果。许多小型的新兴公司只是关门大吉，而不去支付合法访问请求的费用，然后经常换个新名重新开业。他们由于这种商业行为而被称为地狱的钟声。[⊖]

13.1.6　物联网中的标签和合理警告

传统的离线设备和物联网设备之间的隐患和风险可能存在很大的差异。如果人们想要安全可靠地使用物联网，消费者的指示和信息将变得越来越重要。产品标签和警告应该提供更多关于家庭安全性差所引发的后果信息，例如，在智能家居的情况下：

❑ 在线设备和家庭供暖系统可能会因为在线威胁甚至用户的错误配置而退化、损坏或完全破坏。

⊖ 见 Google 关于合法访问请求的统计数据，https://www.google.com/transparencyreport/userdatarequests/。

⊖ "地狱的钟声"，如电信业所知，它们是不可靠的 VoIP 服务提供商，使用公共 VoIP 管理软件，通过公共互联网向特定目的地（如中国）提供廉价的长途服务。他们通常对合法的访问请求不予响应，只是简单地收起帐篷离开，而不是花费资源来满足 LEA 的要求。见 Tyson Macaulay 的 Securing Converged IP Networks（2005，Chapter3）。

❑ 忽略补丁和更新可能会使保证条款无效——以离线系统和设备从未经历过的方式。

对于未能生产此类标签和警告的物联网服务和设备供应商，其产品的在线状态可能会直接导致各种责任。如果可能，责任甚至具有追溯效力。在这种情况下，判决可以追溯至最初引进商品或服务的时候，可能是很多年前。物联网产品和服务的消费者如果不阅读或不遵守服务条款，就会发现其物联网产品的服务水平较低；或者在遵守产品条款和条件之前，服务会受到限制。总之，供应商必须采取行动，保护自己免受与其物联网产品或服务在线状态相关的责任。如今，已经很少采用免责声明了，而且某些制造商在物联网安全领域的尽职调查也是不确定的。

机器领域的责任

在 2016 年年初的一篇论文中，加拿大隐私专员对物联网中的隐私进行了一个有趣的观察，该观察可以延伸到整个安全领域。

> 责任是隐私法中的一项关键原则。为了承担责任，一个组织需要能够用个人信息展示它正在做什么，它已经做了什么，并解释为什么这么做。在物联网环境中，当存在众多的利益相关者（如设备制造商、社交平台、第三方应用程序等）时，责任可能说起来容易做起来难。⊖

责任是总结最大监管风险之一的好方法。我们在本书中描述的所有复杂性将产生与显示、责任和应有的关注相关的问题和挑战。

> 其中一些参与者可以收集、使用或披露数据，并且可以在保护数据的各个方面发挥或大或小的作用，尽管在最好的情况下在他们之间划清界限可能也是一个挑战。例如，智能电表广播的数据最终由谁负责？受益于使用该设备的房主、提供该设备的制造商或者电力公司、存储数据的第三方公司、处理数据的数据处理器，是所有这些，还是它们的某种组合？对隐私敏感的消费者该向谁投诉呢？如果隐私被侵犯，一方的责任在哪里结束，另一方的责任又在哪里开始？映射动态数据流，并设定不同参与者之间的责任和关系，可以帮助阐明信息如何在各方之间流动，并可以帮助了解组织的隐私管理程序的基础。
>
> 在"机器决策"的情况下，底层算法、系统和产品的开发人员和所有者可能会发现，证明责任性更加具有挑战性。除了这个令人烦恼的问题之外，在发生错误或事故的情况下，法律和道德责任还远不明确。在物联网环境下，隐私管理程序的范围以及责任组织的水平都是复杂的。

在物联网出现的早期阶段，监管机构（在这个案例中是加拿大的隐私专员）呼吁责任，这一事实对物联网产品和服务提供商来说是一个启示：服务设计的复杂性不会成为安全和隐私方面失败的借口。你必须对你提供给市场的产品和服务负起端到端的责任。

⊖ 见 Office of the Privacy Commissioner of Canada 的 *The Internet of Things: An Introductution to Privacy with a Focus on the Retail and Home Environments*（February 2016）。

因此，对于我们之前关于风险处理、风险接受、风险转移的讨论来说：更糟糕的风险将是那些你在不知不觉中接受的风险——但随后可能会被追究责任。

13.2   金融隐患和风险

除了许多与新业务形式相关的常见金融风险外，物联网中的主要金融风险将是各种新形式的欺诈。这种欺诈之所以成为可能，不仅是因为许多物联网设备和系统的安全设计很差，还因为目前用户本身通过物联网设备比通过台式机和智能手机等传统计算资源更容易受骗。

13.2.1   物联网储值风险

世界上已经有许多储值体系，而且这些体系的普及程度越来越高，甚至被认为是影子银行的各种形式。SafariCom 等移动电话公司，以及苹果和星巴克等产品供应商，他们接受并管理预付的现金存款，以方便日后购买，而无须输入（或清算）信用卡数据或与银行打交道。同样的商业利益也将被产品制造商所利用，他们将着手创建生态系统和储值账户，以锁定客户和他们的资金。⊖

例如：你（未来）有一台智能浓缩咖啡机。它配有一个小触摸屏，你不仅可以控制浓缩咖啡的制作方式，还可以在上面购买更多的咖啡。这些咖啡都是装在特制的咖啡盒子里的。这个系统肯定会通过互联网连接到一个云门户。门户网站的安全性可能并不高，而浓缩咖啡机可能完全没有安全性。假设云服务或智能浓缩咖啡机受到了入侵，设备受到的可能是本地攻击，来自台式机、笔记本电脑或家庭网络中专门为识别并攻击（热门）机器而开发的移动应用程序。

浓缩咖啡机一旦遭到攻击，就会显示一条信息，上面写着"咖啡豆五折，促销一天，请输入您的浓缩咖啡账户密码进行购买"。你会像往常一样将密码输入机器中进行订购，这将打开受信任的本地存储并泄露账户数据。不幸的是，此时账户数据会被捕获，或者可能在云门户中将订单中的商品改为礼物。然后骗子会利用门户网站的送礼功能将账户的储值转移到"朋友"账户！或者，它只接受你从设备入侵接口发送的礼物。现在你账户中的储值都没了。如果你启用了某种自动充值功能，那么在有人注意到异常之前，这个过程可能会重复几十次！

与此同时，这位新"朋友"收到了这些礼物，并在许多不同的网店将它们转换成商品（昂贵的新咖啡机或者其他商品），或者将这些商品转给处理赃物的中间商（这是互联网上众所周知的技巧）。假设一次赚 25 美元，10 万次就是 250 万美元，销赃一次可能会赚到 50 万美元或者更多，真是不错的买卖。

⊖ 2015 年 2 月 3 日，英国银行发表了一篇研究论文，讨论了央行可能采用加密货币（如比特币）来支持本国货币的可能性。这被他们称为"主题五：中央银行对基础技术、制度、社会和环境变化的反应"。来源：http://www.bankofengland.co.uk/research/Documents/onebank/discussion.pdf。

管理来自其他风险类别的感知风险是管理金融风险的最佳方式。良好的风险管理将提高运营效率和客户满意度。在操作层面上，稳健的身份和访问控制是解决储值风险的一种方法。

1. 社会工程与防欺诈

上面的例子等同于物联网中的一个社会工程隐患。就像今天互联网上的社会工程一样，没有单一的补救办法。需要结合安全、技术、教育和意识等多个层面。

但我们建议至少要关注两个特定领域：一个是管理控制，另一个是技术控制：

❏ 管理标准。我们不仅需要物联网安全技术的相关标准，还需要物联网安全管理的相关标准。美国国家标准与技术研究院和工业互联网联盟都将发布包括物联网安全在内的参考设计。我们必须了解这些设计是否足以解决物联网中的社会工程隐患。

❏ 低资源的"物"可以支持的身份认证和加密解决方案。通过"物"发送和显示欺诈信息越困难，利用"物"进行社会工程攻击就越困难。相比于今天常见的对称、非对称加密技术，设备需要更轻量、更快、更有效的身份验证和加密技术。此外，在第 9 章中讨论的多方加密系统很可能在击败社会工程方面发挥重要作用，这本质上是因为必须骗过不止一个人或一个系统！ ⊖

人们对于更便宜的"物"的追求，将促使社会工程和黑客有更多的机会攻击物联网。

2. 区块链和物联网

区块链是加密货币流行的基础，其中最著名的是比特币。但它们可以在物联网领域有更大的应用，并为管理风险提供了重要手段。

区块链是高度分布式的、公开可见的系统，由顺序链接的加密签名信息块组成，这些信息块使得实体不仅可以验证加密货币等储值系统，还可以验证物联网系统和服务中能够降低风险的信息和属性。区块链可以应用于物联网领域：

❏ 自动化服务级别信息分发和管理
❏ 自动保修和维护信息及管理
❏ 所有权归属与转让
❏ 忠诚度规划及奖励
❏ 日用品或易腐资源（如电力）等商品的开放和自动化交易
❏ 快速发布有关产品或服务危害、缺陷、反应和补救措施的认证信息
❏ 产品成分、副作用、警告或修订的可靠发布

区块链技术可以从多个来源获得，包括开源软件工具和供应商支持的发行版。⊖

区块链并不依赖于银行和其他可信的中介机构（如法院）来协调和验证协议和交易，它提供了一种潜在的替代方案，可以管理与储值系统相关的物联网金融风险。区块链还提供了一个机会，以高度可信和自动化的方式管理与物联网设备、商品和服务的不良或不完整信息相关的风险。区块链还将通过"智能合约"概念的演进，特别是与服务级别相关的条款和条件的更新，支持快速评估和解决与条款和条件相关的争议：通过区块链认证的方式，所有设

⊖ https://blogs.mcafee.com/business/multi-party-authentication-cryptography-iot
⊖ 见 Hyperledger（https://www.hyperledger.org/）或以太坊项目（https://www.ethereum.org/）。

备都可以看到这些链。

区块链技术的美妙之处在于，它解决了数字货币的双重花费问题：如何阻止人们反复使用相同的虚拟货币。物联网中有一个类似的问题，即短期所有权转让（租赁）或永久所有权转让（最终出售）。同时管理数千台设备的所有权转让，类似于同时购买数千个数字货币——但这是公开发布的，而且易于验证。

图 13-5 是区块链加密货币如何工作的简要概述。在物联网的背景下，区块链可能是某一商品或服务的物联网供应商使用的一个封闭系统，仅用于该商品或服务，就像咖啡店允许将真正的钱存入一个储值系统，然后使用自己店内的借记卡（而不是信用卡）进行购买。如上所述，简单的储值形式可能会受到破坏和欺骗，因为这类系统通常建立在非常基础的安全性（如用户名和口令）之上。

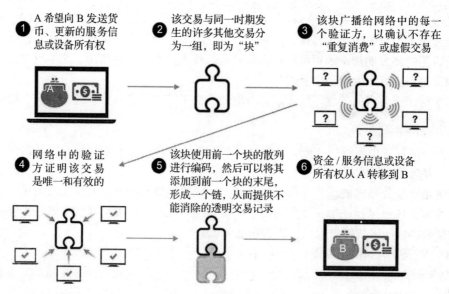

图 13-5　区块链的工作流程（改编自云安全联盟－物联网工作组 /Seeking Alpha-Kurt Dew）

在基于区块链的储值、数据、合同或所有权管理系统中，物联网系统本身会嵌入区块链地址（公钥），系统管理者或所有者除了利用用户名和口令来启动区块链交易，还可以将这些地址用于交易过程。此外，所有交易都由网络中的多个实体按照设计进行审查。这些实体也可以被配置为独立的欺诈检测系统。最后，一份无可辩驳的交易记录或账本被储存起来以供审查，这意味着所有的交易在以后发生争议时，都可以很容易地进行审计（这可能与欺诈有关，也可能与欺诈无关）。

在本章中，我们将再次讨论区块链技术，因为它们作为 RIoT 控制工具的应用和实效是显而易见的。

13.2.2　责任和保险风险

责任和保险风险也可以看作为转移网络风险而产生的风险。正如我们不断强调的，你可以用三种方式管理风险：处理、转移或者接受。转移风险的方式通常会涉及很多合约，比如服务水平协议或者保险合约。

最近发生了一起电子邮件诈骗案件，一家公司被骗去近 50 万元，涉及一名 CEO 的电子邮件账户被盗。[⊖]但是保险公司拒绝了这项索赔，声称金融工具不在所购买保险的保障范围之内。在这种情况下，他们显然将电子邮件定义成了一种金融工具。案件已提交法院审理。这只是保险公司与索赔方之间众多悬而未决的网络保险纠纷之一。

因为保险市场还处于发展阶段，所以高管和风险管理者需要对通过保险来转移风险的做法持谨慎态度。保险公司认为网络保险政策所涵盖的内容与他们的立场之间存在偏差。

在更多的判决案例发生以及法律体系建立之前，通过购买任何类型的网络保险来转移与物联网隐私、安全或安全隐患相关的风险将是不可靠的。风险管理者在接触网络保险这样不成熟的市场时应该谨慎行事，尤其是当物联网在该保险的保障范围之内时。

13.3　竞争与市场风险

毫无疑问，新兴技术的一些主要风险与竞争和市场风险有关。重大的变化以及不可预测的或者预料之外的消费者或竞争对手的行为都必须考虑在内。我们简要列出了物联网的一些关键竞争和市场隐患。

13.3.1　用户可接受度

害怕被没有灵魂的机器人伤害或攻击，或者被卷入血腥的机器崛起中，这可能是好莱坞独有的情节，但是对于物联网中的许多用户来说，这些事情并不遥远。只要发生几起与物联网直接相关的伤亡事件，就会给整个物联网服务带来严重的用户可接受度问题。最终，本书所讨论的许多风险管理控制将用于管理这类典型的用户可接受度问题。

用户可接受度显然是整体客户满意度需求的一部分，物联网和其他任何形式的业务都将满足这一需求。但是物联网系统比较复杂（原因我们已经讨论过了），再加上围绕用户可接受度的一些奇怪要求，使得物联网系统比典型的离线系统更加复杂。

用户可接受度对于新技术至关重要。例如，在美国运输部提供的一个案例中[⊖]，联网的车辆环境将依赖于各种技术，这些技术几乎是透明的、用户看不到的：短距通信车到车（Vehicle-to-Vehicle，V2V）、远距通信车到基础设施（Vehicle-to-Infrastructure，V2I）和内部通信车到移动设备（Vehicle-to-mobile Device，V2D）。在这种情况下，安全应用本来应该具有最高的优先级，但是为了满足用户的可接受度，隐私、成本和安全性都必须得到适当的平衡。任何一个环节的失误都可能严重影响用户的可接受度。

如果将产品和服务的透明度（在服务设计中，你做了什么与买了什么，包括假设）、用户教育，当然还有应用了哪些安全和隐私控制等内容相结合，那么用户可能会接受风险。

⊖　http://krebsonsecurity.com/2016/01/firm-sues-cyber-insurer-over-480k-loss/

⊖　RITA V2V paper from DOT

13.3.2　向下竞争

在竞争激烈的环境中，新进入者会竞相削减成本，首先受到影响的就是安全。

为什么安全领域的投资常常会被冻结，并且从产品设计中被移除？因为安全性在很大程度上是一种前瞻性的性能。安全是阻止尚未发生的事情，其成功意味着什么也不会发生。安全和成功很难用投资回报（Return on Investment，RoI）来衡量。诚然，你可以使用从其他人的经验中学到的各种与行业相关的数据，但这却不会产生什么影响，尤其是当涉及可以促进销售的、诱人的物联网特性时，或者是像安全性这样纯老式的开销时。

管理者会全面削减成本，以保持竞争力，安全将同所有其他领域一样受到影响。但是，安全并不是一小份的汽水，也不是客户呼叫中心的长时间等待：安全不会慢慢失效——而是立即失败。由于激烈的竞争，物联网服务竞相降价，这将使许多企业被迫走向没有安全回报的境地。

管理这种竞相降低成本风险的出路可能体现在几个不同方面，尤其是产品差异化。基于可证明的安全性进行区分。用安全性为产品或服务增加价值。然而，这样做的诀窍是使安全性可以被观察到。这不能仅仅是一种主张。通过分析和报告物联网服务、行业，乃至更大范围互联网中的安全配置可以使安全性被观察到。但是这并不容易。

13.3.3　供应链风险

供应链中的政策

虽然与技术供应商的合作关系至关重要，但依赖这些合作关系也会给物联网服务带来风险。服务提供者是否采用了服务协议中的安全和隐私条款？你是怎么知道的？你能提供一个对供应链中政策合规有信心的切实理由吗？

在技术生态系统中工作本身就会带来风险：依赖于供应商的法规合规性、内部安全政策合规性，以及供应商自身供应链风险的下游管理。这意味着，有必要将安全政策引入供应链，并且寻求更多除了引用保险以外的措施来管理风险转移。常见的答案是在服务协议中规定审计供应商的权利，以及寻求审查内部审计报告。最佳运营服务提供商会根据公认的内部标准准备关于客户可用安全性的审计声明。

13.3.4　隐私套利：维持隐私合规的不同成本

因为不同司法管辖区域的隐私法律差异很大，并且物联网服务提供商需要创建和管理隐私控制，以应对其所选择市场中的所有司法管辖区（一项困难而艰巨的任务），所以我们将其置于市场中去完善。这很容易成为一种监管风险。

在物联网或其他领域，没有管理隐私需求成本的好方法。因此，最大的风险在于，当一个地理领域的监管需求超过另一个领域的需求时，就会出现一种隐私套利的形式。因此，与那些处于较严格监管环境的竞争者相比，来自隐私需求不太规范的领域的竞争者就获得了竞争优势。

举个例子，联网汽车将接收需要验证的广播数据包。该行业组织和美国交通部建议，每5分钟更新一次"短效证书"（Short Lived Certificates，SLC)，以便在不暴露车主 / 司机身份的情况下，准确了解相邻车辆的行驶情况。SLC 的这种快速变化需要提供一个可接受的隐私级别。该方案还可以防止恶意用户的滥用，以及删除不良用户[⊖]。这意味着每年仅在美国就需要生产 2.2 万亿个 SLC。

这是一个非常昂贵的保证安全性的方法，并且其很难量化服务的效益，尤其是在总体安全性方面。

在物联网中，隐私是一件不可思议的重要事情。在许多情况下，它能够决定服务的成败。然而，隐私要求在安全要求中是独特的，如果被监管者不小心应用，或者在法律顾问的要求下过度使用，很容易导致成本膨胀，而不是提高服务的竞争力。本书所描述的物联网和服务分层的性质，将使隐私套利成为一个重要的竞争问题，可以在监管领域之外或跨监管领域进行追踪。

13.3.5　技能不足

目前还缺乏足够的技能来高效地构建和运行物联网产品、系统和服务，甚至根本没有好的想法可以推向市场。美国政府曾多次尝试[⊖]，试图资助或授权先进的网络技能，要求这些技能不仅支持当今的物联网，而且支持已普及的互联网。但这些尝试通常都无果而终，甚至都不能使议员们决定投票表决，更不用说制定法律了。

这种技能的缺失导致无法有效地利用由此产生的大数据来获得竞争优势和增值服务。未能获得和培养物联网所需的技能会阻碍以下能力：

❑ 基于安全性区分产品和服务。

❑ 通过良好的报告和审计结果以及应用标准来证明安全性。

❑ 通过对生态系统内合作伙伴的合同管理和安全评估，有效地管理供应变化，尽量减少假设，以证明对客户应有的关注。

解决技能缺口是一个长期问题，对所有物联网企业都意味着系统性风险。管理这种风险的一种方法是通过一个简单的框架来评估问题。图 13-6 就是这样一个框架，它可以用来表示物联网服务提供商需要何种类型的安全技能，或者如果他们不需要这些技能，则该框架可以用来理解为什么他们不需要这些技能。

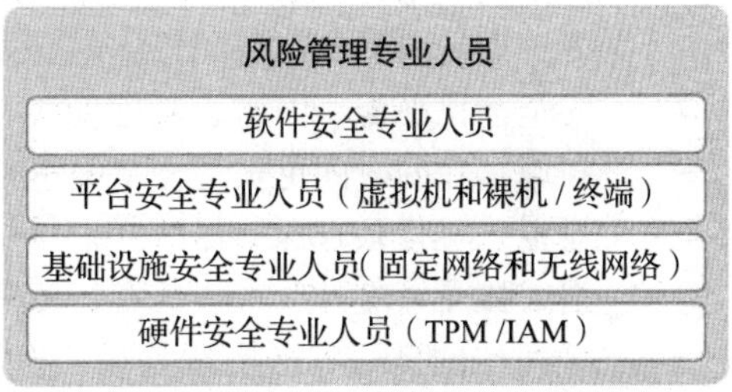

从底部开始：

❑ 硬件安全将是物联网系统的一个重要组成部分，在某些用例中是不可或缺的，因为基于软件的安全成本太高。与访问 x86（Intel）和高级 RISC 机器（ARM）架构中可用的安全特性相关的技能是最稀缺的安全技能。这显然是教育系统的一个缺陷。在教育系统中，物联网安全的这一基本要素实际上没有得到重视。也许这是事实，因为在笔记本电脑、服务器和智能手机拥有大量电源和处理资源的时代，硬件安全被认为是最难做到的事情。

风险管理专业人员
软件安全专业人员
平台安全专业人员（虚拟机和裸机 / 终端）
基础设施安全专业人员（固定网络和无线网络）
硬件安全专业人员（TPM /IAM）

图 13-6　物联网安全技能的核心功能领域

⊖　RITA paper DOT

⊜　见美国网络挑战，http://www.uscyberchallenge.org/。

□ 基础设施安全实际上是关于网络和虚拟化技术，这两者以 NFV 的形式结合在一起（前面已经讨论过，关于这个主题还有更多内容）。在企业 IT 和传统互联网安全的时代，很多网络都是低级的，只能传递数据包。大部分网络由简单的元素构成，这些元素只能做一件事，不会做其他任何事。在物联网中，网络将变得智能和灵活，安全也会变得无处不在。虚拟化（NFV）将使这些在网关、传输网络、云和 DC 中成为可能。使这一切成为可能的工具和产品正在出现——这是新的技术。一个重大的风险是，高校需要数年时间才能将这些技术整合到课程中去，而工程专业则需要数年时间才可以将它们整合到公共实践和知识体系中。这就是发生在互联网上的事情，即便是在 2016 年的今天，也很难找到一所工程学院，它拥有关于世界上最重要的通信技术（互联网）的众多课程，更不用说学位课程了。

□ 平台是指日益成为物联网服务唯一基础的云——诞生于云公司，为物联网服务提供了越来越多的支持。云技术无疑与物联网网络基础设施中使用的虚拟化有关，但是云技术对于数据管理、处理和存储的优化方式与网络单元不同。它主要关注能够运行任何应用程序的异构操作系统。自动化和扩展是云技术的标志，云内部应用的安全甚至已经发展了自己的安全标准[⊖]。此外，面向企业和物联网服务提供商的现代云基础设施不会基于一个云平台，而是基于多个云平台。它们将由来自不同公共云提供商的服务和一些私有云基础设施组合而成。云工作负载需要使用几年前还不存在的技术进行协调和保护。因此，物联网风险管理人员应该可以预计到，在一段时间内，高校将无法培养出训练有素的员工。这意味着人才来源将是从整个行业挖人或从零开始培训新员工。

□ 软件安全是指以安全的方式开发和管理软件和应用程序的技能。如果开发人员拥有支持安全应用开发的工具和培训，那么导致安全隐患的 bug 就会越来越少。类似地，系统管理员与平台和基础设施的管理技能不同，对安全需求和责任的看法也不同。软件安全性比平台、网络、基础设施和硬件安全性稍好一些，因为它作为一个已经定义的领域存在的时间更长。支持安全代码开发的工具和方法已经出现，围绕这一实践的行业也已经发展起来（尽管它们并不大）。这意味着，物联网中的风险管理人员除了忽视或接受风险外，不应该有任何理由去实现存在严重安全缺陷的应用程序代码。系统管理中的良好安全实践是另一个可以从传统互联网和企业实践中得到很好理解的领域，应该很好地应用于物联网。围绕软件安全的主要风险是，物联网服务提供商急于进入市场，没有应用以前的良好工作。

□ 风险管理是物联网管理人员应该意识到的最后一个技能领域，它是在任何物联网系统的开发和运营阶段都应该具备的一项独特技能。风险管理技能可以由软技能和硬技能组成。尤其是风险管理的软技能方面，不需要被培训，因为它们涉及大量的判断和跨学科的考虑——就像这本书——例如与法规、金融、竞争和内部政策问题相关的风险。通常不在技术工程或计算机科学课程中教授风险管理，但是它会出现在商学院，并作为工商管理硕士（Masters in Business Administration，MBA）等学位的主修科目。但也并非总是如此。也许风险管理技能直接存在于管理中？已经建立的风险管理方法

⊖　见 ISO 27017，云安全实践。

和已经建立的安全和隐私控制库可以作为一个良好管理系统的指南。例如，进行威胁风险评估（Threat-Risk Assessment，TRA）有许多优秀的、正式的流程。这本书本身就是关于物联网安全需求和控制的一个超集。

> 为什么我们的医生研究困扰不到 1% 人口的疾病，而工程师却不研究影响 100% 人口的技能呢？这个技能还是个人成功和其生活方式的平台。

风险管理专业化的难点是安全性评估和测试从业人员。这些人将关注物联网设备极细粒度的技术元素，进行代码审阅、组件测试、性能分析和测试。根据定义明确的方法执行安全性评估通常需要对特定保证标准进行认证，这与较简单的风险管理类似。"通用标准"⊖方案是安全性评估提供的一种很好的专业风险管理形式。"通用标准"作为 IT 保障方案，得到了十几个经济合作与发展组织（Organization for Economic Cooperation and Development，OECD）和其他国家的认可，这些国家包括美国、英国、加拿大、澳大利亚和新西兰（又名"五眼联盟"）。

和以前一样，接受风险也是可以的，只要你知道自己接受了什么。在这种情况下，接受风险在于充分理解创建安全的物联网服务或应用程序所需的技能，并将其与组织内部或服务提供者生态系统中实际可用的技能进行比较（将技能风险转移给提供者）。

13.3.6　增加用户支持成本

物联网为许多日常消费服务和功能所带来的洞察和粒度可能会导致用户支持成本飙升，因为人们会突然想知道所有这些新信息的真正含义。我有危险吗？我多支付了吗？我是否消耗了太多的水、电、草坪肥料、机油、牙膏、阿司匹林或尿布？

在这种情况下，隐患可能与持续增加的客户支持成本和需求相关的估算有关。管理者需要进行充分的规划，以有效地满足此需求，但同时应避免降低客户满意度，更应该避免的是糟糕的客户体验，进而降低接受度。

例如，大量的健康设备和应用已经引起了一些人对所谓的疑病症的担忧：

> 保险公司可能会担心，移动医疗设备和应用的普及非但没有减轻医生的工作量，反而会增加疑病症的发生概率。手术中可能会充斥着"疑病症"，因为医生对每一个稍有异常的读数都会大惊小怪。这会让医疗行业保持忙碌状态，却无助于抑制不断上涨的医疗成本。⊖

物联网的分歧在于，健康应用最终以一种可测量的方式提高了服务台和支持成本，但其好处本身却难以显现或量化。

任何物联网服务都需要考虑和管理那些对物联网支持的服务台和其他昂贵形式的支持服务而言不可预见的需求所带来的风险，特别是如果增值主要是因为市场营销手段，而不是某种能明显改进服务的东西。

⊖ http://www.commoncriteriaportal.org/
⊖ http://www.economist.com/news/business/21595461-those-pouring-money-health-related-mobile-gadgets-and-apps-believe-they-can-work

13.4　内部政策

内部政策与管理层面的指导有关，特别是给产品管理和工程部门提供针对物联网产品或服务的安全和隐私控制的指导。内部政策是如何产生的？它是基于国际标准还是行业最佳实践？是被监管还是自我监管？

内部政策的重要性在于复杂性是可管理的，但不是必须管理的。也就是说，物联网系统的复杂性可能会超出管理者的管理能力，其风险在于许多隐患和威胁都没有得到解决，可能是被忽略了，也可能是未知的。

必须培养内部技能，以制定适当的内部安全政策。高层政策薄弱等于整个系统安全薄弱。这也可能会成为与责任相关的物联网产品和服务提供商的主要风险。

这种内部政策和内部管理的重要性在美国等国家寻求在一定程度加强内部竞争力时得到了体现，至少对上市公司来说是这样。

美国政府最近提出的议案显示了这种方法的优点，例如 2015/2016 年的《网络安全信息共享法案》[⊖]，该法案旨在促使人们认识到内部安全、政策和治理的重要性。

可能会有所不同的是，它强制披露董事会层面的网络安全意识和能力。它不像审计那样昂贵或费时。股东造假应该很容易被发现并受到质疑（阅读董事会成员的简历，自行判断董事会中是否有人对安全有足够的了解）。然而，这也会产生一些可笑的结果：例如，董事会成员声称自己是网络安全专家，就因为 1998 年他们曾在家里的电脑上安装过桌面杀毒软件。

对网络安全有着善意理解的董事会高级管理者在管理与内部政策相关的风险方面仍有很长的路要走，他的判断只取决于现有信息的好坏，例如，关于组织的安全态势和供应链。但是不管怎样，由于监管的原因，至少在董事会层面，他们现在有能力提出与安全和风险管理有关的问题，并通过努力得到答案。

董事会的代表在管理与内部政策相关的物联网风险时应该提出哪些问题？可能会开门见山地询问关于四个主要物联网安全控制点的信息：终端、网关、网络和数据中心/云。

这些问题可能会以矩阵的形式被提出，方便查找我们所确定的主要操作需求的概要信息，如表 13-2 所示。

表 13-2　董事会成员的物联网安全尽职调查问题矩阵

董事会成员的问题，我们制定了哪些安全控件，或者我们计划在该表的每个单元格中列出哪些安全控件？			
	终端	网关	网络	云/数据中心
安全 机密性和完整性 可用性和弹性 身份和访问控制 场景和环境 互操作性和灵活性				

此外，可能还会提出下列问题：

⊖　https://www.congress.gov/bill/114th-congress/senate-bill/754/text

❑ 哪些安全控件会连同某些服务一起被转移或外包给供应商？与此风险转移相关的 SLA 是什么？

❑ 接受哪些风险？是出于合理（或不合理）的原因（比如成本）吗？

内部政策是否可以足够灵活地应对那些可能使其成为风险和复杂性的其他领域，以及如何应对：

❑ 管理错误和疏忽。

❑ 从一个系统到另一个系统或从供应链的一部分到另一部分的级联故障。这些都是很难评估的，因为在事情发生之前，它们通常是从未被想到过的。⊖

❑ 相关的意外和不可预见的用户行为如下：

　● 有缺陷或紧急行为（参见第 12 章中对紧急行为的讨论）。

　● 由恐慌、沮丧、急躁、懒惰、疏忽和其他所有致命过失所造成的人机界面以及不可预知的负载和条件。

内部政策不单单是主管一挥手就要强制执行的，它要求在业务需求和运营需求之间保持战略一致。管理层或董事会高管需要了解物联网安全，而不是仅仅知道怎么拼写。

正如我们在本书中反复提到的那样，这也意味着物联网安全从根本上来说对业务有以下两方面的意义：

❑ 物联网安全的内部政策为商品和服务增值，最终使更多的客户满意。

❑ 与不安全的系统相比，物联网安全的内部政策可以提高效率并节省资金。例如，可以减少停机时间、加快恢复速度以及减少瑕疵。

13.5　物联网的操作和处理风险

在本章的开头，我们所讨论的业务和组织的隐患与风险，其实讨论的是管理层的关注点和问题。在操作和处理层面，我们必须深入那些在组织内管理业务单元和横向职能的部门，如 IT、财务、销售、营销和人力资源部门。

操作和处理的隐患与风险可能比管理层的要更细粒度和具体。因此，下列隐患和风险应该被视为一个超集，可以适用于许多不同的物联网产品和服务。但是，并非所有的隐患和风险都对每个物联网产品或服务有意义。

重复一下——记住这些有用信息非常重要——但也并非所有的隐患和风险都适用于所有系统。

下面是一组隐患和风险，它们在物联网中有很大的不同，足以让高管和管理人员警觉或关心。

13.5.1　物理安全

物理安全是指物理设备（相对于软件系统）的弹性，以及性能和故障（逻辑上和物理上）

⊖ 请参阅我写的书，*Critical Infrastructure: Understanding Its Component Parts, Vulnerabilities, Operating Risks, and Interdependencies*（CRC Press，2008）。

的可预测性。

更通俗地说，物联网的物理安全可能被视为对逻辑或"网络"事件引起的预期物理结果的保障。下列事件可视为安全影响的例子：

- ❑ 爆炸、内爆、高温、严寒、挤压和加压、振动以及其他运动的或物理的作用力。
- ❑ 过敏反应。例如，释放到环境中的化合物、可穿戴设备或由于气候控制系统等因素而改变的环境条件等都可能引起过敏反应。
- ❑ 感官冲击（尤其是听力或视力下降或受损）。例如，增强现实系统和服务会因为太过刺激或太过靠近而导致暂时甚至是永久的感官退化。
- ❑ 感染和肿瘤。这与物联网的有毒环境、可穿戴设备或可植入设备有关。

典型的安全隐患与第 6 章中确定的性能需求直接相关，例如可重复性和一致性：将在较长的时间内以相同的方式、速率、延迟、损失和故障率等来活动和运营。

1. 对企业 IT 来说足够好的对物联网却未必好

企业 IT 软件并不是为了支持物理安全而设计的，所以当物联网软件和系统像企业软件和系统那样被采购时，这就是一个安全隐患。企业 IT 硬件也不是为了支持物理安全而采购的，可能会有许多同时使用同一软件的不同版本的硬件，而这些细微的性能差异对于企业需求来说并不重要。

这样的假设在物联网中不会奏效。整体的隐患在于企业级产品和服务的性能需要满足性能指标的规格或设想。因此，在部署了物联网系统后，性能指标会偏离一定的范围，这在企业 IT 中可能影响不大，但在物联网中却是灾难性的。在企业 IT 领域，性能要求与实际情况之间有较大差异是很常见的，也是可管理的。但是在物联网系统中就不是这样了。

当涉及安全和风险时，物联网设备（尤其是终端设备）的有毒性和可处置性是一个潜在的隐患，因为在使用企业 IT 流程和假设时，不恰当或不受控制地释放或销毁某些物联网设备可能会非常危险。如果不把这些作为物联网风险评估过程的一部分，可能就无法全面地了解安全隐患。

2. 安全、可用性、速度和响应能力

无论是从终端还是从网关或云的集中控制元素来看，物联网系统、设备启动 / 停止和关闭指令的速度和响应能力都可能会成为一个安全隐患。快速启动的能力对于涉及动态动作和移动控制的物联网设备来说非常重要。例如，当人或物体还未进入设备范围内时，为了节省电力，设备可能不会激活。这些设备通常是资源受限的设备，比如存储空间有限的设备、电量小或从环境中收集能量的设备、处理器性能低或内存少的设备、网络速度慢的设备、覆盖范围小或维持传输和接收能力低（由于电力）的设备。

一旦设备被调用，它就必须尽快地进入可用状态，这意味着它必须在几毫秒内从休眠状态转到激活状态。在这样的设计要求下，物联网设备可能要放弃安全控制，而这些安全控制会起到很重要的作用。在设备上使用加密技术就是一个很好的例子。如果在一个小的、受限的物联网设备上解密指令集将花费 2～500 毫秒的启动时间和能量，那么安全性是否会因为其开销问题而被降低或取消呢？

从物联网风险管理和安全来看，在某些（异常）情况下，有些安全性要求可能会暂时性降低（发送一条明文信息总好过完全不发）。这可能又会引入一系列必须在特定条件下处理、转移或接受的其他隐患。

3. 变更管理成为物联网安全风险

物联网设备的更新和变更管理常常会出现问题，这确实是一个安全隐患。

物联网设备有时会被永久地部署在某地：在这些设备的使用年限内，它们没有任何能力升级软件以应对新发现的漏洞或攻击技术。物联网设备可能是关键基础设施（Critical Infrastructure，CI）的一部分，比如运输基础设施，只能由控制器在远距离处关闭。这意味着它们可能需要在技术上易受攻击的状态下保持长时间的运行。

物联网设备应用于物联网系统时，与企业 IT 设备有着不同的需求，验收测试和回归测试的变更管理过程也可能设计不足（即不够严谨）。由此产生的风险是，物联网系统在没有进行充分测试的情况下投入使用，并在切换或运营期间出现故障。

4. 故障与失效安全

正如前面所讨论的，失效安全意味着物联网设备将以策划和设计好的方式停止工作。这种方式是可预测的，并通过对虚拟失效状态的理解，使安全性易于管理。对于企业和消费者来说，这与大多数 IT 系统完全相反。在这样的系统中，设备、系统或服务的失效状态通常是未知的、随机的、临时的或可变的。

缺乏失效安全的特性是物联网安全的另一个隐患。企业 IT 设备和软件在设计时通常不会考虑任何失效状态——它们通常都会出现故障。例外的情况可能是某些嵌入式入侵防御解决方案，其设计目的是在出现故障时打开网络，而不是关闭网络。

由于网络物理接口和控制，物联网设备对失效打开或关闭有着严格的要求：具体是哪种状态将取决于物联网系统或服务的性质。有关失效打开或关闭的决策通常取决于硬件配置和软件设计。

类似地，软件更新或配置更新可能会以一种被忽略的方式影响到物联网设备的失效状态（直到发生故障）。如果故障不是预期的状态，可能会带来可怕的后果。

物联网中的风险管理将受益于供应商对失效状态的认识，特别像在任何软件升级过程中检查清单一样：失效状态是否发生了变化？如果失效状态由于任何原因发生了变化，则应明确且响亮地通知到每个客户和整个行业，以确保运营风险概况不会因失效状态变化背后的产品经理的小疏忽而造成突然的剧烈改变。

13.5.2　应急按钮

正如前面提到的，为用户提供事物打开或关闭时间的信息和指示非常重要。该需求也有助于处理物联网中的安全和隐私（机密性）。一个相关的隐患和风险是：缺乏明显的物理机械开关等常见物件。在物联网中，缺乏机械开关会带来风险，这点很重要⊖。开发人员通常没有

⊖　*Economist leader about IA*，2015 年 5 月 9 号。

充分考虑物理关机程序，并且假定这些可以被忽略或被开发为纯粹的逻辑控制。换句话说，关闭物联网设备或功能的唯一方法是通过软件接口。

我们可以从以前的事件中得到惨痛的教训：需要有一个简单的选择按钮来关闭设备。1998 年，瑞士航空 111 航班坠机，造成 229 人死亡。因为机上娱乐系统过热，但是却没有关闭开关。娱乐系统最终引发了线路火灾，导致灾难性的坠机。⊖

在物联网中，缺少开关会使人们去拔掉或关闭设备电源，因为他们想要保证不被打扰或在一段时间内保持隐私。然后他们忘了再次打开它们，这样绝对安全。同样的情况也可能发生在开关上，设备被编程设定为在休眠期结束后重新打开，不过如果电源（或网络访问）被切断，这就不太可能了。

有时用户只是想知道，他们能够以任何理由快速中断或停止设备，比如自动扶梯上的应急按钮。

一个应急按钮或开关也可以解决与隐私相关的监管风险，即使这种风险已经超出了实际情况。有些人只是希望能够手动关闭某些功能。在有些情况下，具有清晰和明确标识的关闭功能将更容易证明安全性和合规性。

13.5.3　网络分段和安全性

网络分段在逻辑上分离不同类型的业务，并防止一个分段网络中的特征（正常或异常）影响到另一个网络。网络分段在当今的企业 IT 和互联网世界中非常有用，但在物联网中首先会是一个安全攸关功能。

分段还可以防止被感染的、有缺陷或恶意的设备或实体通过网络攻击相邻系统中的其他设备和实体。这既适用于物联网数据业务，也适用于利用该数据业务的物联网应用和系统。有时也被称为网络切片。通常至少会有两种不同的分段形式。我们可以称之为南北隔离分段和东西微分段。

1. 南北隔离分段

这种分段形式在数据中心中已经得到了很好的应用，但是还需要将它扩展到网络处理中，尤其是在网关中。图 13-7 是一个数据中心模型，其中来自互联网或大型传输网络的流量将数据和业务传送到数据中心或云中的应用。当业务进入数据中心时，它不仅要通过防火墙，而且会被传送到数据中心的特定控制域——一个分段。如果给定分段中的某些内容出了错，并且威胁方入侵了该分段中的平台，那么它们将无法访问给定分段以外的其他资源。但是，在给定的分段之内，可能已经有许多服务和丰富的目标主机：不再需要到给定分段以外去寻找更好的猎物！这就引出了接下来要讨论的东西分段。

图 13-8 是一个大型多租户网络单元或网关处理场景（其中元素是内联的）中可能出现的情况。在这种情况下，来自终端的数据或业务将进入网络单元并进行安全（或其他形式的）处理。或许，防火墙位于边缘网关上，在网络的最后一跳中保护受限设备？或许，入侵检测解决方案位于运营商网络的深处，在大量终端业务汇聚到数据中心或云之前，对业务实施增

⊖　https://en.wikipedia.org/wiki/Swissair_Flight_111

值安全功能。另外，网络单元还可以在业务转换到更昂贵的带宽（如国际回程）之前对其进行规范化和安全聚合。回顾一下，物联网中的 NFV 将是这种能力实现的关键，它允许各种应用直接在共享平台上的网络或网关中运行。

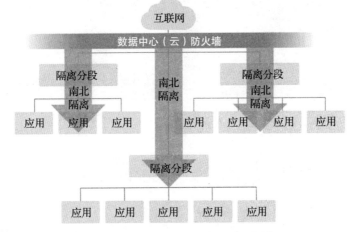

图 13-7　数据中心或云中的南北隔离

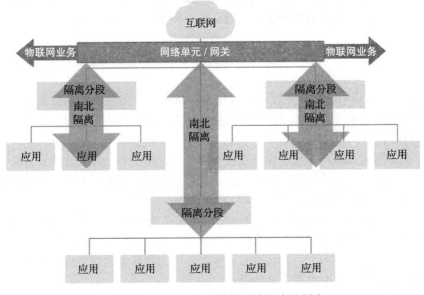

图 13-8　网络单元或边缘网关中的南北隔离

2. 东西微分段

微分段是在数据中心或云中与南北分段隔离的东西向业务的应用规则，但也可能用在执行处理和增值服务的网络或网关单元中（见图 13-9）。

微分段是指不仅能够将不同类别的服务隔离到逻辑上不同的网络分段中，而且还能够管理和执行给定网段中一组组件的端到端连接规则，这些组件在数据中心中已经经历了南北隔离。

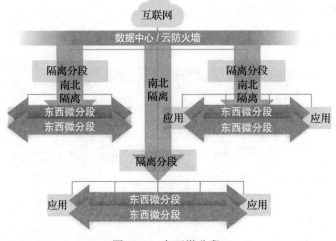

图 13-9　东西微分段

例如，在服务链中，设备的数据或指令可能涉及三或四个不同组件的服务，请求在这些组件之间通过数据中心的南北分段在东西方向上来回传送（或者可能通过一个强大的网关单元传送。如果分段发生在物联网的边缘，那么南北隔离就会毫无意义，因为一开始只有一个租户）。

微分段允许在分段中为应用或设备类甚至不同用例创建私有或专用分段，特别是在网络边缘。

在传统的 IT 环境中，环路中的人及其行为的移动性和随机性导致很难应用微分段。因为控制的粒度需要高度自动化的配置和管理能力（基于更广泛的规则集），所以微分段是一种依赖 SDN 的技术。

例如，提前配置物联网系统或服务以便将微分段应用于新的设备或网关，使网络在所有需求领域获得更高的保证。目前，SDN 技术已被广泛部署在数据中心中，而且正在向运营商和大型企业的网络和网关方向拓展。

由于安全和风险管理所带来的各种好处，物联网风险管理正成为 SDN 技术的催化剂。对于物联网来说，随着更多可预测通信模式的出现，微分段变得可行和适合，因为给定分段内的业务配置基本上是已知的。为什么是已知的？因为物联网网络会有一种被称为白色网络的安全管理形式，我们将在本章后面介绍。

风险自始至终都需要被评估和权衡。在传统的 IT 环境中，集中在数据中心或云端的资源是很重要的。而在物联网中，重要的数据处理和管理却在云端或数据中心之外完成。数据处理将在虚拟网络平台和网关上完成，特别是为了照顾资源受限的设备。网关将逐渐成为安全攸关的系统，甚至比运行在云或数据中心的核心应用还要重要。

最终，在物联网控件目录中，微分段技术将成为一种强大的风险管理技术，允许应用和系统受到严格控制，并将攻击面最小化。使用共享基础设施和技术的相邻但不相关系统中的威胁和隐患不能直接使用当前的防火墙技术进行隔离——而且不能使用传统的基于设备的网络和安全控制。

13.6　机密性和完整性

机密性、完整性和可用性的平衡在物联网中与在 IT 世界中是不同的，明白这一点很重要。在物联网中，人们更关注完整性和可用性；而在 IT 安全问题中，人们更关注机密性。

风险管理人员在设计系统和应用稀缺资源时需要意识到：对于物联网系统设计者来说，机密性并不总是最重要的安全目标或关注点。颇具讽刺意味的是，这会为物联网带来一个潜在的隐患，当系统设计者把更多的焦点放在完整性和可用性上时，机密性控制（如加密）可能会设计不足。

13.6.1　是否加密

鉴于在近期的数据丢失事件中暴露出来的窃听、间谍活动和盗窃行为，物联网安全指导方针越来越倾向于加密所有数据[⊖]。IETF 甚至已经发布这一指导方针，将其作为所有基于互联网协议（Internet Protocol，IP）的系统的基本设计要求。这为执法和合法侦听人员带来了一个新的、相应而又相对的隐患：他们如何轻松地破解系统中使用的民用密码学？目前，民用密码学几乎达到了军用级别。

人们逐渐意识到有必要加密所有数据，与此同时，各国政府也开始要求接入通信，这加重了电信运营商的负担。最终，可以归结为这样一个事实：如果通信是以执法人员不知晓的方式加密的，那么就会被中断。对于物联网来说，加密设备之间的业务可能会带来长期影响，这取决于实现的方式。例如，现场设备（消费者或工业）有可能不符合国家法律。我们在讨论物联网中的监管风险时提到了这一点，然后一定会问：是否加密？

13.6.2　功能授权：检测与预防

对于不能支持多种安全性的受限物联网设备（因为它们必须具有高效的性能），必须进行补偿控制。在网关、网络或基于云的服务中可以找到补偿控制方式。例如，网关可以加密终端设备的业务，也可以规范和压缩云服务的命令和控制指令，以减少终端的负载。反欺诈、滥用和异常检测逻辑可能会被添加到云应用中，用来检测已被破坏或有缺陷的终端，而不是用以前的方式为这些受限设备增加安全特性负担。

这反映了安全性策略从保护转变成了检测。安全技术正逐渐向检测方向发展，因为就资源而言，防火墙、防病毒和其他广泛建立的预防性安全解决方案等保护技术对所有终端来说都过于昂贵。事实证明，这些相同的控制方式在保持对攻击和威胁方的领先方面越来越没有效果，尤其是在一个恶意软件开发产业化的时代，定制恶意软件的价格非常低廉，也易于在

⊖　见 *The Panama Papers*, April 2016 以及 *Ericsson Technology Review*，December 2015，http://www.ericsson.com/sectionspage/151222-cryptography-encrypted-world_940234653_c。

特定的小目标上部署。能够快速检测到受影响的系统已经成了一个更好的投资方向，而不是在系统中添加更多的保护。

13.6.3 物联网中的多方认证和密码技术

在物联网中，越来越多的交易将会是多方的，而在过去的互联网中，大多数交易本质上都是点对点的。多方意味着，由于安全等因素，多于两个交易方同意交易才是合法的，也意味着他们会因为其他安全缺陷而同时受到影响。

今天，许多交易都涉及客户端和服务器，其中客户端会向服务器请求认证，以获得服务器提供的应用程序或服务。这可能是银行业务，可能是零售业务，也可能是像填写税表这样的政府服务。

但是，如果应用是新一代的物联网服务，涉及两个以上的供应方时，会发生什么情况呢？它是一个多方交易或活动。作为风险和安全管理者，你如何设计这些？当前的身份认证和安全技术是否具有可扩展性？

多方交易的处理方式是依靠服务提供商（服务器）将大部分或所有供应商和交易对手聚合成单一的客户关系，并为此收取一定的费用，作为服务总价的一部分。这是零售商或旅行社可能做的事情。他们与许多供应商建立关系，为客户整合出一套商品和服务。或者他们只是批量采购（批发）商品或服务，分发给客户，然后收取这项服务的加价或保证金。这是一个经过实践验证和时间检验的模式，可以追溯到几千年前第一批商人的出现。这就是亚马逊（线上）或西尔斯（实体店）今天所采用的模式。

但物联网及其底层技术允许在所有供应源之间以数千种（即使最终不是数十亿种）组合方式创建许多新功能和增值服务。聚合服务提供商和批发商要么是非必需的，要么是完全自动化的，或者两者兼而有之！

另外，一个物联网服务实际上可能会涉及数千种不同设备，所以聚合是不可行的。例如，基于位置的检测和跟踪功能就可以为物联网服务带来许多机会。但是，用于建立位置的服务和设备会随着个人或设备的移动而不断变化（这与物联网场景的操作需求有关）。虽然这是可能的，但对于第三方聚合商或批发商来说，为给定的客户端代理所有这些位置服务既昂贵又复杂，所以这应该是不可行的。此外，这种聚合会创建一个数据高度私密的信息库，但是你起初可能并不想创建它！

可以在不同的时间，以不同的价格、质量，从不同的供应商和厂商处创建物联网服务或采购物联网商品。这些供应商可能希望定期甚至是自动重新安排其物联网供应链，以便利用服务配置文件中的微小差异来提高效率。物联网架构不断发展的一个重要因素是：通过服务栈的许多不同层间（物理设备、物理网络、网络即服务、软件即服务、服务管理等）竞争，使得供应链分层更加专业和高效。

为了最大限度地发挥这些物联网应用的潜能，需要使用新的多方认证形式来快速创建、取消服务提供商联盟，相比于传统的一对一、点对点认证和授权支持，前者具有高度的可靠性和更低的开销。

13.6.4　弱或昂贵：旧的密码系统和技术不能扩展到物联网

互联网关系中的认证有两种传统模式：一种是弱安全性的（共享密钥），另一种是计算资源昂贵的（公钥），它们都不能满足物联网全面的身份认证和访问需求。

安全套接层[○]（Secure Sockets Layer，SSL）和传输层安全（Transport Layer Security，TLS）是迄今为止互联网上使用最广泛的安全系统。这两个系统都使用了公钥基础设施（Public Key Infrastructure，PKI）和共享密钥模型来创建 Web 浏览器与网站之间的安全信道。

共享密钥本质上是双方或多方已知的共享秘密。各方通过加密令牌向另一方（或多方）证明其知道共享秘密，从而向另一方进行认证，而另一方（或多方）通过解密令牌来验证第一方知道的共享秘密。共享秘密可以是口令、生物特征样本、个人识别码（Personal Identification Number，PIN）、图像、手势和相互已知的对称密钥。简单来说，这种认证模型会问："你知道这个秘密吗？"

在共享密钥模型中，只有受信任的终端可以拥有或获取密钥。如果设备可以通过加密或解密令牌来显示其可以访问共享密钥，那么它就是可信的。共享密钥是弱安全性的，因为一旦密钥被泄露，那么依赖该密钥的所有设备和服务都极易受到攻击和破坏。在物联网中，随着大量的设备涌入网络，物理访问设备和获取密钥的能力大幅增加。此外，随着越来越多的设备共享同一密钥，单个密钥被破坏所带来的影响是巨大的。共享密钥的安全性很弱，并不是因为加密算法，而是因为物联网共享密钥的管理存在隐患。

另一种广泛使用的身份和认证机制被称为公钥，但是对于大多数物联网来说，它过于昂贵。公钥实际上涉及两个密钥：一个用于加密（公钥），另一个用于解密和签名（私钥）。采用该方案的每个设备都有自己的独特密钥对。大多数公钥系统都会包含仅限双方使用的挑战 – 应答协议。其中一方拥有公钥（非秘密、公开的），另一方拥有私钥（未公开、秘密的）。一方首先利用自己的私钥加密一个随机消息，并将其发送给另一方，另一方使用发送方的公钥解密它，并将解密后的消息返回（可能会用接收方的公钥重新加密）。如果接收到的消息与原始消息匹配，那么发送方便认证了接收方。简单地说，这种身份认证模型会问："你能解密吗？"

为了能够实用，公钥对要比对称密钥长很多，通常是 10 倍的长度。这意味着使用公钥的设备必须为每个安全交易执行更多耗资源的密码操作，并且能够生成、重新生成和存储自己的私钥。从设备性能（功耗、处理器、内存、防篡改能力）的角度来看，这是非常昂贵的。在多数情况下，操作和管理公钥的代价可能会使物联网设备在经济性上不可行。

对于某些物联网应用来说，公钥过于昂贵了，因为它需要对每个拥有自己唯一密钥对的设备进行专门的点对点认证。这对于网络（特别是受限的、工业的或传感器网络）来说是一个巨大的负担，并且对于所有基于云的系统和服务来说甚至会成为一个更大的负担，因为这些系统和服务必须同时维护与数千甚至数百万的设备的安全认证会话。此外，在端到端安全通信快速变化的情况下，公钥也会消耗过长的时间、过多的资源或网络带宽。

○　截至 2015 年，IETF 建议不再将 SSL 作为一种安全传输，因为它容易受到各种众所周知的攻击，尽管它仍然在被使用。

例如，智能汽车在道路上行驶，每隔几毫秒就会通过指示速度和安全距离的道路信号灯，如果每个信号灯里没有微型服务器，那么对这些信号灯的公钥认证可能就不够快！这太过昂贵。

13.6.5　多方认证和数据保护

多方认证和数据保护可以简单地表示为 2+N 的关系，这意味着一个共享密码系统涉及两个以上的实体。此外，这种多方系统可以是水平的和级联的。支持这种认证和密码系统的数学运算早已为人所知。见 1779 年欧拉关于多项式定理的著作，也称为密钥分割$^{\ominus}$。

这些多方系统的关键在于每个参与方都可以通过提供自己的部分分割密钥来重建密码运算所需的密钥，而不是在对称或公钥系统下共享永久密钥。

多方认证未必是一个新的需求，即使它的实现并非环境所迫。在许多场景中，多个实体需要以一种及时且轻量级的方式访问公共安全资源。例如，数十名公共安全人员需要访问安全加密的无线信道。这种场景通常涉及共享对称密钥。但是，如果同样的信道被物联网设备用来控制消防机器人甚至是远程监控呢？你会永远信任那些共享密钥系统的设备吗？在对称（共享密钥）系统中，分发的密钥副本越多，副本泄露或以未授权的方式被公开的可能性就越大，进而危及整个系统。而在公钥系统中，加密信息库意味着需要管理许多唯一的密钥，因为每个参与者都有一个密钥！

在物联网中，随着安全攸关的、具有商业价值的和个人可识别的数据四处流动，将会出现哪些信息可供谁使用的相关隐患。例如，你可以授权医生在医院系统中访问你的健康信息，但不允许其在家庭系统中访问。实际上，要获取你在数据库中的信息，可能需要你的许可、医生的同意以及医院系统的批准。在这种情况下，需要三方（患者、医生和医院内的设备）在密码系统中协作才能解锁你的健康记录。

多方操作需求的另一个例子是物联网节点作为相互依赖的、安全攸关的传感器网络运行。在本例中，这些设备中的故障安全配置可能会在其中一个设备出现故障、停止发送数据或停止响应心跳或信标时，就立即关闭整个服务。针对这些系统的伪装攻击会是一个主要威胁，因此可能需要认证每个响应心跳或信标的节点。基于单个密钥（可以根据每个参与者的独有特性重建该密钥）的多方认证系统比基于在所有参与者之间共享公共密钥的系统要好得多，但可能要比大规模昂贵的公钥系统安全性要差。

消费者导向的操作用例可能是朋友之间共享照片之类的场景。与其尝试使用多个公钥加密相同的照片，不如使用由 2+N 个共有者认证模型严格创建的密钥进行一次性加密。这种多方认证和数据保护的模型保留了共享密钥和公钥的长处，避免了安全性弱或成本高的缺点。终端上不需要存储密钥，只需要在最开始有足够的内存来获取和分割公共密钥，然后分发给多方。这样做只需要少量的内存和处理器功耗就足以生成和分割公共密钥。唯一的要求是知道多方中的"多"实际包含了多少参与方，即需要多少终端或参与者来重建密钥？

$\ominus$　见 https://en.wikipedia.org/wiki/Leonhard_Euler#Applied_mathematics 和密钥分割（https://en.wikipedia.org/wiki/Secret_sharing）。

13.6.6　多方水平认证和数据保护

第一种解决共享密钥和公钥加密隐患的多方认证形式本质上是水平的，即系统可以扩展为无限数量的同等权限参与者。水平是指无数个节点能够生成公共共享密钥，不过是根据独特的凭据属性生成的，即任何参与者或终端都不再需要使用共享凭据生成相同的密钥。这类似于共享密钥，但该密钥是生成的，而不是嵌入或存储的。如果想要在公钥系统下实现此功能，则需要每个水平节点唯一地加密共享密钥。

13.6.7　多方级联认证和数据保护

多方级联认证和保护与水平认证和数据保护相关。两者的区别在于前者可以将分配给某个给定方的凭据属性（凭据）分割无限次。分割证书意味着物联网元素（个人、设备、服务等）可以将端到端水平证书分割为 n 份，以便较低层次的节点使用。

再次以健康信息为例，医院仅用两个凭据的密钥来加密医疗记录：一个来自患者，另一个来自医院。要解密和访问此记录，信息库需要患者凭据和医院凭据。然后医院将自己的证书分割为两个、三个或四个不同的水平参与方凭据（例如，医院系统、保险系统、隐私监察员和指定的医生）。若要访问患者记录，四个医疗参与方中必须至少有一个能够提供其唯一的凭据来生成医院凭据，然后将医院凭据与患者自己的凭据结合起来创建密钥并解密患者记录。在另一种方案中，密码系统设计人员可能要求这个级联层次结构中的 2/4、3/4 或全部的参与方都必须提供凭据，才能生成更高级别的密钥（见图 13-10）。

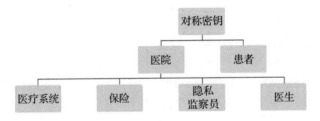

图 13-10　多方级联认证和基于密钥分割的凭据

13.6.8　基于硬件和基于软件的处理

在物联网中，许多与密码技术相关的功能设计都是根据可用的处理、内存和电源资源逆向设计出来的——这是一个严重的隐患，因为在没有资源支持安全性时，通常会默认其没有安全！

网络处理包括读取数据包头，然后决定如何路由、交换或处理它们。应用处理涉及第七层应用层，从仅了解数据包流中的应用是什么开始，到理解威胁是如何驻留在应用层业务中的。密码学在各种类型的应用层服务中的使用越来越普遍，以挫败犯罪分子和国家资助实体的窃听。下面几种威胁直接促使了上述需求的出现：国家间的谍活动、入侵性监管和罪犯。硬件密码加速是一个明显未被充分利用的风险管理技术。目前，大多数密码技术似乎都是物联网供应商在软件中集成的，占用的内存和功耗可能是基于硬件的密码技术的十倍或更多。

　　密码技术通常在传输层或网络层中对网络数据包加密或使用数字签名技术（非对称加密）。端到端加密逐渐成了一种必要的风险管理工具，其中所有数据都会通过加密隧道传输，无论是使用 SSL、第二层隧道协议（Layer 2 Tunneling Protocol，L2TP）、IP 安全（IP Security，IPSec），还是其他形式的协议。

　　密码加速技术已经有很长时间了，常以硬件安全模块（Hardware Security Module，HSM）的形式出现。HSM 对于具有大功率和外围设备的服务器来说是有好处的，可以加快处理速度。但是 HSM 可能并不适用于物联网，特别是造价低廉或使用电池运行的受限设备。

　　另一种方式是利用 Intel 等供应商提供的芯片组和片上系统（System on Chip，SoC）中的密码加速功能，使用带有 Intel Quick-assist⊖ 和高级加密标准新指令（Advanced Encryption Standard-New Instruction，AES-NI）的 Intel Xeon 处理器，以及 Intel Core 和 Intel Atom 等网关芯片组。终端芯片组的支持情况将因制造商而异。网络处理硬件加速的另一个例子是利用 Fortinet 及其 FortiASIC 处理器：

> 　　FortiASIC 网络处理器工作在接口层，通过从主 CPU 分流业务来加速。目前的型号包括 NP4 和 NP6 网络处理器。旧的 FortiGate 模型包括 NP1 网络处理器（也称为 Forti-Accel 或 FA2）和 NP2 网络处理器。可卸载的业务、最大吞吐量和支持的网络接口数量因处理器型号而异：NP6 支持大多数 IPv4 和 IPv6 业务的分流、IPsec VPN 加密、无线接入点的控制和配置协议（Control And Provisioning of Wireless Access Points Protocol Specification，CAPWAP）业务和多播业务。NP6 通过 4×10 Gbps 接口或者 3×10 Gbps 加 16×1 Gbps 接口可以达到 40 Gbps 的容量。⊜

　　硬件加速内容处理（包括密码处理）也可以应用于安全增益，以更低的成本为物联网安全提供更多的威胁检测技术。与密码处理相比，用于安全应用的内容处理不太容易理解，应用也没那么广泛。在物联网中，这些功能的硬件执行能力可能会使物联网端到端设计中的内容处理适用于远程受限终端。以下是硬件中加速内容处理可能具有的功能：⊜

- ❑ IPS 签名匹配加速
- ❑ 高性能虚拟专用网络（Virtual Private Network，VPN）海量数据引擎
- ❑ IPsec 和 SSL/TLS 协议处理器
- ❑ 支持高性能互联网密钥交换协议（Internet Key Exchange，IKE）和 RSA 计算的密钥交换处理器
- ❑ 可以自动生成密钥的握手加速器
- ❑ 随机数发生器
- ❑ 用于高性能哈希计算（如 SHA256、SHA1 和 MD5）的消息认证模块

⊖ http://www.intel.com/content/dam/www/public/us/en/documents/solution-briefs/integrated-cryptographic-compression-accelerators-brief.pdf

⊜ FortiOS 手册，见 http://docs.fortinet.com/uploaded/files/1607/fortigate-hardware-accel-50.pdf。

⊜ FortiNet ContentProcess v8，见 http://docs.fortinet.com/uploaded/files/1607/fortigate-hardware-accel-50.pdf。

图 13-11 显示了纯软件密码和硬件密码的性能差异。它们的性能将决定系统设计者在物联网系统中构建什么类型的安全。这种基于硬件的系统成本在一定程度上取决于规模经济。在规模经济中，芯片的成本越低，就越容易被用到物联网设备和系统中。这意味着对这一优势的了解越多越好，可以推动规模经济的进一步发展。

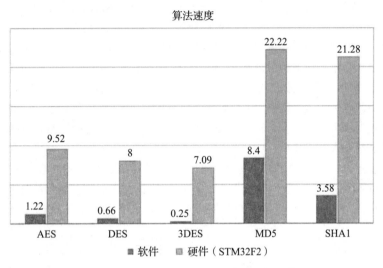

图 13-11　硬件与软件加密性能的比较[○]

物联网系统的设计者、工程师和管理人员需要特别注意基于硬件加速的网络和应用的处理能力，以及该能力对他们正在开发的物联网系统安全的整体意义。

例如，对网络和网关应用使用硬件加速，物联网安全会面临以下机遇：

❏ 物联网系统边缘设备的高级安全处理（如果这些设备是基于软件的，则无法支持此类控制）：
  ● 客户端内基于网关的防火墙和局域网（Local Area Network，LAN）入侵防御系统（Intrusion Prevention System，IPS），可用于监控 D2D 通信（或攻击）！
  ● 通过管理程序利用硬件加速可以虚拟化系统的安全单元，例如 4G 和 5G 基站内的 IPS 或防火墙。
❏ 硬件和软件都支持的完整端到端加密。
❏ 同样等级的安全性需要更少的硬件资源（内存和处理器）和更低的成本。
❏ 同样数量的安全处理需要更少的电量或电池。
❏ 更多的安全选项可用于同一设备或基础设施，这可能会扩大设备或系统的定位市场。

13.6.9　微分段

正如本章前面提到的，微分段是一种安全管理技术，它开始于数据中心和云，现在正向网络和网关迁移。不断发展的微分段技术是为了解决与保密性和完整性相关的物联网隐患，

○　https://www.wolfssl.com/wolfSSL/Blog/Entries/2012/12/27_STM32_and_CyaSSL_-_Hardware_Crypto_and_RNG_Support.html

使受限或低廉的终端设备无法长时间处于大量无限制连接的环境中。

　　微分段在控制域中管理业务，只有经过检验的源、目的地和服务才能在该控制域中彼此通信，而分段业务一旦进入该域是不受管理的。

　　使用微分段，控制域可以是广域网（Wide Area Network，WAN）、局域网（Local Area Network，LAN）、网络子网、虚拟局域网（Virtual Local Area Network，VLAN），甚至可以是可信设备之间的 Mesh 网或自组网。在讨论和构建微分段时，通常会考虑数据中心或云中的东西向业务。例如，客户端门户服务器可以与本地轻量目录访问协议（Lightweight Directory Access Protocol，LDAP）服务器和本地域名服务器（Domain Name Service，DNS）通信，但是 LDAP 服务器和域名服务器不需要彼此通信。我们将每个服务器都放在控制域中的一个微分段中，这样就在一个分段中有效地创建了另一个分段。假设传统的边界防护安全在网络中可用，那么微分段主要解决了下面不断增长的风险问题：控制域内被渗透的服务器或设备依然能够通信，还可能会破坏该域内的所有其他设备。最终的风险是，在所有控制域内都有服务器跨边界连接到其他服务器。如果它们被渗透了，那么就会成为其他域的潜在攻击入口。

　　物联网中的端到端微分段需要将当前数据中心应用的操作技术和功能迁移到网络中，特别是网关。应用微分段技术的网关，如图 13-12 所示，极有可能基于 NFV 技术。

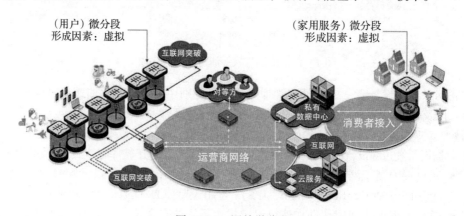

图 13-12　网关微分段

　　随后需要在防火墙层进行协调和自动化，以实现端到端的微分段。这意味着数据中心的防火墙需要与网络的防火墙以及系统边缘的网关（终端物联网设备之前的最后一"跳"）通信。请参阅本章后面的 13.7.3 节，了解更多 RIoT 控制中关于这方面的重要信息。

　　最后，物联网业务既需要高度控制，又需要灵活路由，以保持弹性。若要大幅减少未经授权的设备和网络访问物联网业务的机会，必须先制定有效的风险管理措施。

13.6.10　白色网络

　　在某些情况下，与物联网设备相关的安全隐患会非常极端，因为除了合法来源的合法通信之外，任何事物都无法接触到这些设备。这些设备需要将大部分（若非全部）的安全控制委托给系统其他部分——特别是网关和传输网络。

白色网络是一种 RIoT 控制形式，能够扩大网络规模并提供所需的安全保证。白色在这里用来表示干净和纯粹。物联网将包含当前互联网上的所有设备，以及许多用于机器到机器（Machine-to-Machine，M2M）和工业应用与服务的新设备。与白色网络相比，我们认为，普通的互联网是黑色的、肮脏的，充满了攻击和威胁，容纳不下小型、简单、廉价的设备，这些设备从来都不是为了互联网的开放而设计的；大多数家庭和小型企业网络可能是深灰色的，充其量是不卫生的，通常也没有得到很好的保护；企业网络是灰白色的——并不干净，但在其风险和成本之间具有较好的平衡；最好的军用级网络应该也只是灰白色的，因为真正干净的网络是不存在的。这说明了当今异构网络环境的情况：即使有了良好的资源，也很难保持干净，何况资源并不多，甚至几乎没有，那就更是痴人说梦了。

物联网服务的范围很广，结合了新的企业对企业、企业对消费者的应用，如家庭能源管理、医疗服务、智能交通、娱乐增强现实等。

脆弱是许多物联网、工业或机器网络和设备的一个共同特点：它们不能很好地响应类互联网条件，如相邻设备定期的或临时的网络探测和扫描，或看似随机增加或减少的业务、延迟和丢包。许多物联网服务仅仅将退化的网络服务视为服务故障，这与大多数用户和应用对当前互联网的期望非常不同。

许多工业服务如果在网络上受到的侦察或攻击，即使很轻微，也会发生故障或其性能变得不可预测。类似地，大量的设备涌入物联网，意味着必然会涌入一些不完美或有制造瑕疵（硬件或软件）的设备，这些设备会产生过多或畸形的网络业务，甚至导致网络无法使用。

大量设备涌入网络的另一个影响是，一些设备将无法得到适当的物理保护，并成了未经授权就可以访问物联网的平台。它们变成了进入物联网的后门和侧门。在其他情况下，网络管理中的管理错误会导致在逻辑上不同的和隔离的网络意外地进行组合或连接，进而导致一个网络的业务污染到了另一个，对那些脆弱的网络造成了不确定的影响。不幸的是，运营商和企业经常会发生这样的管理错误。物联网的复杂性和许多支持物联网的互联网络的发展只会增加这一操作的挑战性。

物联网中的工业 / 机器网络将逐渐支持高度敏感的、网络物理的逻辑 – 动力接口：IT 世界控制着现实世界。在这样的情况下，IT 安全问题极有可能表现为物理伤害和损害。我们已经看到了逻辑 – 动力接口的潜在危险，也看到了不安全和脆弱的网络和设备可能造成危害的实例。⊖

对于工业和机器应用所需的简化网络形式，白色网络将是一种合适的简化安全形式。白色网络将只允许指定的机器业务通过，其他的全部拒绝。换句话说，白色网络就像应用软件的白名单（只有许可的软件可以在桌面、设备和服务器上启动和关闭）；但是对于网络，明确准许的端口、协议、源、目的地、频率、数据卷，甚至可能应用软件的有效负载和当天的时间都属于白名单（这个列表甚至可以扩展到像环境条件这样的经验标准，例如雨和太阳）。其他的都会被拒绝，并设置警报。

白色网络是运营商或物联网服务提供商提供的高度安全增值服务。它们需要为所涉及的

⊖　请参阅这些家庭失败案例，基于 IP 的安全系统（http://www.fiercecable.com/story/comcast-home-invasion-lawsuit-exposes-risks-home-automation-security-servic/2014-10-02）和基于 IP 的公共事业（http://www.telegraph.co.uk/news/worldnews/asia/china/5126584/China-and-Russia-hack-into-US-power-grid.html）。

物联网服务进行配置，因此不会是一种商品。白色网络需要被小心建立和管理。不过它们一旦被建立起来，就会以自动化的方式运行并提供实质性的保障。

最后，白色网络也可以被视为"业务逻辑分段"或"业务逻辑执行"。在这种情况下，服务到服务的通信流和操作顺序在过滤器中被使用，服务之间的流量必须遵循正确或预期的顺序和体量。许多企业（尤其是工业流程）使用建模语言（如统一建模语言（Unified Modeling Language，UML））对其工作流程进行特别仔细地记录和规定。其实，一种将业务逻辑执行作为白色网络的潜在应用方法就是将 UML 类型的流程规范直接转换为防火墙的过滤器和规则。

微微分段

微微分段可能是安全分段的下一个发展方向，也是白色网络的实际操作应用。微微分段将微分段的思想又向前推进了一步：它不仅是在单个域中构建微分段，而且还进一步限制了分段使用的端口、许可协议、时间、流量、数据包大小以及其他启发式方法，这些方法可以区分合法业务与未授权的连接和攻击。我们应该记住，分段和微分段的定义尚未得到标准组织的正式确定和同意。微微分段的部分内容却已经出现并可以使用，但通常无法与其他形式的分层分段系统地结合起来。

例如，你可能拥有一些东西向的微分段业务，这些业务被严格限制在需要通信的客户端和服务器上。但如果我们应用一些额外的规则，比如某种程度的应用控制、业务的上下界、业务被允许通过的时间等，我们就可以进一步限制被渗透的、恶意的或有缺陷的物联网设备攻击相邻设备的能力，并提高我们发现异常通信的能力。图 13-13 显示了传统但细粒度的防火墙和 IPS 元素是如何应用微微分段规则的，从而保护物联网系统免受各种业务和操作风险的影响。

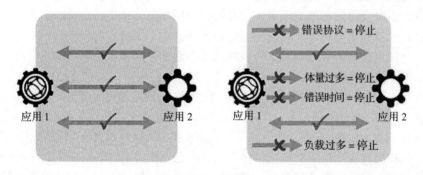

图 13-13　微微分段

安全架构师和风险管理人员应该系统地考虑分段、微分段和微微分段，以便在系统基础架构内建模，并采用更细粒度的控制。即使做不到这样，至少也能针对特定的信息资产提供更好的指导、更准确的保证以及风险计算。

13.6.11　网络功能虚拟化和信任根

信任根本质上是一个安全过程，它始于一个嵌入计算处理器中的不可变（或不可更改）硬件标识，然后利用该标识依次验证整个计算平台上运行的软件。例如，启动一个唯一可识别的硬件处理器（芯片），并验证其标识：该标识能被系统所有者识别和了解，并且处于预期的逻辑和物理位置。

在虚拟化的基础设施中，可信的处理器可能会生成后续的 BIOS、管理程序操作系统、虚拟机和服务（如路由器或防火墙）等多个层，甚至是以容器形式存在的附加层。在启动时，每一个层都需要验证完整性，以表明自己是预期的版本，没有被篡改（见图 13-14）。

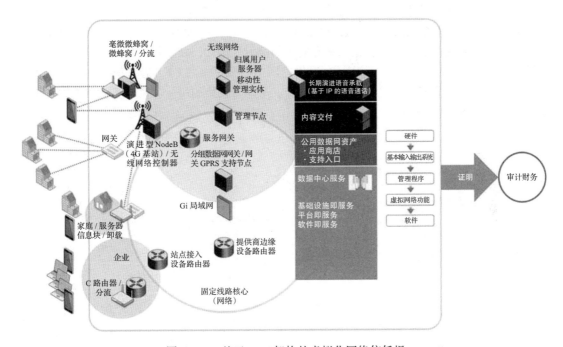

图 13-14　基于 Intel 架构的虚拟化网络信任根

另外，如果一个未知的或恶意的处理器试图验证自己，将会认证失败并被检测到，然后网络被重新配置（自动或手动）以避开该设备。类似地，如果未经许可的软件负载试图在许可的硬件平台上启动，它在硬件级别就会被检测到并被拒绝提供资源，从而导致启动失败。

利用信任操作根，可以合理证明给定的信息段是由经过验证的给定系统所处理的，该系统处理器本身也是经过验证的，并且位于给定的物理位置。

利用信任进程根，审计员和监管者可以验证与个人数据和商业敏感数据等相关的信息处理需求是由经过验证的系统所管理的，该系统位于合适的区域内经过验证的硬件上。换句话说，在法律制度不兼容或不适用的地方，未知或含糊（不安全）的系统无法处理信息。

在基于设备的网络世界中，信任根并没有立足之地。这些设备通常是单一用途、单一来源（所有产品都是由一个供应商制造的）、专有和固化的。这种改变就像互联网本身在表面上和管道内的变化一样迅速。

1. 虚拟化的迁移

在数据中心中，信任根非常有用，可提供证据证明数据和服务正由当今世界各地高度自动化的系统安全地管理；从合规的角度来看，重要的是，数据被保存在了已知的硬件或软件平台上。

在数据中心之外，数据中心技术在运营商传输和企业网络中也得到了迅速采用（见图 13-15）。这种从数据中心向网络的技术迁移其实就是 NFV 向分布式网络功能虚拟化（Distributed Network Function Virtualization，D-NFV）的迁移，而且这种迁移正在迅速扩大：在某些情况下，复合年均增长率超过 60%[⊖]。从数据中心向网络迁移的原因是，NFV 能够极大地降低操作和投资成本，就像虚拟化已经在数据中心运转了十多年。在物联网生态系统中，D-NFV 可以按需增加在端到端共享平台上托管和管理应用的潜力。例如，如果你需要在特定的客户端路由器上安装防火墙："在软件中启动它。"你的网络需要更多的 DNS 容量吗？启动它。需要在网关上进行负载平衡吗？启动它。而在以前，对基础设施的每一项需求都意味着物理设施必须被获取、运送和并由技术人员现场配置。

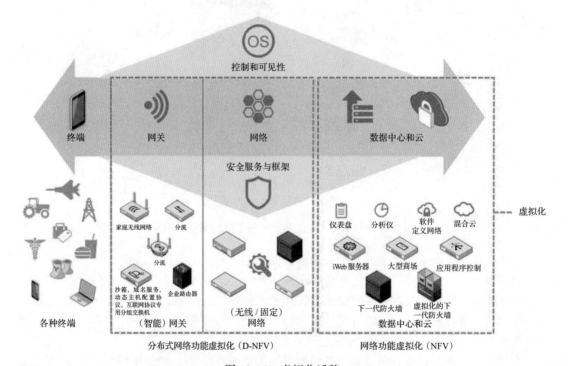

图 13-15　虚拟化迁移

随着 NFV/D-NFV（后面简称 NFV）的出现和发展的是 SDN。虽然 NFV 和 SDN 并非不可分割地联系在一起，它们可以独立生长和运作，但是它们之间又有着一定的密切关系。因此，许多网络利益相关者经常将它们放在一起讨论。与 NFV 一样，我们期望 SDN 可以通过带给网络管理的自动化和粒度控制能力来提高系统效率；SDN 还可以节省成本，为市场带来各种新的增值的、基于网络的服务。

⊖　SNS 关于 NFV+SDN 的研究。复合年均增长率是从 2014 年到 2019 年。

NFV 和 SDN 结合在一起，向所有用户展示了惊人的潜力，可以将基于网络的服务以几乎无限的组合方式实现自动化和连接。但是，伴随着 NFV 和 SDN 的优势而来的是新的或更高的风险。

2. 对管道的改变等同于对风险的改变

传统网络和网关基础设施的优点之一是它很简单：是一个可以定制软硬件功能的单用途盒子。这种情况在 NFV 和 SDN 领域并不普遍。

随着网络基础设施从设备（专用的、能够定制软硬件的设备）转向基于公用计算平台的 NFV 和 SDN 产品，一些风险将会随之改变：

风险 1：攻击面扩大。NFV 系统基于多个控制"层"——每一个都可能成为潜在的攻击目标：由传统本地交换运营商（Incumbent Local Exchange Carrier，ILEC）或者有竞争力的本地交换运营商（Competitive Local Exchange Carrier，CLEC）远程管理的基础设施层；将硬件抽象为具有虚拟化功能的管理程序层（可能是网络中基于 kenel 的虚拟机（Kenel-based Virtual Machine，KVM），但也可能是 VMware、Zen 等）；虚拟网络功能（Virtualized Network Function，VNF）层（包括路由器、防火墙、IPS、DNS、动态主机配置协议（Dynamic Host Configuration Protocol，DHCP）等）；以及处理特定应用功能（如缓存和复制、服务质量或者应用安全）的第四容器或者工作负载层。当然，攻击面的扩大也有可能不仅是因为网络服务处于网络中，还有云服务也开始分布化以更接近数据源（终端）来处理数据。因此随着服务机会的扩大，攻击面也随之扩大。

风险 2：复杂性和缺乏标准。NFV 和 SDN 基础设施比传统基础设施更加复杂，这意味着管理上的（或者恶意的）微小变化（由于错误或者破坏）都可能会造成混乱的影响。未经授权的更改可能会通过网络产生无法预料的、放大的影响，却并没有明确的限制方法来应对这种更改。这是复杂系统的一个特点，如药理学（医学）和气象学。随着 NFV 和 SDN 的出现，电信开始变得不确定和混乱。

> 此外，与许多传统 IT 不同，NFV 和 SDN 还没有获得国际公认的操作安全标准（例如 ISO）。这意味着，从安全角度来看，由于缺乏标准，围绕 NFV 和 SDN 的操作安全将会在技术上各自为战，从而使得诸如疏忽赔偿或者缺乏应有注意等问题更难加以管理。

风险 3：物理可访问性。业务和服务需求会把 NFV 和 SDN 应用到电信网络的边缘——换句话说，就是把 NFV 和 SDN 应用到办公室、酒店和地铁的天花板，应用到家庭和远程基站，或者由第三方管理的移动设备（如送货车），甚至是私人财产（如智能手机）。这些系统必须是可访问的，因此也就可以对其进行篡改、克隆和各种通信分析及侦听。学者们已经基本证明，通过物理访问，任何基于软件的安全系统都有可能被入侵。[○]

NFV 和 SDN 技术可能产生其他操作隐患和风险，包括策略一致性和老式软件兼容性问题。[○]如果 SDN 控制器（SDN 的大脑）缺乏足够的监管控制来管理和审计 SDN 策略，那么

○　https://en.wikipedia.org/wiki/Van_Eck_phreaking

○　见 *Cloud Security Alliance, Security Position Paper, Network Function Virtualization*, 2016。

恶意用户或软件可能会注入网络策略（例如，地址转换规则或者端口映射规则），将恶意软件命令和控制（Command and Control，C&C）等恶意业务转换为预先批准的业务，这些被批准的业务可能会被放置在快速通道上进行处理（减少安全扫描）。例如，C&C 业务通过基于 IP 的语音传输 / 会话发起协议（Voice over Internet Protocol/Session Initiation Protocol，VoIP/SIP）的网络分段进行路由选择，而这些网络分段可能被认为是干净的，但也可能会变成网络中的秘密通道，就像中世纪城堡中的邪恶通道一样！

在软件兼容性方面，存在着与 NFV 和虚拟机管理程序互操作性相关的问题：从安全角度来看，将物理应用移植到 NFV 至少有两个需要关注的问题：首先，防火墙和 IPS 单元通常依赖于自定义驱动程序和 UNIX 内核。当在常规管理程序上部署它们时，性能方面可能会出现问题。其次，随着 NFV 管理和网络操作（Management and Network Operation，MANO）解决方案、SDN 控制器解决方案以及供应商的不断增加，给定的虚拟化安全要素可能需要支持多种 MANO+SDN 组合，但很可能无法支持市场上的所有可用组合。即使是受支持的组合也可能得不到同等的保障！这使得物联网服务提供商及其供应链在操作上要格外谨慎。

与互联网（物联网）相关的风险正在发生变化，与 NFV、SDN 等新技术相关的监管合规将带来新的负担。信任根技术为管理这些风险提供了部分解决方案。

信任根技术通过硬件和软件的多个层面提供平台保障，这些软硬件可能跨越多个共享虚拟化网络基础设施平台和系统的服务提供商。这种类型的平台保障可能会创造出与合规性相关的效率和自动化。与当前合规性咨询制度相比，这将使物联网更加蓬勃发展。当前的合规性咨询制度对任何首席信息官（Chief Information Officer，CIO）来说都是一个沉重的枷锁。

3. 管理 NFV 和 SDN 以进行 RIoT 控制

有一些选项可以用来管理 NFV（特别是 D-NFV）中新出现的风险，以满足监管机构的需求，同时还帮助了企业。这些选项不仅可以节约成本，而且还可以带来新的收入。

如前所述，IT 中的监管合规性也是一个负担，与任何业务开销一样被勉强承担着。随着新的虚拟化网络风险的出现，新的监管负担也将随之而来。

对于数据中心或者虚拟化网络设备来说，信任根不是一个监管需求，而且可能永远都不会是，因为还有其他方法可以证明那些编写不严谨的监管需求的合规性。但是很少有方法像信任根技术这样既具有成本效益又具有简洁性。

随着数据被越来越多的虚拟化网络基础设施处理，将会出现新的围绕虚拟化和最终需求的监管问题，其原因与数据中心演变的原因相同：敏感信息不仅会在网络中传输，还会在网络中处理。

例如，物联网将在网络边缘实现对敏感数据的标准化，以提高效率，并减少每天传输数太字节潜在冗余信息的成本。在将数据传输到（远程）数据中心的处理和存储系统之前，标准化包括压缩、认证、授权、错误检查和格式验证等功能。

基于网络的标准化功能将在最广泛的可能信息类型上执行：包括私人健康信息、专有商业机密和与国家安全相关的信息。这些信息的所有者希望得到关于端到端信息处理路径点的可靠性保障，这非常合理。

最终，除了信息管理合规性之外，我们还将围绕 NFV 和 SDN 中的关键基础设施保护（Critical Infrastructure Protection，CIP）展开讨论。这些技术将巩固基础设施的各个方面，从救护车调度、购买日用品到控制火车和桥梁。就像电信运营商的传统基础设施会在公共安全和繁荣发展的名义下受到监管，从根上完全不同的、新的基础设施会更需要重新进行大量的审查。

如上所述，NFV 和 SDN 中的新风险，以及与网络中数据处理相关的其他风险，都将需要一些不同于传统方法的新的解决方案。最重要的是，物联网生命力的繁荣或沉寂将在很大程度上取决于 NFV 和 SDN 等技术的安全性。但是，更好的安全性带来的好处会被合规性要求挡住吗？当然不会。

4. 信任根技术的操作节省

高保障的虚拟化网络不仅能带来合规性，还能带来经济效益。信任根技术的基本功能之一是由集中式系统执行授权功能来验证信任，而不是认证和验证功能。集中式系统授权设备可以做一些事情，而不用一开始就验证该设备。

上一段落的关键词是"集中"。请求和批准硬件设备进入网络，以及在已批准的设备上启动（和停止）软件工作负载，都是通过集中式 C&C 系统来执行的。这样的系统也常常会记录此类事件。

在上述的信任根技术中（该技术是可用的并且正在 Intel 产品中不断发展），集中式 C&C 系统可以集中记录与数据中心和网络中与软硬件启动和关闭相关的事件，并将其导入（通过集成服务）企业资源管理（Enterprise Resource Management，ERM）系统中，从而使该系统支持 VNF 的计量计费。

VNF 的计量计费是按照使用量付费的，并且在高负载下可能还需要支付额外的费用，这是目前大多数网络服务的销售方式。

计量计费是信任根的一个派生优点，使得信任根技术成为一种双重用途的技术。将计量计费技术正确地集成到 ERM 系统中，既可以使其具有合规性的优势，同时也可以获得支付红利。

基于硬件的信任根技术是晦涩、令人厌烦和难以理解的。然而，它却解决了一个大约500 年前交通运输业解决的难题：是否只需要付钱给出租车司机就可以了，而不是每次出行都要喂养一匹马？

13.6.12　物联网中预防假冒商品

保持对供应链的信任至关重要。因为对供应链的忧虑可能会导致整个国家和地区将其排斥并列入黑名单：查询中国人在美国的销售情况，或者以色列人在中东的销售情况。然而，在预防假冒商品方面，有一些已知的最佳实践可以应用于物联网⊖。这些实践包括：

- ❑ 维护可信、已审计供应商的授权和可验证分销渠道。这些供应商必须使用已知来源的投入，包括购置来用于构建和维护产品的所有软硬件。
- ❑ 追溯和跟踪与安全系统相关的关键零部件。例如，降低物联网设备的嵌入式系统和组

⊖　供应链安全，ISO 20243。

件中可能存在的未记录代码风险。

❑ 备件和维修部件供应计划的连续性。这包括一个长期的部件可用性策略。[一]

❑ 确保供应链不被特洛伊木马和恶意软件入侵的技术。更多的保障技术与物联网供应链的软件开发相关。硬件完整性检查对于打击关键物联网系统中的假冒行为十分必要（因为我们并不完全了解大部分关键物联网系统的复杂相关性）。美国高级情报研究项目活动组（Intelligence Advanced Research Projects Activity，IARPA）目前已经研究出了可信的集成芯片项目，其目标是通过在多家生产厂商之间拆分芯片生产来阻止硬件特洛伊木马的威胁。这样，没有任何一家生产厂商有足够的信息来插入硬件特洛伊木马。[二]

> 在物联网中，管理供应链风险并非易事，这也并非是物联网所独有的。但重要的一点是，我们必须清楚地认识到，该风险在物联网中的地位上升了，其形成原因是快速、廉价而非优质的产品制造过程。

由于物联网供应链中的大部分产品是服务，而不仅仅是零部件和硬件，因此有机会可以应用管理级别的控制，例如供应商审计，而不是应用渗透测试或者机警的（且昂贵的）网络监控等操作控制。

对于物联网系统管理人员来说，另一个潜在风险是，他们会因为使用假冒商品而受到自己供应链的攻击！信不信由你，因为这种事件已经发生了！

在 2014 年年初的一起事件中，一家工业控制系统芯片制造商[三]使用微软官方的 Windows Update 来阻止工业控制设备使用伪造版本（芯片上印有公司名称）的芯片。这些问题设备由专为 Windows 开发的软件所控制。一旦 Windows 打上了该补丁，这些设备的控制器就会停止工作。在这起事件发生后，监控和数据采集（Supervisory Control and Data Acquisition，SCADA）名单上列满了愤怒的厂商，他们的许多系统都被禁用了，只是因为其诚信地购买了含有假冒芯片的设备[四]。也有可能是设备制造商诚信地购买了芯片……谁知道呢？这几乎就像是医生给服用仿制药物的病人下毒一样。可以用鲁莽和疏忽来形容这一事件。

除了供应链中的假冒商品给物联网终端设备带来的特定风险之外，网关和网络还会面临与供应链中性能差、漏洞多甚至是被值入后门的（被入侵的）单元相关的重大风险。这对于物联网来说并不是什么新鲜事，已经存在很多年了：供应商把廉价的二流商品的标签替换成名牌标签，然后以高价出售。这种问题十分普遍，以至于美国军方都在报告中写到，尽管他们采取了严厉的措施来清除这些假冒网络单元，但是他们的网络中仍存在数千个假冒网络单元！想象

[一] http://www.mcafee.com/us/resources/white-papers/wp-automotive-security.pdf

[二] http://spectrum.ieee.org/semiconductors/design/stopping-hardware-trojans-in-their-tracks/?utm_source5techalert&utm_medium5email&utm_campaign5012215

[三] http://arstechnica.com/information-technology/2014/10/windows-update-drivers-bricking-usb-serial-chips-beloved-of-hard-ware-hackers/

[四] http://www.eevblog.com/forum/reviews/ftdi-driver-kills-fake-ftdi-ft232/375/ 和 http://zeptobars.com/en/read/FTDI-FT232RL-real-vs-fake-supereal

一下，对于一个没有任何核心安全能力的物联网服务提供商来说，这将是多么困难的事？[注]

13.6.13　数据质量风险

在第 7 章中，我们谈到了物联网中数据质量需求问题。在物联网中，能够自动使用产品和服务元数据（特点、规格或者成分）的线上数据库可以做出半自动化和完全自动化的决策。这可能会产生隐患，被用于各种目的，包括欺诈、破坏或者恶作剧。这些隐患包括：

❑ 来自第三方的需要物联网处理的错误或损坏的数据。

❑ 冒充第三方信息源传输非法数据的恶意实体。

如今，许多物联网都依赖于互联网上的元数据，这些数据来自于他们更信任的传统数据源，而不是来自具有可信证明的数据源。在互联网被统一的国际法律法规治理之前，物联网数据源的信誉问题将会变得越来越严重。

按理说，数据质量与数据源的信誉有关，但是如果没有大规模情报和抽样，数据信誉是很难判断的。在这个怀疑监控的后斯诺登时代，这种大规模情报和抽样本身可能会被视为是一种威胁。与数据质量相关的风险管理需要付出更多努力来理解以下要素：

❑ 信息来自哪里，以及如何与该数据源进行认证通信。

❑ 使用密码技术来保护和隐藏通信内容。

❑ 正在被管理的物联网系统中哪些元素可能会引用外部数据源，以及它们被用于哪些活动。

❑ 与数据源相关的服务级别，以及在服务级别不满足物联网系统的产品需求时，如何应用缓解控制措施。

区块链确保元数据源质量

在这一节，我们介绍了物联网中区块链的概念，它是一种可以降低金融风险的方法，例如，在物联网中我们可以预料到的与各种储值形式相关的欺诈。区块链还是保障物联网数据质量的一种机制。

例如，在产品制造过程中，它们的序列号或者标识符可以通过支撑区块链的公共账本系统，与产品成分、使用条款和条件以及保修信息进行加密连接。通过这种方式，物联网产品或者服务的使用者就可以检查制造商的区块链，来验证产品和服务条款。以同样的方式，假冒商品或者次品也能被检测出来，因为它们在区块链中没有记录，或者区块链上显示相同的商品或者服务已经分配给另一个使用者了——这样就表明存在假冒行为；又或者是，被认定为新的商品实际上已经被使用过了，因为区块链账本显示了全部先前的所有者。

13.7　可用性和可靠性

在本书的一开始，我们就指出，可用性可能是物联网中最严重的风险之一，因此它应该独立于机密性和完整性（传统的安全三要素）来进行讨论。这是因为与可用性相关的关键安

　　⊖　http://www.theregister.co.uk/2008/05/09/fbi_counterfeit_kit_probe/

全功能以及其与工业控制系统的共同背景，比传统企业 IT 更为重要。

> 在本节前后提到的许多风险都将对可用性产生影响，我们已经对这些风险进行了分类，以便强调 RIoT 控制其实是在不同需求之间进行平衡处理和控制，而不是只关注于某一类需求（即可用性）。

13.7.1　物联网公共云服务

云和基于云的服务将成为物联网服务交付的核心。事实上，它们已经是了！

市场上出现的许多物联网产品和相关服务从来没有也永远不会拥有或者使用数据中心。因为它们创建于云端，也将在云中运行和结束。它们将基于租用的云资源来实现自己的服务，并从其他同类公司处购买关键服务组件（如业务处理）。

回顾一下，云（共享数据中心）服务有三个基本类别：基础设施即服务（Infrastructure as a Service，IaaS）、平台即服务（Platform as a Service，PaaS）和软件即服务（Software as a Service，SaaS）。这些服务为所有企业提供了一些最廉价的资本和操作成本选择，并且它们对物联网服务提供商同样很有吸引力。但是，它们也会倾向于提供有限保障的服务级别，并且常常被合并为最低公共级别，除非你选择为不同的高级服务付费。

典型的云服务提供商（Cloud Service Provider，CSP）提供的服务级别是物联网中的一个隐患，必须小心管理。

相对于物联网服务提供商及其客户所承担的风险（尤其是安全至上的物联网情况下，如卫生和基础设施系统），CSP 所产生的风险是，它可能会破坏服务等级协议（原因有很多），并且提供很少的或者根本不提供赔偿或者责任支持条款。

例如，健康监测公司的开发人员在亚马逊网络服务（Amazon Web Service，AWS）论坛上发帖称"我们的患者危在旦夕"，原因是 CSP 服务中断。这家健康物联网服务提供商表示，他们正在实时跟踪数百名在家的患者，但是在过去的 24 小时内却无法看到病人的心电图信号。[一]同样，保险行业也在大声质疑，他们是否真正有责任支付涉及整个物联网服务链的理赔，以及是否会因在创建物联网服务（如选择和管理 CSP 服务）时不够尽责而不能拒绝理赔！[二]

最后，物联网风险管理者需要明确地了解，他们可以合理地从 CSP 供应链中期望得到哪种服务等级协议和责任。除此之外，也可以通过保险来转移风险，但前提是物联网服务提供商了解保单条款和相关条件等细节，并且能够在供应商服务等级协议与保险公司的除外和限制条款之间进行平衡。这不是一成不变的规则，并且需要大量的技巧和注意力。否则，物联网服务提供商需要接受 CSP 服务领域的风险，不过至少是在知情的情况下接受风险。

13.7.2　物联网中的语音通信隐患和风险

VoIP 将被广泛应用于物联网中，特别是将客户支持直接注入产品中——想象一下在汽

[一] https://forums.aws.amazon.com/thread.jspa?threadID=65649
[二] 保险洞悉参考智能汽车。

车、医疗设备、恒温器或者洗衣机中，都安装了支持内部通话的装置。

为了提高效率和弹性，VoIP 可能会利用现有的运营商进行部署，如 LTE 语音（Voice over LTE，VoLTE）或者 5G 语音（目前还没有 "5G 语音" 的缩写）。

然而，在企业环境中，与会话发起协议（SIP）和实时传输协议（Real-time Transfer Protocol，RTP）相关的隐患并不常见，因为企业环境通常是高度隔离的网络，可以保护 VoIP 基础设施免受互联网攻击。VoIP 基础设施在逻辑上与企业 IT 分离。

在无线宽带 VoIP（如 VoLTE）中，手机和基础设施之间没有进行安全控制。因此 LTE 和 5G 为了保证吞吐量 / 速度应该平稳衔接。在较早的语音服务中，语音处理是在电话的专用通信处理器中完成的，是一个专用的封闭系统中。而在 VoLTE 设备中，通用处理器与其他所有应用一起进行语音处理，这意味着语音处理很容易受到攻击。⊖类似地，LTE 基础设施的数据平面既要用于互联网服务，也要用于语音服务。

许多物联网服务已经将 VoLTE 或者 WiFi 语音（Voice over WiFi，VoWiFi）集成到 "物" 中（如内部通信系统、婴儿监视器和家庭安全系统），这些系统可以为用户传输语音，或者通过语音的方式提供产品帮助与支持功能。将来，我们完全有理由相信，语音功能将被嵌入到更多的事物中，例如汽车或者医疗设备，这意味着将会建立起语音技术和关键网络物理接口之间的联系。

最终的隐患是，通过把语音服务集成到物联网服务中，意味着引入了一个全新的、人们知之甚少的接口。该接口既是攻击面，也是数据泄露的切入点。例如，VoIP 通道成为数据的无防护出口。同时，恶意实体可以通过入侵物联网设备的 VoIP 功能，来绕过安全控制，因为这些控制主要针对企业数据通道，而不是语音通道。研究表明，通过 VoIP 运营商对非语音业务进行隧道化是一种混淆、规避安全的高效方法，这也成为传统物联网或者 IT 通信网络和通道的研究热点。⊜

此外，如果 VoIP 是物联网服务提供（比如老年人佩戴的某种健康设备，或者各种紧急按钮）的核心部分，那么这项服务本身可能会涉及用户假设，这种假设已经超出了常规的拨打 911 的假设。

管理这种风险需要多种控制：

❑ 必须非常谨慎地实现 VoIP 服务。需要意识到这是一个独特的基础设施，而不是附加到服务上的功能。

❑ 目前，（VoIP）SIP 和 RTP 防火墙和 IPS 是非常规的，并很少部置在 VoIP 基础设施之前。但是它们可能会被要求支持客户和监管机构的预期保证。

13.7.3　物联网的智慧网关

在本书中，我们一直提到网关将在物联网风险管理中发挥关键作用。网关通常是终端设备之前的最后一 "跳"，或者是充当 IP 网络和本地网络之间的接口，通过 IP 或者非 IP 网络技术连接 "物"。网关将变得智能化，安全性也会增强，虽然目前还是比较笨——尤其是家

⊖　见 *Breaking and Fixing VoLTE: Exploiting Hidden Data Channels and Mis-implementations*（Georgia Tech, 2015）。

⊜　见 VoIP Shield 的 *Network Traffic Analytics Detection of Malicious VoIP Behavior in VoLTE Networks*（December 2015）。

庭网关，还有 4G 基站（也称为 eNobeB，网关的另一种形式）。

　　主要的隐患是网关通常（或不久之后）允许在那些共享该网关的本地物联网设备之间进行本地交换。网关会允许本地设备在不受监视和控制的情况下相互通信。因此，任何受感染的、恶意的或者有缺陷的设备，一旦与其他物联网设备位于网关的同一侧，那么它们就可以自由地攻击或者以别的方式降低其他物联网设备的服务级别和可靠性（请参阅与 5G 技术有关的讨论，了解为何本地交换对物联网的关键应用如此重要）。

　　由于目前已有的许多物联网设备安全性都较弱，它们对在互联网上的生存仍然准备不足，因此很可能在受到攻击时变得非常不可靠。例如，医疗设备在这一领域就是最差的。但是安全性差是大多数物联网设备的常态，而不是例外。美国食品和药物管理局（Food and Drug Administration，FDA）甚至已经开始发布关于联网医疗设备的产品警告。 ⊖

　　物联网设备本身的隐患，以及缺乏网关控制的隐患将会导致较差的可靠性。网关安全将产生一系列与监管合规性、市场风险和债务相关的业务风险。虽然网关本身可能并不存在技术隐患，但是相对于它们所支持的设备，网关正在以一种易受攻击的方式被部署。

　　解决网关以外的物联网隐患的方法是将网关变得更加智能和安全，如图 13-16 以及前面讨论的图 13-12 所示。

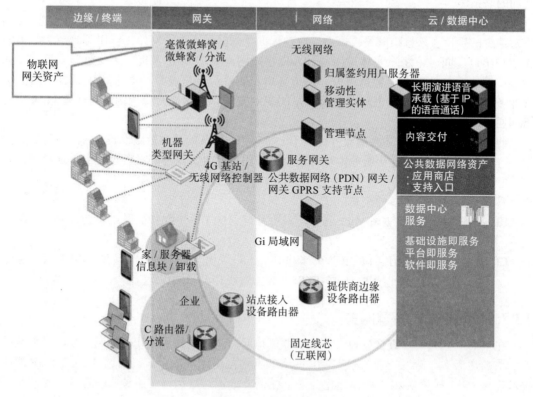

图 13-16　物联网网关

⊖　请查看 LinkedIn 的帖子。

网关必须在物联网中承担一系列安全功能，以管理终端物联网设备无法管理的风险，比如资源限制或者制造成本（它们需要变得便宜）。

防火墙必须在应用层中实现，而不仅仅是在端口和协议上。必须使用内部 LAN 分段和 IPS 来监视网络中局域网一侧的通信，查找出可能由人为越过网关带入的恶意设备，或者可能已经漫游进网络的恶意设备，又或者是发生故障的设备。

当接入云或者数据中心时，网关需要代表设备使用数据加密或会话加密。例如，也可能出现这种情况，网关必须代表受限设备执行身份识别和认证。智能网关还可以用于：

- ❑ 清理和规范化数据（压缩数据，删除无关的或者多余的信息）。
- ❑ 为运行在网关平台上的应用使用安全策略（虚拟化）。
- ❑ 为运行在网关附近的应用使用安全策略。例如，为运行在网关附近的服务器上的应用服务使用安全策略。
- ❑ 对本地疏导的连接应用安全策略（例如互联网业务分流到其他业务（如语音）的不同本地连接上）。

13.8　身份和访问控制

在本节中，我们将讨论与身份和访问控制（Identity and Access Control，I&A）相关的隐患和风险，包括重新识别、粒度、可伸缩性以及数据来源。

I&A 是 RIoT 控制的热点问题。不是在无线接入点，而是在激烈的活动和需求方面。在前面的章节中，我们讨论了为什么 I&A 被认为物联网中独特的、最优先考虑的安全和风险管理需求。基本上包含以下几点：

- ❑ 物联网生态系统通常涉及数千甚至数百万台设备，这些设备必须被登记并且授权访问服务。可伸缩性是一种不同于传统 IT 的需求。
- ❑ 物联网设备可能需要执行多个级别的 I&A，这取决于服务生态系统中涉及多少个服务提供者。
- ❑ 物联网设备通常会受到存储器、处理器或者电量等资源的限制，因此需要巧妙地管理 I&A，以应对这些弱点及其可能给服务带来的风险。

如前所述，下面将讨论与物联网 I&A 相关的问题，这些问题可能是新颖的，或者与传统企业 IT 中所遇到的问题不同。因此，风险管理者和物联网系统设计者以及管理者 / 所有者可以从这些风险的具体认识中获益。

13.8.1　重新识别及其风险⊖

在本章前面的 13.1.2 节中，我们详细地讨论了匿名化技术，以及与物联网中个人可识别信息（Personally Identifiable Information，PII）管理相关的风险管理方法。

重新识别是从一个去标识的数据集到一个或多个特定数据对象的信息关联过程。这可能

⊖　请查看 SC27 WG5 N35——DRAFT：数据假名化和匿名化过程作为隐私增强技术的指南。

是 PII，或者是与物联网设备识别有关。这意味着如果设备能够与用户关联，那么 PII 可能会被暴露。

然而，如果关于重新认证等隐患大量出现，那么就可能会暴露出更为敏感的数据。正如我们在第 2 章、第 3 章中所述，物联网中的绝大多数数据不是 PII，而且与 PII 无关，但是它们具有重要价值和敏感性：

- 知识产权
- 完整的情报
- 可用于欺诈的财务信息
- 国家和军事机密
- 关键安全信息和数据（控制水坝或者交通信号灯的数据）
- 关键服务信息和数据（如果损坏或者延迟可能会破坏语音服务）

对重新识别的应用可能远超 PII。因此这可能会导致上述任何与商业实体、政府或者其他组织（如执法活动或者军事行动）有关的敏感信息未经授权而被披露。

如果重新识别成功，那么就可以创建一个新的数据集，其中包含原始数据集的部分或者全部对象记录。重新识别可以通过以下几种方式实现：

- 挑选：隔离事件和数据流，直到出现代表可识别的行为模式。
- 可链接性：如果已清洁的数据包含了允许其链接到不同数据集的任何字段，则可以将它们组合起来，然后再完全重新评估模式和信息。
- 推论：数据清洁和匿名化过程中所产生的差异可能会让一些人觉得难以理解，但是另一些人可能会对这些差异进行测试推断，直到找出正确的推断能够进行重新识别为止。

与 I&A 的重新识别隐患相关的 RIoT 控制形式将因服务和应用而异。但是，在许多情况下，适合物联网的加密和密码函数将是非常有用的要素。

在本章的几个部分中，我们已经讨论了这样一个事实：物联网系统设计人员可以使用的很多密码工具在传统 IT 中并不常见。它们很少被发现，原因是即使有更高效的系统可用，传统 IT 也只会反复使用相同的密码系统。某些替代系统之所以不被使用，是因为这些系统不太常见，它们在开发和操作方面（与设备资源相比）更为昂贵。在强调设备资源的物联网中，这些不太常见的密码系统值得被再次考虑。

1. 基于身份的加密

IBE 系统是 1984 年由 Adi Shamir 提出的，并在世纪之交由美国国防部（Department of Defense，DoD）资助的斯坦福大学世界著名密码学家对其进行了改进。[⊖]IBE 不仅利用了传统公钥系统的一些特性，而且还大大降低了对传统系统密钥分发和管理的依赖。该系统在物联网中是一大优势，因为物联网设备可能会呈现出某种形式的身份但是却不一定拥有资源来管理密钥或者实现密钥交换——在设备资源和网络资源方面，这都是开销很大的过程。

⊖ https://en.wikipedia.org/wiki/ID-based_encryption

电压安全公司（Voltage Security）[⊖]成立于 20 世纪 90 年代末，旨在将一些技术突破的商业化。目前 Voltage 公司仍在运营，并声称可以保护超过 1 亿个电子邮件账户，同时该公司还涉足了支付领域。今年 2 月，惠普收购了 Voltage。值得注意的是，到目前为止，Voltage 公司还不能被认为是互联网的成功。它的解决方案虽然很有价值，但许多人认为这只是些不必要的改进；当涉及联网的强大桌面设备时，它在资源和轻量级 I&A 方面的节省就没那么重要了。

IBE 允许终端从给定的身份中就可以生成另一个终端的公钥。例如，使用电子邮件地址（name.surname@company.com）作为公钥标识符，这样任何人都可以向电子邮件地址的所有者发送加密数据。在物联网中，事物的身份可能是厂家编码或者是供给分配的设备 ID 或者序列号。虽然该身份在设备或者实体的生命周期中可能会发生变化，但是如果它是唯一的，并且可以在控制域中作为唯一标识发挥作用，那么它就有可能被用于 IBE 中。

另一种利用 IBE 的方法是物理不可克隆功能（Physically Unclonable Function，PUF）技术，这种技术被用在了像英特尔这样的公司的许多微芯片上。[⊜]PUF 是在半导体制造过程中引入随机物理因素来生成唯一标识符，使其无法进行克隆，从而达到了该技术的设计目的。

虽然 PUF 技术最初并不是为物联网设计的，但它可能会成为一个关键的 IBE 组件，以尽量使用最少的资源识别和认证事物，并加密它们之间交互的数据。[⊝]

只要命名空间得到适当的管理，解密能力就取决于拥有相应密钥 / 私钥的实体（电子邮件地址的所有者）。

2. CLAE[⊗]

IBE 的优点是能够为特定的接收方 / 终端加密，同时减少与密钥管理相关的负担。然而，IBE 并不是一种身份认证技术。无证书认证和加密（Certificateless Authentication and Encryption，CLAE）将身份认证功能添加到 IBE 中。因此，可以用一种适合物联网的轻量级方式来实现 IBE。并且 CIP 也可以创建一个合适的物联网认证系统，而不需要繁重的密钥管理。

CLAE 据称比椭圆曲线密码（Elliptic Curve Cryptography，ECC）（增强隐私识别（Enhanced Privacy Identification，EPID））或者 RSA 消耗的功耗更少。信任和身份认证系统可以通过层次结构（叶 / 分支）进行扩展和收缩。IBE 和 CLAE 都与基于 Intel 的芯片和功能密切相关，这些芯片和功能要么已经被广泛部署，要么可以广泛且高效地应用于物联网。

3. 再利用蜂窝 I&A

有些公司还在基于轻量的、可靠的、经过测试的算法和基于 3GPP 标准的蜂窝系统的密钥管理系统来开发 I&A 功能。这类系统也将为物联网领域带来传统 IT 所不具备的独特优势，尽管每天数十亿人都在通过蜂窝技术使用这类系统，但是它们显然未能在传统 IT 领域占据

⊖　https://www.voltage.com/technology/data-encryption/identity-based-encryption

⊜　PUF 参考维基百科和英特尔。

⊝　https://www.linkedin.com/pulse/puf-magic-iot-dragon-bill-montgomery

⊗　http://www.google.com/patents/WO2013116928A1?cl=en

一席之地！

物联网 I&A 的选择比这里讨论的要多得多！然而，最重要的一点是，RIoT 控制需要我们对 I&A 的研发理念进行扩展，超越那些过去 20 年来服务于互联网的技术。在某些情况下，这些技术可以为我们提供很好的服务，而在其他情况下它们却不能，例如用户名和口令组合以及其他形式的单因素身份认证。

13.8.2　基于属性的访问控制和加密

物联网将使用尽可能多的工具来保护设备以及与设备相关的身份识别和认证，因为基于 PKI、SSL/TLS、Kerberos 和口令的传统系统和处理方法将无法扩展或者满足受限设备的性能需求。我们需要物联网中身份识别和认证的替代解决方案，并且根据所考虑的物联网系统、设备和应用的使用场景来混合和匹配这些方案。

属性是我们可能用到的另一种工具，用来管理与差的、弱的或压根没有的设备身份识别和认证（实际上应该有强有力的身份识别和认证）相关的威胁和风险。

属性可能是关于物联网中给定设备或者实体的宽泛描述。属性可以由所有者、服务提供者、制造商或者任何其他对设备有了解甚至有意见的实体分配。与属性有关的示例是：

- ❑ 设备的位置（更多信息请参见场景讨论）
- ❑ 当天时间
- ❑ 季节
- ❑ 外面的温度
- ❑ 品牌和型号
- ❑ 设备的所有者
- ❑ 由服务分配给设备的权限
- ❑ 行为：过去和现在的行为可以作为一种属性——想要做的事
- ❑ 设备的信誉（至关重要）：
  - 该设备是否被认为运转不佳或者不可预测（经常有缺陷）？
  - 该设备是否来自于已知罪犯或者恶意软件（关联有罪）所在的网络位置？
  - 制造商生产的设备留有后门吗，还是只是工艺差的制造商给设备注入了有缺陷的和低质量的数据？

虽然传统都是基于 PKI 密码系统，但是基于属性的加密算法[⊖]（Attribute-Based Encryption，ABE）通过对属性进行编码，进一步利用了 IBE 和 CLAE 的思想，例如将角色或者访问策略转换为用户的密钥 / 私钥。IBE 和 ABE 可以使没有外网连接的终端建立安全的、经认证的 D2D 通信信道。因此，它们非常适合公共安全应用，并被应用于 3GPP 标准的基于临近的 LTE 服务。有关基于属性的物联网身份识别和认证的更多信息，请参见后面的讨论。

ABAC 的好处

基于属性的访问控制（Attribute-based Access Control，ABAC）可以提供细粒度的场景

⊖　https://en.wikipedia.org/wiki/Attribute-based_encryption

访问控制，它允许在访问控制决策中使用更多的离散输入，并提供这些输入变量更大的可能组合集，以反映更多、更明确的访问规则、策略或限制的可能集合。

ABAC 允许管理员在不完全了解特定对象的情况下应用访问控制策略，使用其他可能是强标识身份的数据点。当与其他属性相结合时，标识就是充分信任设备身份和所有权的基础，从而授权其访问服务和业务。ABAC 实现的访问控制策略仅受到计算语言和可用属性丰富程度的限制。

ABAC 还可以提供更为动态的访问控制能力，并限制保护对象的长期维护要求，因为当属性值发生变化时，访问决策可以在请求之间进行更改。

13.8.3　细粒度身份识别和认证及其风险增减

隐患将通过更好或更频繁的身份识别和认证操作在某种程度上被解决。例如，要求设备为每个交易识别自己，以防止未经授权的设备通过使用地址欺骗或者发起重放攻击等简单技术将自己伪装成合法设备。如果物联网设备不支持会话加密并以明文形式发送信息，那么常规的、细粒度的 I&A 可以帮助其平衡风险。

细粒度 I&A 也可以被用于快速检测有缺陷的或受感染的、正在以不稳定方式进行通信的设备。在数据交换开始时，只要设备没有遵循正确的 I&A 就会被指出。

像微分段这样的体系架构规范甚至可能伴随着细粒度 I&A 的操作，以提高用于管理关键安全系统的高敏感系统的安全性。

另外，在不能进行微分段的情况下，可以应用更细粒度的 I&A 形式来进行缓解控制：每个本地设备必须首先与对方设备进行正式的 I&A 操作后，才能进行相互通信。

细粒度 I&A 可能就像你每次在家庭聚会上与人交谈时都要握手来介绍自己一样，即使你已经在那里呆了一整晚，而且之前已经这样做了几十次。这种类比在人类世界似乎很荒谬。因为我们已经进化了数百万年，能够通过视觉和听觉来识别和认证，并且以非常高的精确度认出对方。但是机器没有这些感觉。

与家庭聚会进行类比的重点在于此类事件中通信所需的负担。这是与细粒度 I&A 相关的风险——如果我们试图大幅度增强 I&A，那么受限设备的负担可能会超出实际限制，包括成本限制。

特定的一个风险：由于身份识别和认证带来的负担，网络速度会减慢到无法支持必要服务级别或者安全级别的程度。

另一个风险是，设备消耗过多的功率或者处理器资源，并且性能（包括使用寿命）会下降。电池耗电太快，设备必须要更换，或者设备从环境（风能、太阳能）中获取能量，但会在电池充电之前消耗储能来实现额外的 I&A。例如，整夜的 I&A 会导致设备在太阳升起前 2 小时就进入休眠模式。

现实世界中的细粒度 I&A

细粒度 I&A 的一个真实应用可能是车载网络或者车载操作系统，其中汽车的每个部分都需要通过 I&A 后才能访问车载通信总线。来自车内传感器（比如稳定传感器）的数据流，在被汽车的另一部分接收之前，都必须经过验证和解密，比如控制车轮扭矩的牵引控制系统。

带来的一个主要风险是将传统 I&A 和密码系统应用到物联网的风险管理。传统系统需要基于旧的公钥算法（如 RSA 密钥对），这将加剧风险扩展问题，因为这些系统是资源密集型的，并不是专为物联网设计的。

除了尝试使用微分段作为强制 I&A 的替代方案在物联网的本地通信强推 I&A 和加密之外，还有很多新颖的加密形式，例如我们之前讨论过的 IBE 和多项式加密方案（密钥分割）。这些方案支持非常快速的、与加密 / 解密和 I&A 相关的组合操作。

这些更轻量的 I&A 和加密形式将更适合物联网，并允许围绕 I&A 应用实现本地 D2D 通信的更大可扩展性，这可能就像人类不需要特定、正式或者重复的介绍，就能根据自我感觉来识别和区分彼此一样。

13.8.4　数据溯源

数据溯源与物联网中的数据源隐患和风险有关，我们在本章的前面部分已经介绍过了。但是数据溯源可能会在物联网场景中得到进一步发展。例如，数据溯源可能不仅与数据最初来自何处的问题有关，而且还关乎到是否从那时起数据就已经存在的问题。以前谁处理过它？你将如何识别系统或者用户？

我们还讨论了物联网中供应链的完整性以及硬件和软件元素的溯源。溯源同样可以应用于数据处理。因此，无论数据是从终端物联网设备到云，还是从云、网关或者用户指令到终端设备，我们都可以了解到它在进行处理之前的所在位置。数据溯源功能可能反映出另一个潜在的安全控制层，适合某些特定用例。

朝鲜——物联网的创新者（事实上并非如此）

在由朝鲜政府开发的名为红星（Red Star）的操作系统中可以发现（具有讽刺意味地）一个有关数据溯源的有趣例子。[⊖] 该系统是基于 Fedora Linux 操作系统开发的，并且作为朝鲜官方、经过授权的计算机操作系统，旨在监视朝鲜境内任何能够使用计算机的人。

红星作为操作系统，经过了专门的增强，可以将基于特定硬件的数字指纹附加到由系统打开的所有数据文件的末尾（请参阅本章前面关于 PUF 的讨论）。如果文件被移动，那么接收系统就可以看到先前打开该文件的系统线程。就朝鲜而言，这是为了通过数据溯源来追踪泄露文件或者创建颠覆性内容的人。

在物联网中，类似的技术可以应用于以下目的：

❑ 对物联网设备指令的另一种认证形式。

❑ 对事件和日志的另一种认证形式。

就其本身而言，这并不是一项很强的安全措施，因为指纹可能会被删除，但是朝鲜通过限制所有用户的操作系统可用性，将完整性整合到了系统中。物联网服务可能会使用加密和分段等各种安全控制来限制哪些系统也可以打开此类文件。

⊖　解除红星操作系统的困惑，混沌计算机俱乐部，2015 年 12 月，见 https://www.youtube.com/watch?v=8LGDM9exlZw。

13.9　使用场景和操作环境

在本节中，我们将探讨使用场景和操作环境的各个方面，特别是：位置和信誉（也称为威胁情报）。

在物联网中，设备的位置会对其安全场景和操作环境产生很大的影响。这与大多数传统 IT 系统不同，后者通常假定每个事物总处在相同的位置上，或者对移动设备来说，位置并不重要！

物联网中另一个特有的隐患和风险可能是信誉。当代互联网，有许多关于 IP 地址、域、文件和网页链接的信誉信息源。然而，这些信息几乎是不可用的，因为分发的延迟意味着，威胁情报的大部分价值在到达应用之前就会开始衰减殆尽。大多数情况下，IT 系统继续像以前一样运行，将信誉视为一种改变质量的好特性。在物联网中，受限设备努力在有限的资源下保持安全性，并且网关也在试图维护数千个移动终端的安全性，因此信誉和威胁情报可能成为一种迫切需要的控制方式。

13.9.1　位置，位置，位置

正如我们在本书中所讨论的，设备有许多方法可以来确定位置。位置可能是由 GPS 坐标确定的，也可能是通过另一个实体或对象的位置推导出来的（例如建筑物中的位置），或者可能是关于速度和方向的一个较宽泛的位置（例如下降到几十米），还可能是一个精度低于一平方米的静态设备的位置。关于位置的隐患或问题在于，你可能希望提供一个不包含身份信息的位置，然而该位置可能被盗用、伪造或篡改，从而导致在错误的时间向设备交付了错误的服务，又或者服务可能会直接被拒绝。

出于安全考虑，大多数车载导航系统不允许你在汽车行驶时对它们进行设置。如果车内定位系统被入侵，紧急服务被发送到了错误的地方，这该怎么办？

另外，集中式设备管理系统将经常更新设备位置记录。如果这些存储库被入侵或受骗接受了关于设备位置信息的错误更新，那么就可能会发生可怕的事情。

另一种情况是，如果涉及某种监督，比如雇主可以在公司账户上追踪手机位置，你可能就只希望提供特定粒度的位置信息，以限制隐私的影响效应。他们知道你在购物中心就够了吗？他们还需要知道你在鞋店吗？或者，你想要让你的位置信息只对那些被特别批准查看设备位置的实体可用。

一种潜在的风险管理解决方案是使用地理位置 / 隐私（Geographic Location/Privacy，GEOPRIV）技术[⊖]或类似技术，将安全的地理位置数据从终端传输到信任的部分或系统（GEOPRIV 名义上专注于保护与定位技术相关的隐私，但是本质上提供了有用的安全特性）。IETF 的 GEOPRIV 技术可以追溯到 10 多年前，它提供了一个非常有指导意义的概念，即如何以一种管理风险的方式来管理场景和位置。

IETF 的 GEOPRIV 建立在互联网协议网络基础设施上，并在已建立协议（如超文本传输协议（Hypertext Transport Protocol，HTTP）——Web 的基础）的应用头中提供了新的信息。

　　⊖　https://datatracker.ietf.org/wg/geopriv/documents/

GEOPRIV 可能不是最终的解决方案，但它是一个已建立的参考体系结构，可为设备提供隐私控制、协议安全，以及可供许多不同类型物联网设备使用的集中式位置门户。它还可以充当一个被加强和保护的集中式位置，与之相对的情况可能是所有物联网供应商都会创建自己的位置管理系统，并集成到各自的服务平台中。这些平台肯定效率低下，但更重要的是，由于物联网服务提供商缺乏安全意识、技能或者资源，所以一些服务会变得非常不安全。

GEOPRIV 是否适合所有物联网服务的设计解决方案并不是本文关注的重点。重点是，位置信息具有从安全到隐私的本质安全影响，需要特有的风险管理系统或技术。这会给许多应用带来广泛的优点。相反，也可以假设位置信息只是另一种元数据，就像给定物联网系统中的其他数据一样，也需要被保护和管理。但是，这样的假设应该被仔细检查。

13.9.2　信誉，信誉，信誉（威胁情报）

不论是恶意软件还是控制软件的攻击者（有组织的犯罪分子、间谍、黑客）形式的互联网威胁，它们在企业周边、企业网络内部、终端，或云（基于互联网的服务）中，都已经超过了基于签名的安全系统的控制能力。此外，随着新一代物联网智能设备以宽带移动设备、传统工业控制设备和超低功耗传感器的形式出现在网络中，IP 网络的敏感程度也在不断提高。

为了应对日益加剧的威胁，安全供应商们将其产品与专有安全信誉和网络威胁情报集成到一起，相当于对互联网上的 IP 地址、URL、网络域和文件进行信誉分类。信誉是一种基本评分系统，计分范围是从"败坏的（拒绝所有业务）"到"在任何情况下都认定是好的（接受所有业务）"。

这种情报和信誉与参与攻击行为的 IP 地址和作用域有关，如不当的消息和业务、域管理、僵尸网络 C&C 通道交换，以及其他入侵或者恶意企图。如果供应商特定签名流程识别出 IP 地址是不安全的，那么这些地址也可能会被列入安全信誉列表。

外围和终端产品可以通过对供应商信息库进行专门的互联网查询，来利用供应商安全信誉情报。

1. 威胁情报隐患

虽然威胁情报作为对抗互联网威胁的一个重要工具拥有巨大的潜力，但是它也存在一些弱点，这些弱点削弱了它在传统企业 IT 和物联网领域的作用。

首先，威胁情报的半衰期很短。它会很快失效或者衰退。因此，它存在的时间越长，它对用户的价值就越小。

其次，利用威胁情报可能需要资源昂贵的软件解决方案，而大多数物联网终端甚至网关均无法承受。像类似于防火墙和 IPS 的解决方案必须能够迅速评估入站或者出站连接、文件、URL 和域名的信誉，然后根据威胁情报决定阻止或者允许业务流入或者流出网络。这不仅对设备来说是资源密集型的，而且对设备所连接的网络来说也是如此。

最后，威胁情报通常是片面的。它所包含的信息将侧重于最初编译它的实体和组织，即与这些实体和组织所处的地区或所使用的语言有关，同时还与这些实体和组织最常连接和经过的网络有关。例如，Verizon 在 2015 年发布了一份威胁报告，该报告评估了不同商业威胁情报之间的重叠（见图 13-17）。结果发现几乎没有重叠。换句话说，这些威胁情报的内容都不相同。因此，要得到一张高分辨率的全景图，你需要订阅许多不同来源的威胁情报（威胁情报供应商也有可能故意过滤报告，删除竞争对手所拥有的信息，以显示他们的服务是完全独特的）。

为了全面了解威胁情报，组织需要采购或者订购多种不同来源的情报。这是一项代价高昂的工作，很少有组织能够成功地管理这些情报。当然，这很可能也超出了小型物联网初创企业的能力，甚至超出了没有核心安全能力的大型物联网服务提供商的能力。

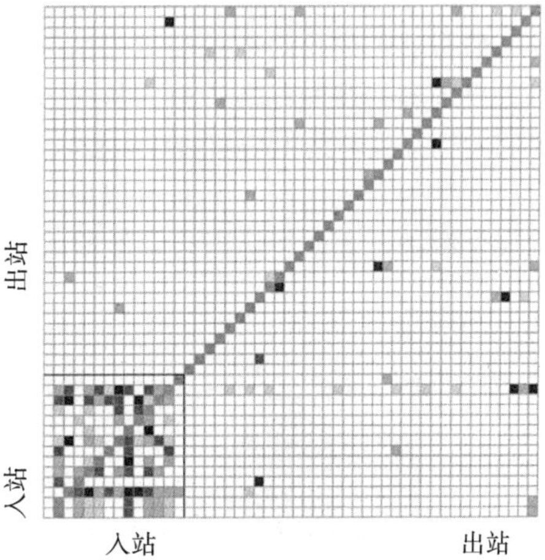

图 13-17　标识反馈重叠部分的比较（Verizon 2015 年的威胁报告）

2. 面向物联网的实时威胁情报

由于物联网设备往往是严格安全且受限的，所以威胁情报的衰减速率和情报处理方案（如防火墙）的资源开销对我们的吸引力也是有限的。一种可能的方法是用信誉和威胁情报来丰富网络本身。

使用 IP 头的安全信誉情报，可以支持按流甚至按包进行安全分类。在 IP 头中，可以通过在 IPv6 首部扩展目的地选项来对具有安全信誉信息的每个数据包进行着色，从而使网络路由不受影响。但是，中间安全设备和终端设备可以应用有关传入信息流的策略，而不需要在更高层的栈中封装和解析负载（见图 13-18）。这个过程可以称为数据包着色或者信誉标记，在 IETF 已完成的工作中有更全面的描述。[注]

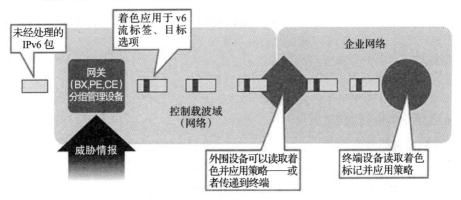

图 13-18　IPv6 中数据包着色——操作概念

㊀ https://datatracker.ietf.org/doc/draft-macaulay-6man-packet-stain/

　　IPv6 数据包着色支持通过运营商或企业网络中的数据包操作设备（Packet Manipulation Devices，PMD）在包头中添加目的地选项，来为数据包标记上安全信誉信息（见图 13-19）。具有信誉着色的目的地选项可以由网络或者基于网关的安全功能等内联安全节点读取，也可以由目的地物联网终端读取，从而节省了资源成本。例如，一个物联网终端设备可能具有简单的专用集成电路（Application-Specific Integrated Circuit，ASIC）数据包处理功能，用来查找首部文件的着色情况，并且可以应用简单的策略。虽然在任何情况下，这肯定不是一个完整的安全解决方案，但是当与其他形式的 RIoT 控制相结合时，这种方案就具有了一定的价值。

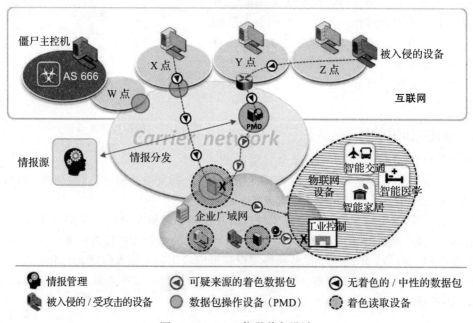

图 13-19　IPv6 信誉着色设计

　　这种使用主动的、安全信誉情报的系统有许多优点（我们稍后将会介绍），但它也有一些缺点和带来的挑战。具体来说，现有的情报系统是：

- 受到来自互联网分布节点的直接攻击。
- 供应商设备专有。
- 需要同时占用带宽和 CPU 资源的胖客户机。
- 在发送、接收和处理查询时引入了延迟。

3. 数据包着色的好处

与当前安全信誉情报系统面临的挑战相比，数据包着色具有以下优点：

- 数据包着色可以在网络中透明地进行，不存在攻击面。
- 数据包着色应用标准化的公共域 IPv6 功能。
- 安全规则可以很容易地应用于硬件或者固件。
- 读取数据包着色几乎没有延迟。

4. 实现和支持模型⊖

数据包着色可以由不同的实体完成，包括运营商、企业和第三方增值服务提供商。运营商和物联网服务提供商可以选择在网络的战略位置处建立着色中心，以订阅的方式提供增值服务。在这个模型中，安全着色服务的订阅者将看到他们业务的 IPv6 首部中被添加了着色中心的目的地选项，定向经过着色中心。IPv4 业务则会被封装在首部着色的 IPv6 隧道中。

运营商和物联网服务供应商可能会给进入其网络的所有 IPv6 业务着色，同时允许用户自行着色。如果基于运营商的着色服务不合适或不可用，企业数据中心管理员和云计算服务供应商可以选择将在外围的 IPv6 着色部署到内部网络，通过隧道技术传输所有 IPv4 业务，并允许数据中心和云服务用户自行着色。

企业可能希望在内部网络上部署 IPv6 并为所有内部业务着色，这样安全节点和终端便可以应用与信誉相关的安全政策。

13.10　互操作性和灵活性

在本节中，我们将讨论与互操作性和灵活性相关的风险，并特别关注如何管理与复杂性相关的风险。复杂性通常是互操作性、灵活性和安全性的对立面。如前所述，现有的 IT 系统和服务存在着众多复杂性。我们研究的重点是物联网中可能极为有害的复杂性形式或者由于物联网的到来而变得更为瞩目的复杂性形式。

13.10.1　5G，复杂性，传统 IT

继续本章前面的讨论：5G 在未来物联网以及 RIoT 控制中占据重要地位。这并不是说没有 5G 就没有物联网，而是说 5G 的到来将为物联网服务供应商提供其想要寻求利用的网络功能。在某些情况下，5G 的技术性能将使物联网服务成为可能。

与 5G 相关的许多增益将通过新的管理技术来实现，这些技术具有协调和自动化功能，可以带动 5G 的主要性能增益。此外，5G 的特点可能在于拥有更多的无线电基础设施和更好的天线技术。所有这些新的基础设施都将由 IT 控制和管理。图 13-20 给出了 5G 的规模，其性能增益超过了 4G。而图 13-21 则尝试说明 IT 如何支撑起如此多的 5G 预期性能增益。

虽然 5G 是一项革命性的技术，是管理和集合 4G 及其他无线技术的重大改进，但却付出了许多额外复杂性的代价。

5G 的主要风险是，实现 5G 所需的复杂性也会使其不可靠、极易产生不可预测性且难以诊断服务退化。5G 将为网络引入很多新的 IT，以至于网络基础设施受到的攻击面会急剧扩大。这意味着我们能预计到网络管理和控制系统中会存在更多的隐患，不过这些地方今天看起来的隐患还是很少且神秘的（相对于企业 IT 来说）。

⊖　有关包着色的进一步信息，见 IA 通讯，美国国防部（2010 年夏，2010 年秋，2011 年冬）；IETF 草案 RFC，2012 年 8 月，"数据包着色"（https://tools.ietf.org/html/draft-macaulay-6man-packet-stain-01；2012 年世界知识产权组织专利，一项通信网络中网络威胁情报数据的分发和处理专利 #WO/2012/164336）。

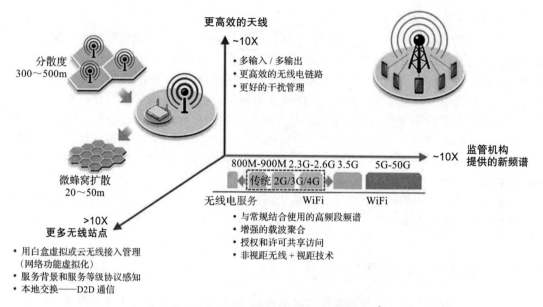

图 13-20　风险领域中的 5G 运营复杂性[○]

　　5G 系统也可能非常混乱：微小的配置变化甚至是环境条件变化都可能会通过系统产生共振，并放大到难以预料的级联故障的程度。一开始会出现许多意想不到的安全故障，我们必须要从中吸取教训。

　　5G 设备的身份识别和认证系统将基于已建立的用户识别模块（Subscriber Identity Module，SIM），该模块已有超过 25 年的时间了，是第二代（2G）移动通信技术的基础。该系统已经被充分理解和实地测试。目前在它背后已经拥有了巨大的经济规模。但是，物联网很可能会要求设备将其身份带入网络，而不是从网络接收其身份。5G 需要支持基于非 SIM 的身份识别和认证功能。目前还不清楚如何做到这一点，也不清楚是否以及如何进行标准化。运营商和设备制造商是否允许设备自带身份？如果 5G 要发挥重要作用，这可能是物联网的重大业务和操作隐患。

　　爱立信在 2015 年首批关于 5G 安全的白皮书中指出：

　　　　4G LTE 标准要求使用物理通用集成电路卡上的全球用户识别模块（Universal Subscriber Identity Module，USIM）来获得网络接入。由于高安全性和用户友好性等原因，这种处理身份的方式依然是 5G 的重要组成部分。嵌入式 SIM 已经大大降低了与机器到机器通信相关部署问题的门槛。尽管如此，总体趋势还是要自行携带身份，而且 5G 生态系统通常会从更加开放的身份管理架构中获益，这种架构允许替代方案。例如，允许企业复用其已有的安全 ID 管理解决方案进行 5G 访问。因此，新的 5G 信任模型研究中的一个关键考虑因素是检查那些处理设备或用户身份的新方法。例如，网络切片提供了一个使能器可以安全地支持不同 ID 管理解决方案并行实施，应用都被限制在了虚拟隔离的网络切片

中。国际移动用户识别码（International Mobile Subscriber Identification Number，IMSI）的捕获威胁在 3G 和 4G 的标准化过程中已被讨论过了，其中恶意无线网络设备会要求移动设备泄露其身份。然而，当时没有引入保护机制，因为可预测的威胁似乎并不能合理说明所涉及的成本或复杂性。目前尚不清楚这种风险分析是否仍然有效，增强的 IMSI 保护又是否应当考虑放入 5G 中。[⊖]

RIoT 控制和 5G

提出如何管理一个尚未完全形成的隐患的建议是令人担忧的。但不管怎样，我们都要去做！

一些管理 5G 风险的选项：

☐ 继续使用 4G！不要迁移到 5G。尽可能长时间地保持已知的可控状态，毕竟 4G 会持续很长一段时间。如果物联网的应用没有围绕 5G 性能，那么要谨慎对待 5G 服务供应商的乐观销售宣传。

☐ 广泛测试 5G，特别是本章已经讨论过的一些隐患和风险，例如与本地交换相关的 D2D 攻击。

☐ 具有明确且经过良好测试的 4G 甚至 3G 的回退能力。

与 5G 相关的风险管理还会通过服务等级协议和服务条款将风险转移给运营商：

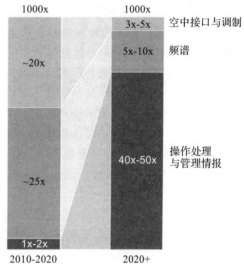

图 13-21　网络 IT 的 5G 增益（来自 Intel）

☐ 要求提供明确的服务等级协议，并将这些直接反映到物联网服务的服务等级协议中，这是最低标准。

☐ 要求给出 5G 控制基础设施的安全审计结果。

☐ 要求提供清晰的覆盖图，详细说明给定区域的无线技术组合。例如，部分依赖家用 Wi-Fi 作为分流选项的 5G 服务，可能不如分流到商业 Wi-Fi 部署可靠。

13.10.2　脆弱且不易修补的系统

灵活的另一面是脆弱，我们应该能够预见到许多物联网系统跟工业控制系统一样脆弱。脆弱是指容易受损或者被简单的维护或基本的变化所破坏。因此，一个脆弱的物联网系统的特点就是它没有受到维护。

长期以来，工业控制系统及其新一代的物联网都很难被修补、升级或迁移到新的操作系统。为终端及数据中心/云的集中式服务编写的软件仅适用于单一平台的单一版本，并且从

未考虑过该平台的更新：例如安全更新。以工业控制系统（Industrial Control System，ICS）和基于早期 Windows 平台的物联网服务为例，这个问题尤为致命，这些平台因为过去（现在？）有太多的隐患而声名狼藉。

Windows XP 仍然存在，甚至出现在新的物联网系统和服务中，这一事实与其说令人惊讶，不如说是悲哀。这太危险了，已经成为物联网的一个持久隐患和风险。

截至 2016 年，这个问题究竟有多普遍？在 2015 年年底，大多数有关 Windows XP 生命周期终止（End of Life，EoL）的新闻都是如何将其继续用于物联网应用和服务，甚至是敏感的物联网应用和服务。

实际上仅在 2015 年 12 月，与继续使用 Windows XP 相关的 6 个新闻标题中就有 3 个与 Windows XP 平台管理的物联网系统有关。这些标题包括船舶管理（用于军事）、银行机器和核能。令人吃惊，不是吗？这就是物联网风险管理者必须面对的问题[⊖]。

管理与脆弱和不易修补的操作系统相关的风险是非常困难的，因为这些风险就像滚动在周围的手榴弹一样危险！风险管理人员需要采用各种保护和检测技术作为这些系统的补偿控制。在物联网中管理与脆弱操作系统相关的风险，不管常识如何，首先要意识到设备供应商和服务提供商可能仍在使用这些系统！以下是如何应对这种情况的一些建议：

- 在采购过程中提出密切和细致的问题，以避免在供应链或部分物联网系统基础设施中出现脆弱的系统。问题包括规定一个脆弱的操作系统由什么组成，尽可能地描述清楚。
- 如果必须使用脆弱系统，就要协商服务级别并支持安全修补。
- 在那些要求在所有操作平台上进行更新和修补的合同中加上这句话"从现在考虑到十年后"，即使它们暂时还未被认为是脆弱的。
- 如果脆弱的操作系统和平台确实是物联网服务平台的一部分，则要在合同中加上与补救责任相关的表述，即使之前在合同谈判期间有着相反的说法。
- 让管理人员和操作人员了解到此类系统的存在，并执行政策、操作和技术控制来进行补救（在任何情况下，审计人员都会坚持这一点）。

13.10.3　分形安全

维基百科将分形定义为"一种自然现象或数学集合，在每个尺度上都表现出重复的模式"。分形安全是指在不同尺度上重复安全结构，并在基础设施的不同位置重复相同的结构。应用重复并按比例缩放的操作安全设计的主要好处在于：

- 强度。分形模式一旦通过物理结构以均匀重复的稳定特性被建立起来，就会产生强大的物理形态。我们假设在逻辑上（在网络和虚拟化结构中）同样成立。
- 操作高效的安全性。可以开发统一的操作工具和技术，但要根据所管理的系统确定规模。
- 重复性。分形安全是可重复的，因此具有可扩展性和经济的安全性。

⊖　见 *The Register*。

分形安全意味着在企业级别、服务器消息块（Server Message Block，SMB）和消费者 / 家用级别中可以识别运营商级别的安全系统。这点在物联网中尤为重要，因为其中的通信是持续不断的，并且本质上既有南北向的通信（数据往返于公共网络），又有东西向的通信（本地交换以允许设备彼此通信）。

在物联网中，许多设备会在数据中心、云、网络和网关中使用相同的共享基础设施，而终端设备并非如此。因此，如果跨越诸如数据中心、云、网络和网关（南北向）等资产及其内部（东西向，数据中心内部的系统间通信或局域网、办公部门、家庭环境中的本地交换）的安全性不一致（类似分形），那么威胁方将会攻击最薄弱的环节，比如某个缺陷。跨越诸如数据中心、云、网络和家庭网关等不同资产实施的网络分段和微分段可能是分形安全的一种形式（见图 13-22 和图 13-23）。

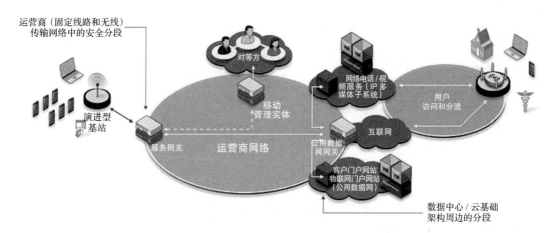

图 13-22　分段和类分形安全

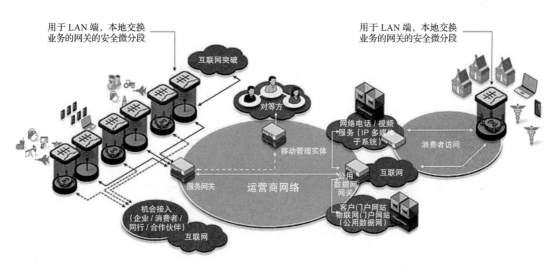

图 13-23　微分段和类分形安全

类分形的安全系统将呈现出无处着手的平坦攻击面。该模型的缺点是，一个缺陷会影响全部分形。一种解决此类问题的方法是利用重新形成的几何形状，但是使用不同的元素。例如，相同的参考设计可以应用供应商产品的不同混合。供应商不要过多，否则会使操作成本过高（常会出现这种情况）。只要能够避免单个运作，两到三个就足够了。

13.10.4　无法管理的相互依赖性风险

在整本书中，我们一直强调物联网的特点在于多层服务提供商，在端到端物联网架构不同的资产类别中运营。这些类别有产品供应商、基础设施、平台、软件服务供应商、设备所有者、用户、监管机构和其他形式的利益相关者。他们通过巧妙的设备和服务组合来创建新的、从未想过的服务，并与软件和服务协议的精巧网络相结合。这些参与者之间的相互依赖性在很大程度上是未知的，而且几乎无法理解。

十多年来，相互依赖性风险一直是 CIP 领域讨论的主题，但仍然晦涩难懂。物联网是在 CIP 问题之上的一个附加层，风险会很大。

相互依赖性风险不得不处理一个系统或基础设施对另一个系统或基础设施的依赖。该风险有两种基本形式：

入站依赖性[○]与物联网系统或组织交付使用的商品和服务有关。入站商品和服务可以是物理的或逻辑的（数据）。入站商品和服务可能是经过请求的（例如，通过电子邮件或传真向供应商请求交付计划）；也可能是未经请求或未经安排的（例如，客户主动要求支持或订购）。建立呼叫中心和门户网站以明确支持入站信息和数据——尤其是来自客户和潜在客户的未经请求或未经安排的通信。

因此，入站依赖性是指物联网系统或组织能够根据合同规范继续交付商品或服务所需资产的保障属性。例如，如果没有检测实验室（卫生部门）提供的信息，水处理厂能够安全运行多长时间？如果来自零售商、交易处理商或其他银行的客户数据的机密性受到威胁，银行能够运营多长时间？如果互联运营商的路由信息被破坏，电信运营商受到的影响会有多严重？

入站依赖性通常关乎物联网系统或组织的相互依赖性隐患。

出站依赖性与从一个物联网系统或组织去往另一个物联网系统或组织的商品和服务有关，并将输出消耗作为自身的入站依赖性形式。出站商品或服务可能是经过请求的（例如，响应通过电子邮件或传真发送的客户交付计划的请求）；出站数据也可能是未经请求的或未经安排的（例如，向供应商请求支持或订购）。网站是部分用于在自助服务基础上处理出站数据的信息资产。

> 因此，出站依赖性是指其他在给定服务提供商消费物联网系统或服务的保障属性，但是源或供应商物联网系统未必知道这些保障属性。

○　此概念是从作者之前关于关键基础设施风险和相互依赖性的工作中延伸出来的。见 Tyson Macaulay 的 *Critical Infrastructure: Understanding Its Component Parts, Vulnerabilities, Operating Risks, and Interdependencies*（2008）。

换句话说，出站依赖性与入站依赖性本质上是不同的。因为物联网商品或服务的源系统未必知道这些商品或服务在目的地的消费方式，所以要了解消费关键基础设施（Critical Infrastructure，CI）部门对其提供的保障属性。例如，倘若没有水处理厂提供的信息，卫生部门能够安全运行多长时间？卫生部门与水处理厂是否互相重视了对方的信息和通信？

出站依赖性关乎物联网系统对其他物联网系统构成的相互依赖性威胁。作为一个隐患，出站依赖性是由尚未被有效理解的消费物联网系统所做出的假设，特别是将这些系统的依赖关系传达给它们的供应商！

图 13-24 从高（最大入站数据依赖性）到低（最小入站数据依赖性）显示了 10 个 CI 部门的入站数据依赖性⊖分数。

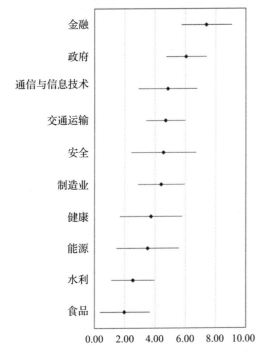

说明：
◆中值（高于该点的响应数与低于该点的响应数相同）
——标准偏差（中值分数所在的平均范围）

分数为 10 表示来自所有部门的全部数据和信息对于运营以及交付货物和服务至关重要。

分数为 1 表示没有数据被消费，或者所有数据和信息都来自公共领域，且几乎不影响经营的连续性。

设置零点是为了充分显示标准偏差。

图 13-24　入站数据依赖性

入站数据依赖性汇总图表明，相比其他 CI 部门，食品部门信息和数据的整体入站依赖性隐患最少。食品主管认为他们的业务最不需要依赖外部信息和通信，还认为食品部门的商品（加工食品和未加工食品）交付在生产方面相对于其他 CI 部门来说基本上是自主的。这并不是说如果所有信息和数据的流动都停止了（包括食品部门组织本身的流动），食品部门依旧可以继续运营，因为该部门的入站依赖性分数仍远高于 1。食品主管认为与其他关键基础设

⊖　这个例子基于之前"数据"依赖性的工作，即信息是作为服务单元进行消费的，而不是商品。见 Tyson Macaulay 的 *Critical Infrastructure: Understanding Its Component Parts, Vulnerabilities, Operating Risks, and Inter-dependencies* (2008)。

施部门的活动协调和信息交流并不是保证食品部门运营的关键。有关食品部门指标更详细的讨论，请参见下面的逐个部门分析。这表明当使用数据依赖性作为关键基础设施相互依赖性的代理度量标准时，食品部门的整体相互依赖性隐患最少。

能源部门与之相反，它将来自其他关键基础设施部门的信息和数据的入站业务放在最重要的位置。在采访中，能源管理人员表示协调活动和信息交流是保证能源部门运营的关键。不过，这不同于在没有外部信息和数据的情况下维持运营的能力。有关能源部门指标更详细的讨论，请参见下面对逐个部门的分析。这表明当使用数据依赖性作为关键基础设施相互依赖性的代理度量标准时，能量部门的整体相互依赖性隐患最多。

相反，图 13-25 从高（最大出站数据依赖性）到低（最小出站数据依赖性）显示了 10 个 CI 部门的出站依赖性分数。这些分数代表了可用的最高级别汇总，没有模糊部门间的差异。

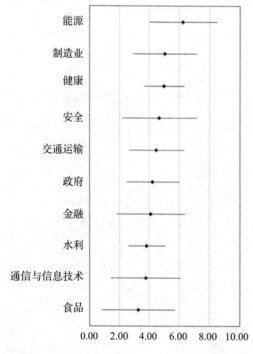

说明：
◆ = 中值（高于该点的响应数与低于该点的响应数相同）
—— 标准偏差（中值分数所在的平均范围）
分数为 10 表示来自所有部门的全部数据和信息对于运营以及交付货物和服务至关重要。
分数为 1 表示没有数据被消费，或者所有数据和信息都来自公共领域，且几乎不影响经营的连续性。
设置零点是为了充分显示标准偏差。

图 13-25　出站数据依赖性

回想一下，任何给定 CI 部门的出站依赖性都是其他 CI 部门评估该给定部门数据重要性的指标。出站依赖性汇总图表明，相比其他 CI 部门，食品部门信息和数据的整体出站依赖性最低。总体而言，在应对来自食品部门的信息和数据时，其他 CI 部门的主管都认为他们的业务面临的依赖性威胁最低。主管们认为其部门商品和服务的交付与食品部门的关系不大。这并不是说如果食品部门所有的信息和数据的流动都停止了，所有部门还可以不受影响地继续运营，因为食品的出站依赖性评分仍高于 1（但并没有高很多）。他们认为与食品部门的协调活动和信息交流不是保证其部门运营的关键。这表明，当使用数据依赖性作为关键基础设施相互依赖性的代理度量标准时，食品部门对其他 CI 部门构成的整体相互依赖性威胁最低。

金融部门与之相反，对于其发送给其他 9 个 CI 部门的信息和数据，它的出站依赖性评估分数最高。在采访中，CI 部门的主管们认为在维持其部门业务方面，与金融部门的协调处理和信息交流是最关键的依赖关系。不过，这不同于在没有信息和数据的情况下维持运营的能力。对于主管们而言，相互依赖性既关乎运营，也关乎盈利。这表明当使用数据依赖性作为关键基础设施相互依赖性的代理度量标准时，金融部门相对于其他 CI 部门的整体相互依赖性威胁最高。

一旦某部门的运营保障性能开始降低，该部门能够或应该在多大程度上保持运作，并持续多久？出站数据依赖性汇总图中最明显的指示是，当来自其他部门的信息和数据的流动减少或停止时，不同的部门在运营保障方面会有不同的衰减率。使用数据依赖性作为整体相互依赖性的代理度量标准时，可以推测出金融部门是其他 CI 部门维持其业务所需的信息和数据输入的最关键提供者。后续影响是 CI 作为一个整体最容易受到金融部门内部事件导致的二级影响和服务中断：当金融部门遭遇突发事件时，所有关键基础设施部门的整体隐患增加最多。

政府的出站依赖性排名第二，但标准偏差最小，这表明政府的信息和数据普遍被认为对其他关键基础设施部门提供的商品和服务而言非常重要。反过来说，政府也就对 CI 部门构成了第二大的相互依赖性威胁。

未知的物联网相互依赖性

我们有理由相信物联网服务提供商和设备制造商能够适当了解到他们自己的入站依赖性，但他们却可能很少了解其出站依赖性。

物联网风险管理者处理这种情况的第一步是跟踪和评估与其他系统的相互依赖关系，特别是对于那些可能还不了解自身对其他物联网系统重要性的物联网系统。这可能是一个主要隐患，因为它也许会导致服务等级协议违规罚款、收入损失并触发监管违规罚款，还可能会破坏客户信誉。

为了理解入站相互依赖性，使用形式化的方法诸如业务持续性计划（Business Continuity Planning，BCP）来记录和巩固入站依赖性还有很长的路要走。BCP 是一门很容易理解的学科。不幸的是，它常常是一种执行不力的实践，尽管它有专门的技术、经过充分测试的方法和专业的团队。

一旦理解了互操作性，就可以利用各种方式对其进行管理。处理或转移不可接受的入站依赖性的示例如下：

❑ 利用供应商的多样化（例如，云服务提供商和网络提供商）。
❑ 明确签署更合适的服务级别。
❑ 实施基于网络的控制来弥补物联网设备的弱点。
❑ 实施安全并监控来自关键供应商的数据输入和网络链接。
❑ 在合同和供应商（入站商品和服务）的安全状况、配置和政策等审计事项中规定安全实践或审计。

如果无法有效衡量或管理入站物联网风险，那么物联网风险管理者应向客户、合作伙伴、监管机构、董事会成员和其他物联网利益相关者报告风险以获得指导。

出站依赖性风险通常以责任和服务级别义务的合同约束形式留给法律部门。不幸的是，这些东西无法保护物联网系统免于信誉损失（由于客户不满意而导致未来业务的损失——这是前几章中的一个主题）。

出站依赖性风险管理的最佳形式就是了解你的客户！除了要了解服务等级协议，还要了解客户如何使用你提供的服务？你提供的服务如何与客户自己的生产生活方式相联系？服务等级协议是他们所需要的吗？或者说你能提供什么？物联网服务的用户或客户可能有什么样的出站依赖关系？

了解中断或影响的级联影响是非常重要的。例如，作为一个互联网服务提供商，如果允许 DoS 攻击通过你的网络，然后攻破家庭网关，接着侵入医疗设备，最后便会损害到个人。如果服务等级协议认定你没有保护客户免受 DoS 攻击，那么你会得到多少同情？

13.10.5　风险建模[⊖]

理解复杂系统（物联网或其他系统）内外的相互依赖性并绘制出依赖性汇总图的部分好处在于使风险建模成为可能。

风险建模是提出威胁和隐患匹配，并评估它们产生的影响和风险范围，以便做好准备减缓或管理它们的过程。风险建模可能是一项非常复杂和困难的任务，特别是在对相互依赖性了解不足的情况下。它还应当是高效和可重复的，以便当管理者更改模型中的设计和安全控制时，可以测试和重新测试威胁和隐患匹配，进而了解风险是如何变化的。历史上，建模是一个完全手工的过程，但是没有更多的工具和方法可以使得风险建模在企业级别更为实用。这些工具中有许多尚未开发，还不能有效地应用于中小型系统和服务。对于众多物联网系统设计人员和风险管理人员而言，成本与收益仍然是一个需要仔细衡量的问题。

正如我们在本书中所说：物联网本质上比前几代传统 IT 更为复杂。物联网将会有更多的服务分层和规范。随着虚拟化从数据中心和云延伸到网络和网关，物联网将有更多的控制节点。物联网囊括了世界各地的能够提供各种远程服务的不同供应商。物联网将以服务协议和产品保障的形式涉及大量风险转移：换句话说，出于风险建模的目的，将对已转移的风险做出许多假设。供应商在正常和异常情况下基本都会履行承诺。这也意味着，建模需要应用大量定性和定量的数据，使得风险模型的总体输出可能不够准确和可重复。

13.10.6　超期：经得起时间考验的安全性

物联网工程师、设计人员和风险管理者都无法合理地建立出可以一直维持物联网设备计

⊖　出于本书的目的，我们并没有讨论金融风险建模。风险建模是一种广泛用于银行、保险和监管的术语，用来评估特定的金融风险和控制，如资本储备、利率和某些股票的真实市场价值。我们的风险建模版本非常关注金融领域以外的运营风险，其只是使用了风险建模的狭义定义。

划寿命的安全控制措施。为什么？因为技术变化得太快，无法预测十年甚至是二十年后会发生什么。在任何物联网商品或服务的计划寿命终止之前，预测现在看似合适且寿命长的安全控制措施可能毫无用处。

许多未知因素以及目前无法想象的新方法和新技术的出现将会带来无法预料的隐患和风险。这是一个非常难解决的问题，不仅仅是未来物联网产品和服务的祸源，同样也是许多传统 IT 产品的祸源。

在这种情况下，物联网风险管理者、工程师和系统设计人员应该考虑物联网系统（包括设备）中过度配置的资源，例如未饱和的内存或处理能力，这些资源日后可以用于未指定的安全目标。鉴于物联网中的成本压力，这是一个极为苛刻的要求，在面临短期策略需求时，这将是对长期战略忠诚度和远见的重大挑战。

良好的风险评估至少应包括一些与额外配置相关的成本检测和评估，并向高层管理者报告这些风险以做最终决定，或者应包括必要的（逻辑或物理）接口，以便在之后的系统中添加或插入更多的资源。

最后，旨在提供两年以上服务的物联网系统应该假定其在某一时刻需要安全扩展，并且要在（不可避免的）隐患出现时制定计划，以确定是否处理、转移或接受该风险。

13.10.7　软件定义网络和网络功能虚拟化

在本书及本章中，我们讨论了即将到来的虚拟化，不单是数据中心虚拟化，还有重要的网络和网关虚拟化。数据中心在 15 年前就已经开始了虚拟化，一直发展到现在所说的"云"。运营商网络现在也正在虚拟化。接下来就轮到了企业网络（基于从运营商处购买的长期容量）以及 3G、4G 无线网络和基站，而 5G 无线网络"天生就是虚拟化的"。为此可以为用户宽带增加小型家庭办公室（Small Office，Home Office，SOHO）和 SMB 路由器以及家庭网关。

虽然这项技术会带来许多优势，确实能够提供物联网所需的各类安全效率和自动化，但是也带来了隐患。首先要考虑的是复杂性。软件定义网络很难理解和解释，因此很难管理。短时间内很容易犯错误，也很容易忽视错误。

另一个隐患是互联性和相互依赖性：贯穿自动化系统的级联效应难以预测。小的错误可能会激增为不可预测的危险。很难评估这些影响在使用 SDN 和 NFV 进行自动化服务交付的多个服务供应商之间扩散得有多远、有多快。

另一个风险因素是非标准解决方案的使用：SDN 和 NFV 的发展速度与物联网一样快，而不同的供应商采用的是互不兼容的方法。厂商锁定就是一个难题，这在数据中心领域中已经众所周知。

数据的可移植性也是云中的一个隐患，在物联网中必须避免这一点，如第 11 章中所述。SDN 和 NFV 受到的攻击面比专用的硬件设备更大。通用白盒（基于 Intel 处理器的处理）、开源操作系统（Linux）、开源虚拟机管理程序（KVM）以及任何供应商解决方案都被虚拟化为客户映像来运行。

开源软件将在网络、KVM 和基于 Linux 的解决方案中占据主导地位。漏洞往往在没有警告也没有机会处理的情况下就被快速广泛地公布出来，想要在几天内规划、测试和修补易受攻击的系统，已经超出了许多物联网供应商和服务提供商们原有的计划，更不要说几小时了。

通用白盒硬件的使用意味着固件或管理端口中基于硬件的漏洞也可能是在没有警告也没有时间修补的情况下发布出来的。

网络 SDN/NFV 将涉及可访问的物理远程设备，这些设备在网络中扮演了智能角色而不是哑巴角色。因为很多设备将会被放置在壁橱、天花板以及其他相比数据中心的机架更容易接近的地方，所以它们经常会被物理篡改。以太网和 USB 的物理端口将是可访问的。

在物联网中，SDN 和 NFV 的风险管理解决方案通常是：

- 了解 ETSI 等组织提供的标准和最著名的方法以及 ISO 正在进行的工作。
- 力图扩展安全审计功能——再次使用数据中心中已完成的工作并将其扩展到虚拟网络和网关。
- 将数据中心和云中最好的实践扩展到虚拟网络。
- 通过建立策略和程序来尽可能地锁定物理访问，以便锁定不使用的端口并审核此类预防措施。
- 由于 SDN 的复杂性和 NFV 的强大功能，操作流程和控制将比以往任何时候都更加重要。这需要来自诸如 ISO 和信息技术基础架构库（Information Technology Infrastructure Library，ITIL）等 IT 操作标准开发人员的加强指导，还需要更先进的过程监控和执行工具。总而言之，NFV 和 SDN 将需要更多受过正确培训且了解问题的熟练技术人员，尤其是工程师！（参见下一节也是本书最后一节的指导！）
- 最后，正如本书所总结的那样，中间件解决方案似乎有发展的趋势，该方案将充当 NFV/SDN 解决方案（包括开源解决方案）和 VNF 供应商之间的中介。这些中间件解决方案的思想是，VNF 供应商只为中间件编写一次控制接口，类似地，中间件供应商也为各种 NFV 和 SDN 供应商编写一次控制接口。因此，作为物联网系统设计人员或服务供应商，你需要找到支持通用中间件的供应商，从而降低你的基础架构中的复杂性风险。和以往一样，这个中间件驱动器似乎得到了 Intel 的支持⊖。但出现的专营厂商已经被收购，例如思科通过在 2014 年收购 Tail-F 公司转向了 NFV/SDN 中间件。㊀

13.11　技术和物联网风险管理

在本章的前面部分，我们讨论了技术短缺问题以及如何从管理的角度来处理这一问题。因为常规安全和物联网安全之间存在着较大差距，所以让我们在结束本书前花几分钟从更细粒度和可操作的角度（从工程师的角度）来讨论技术。

⊖　https://www.youtube.com/watch?v5LJf4bmF6xiU

㊀　http://finance.yahoo.com/news/cisco-completes-acquisition-tail-f-120000822.html

（在那些存在此类事物的国家）工程监管机构需要定义专门用于支持端到端安全网络设计的工程实践，包括物联网中使用的数据中心、云、网络和网关的实施和操作（回想一下，我们对物联网的定义是"网络上的一切"，即现在和未来的互联网）。

例如，加拿大安大略省专业工程师（Professional Engineers of Ontario，PEO）早前曾尝试为专业通信基础设施工程（Communications Infrastructure Engineering，CIE）开发了一个知识体系和认证过程[⊖]。

什么是专业工程师？专业工程实践是指任何规划、设计、创作、评估、建议、报告、指导或监督行为都需要应用工程原则，同时还要关注生命、健康、财产、经济利益、公共福利、环境的安全措施或任意上述行为的管理（安大略省专业工程师法案第 1 节）。

什么是 CIE？它将如何支持物联网风险管理？公有和私营部门的关键基础设施中出现的一个新兴的工程领域，涉及：
- 可信通信网络的规划、设计和实施。
- 可信通信网络的操作监督。
- 网络基础设施的审计、风险分析和应急计划。
- 依赖于网络基础设施的其他关键基础设施的风险分析和缓解。

成为 CIE 工程师需要满足以下物联网安全领域的稀缺技能要求：
- 在自我声明的能力范围内从事专业工程的"完整"许可证。
- 学历要求：四年工程学位。
- 经验要求：48 个月的相关工程工作，包括在专业工程师的监督下在加拿大工作 12 个月。

或者具备一个有限许可证，可以反映你多年来一直从事这项工作（例如互联网安全），但不符合新的学历要求，这样的人员应满足下列要求：
- 在申请人提出的特定实践范围内实习专业工程的许可证。
- 学历要求：与预期实践范围相关的工程技术、科学或同等专业的三年制学位。
- 经验要求：在该范围内有 13 年的受监督的相关工程工作（包括长达三年的学时学分）。
- 获得了一个有范围和限制的 LL 印章，专门用来给工程图纸、报告等盖章。

通信基础设施工程实践范围

由大学或监管机构建立的 CIE 实践范围或类似的工程学科应包括以下范围，以便设计出未来的安全物联网——至少能设计出将所有终端连接在一起的基础设施。

以下内容摘自 PEO 草拟的常见问答集（Frequently Asked Question，FAQ）。读者可以访问 PEO 网站获取最新信息。

1. 可靠通信网络的规划与设计

任何有故障、不达标或不可用的通信基础设施都会对社会产生不利影响，因此必须防范各类威胁和故障。

虽然 CIE 不包括网络设备和接口的配置（这属于网络技术人员或技术专家的权限），也不

⊖　http://peo.on.ca 和 http://www.peo.on.ca/index.php/ci_id/22496/la_id/1.htm

包括安全应用程序的设计（这属于软件分析师或设计师的权限），但是 CIE 从业者应该了解这些工作，并对完成的工作承担全部系统责任。

CIE 从业者应用他们的工程专业知识（包括全面的风险评估和缓解策略）来开发和记录网络保障和安全需求，以及满足这些需求的规范和设计。

2. 可靠通信网络的实施

与大多数其他工程专业一样，需要有获得许可的 CIE 从业者来记录、检查 / 审查，并监督可靠网络的实施，以确保该网络按照其设计实施。在某些情况下，实施过程中会出现问题，可能需要重新检查并修改设计。任何这样的复查和修改都不会留给那些没有设计工程师熟练的人，也就不会冒着损害网络安全的风险。因此，与其他工程师一样，CIE 工程师也会参与到其设计的可靠通信网络的实施。最后，他还应该为可靠网络实施的竣工签字，作为可信认证。

3. 可靠通信网络的操作监督

正如必须按照飞行员操作手册来操作经过认证的飞机，以确保其安全飞行一样，也必须按照记录的操作流程来操作经过适当设计和风险评估的安全网络，以免发生故障或损害。

CIE 从业者在关键通信基础设施操作中的职责是提供必要的监督，不仅要确保操作符合设计限制和安全实践，还要保证在需要时更新这些实践以反映网络的所有设计或配置变化。

这一职责包括确保监控设施到位以检测网络受到的任何侵害，并采取适当的调整措施来处理检测到的任何威胁。

其职责并不包括日常操作和网络控制（这属于网络运营商的权限），也不包括网络设备的维修和配置（这属于网络技术人员和技术专家的权限）。

但还是要再次说明一下，CIE 从业者必须要了解基础技术并能够运行测试，以确保所有实施和维护工作都不会损害最初网络设计的可靠性和安全性。

4. 网络基础设施的审计和风险分析

随着网络、网络技术和网络安全威胁的迅速发展，有必要定期评估现有的网络基础设施，以确保正确地识别和减轻风险。许多现有网络都是在技术简单且威胁较少的情况下设计的，不具备经过正规风险分析的端到端设计。

CIE 实践范围强调了安全网络设计和操作中的关键风险分析工程。它还包括补救分析和应急计划的监督，以便在出现网络故障或安全漏洞时采取必要的调整措施。

5. 依赖于网络基础设施的其他关键基础设施的风险分析和缓解

因为社会中的许多关键基础设施都依赖于网络基础设施，所以对能源、金融、医疗保健、公共安全和交通等基础设施的风险分析和缓解都需要了解网络基础设施及其隐患。因此，需要通信基础设施工程师用他们的专业知识和技能来设计、操作和保护其他关键基础设施。

6. CIE 知识体系

在实践范围之外，CIE 工程师需要具备一套知识体系，使他（她）不仅可以为物联网设计端到端网络，而且还可以安全地完成设计！下表列出了从 PEO 中提取的知识体系（Body of Knowledge，BOK）。读者可以从下表中识别出一些物联网安全需求章节中的元素。这并非完全经过深思熟虑后的结果，而是对需求的普遍看法的反映。虽然作者是创建 CIE BOK 的 PEO 工作组的成员之一，但他绝不是唯一的贡献者，甚至都不是主要的贡献者。

我们将读者引向 CIE BOK 后面的主要部分，即风险管理和治理部分。该部分说明了新的工程技能和培训领域应如何定位安全和风险管理，以支持 RIoT 控制。

核 心 知 识	定 　 义
信号与系统	基于系统的输入/输出信号、输入依赖性、信号处理的性质以及某些特性（如精简系统或非线性系统）来了解系统及其类型、功能和应用
传递理论	因为传递理论是经典控制工程的主要工具，所以 CIE 工程师有必要理解这个函数，它是系统输入和输出关系的数学表示，以便能够分析系统的端到端行为
数字信号处理（Digital Signal Processing，DSP）	DSP 是主要行业 CIE 应用的关键要素，如音频信号处理、音频压缩、数字图像处理、视频压缩、语音处理、语音识别、数字通信、雷达、声呐、传感器阵列处理、频谱估计、统计信号处理、地震学和生物医学
实时系统	由于实时系统被认为是关键任务应用的主要组成部分，通常由优先级驱动（服务质量，QoS），因此 CIE 工程师必须详细了解实时系统、系统与时间的依赖关系以及硬实时和软实时系统的类型
可靠性	了解系统可靠性，将其与其他系统特性（例如高性能或快速响应时间）区分开来，并能够解决下列主要的可靠性问题： 无法安全关闭系统以进行维修，或难以进行维修； 出于安全原因，系统必须保持运行； 系统关闭时会损失大量收入
容错	对容错的普遍认知是指系统对意外的软硬件故障做出适当响应的能力。容错有许多级别，最低级别是指在电源出现故障时保持系统继续运行的能力。许多容错系统映射了所有操作——也就是说，每个操作都在两个或多个副本系统上执行，因此如果一个系统出现故障了，其他系统还可以接管
通信	了解现代网络体系的核心要素，包括传统和不断发展的网络系统知识。洞察网络系统的特征，这些特征不一定是显而易见的，但对 CIE 至关重要
通信/信息理论——随机、紧急和非确定性系统	随着网络的发展和互联，它们变得极其复杂。我们已经将这种复杂的网络与活的生物有机体进行了比较。需要这些知识来谨慎设计或改变网络，并充分理解 CIE 的固有风险
数字通信	了解传统的第 2 层模拟系统与数字通信。还要了解目前第 2 层数字通信从传统的点对点时分复用（Time Division Multiplexing，TDM）技术到以太网/多协议标签交换（Multiprotocol Label Switching，MPLS）和基于 IP 的网络体系等服务的演变历程
电信协议	第 3 层及以上的协议，重点是 IETF 协议，包括低层的 IP 和高层的 TCP、用户数据报协议（User Datagram Protocol，UDP）和互联网控制报文协议（Internet Control Message Protocol，ICMP）通信。了解单播和多播服务之间的区别。了解完整性、纠错、服务质量、标志、负载等基本要素以及由协议（而不是应用程序）管理的其他变量和服务
无线通信	第 2 层无线协议与第 2 层固定线路（光纤、铜缆）不同，并且以与固定线路系统不同的方式影响速度和范围，这些特性通常是网络单元的功能，而不是第 2 层协议的功能。类似地，无线网络对信噪比、天线的仰角和方位角、菲涅耳区、衰减和信号反射及折射也有特定的要求

（续）

核 心 知 识	定 义
网络	了解网络、信息资产和终端设备之间的关系，它们是如何以合乎逻辑的方式相互关联、相互影响的，以及从 CIE 的角度去理解和定义网络的智能工具和方法是什么
会聚	会聚是指在独立网络上形式孤立的信息资产向公共网络媒介转移的现象，最典型的是互联网协议。会聚也指固定线路和无线网络变得透明化，如果与应用程序和用户无关，则任何合适和可用的媒介都将会被自动使用的现象
计算机通信和网络架构	网络的逻辑设计可以支撑它们需要支持的资产保障属性。这包括但不限于诸如网络分区和需求分析之类的技术，例如容量评估及规划、冗余规划和安全架构
分布式计算	了解是谁分配和虚拟化了计算平台功能，以及如何以一种对应用程序所有者、管理员和用户完全透明的方式将硬件和软件服务分布到世界各地。分布式计算引入更高的保障需求，实际上这已经成为了操作系统的一部分，而不仅仅是将数据从一个独立系统转移到另一个独立系统的一种手段
互联网协议通信	互联网协议形成了密集的网络技术中心，一端是（透明的）物理媒介和相关的数据链路协议，另一端是特定于应用程序的协议。第 3 层到第 5 层互联网协议完全主导了适当规模的网络，它们也是 CIE 的基本要素
测试和诊断	现代 IT 联网的中心使得故障看起来似乎与网络相关，但实际上与应用和设备相关；反过来说，应用和设备的故障也可能源于网络。为了支持高保障和可能高度会聚的网络，CIE 工程师的一项重要职责就是对网络故障进行追溯、跟踪、确定或解决
风险管理	理解那些能够识别针对网络、网络单元及其支持终端的可能威胁的实践，判断这些威胁的可能性和潜在严重性，并采取适当的防护措施
传输数据的 CIA	理解和评估数据在网络中及其通过网络单元（包括网络之间的边界）时的机密性、完整性和可用性需求
威胁评估和缓解	能够识别网络的潜在威胁，无论是自然的还是人为的，故意的还是偶然的。能够使用定量和定性的评估技术判断给定威胁发生的可能性，以及产生影响的严重程度。了解如何单独或分层地应用给定控制和防护措施，以减轻威胁、与控制和防护措施相关的性能和财务成本以及它们自身可能会引入的潜在新风险
治理	了解 CI 工程必须要根据其所属辖区的法律来实践，数据不仅在驻留时会受制于其所属辖区的法律，而且在传输过程中也会受制于其所属辖区的法律支配
CIE 监管环境	通信在所有现代经济体中都会受到高度监管。根据管辖范围，监管机构可以或多或少地决定价格和服务。有些服务在规章中被完全明确，而另一些则被完全禁止。CIE 规章对任何大规模 CIE 项目的可行性都有重大影响，这些项目的网络连接都在单一的物理前提之外。对 CIE 规章的基础理解避免了错误和昂贵的设计假设或疏漏
隐私	隐私是指对个人可识别信息的适当管理。在 CI 工程中，是指对通过网络的个人可识别信息的管理。在任何西方经济体中，隐私都是一种强有力的监管需求，通常与违规的实质性制裁相挂钩。此外，隐私需求通常是安全特性（机密性、完整性和可用性）的商业语言表达。对隐私的理解有助于确定各种设计功能的优先级和规范，例如分区、监测、路由、加密和网络单元管理实践
主权	现代网络经常以对用户甚至原始 CIE 设计者透明的方式进行路由。随着数据进入和穿越新的网络，它们可能会受制于不断变化的法律制度，这不仅会影响数据的保障，也会影响网络路径本身。主权问题也是云计算设计中的基本考虑因素，而云计算又完全依赖于网络

13.12　总结

在这最后一章中，我们广泛探讨了许多与物联网和 RIoT 控制相关的风险和隐患。我们并没有对每种可能的风险或隐患都进行讨论，而是关注了那些对物联网而言风险和隐患尤为独特、至关重要或有所不同的领域。在适当的时候，我们还引用了现实世界的风险实例，以及一些用于解决隐患或管理风险的建议或已有技术，有些来自企业 IT、数据中心或其他行业现成的众所周知的实践，有些来自物联网本身的新兴标准组织。

我们讨论了在物联网中如何管理与企业 IT 不同的业务和组织风险、独特的财务隐患和风险、物联网特有的竞争和市场风险，以及所有新兴技术市场共有的一些风险，包括内部政策、操作和流程风险以及这些风险在物联网中特有的方面。

我们讨论了一些会成为特殊挑战（可能是由于资源限制、规模和缺乏标准）的内在关键点，涉及机密性和完整性、完整性和供应链风险管理、可用性和可靠性以及身份和访问控制。

我们还介绍了物联网和相关技术的一些技术隐患，例如使用场景和操作环境，以及 5G 中的操作复杂性，随后又对互操作性和灵活性风险进行了更一般的讨论。

最后，我们谈到了迫切需要技能娴熟的工程师来完成这些任务，并给出了一些建议性的、标准化的能力要求，例如 PEO 的 CIE 计划。

我们希望风险管理人员、设计人员和主管通过阅读本书可以对 RIoT 有一个基本的理解，而且拥有一系列资源可以确保真正的变革技术（即物联网）成功实现。

推 荐 阅 读

解读物联网

作者：吴功宜 吴英 ISBN：978-7-111-52150-1 定价：79.00元

本书采用"问/答"形式，针对物联网学习者常见的困惑和问题进行解答。通过全书300多个问题，辅以400余幅插图以及大量的数据、表格，深度解析了物联网的背景知识和疑难问题，帮助学习者理解物联网的方方面面。

物联网设备安全

作者：Nitesh Dhanjani 等 ISBN：978-7-111-55866-8 定价：69.00元

未来，几十亿互联在一起的"东西"蕴含着巨大的安全隐患。本书向读者展示了恶意攻击者是如何利用当前市面上流行的物联网设备（包括无线LED灯泡、电子锁、婴儿监控器、智能电视以及联网汽车等）实施攻击的。

从M2M到物联网：架构、技术及应用

作者：Jan Holler 等 ISBN：978-7-111-54182-0 定价：69.00元

本书由长期从事M2M和物联网领域研发的技术和商务专家撰写，他们致力于从不同视角勾画出一个完整的物联网技术体系架构。书中全面而又详实地论述了M2M和物联网通信与服务的关键技术，以及向物联网演进的过程中所要应对的挑战与需求，同时还介绍了主要的国际标准和一些业界最新研究成果。本书在强调概念的同时，通过范例讲解概念和相关的技术，力求进行深入浅出的阐明和论述。